Fragen und Probleme einer medizinischen Ethik

Philosophie und Wissenschaft
Transdisziplinäre Studien

Herausgegeben von
Carl Friedrich Gethmann
Jürgen Mittelstraß

in Verbindung mit

Dietrich Dörner, Wolfgang Frühwald, Hermann Haken,
Jürgen Kocka, Wolf Lepenies, Hubert Markl, Dieter Simon

Band 10

Walter de Gruyter · Berlin · New York
1996

Fragen und Probleme einer medizinischen Ethik

Herausgegeben von
Jan P. Beckmann

Walter de Gruyter · Berlin · New York
1996

♾ Gedruckt auf säurefreiem Papier,
das die US-ANSI-Norm über Haltbarkeit erfüllt.

Die Deutsche Bibliothek – CIP-Einheitsaufnahme

Fragen und Probleme einer medizinischen Ethik / Jan P. Beckmann. – Berlin ; New York : de Gruyter, 1996
(Philosophie und Wissenschaft ; Bd. 10)
ISBN 3-11-014782-3
NE: Beckmann, Jan P. [Hrsg.]; GT

Printed in Germany
Satz: Datenkonvertierung durch Knipp Medien und Kommunikation, Dortmund
Druck: Ratzlow Druck, Berlin
Buchbinderische Verarbeitung: Lüderitz & Bauer, Berlin
Einbandgestaltung: Rudolf Hübler, Berlin

Vorbemerkung

Medizinische Ethik ist keine Sonderethik, sondern Bestandteil der philosophischen Ethik, welche sich grundlegend und umfassend mit den Prinzipien und Normen menschlichen Handelns beschäftigt. Ihren Namen trägt die *medizinische* Ethik nicht aus prinzipiellen, sondern aus pragmatischen Gründen: In ihr findet ethische Normenreflexion mit besonderem Bezug auf diejenigen Fragen und Probleme statt, die sich im Bereich medizinischen – ärztlichen wie pflegerischen – Handelns ergeben. Keineswegs macht dies medizinische Ethik zu einer Ethik bloß für in der Medizin Tätige: Ihre Fragen und Probleme sind solche, die das Zentrum menschlicher Existenz betreffen: das für den Menschen Gute und das vom Menschen zu bewirkende Gute. Medizinische Ethik befaßt sich mithin mit Fragen, die weit über den medizinischen Bereich hinaus in die Gesellschaft als ganze hineinreichen und eines entsprechenden Diskurses bedürfen.

Die im vorliegenden Band zusammengefaßten Beiträge gehen auf Vorträge zurück, die in den Jahren 1991 – 1993 im Rahmen des *Forum Philosophicum* der FernUniversität stattgefunden haben. Sinn und Zweck dieses Forums ist es, aktuelle Fragen der Philosophie – und das sind keineswegs nur solche, die erstmals heute gestellt werden – in intensivem Gespräch mit den Einzelwissenschaften zu stellen und zu behandeln. Dieser Selbstverständlichkeit entsprechend stammen die folgenden Abhandlungen sowohl aus philosophischer wie aus medizinischer Feder. Den Autorinnen und Autoren sei hier nochmals für ihre Beiträge, die inzwischen auch als Kurs im philosophischen Fernstudium vorliegen, gedankt. Dank gilt auch den Herausgebern dieser Reihe, den Kollegen Jürgen Mittelstraß (Konstanz) und Carl-Friedrich Gethmann (Essen), für die Anregung zur Drucklegung und die Aufnahme in die vorliegende Reihe. Dank gebührt schließlich den Mitarbeiterinnen meines Lehrstuhls Kirsten Reetz M.A. und Kirsten Grimm für die wertvolle und geduldige Hilfe bei Korrekturen, Verbesserungsvorschlägen und der Gestaltung der Texte.

Hagen, im Dezember 1994 Der Herausgeber

Inhalt

II. Natur, Mensch, Person

III. Gentechnologie, Humangenetik, Transplantationsmedizin

Jan P. Beckmann

Einführung

Schon immer hat menschliches Handeln prinzipiell unter der moralischen Maxime gestanden, daß nicht alles, was getan werden *kann*, auch getan werden *darf*. Auch daß diese Maxime für ärztliches Handeln gilt, ist in sich nichts Neues. Neu hingegen ist, daß angesichts der enormen Entwicklungen in nahezu allen Bereichen der Medizin, insbesondere in Humangenetik, Embryologie, Intensiv- und Transplantationsmedizin, Ärzte und Patienten, ja die Gesellschaft als ganze mit Fragen und Problemen konfrontiert werden, deren ethische Qualität entweder unsicher oder strittig, in jedem Falle aber ungeklärt ist. So hat man in der *Humangenetik* seit geraumer Zeit begonnen, den biologischen Code des Menschen zu dechiffrieren – ein Forschungsprogramm, das ungeahnte Möglichkeiten der Krankheitsprävention und -heilung, aber auch der „Machbarkeit" bestimmter Änderungen an der biologischen Spezies ‚Mensch' eröffnet. In der *Embryologie* stellen die Ergebnisse der neuesten Forschung (Kryokonservierung menschlicher Ei- und Samenzellen, In-vitro-Fertilisation, homologe und heterologe Insemination, Embryotransfer, etc.) Forscher, Ärzte und Patienten vor Fragen, die vor wenigen Jahrzehnten noch gänzlich unbekannt gewesen sind und deren ethische Implikationen sich zum Teil erst in Umrissen zeigen. Ähnliches gilt von der *Intensivmedizin*, allem voran im geriatrischen Bereich, die angesichts der Möglichkeiten apparativer Lebensverlängerung einerseits und der Frage nach dem Sinn eines solchen Handelns andererseits nach einem medizinisch vertretbaren und ethisch zulässigen Ausgleich suchen muß. Die medizinische *Transplantationstech-*

nik ist inzwischen so weit fortgeschritten, daß unter bestimmten Umständen nicht nur einzelne Organe, sondern ganze „Organsätze" (Herz, Nieren, Leber) verpflanzt werden können. Hier ergeben sich ethische Probleme nicht nur hinsichtlich des Organspenders (Widerspruchs-, Informations- oder Zustimmungslösung?), sondern auch auf seiten des Empfängers (Unerlaubtheit des Organhandels, der Xenotransplantation etc.).

Angesichts dieser und weiterer Möglichkeiten und Entwicklungen erweist sich die exakte Festlegung der Trennungslinie zwischen dem, was man tun *kann*, und dem, was man tun *darf*, zunehmend als außerordentlich schwierig. Ursache hierfür ist nicht etwa, zumindest nicht in der Regel, moralisch defizitäres Handeln im Einzelfall, sondern das generelle Zurückbleiben ethischer Kompetenz hinter der akzelerierten Entwicklung medizinisch-technischer Möglichkeiten. Ein sich schnell vergrößernder Hiatus aber zwischen medizinisch-technischen Möglichkeiten einerseits und der Kompetenz zu einer rationalen Bestimmung des ethisch Zulässigen andererseits wäre für alle Seiten, für die Medizin ebenso wie für die Ethik, für Ärzte und Patienten ebenso wie für die Gesellschaft als ganze, von schwerwiegendem Nachteil. Eine der Folgen des Zurückbleibens ethischer Kompetenz hinter den medizinisch-technischen Möglichkeiten etwa könnte das ungeregelte Experimentieren mit menschlichem Erbgut sein. Moralisch auf den ersten Blick weniger auffällig, bei näherem Zusehen aber von subtiler ethischer Problematik sind die Differenzen zwischen homologer und heterologer Insemination oder die Möglichkeiten des genetischen Screenings: Hier stehen die fundamentalen ethischen Prinzipien der Menschenwürde und der Autonomie auf dem Spiel.

Nun könnte man einwenden, daß die skizzierte Gefahr eines ethischen Defizits in der Medizin nicht gar so akut ist, wie es den Anschein haben mag, weil medizinisches Handeln *seiner Natur nach* schon immer ein Handeln unter Normen ist, d.h. ein solches, bei dem Tun und Lassen nicht nur *kognitive*, durch den jeweiligen fachlichen Wissensstand bestimmte Grundlagen, sondern auch *normative*, durch das medizinische Ethos regulierte Standards besitzen. Die Mediziner wüßten schon selbst, was sie tun und was sie nicht tun dürfen; das seit Generationen, ja seit Jahrhunderten die ärztliche Tätigkeit begleitende medizinische Ethos sei ein Garant für zuverlässiges Handeln auch angesichts gänzlich neuer Entwicklungen. Ein solches Argument verwechselt Ethik und Moral und setzt ungerechtfertigterweise Wissenschaft und Praxis in eins. Es ist nämlich eines, auf der Basis von *Erfahrung* und *Intuition* moralisch richtig zu handeln, und es ist ein anderes, die *Prinzipien* und *Gründe* zu kennen, warum ein solches Handeln ethisch unbedenklich ist. Ohne Zweifel lernt der angehende Arzt vom Tage seiner ersten Begegnung mit Patienten an, daß sein Tun nicht nur eine Wissensbasis, sondern auch ein Normfundament besitzt. Auch steht außer Zweifel, daß ein entsprechender medizinethischer Habitus durch Nachahmung und Übung erfolgreich erworben und weiterentwickelt werden kann. Dennoch bleibt der Unterschied zwischen persönlicher Moral und wissenschaftlicher Ethik bestehen. Dies liegt nicht nur an der Differenz zwischen Intuition und Kognition, zwischen Habitus und Reflexion, zwischen Erfahrung und Theorie; entscheidend ist vor allem, daß einzig die Fähigkeit zu wissenschaftlich abgesicherter Normreflexion in den Stand versetzt, moralisches Handeln zu begründen und auch den *neuen* medizinisch-technischen Möglichkeiten mit der entsprechenden ethischen Kompetenz zu begegnen.

Für den Arzt bedeutet dies: Es genügt nicht, moralische Kompetenz durch Nachahmung ärztlichen Handelns zu habitualisieren; er muß grundsätzlich in der Lage sein, die ethische Dimension auch solchen Handelns kompetent zu erfassen, das er möglicherweise deswegen nicht durch Nachahmung hat habitualisieren können, weil es zum Zeitpunkt seiner Ausbildung derartige Handlungsmöglichkeiten noch nicht gegeben hat. Moralisches Handeln ist seiner Natur nach situativ und einzelfallorientiert. Erst ethische Reflexion vermag über die für die Beurteilung moralischen Tuns (und Lassens) notwendige Verallgemeinerung Auskunft zu geben und damit Kriterien für die Beurteilung nicht nur von gegenwärtigem, sondern auch von zukünftigem Handeln zu liefern. Dem widerspricht nicht, daß der erfahrene Arzt auch angesichts neuer Entwicklungen seines Faches intuitiv das moralisch Richtige tun kann, ohne eine im engeren Sinne wissenschaftlich-ethische Kompetenz zu besitzen. Noch weniger folgt umgekehrt aus wissenschaftlich-ethischer Kompetenz zwangsläufig moralisch korrektes Handeln. Beides hat seinen Grund darin, daß zwischen Einsicht und Tun nicht notwendig ein kausaler Zusammenhang besteht. Mancher handelt intuitiv richtig, ohne zu wissen, warum es richtig ist, und mancher handelt trotz besseren ethischen Wissens moralisch fragwürdig. Aus diesem erfahrungsgegebenen und kaum bestreitbaren Sachverhalt folgt jedoch nicht, daß es bedeutungslos oder überflüssig wäre, sich als Arzt und auch als Patient, ja generell als mündiger Bürger mit medizin-ethischen Fragen auseinanderzusetzen. Denn über sein Tun und Lassen muß jedermann jederzeit *Rechenschaft* abgeben können, die Gründe seines Handelns müssen *intersubjektiv nachprüfbar* und *beurteilbar* sein. Dies aber ist nur möglich, wenn die Prinzipien – und das heißt im ärztlichen Handeln: die ethischen Normen – angegeben werden, unter denen das konkrete Handeln als moralisch einwandfrei ausgewiesen werden kann.

Das zuletzt Gesagte ist nicht der einzige Grund für die Notwendigkeit einer Beschäftigung mit medizinischer Ethik. Ein weiterer, nicht minder gewichtiger ist die *Lehrbarkeit* ethisch unbedenklichen medizinischen Handelns. Intuitiv richtiges moralisches Handeln ist, so wichtig und respekterheischend es im Einzelfall ist, seiner Natur nach zwar nachahmbar, aber nicht lehrbar; lehrbar und damit auch lernbar ist die Analyse der ethischen Qualität und der dieselbe begründenden Normen. Keine Frage: Eine ethisch korrekte Handlung muß auch gewollt sein, doch folgt nicht aus dem guten Willen zwangsläufig auch die ethische Korrektheit der Handlung. Wie auch sonst im Leben gilt in der Medizin, daß die gute Absicht kein Garant für die Qualität des ihr entspringenden Tuns ist. Warum das so ist, wird deutlich, wenn man sich die Unterschiede zwischen Moral, Moralität und Ethik vergegenwärtigt.

Moral meint die Gesamtheit von Regeln, Werten und Normen, die ein einzelner, eine Gruppe, eine Gesellschaft oder die Menschheit als ganze für ihr Handeln, insofern dasselbe etwas Gutes bewirken soll, als verbindlich festgesetzt hat. In diesem Sinne gibt es in der Geschichte der Menschheit eine Vielheit von Moralen. Auch ist durchaus offen, ob eine gegebene Moral in einem festen, als unveränderbar angesehenen oder in einem für Änderungen offenen Satz von Regeln, Normen und Werten besteht. Handlungen, die bewußt und aus Freiheit moralischen Regeln, Normen und Werten folgen, besitzen *Moralität.* Der Unterschied zwischen Moral und Moralität liegt zum einen darin, daß ersteres ein (deskriptiver) Terminus für ein Regelsystem, letzteres eine Qualität von Handlungen ist, und zum anderen und vor allem darin, daß Moralität das *Wollen* des Guten und damit die aus Freiheit bewußt vorgenommene *Zustimmung zur Moral* wesensmäßig einschließt. Die Untersuchung der Frage nun, ob eine gegebene Regel bzw. ein ganzes Regelwerk gerechtfertigt ist, d.h. einer rationalen, intersubjektiv nachvollziehbaren Überprüfung seiner Prinzipien standhält, obliegt der *Ethik.* Sie ist im Unterschied zur Moral nicht Praxis, sondern Wissenschaft, und zwar die Wissenschaft von den moralischen Regeln, Werten und Normen. Ethik ist nicht selbst eine Moral, sie kann es ihrer Natur nach nicht sein; sie ist die wissenschaftlich kontrollierte und reflektierte Rede *über* Moral. Ethik fragt nach den Bedingungen moralisch korrekten Handelns, sie untersucht kritisch die in den einzelnen Moralen geltenden Normen und richtet ihr Augenmerk auf die Prinzipien, d.h. die obersten Gründe für die Beurteilung desjenigen, was moralisch *unbedenklich, verbindlich* oder *verboten* ist. Dazu bedarf es einer universalen Theorie des für den Menschen Guten und Gerechten zwecks Etablierung entsprechender Praxis. Die Entscheidung darüber, was für den Menschen gut und gerecht ist, kann naturgemäß nicht von einer Minderheit zu Lasten der Mehrheit noch umgekehrt von einer Mehrheit zum Nachteil der Minderheit getroffen werden. Es muß das ‚anthropinon agathon', das für alle Menschen gleichermaßen Gute und für niemanden Nachteilige bestimmt werden. Dies ist nur unter Zuhilfenahme dessen möglich, was allen Menschen unterschiedslos zueigen ist, der Vernunft. Ethik ist insoweit Teil der Wissenschaft von der Vernunft und ihren Prinzipien. Sie ist es im kantischen Sinne der praktischen Vernunft, d.h. derjenigen Weise theoretischer Vernunft, die den Prinzipien des Handelns verpflichtet ist. Wie immer diese Prinzipien aussehen, ihre Geltung muß so geartet sein, daß ihr *jedermann* zustimmen kann, und daß sie zugleich niemandem zum Nachteil gereicht.

So unumgänglich die Beschäftigung mit Ethik ist, so wenig kann dieselbe die Notwendigkeit einer kritischen Untersuchung einzelner Handlungen hinsichtlich ihrer moralischen Qualität ersetzen. Ethik kann und muß den praktischen Begründungsdiskurs ermöglichen und kritisch begleiten, sie kann ihn aber nicht ersetzen. Konkret: Die Sprache der Moral ist eine andere als diejenige der Ethik. Erstere betrifft die alltagssprachliche Begründung von Handeln, das den Anspruch auf Moralität erhebt; letztere hingegen, die Sprache der Ethik, spricht nicht *von* einzelnen Handlungen, sondern *über* die Prinzipien, unter denen dieselben als moralisch relevant gelten können. Ethik bewegt sich als wissenschaftliche Disziplin in bezug auf die Moral auf einer Metaebene. Ethik muß man *kennen*, sie ist eine kognitive Angelegenheit; Moral hingegen muß man *besitzen*, sie ist eine Angelegenheit der Praxis. Hieraus wird deutlich, daß und warum medizinische Ethik nicht durch moralisch korrektes ärztliches Verhalten ersetzt werden kann. Denn auch der moralisch korrekt handelnde Arzt muß jederzeit in der Lage sein, anderen gegenüber über sein Handeln und die es leitenden Werte und Normen Rechenschaft abzugeben. Die ethische Kompetenz, deren er bedarf, ist andererseits nicht mit Moral gleichzusetzen. Der Arzt muß nicht nur ethische Prinzipien *kennen* und zwischen ihnen gegebenenfalls vermitteln können, er muß auch das Gute für seinen Patienten *wollen* und Schaden von ihm abwenden.

Das zuletzt Gesagte könnte zu der Annahme verleiten, medizinisches Handeln erfordere eine eigene, von der allgemeinen Ethik verschiedene Ethik. Eine solche Vermutung ist aber möglicherweise wiederum nur Ausdruck der Verwechslung von Moral und Ethik. Natürlich besitzen die Mediziner wie jeder Berufstand ein eigenes Ethos, eine eigene berufliche Moral. Sobald sich aber die Mediziner mit Ethik befassen, d.h. über die Möglichkeit, die Prinzipien und die Begründungen der moralischen Seite ihres Tuns reflektieren, tun sie das, was der Ethiker in seiner wissenschaftlichen Disziplin tut: sie treten in einen Diskurs ein, in welchem ein Handeln, das Moralität beansprucht, intersubjektiv nachvollziehbar und überprüfbar gemacht wird, indem es auf seine leitenden Prinzipien und die Validität der Konklusionen hin untersucht wird. Medizinische Ethik ist und kann daher keine Sonderethik sein; sie ist vielmehr eingebettet in die allgemeine philosophische Ethik, von der sie sich durch ihren vorrangigen Anwendungsbereich, nicht aber in der Art ihres wissenschaftlichen Vorgehens unterscheidet. Wie dies im einzelnen aussehen kann, wird in den Beiträgen dieses Bandes paradigmatisch dargelegt.

I. Medizinische Ethik als wissenschaftliche Aufgabe

Es würde nicht sehr weit führen, ginge man das Thema ‚medizinische Ethik' dadurch an, daß man medizinische Praxis und Wissenschaft unvermittelt mit philosophisch-ethischer Theorie konfrontierte. Das Resultat wäre Verständnislosigkeit auf beiden Seiten. Fruchtbar wird der Brückenschlag zwischen Medizin und Philosophie bzw. Ethik dann, wenn man sich zuvor der jeweiligen Fundamente vergewissert, die den Brückenbogen tragen sollen. Hinsichtlich der Medizin ist zu klären, in welchem Sinne man von ihr als einer Wissenschaft spricht; im Hinblick auf die philosophische Ethik ist darzulegen, in welcher Weise sie ihre theoretischen Einsichten praxisbezogen zu formulieren versteht. Der Behandlung dieser Doppelfrage dienen die ersten vier Beiträge. Die These des Beitrages von *Felix Anschütz* deutet sich bereits im Titel an: Die moderne Medizin ist eine Wissenschaft sui generis mit geisteswissenschaftlichen Grundlagen. Die These läßt aufhorchen:

Sind nicht die Grundlagen der Medizin unbestreitbar naturwissenschaftlicher Art? In der Tat ist das Konzept der modernen Medizin, wie Verf. einleitend ausführt, von der Sichtweise der Naturwissenschaften geprägt. Der Arzt hat es mit physiologischen Prozessen, die im menschlichen Körper ablaufen, zu tun. Diese Abläufe sind naturgesetzlich festgelegt und beschreibbar. Voraussetzung ärztlichen Heilens ist die Feststellung von Kausalzusammenhängen im menschlichen Körper, die als Krankheiten auftreten. Neue Erkenntnisse zieht die medizinische Wissenschaft aus planmäßig vorgenommenen Experimenten, deren Ergebnisse statistisch-quantitativ erfaßt und deren Gesetzmäßigkeiten in mathematischer Notation festgehalten werden. Krankheitsbilder werden wie Entitäten behandelt, ihre Symptome durch Experimente geprüft. Nach Anschütz ist dieses „iatrotechnische“ Modell im ersten Drittel unseres Jahrhunderts durch Berücksichtigung auch der psychischen Krankheitsbedingungen zur psycho-somatischen Medizin erweitert worden, um auf diesem Wege das „Maschinenmodell“ der naturwissenschaftlich ausgerichteten Medizin zu einem „ganzheitlichen Modell des kranken Menschen“ auszubauen. Geblieben ist das kausalistische Erklärungsmodell. Es beruht auf der Annahme, daß Krankheiten naturgesetzlich erklärbare Ursachen haben, und daß eine Heilung nur durch Feststellung und Behandlung dieser Ursachen möglich ist.

Die suggestive Kraft und damit auch der Erfolg des kausalistischen Erklärungsmodells beruhen nicht so sehr auf seiner mathematisch-naturwissenschaftlichen Präzision, sondern auf seiner Plausibilität in der täglichen Praxis. Genaugenommen zwingt die Begrenztheit des kausalistischen Modells die naturwissenschaftlich orientierte Medizin zur Vorsicht und bürdet dem Arzt, gerade weil er sich zunächst auf naturwissenschaftlich abgesicherte Verfahren stützt, bei der Behandlung des Patienten besondere Verantwortung auf. Der Arzt muß Symptome nämlich nicht nur identifizieren, er muß sie auch *deuten* können. Der Vorgang des Deutens aber ist im Unterschied zu dem des Erklärens von Komponenten beeinflußt, die naturwissenschaftlich-quantifizierend nicht zu erfassen sind: von Erfahrungen, Wertvorstellungen, Erwartungen etc. Anschütz hält dafür, daß beides miteinander Hand in Hand gehen muß: das naturwissenschaftliche Erklären mit dem geisteswissenschaftlichen Verstehen. Er illustriert dies an Hand zweier Fallbeispiele, welche zeigen, daß Krankheit mehr ist als nur der Zustand somatischer Dysfunktion; sie hat in der Regel auch mit einer Störung des seelischen Befindens zu tun. Entsprechend müssen die Begriffe ‚Krankheit' und ‚Gesundheit' bzw. ‚Heilung' in einem neuen Licht gesehen werden. Es handelt sich dabei um Verfaßtheiten des Menschen, die sowohl *naturwissenschaftlich geklärt* als auch *geisteswissenschaftlich gedeutet* werden müssen. Basis ärztlichen Handelns bleibt die an den Naturwissenschaften orientierte Medizin. Ihre Kenntnis gibt dem Arzt die Möglichkeit, festgestellte Symptome einem Krankheitsbild zuzuordnen. Diagnostisch wird er sich weiter an den Naturwissenschaften orientieren; therapeutisch aber wird er sich auf die Reflexion der geisteswissenschaftlichen Bedingungen seines Tuns einlassen müssen, denn er hat im Patienten keine „Maschine mit Defekten", sondern eine psychosomatische Einheit vor sich, an der es nicht nur bestimmte Dysfunktionen kausalistisch zu erklären, sondern auch bestimmte Einstellungen und Verfaßtheiten hermeneutisch zu verstehen gilt.

Daß die Medizin ungeachtet ihres Rückgriffs auf naturwissenschaftliche Erkenntnisse selbst nicht einfach den Naturwissenschaften zugeordnet werden kann, ist auch die These von *Carl Friedrich Gethmann*. In seinem Beitrag über *Heilen: Können und Wissen. Zu den philosophischen Grundlagen der wissenschaftlichen Medizin* legt der Verf. dar, daß die zentrale Aufgabe der Medizin, die Heilung von Kranken, keine solche ist, die eine Wissenschaft – und damit auch keine Naturwissenschaft – konstituiert. Die Medizin ist vielmehr eine ‚Kunst' (lat. ars, griech. techne). Verstünde sie sich als Naturwissenschaft, so könnte sie gar nicht erst mit einem Krankheitsbegriff arbeiten; Naturwissenschaften kennen *Abweichungen* („Aberrationen") vom Regelverhalten, nicht aber ‚Krankheiten'. Die für die Medizin konstitutive Aufgabe des Heilens stellt nach Gethmann „keine experimentelle, sondern eine inventorische Praxis" dar. Die Frage nach dem Wissenschaftscharakter kann insoweit nicht auf die Frage nach dem naturwissenschaftlichen Charakter der Medizin verengt werden. Auch ist die Medizin keine technische Disziplin, in der etwas bereitgestellt wird, sondern sie ist eine praktische Disziplin, in deren Mittelpunkt *Handlungen* stehen. Dementsprechend bemißt sich ihr Wissenschaftscharakter daran, ob es gelingt, die Heilung von Krankheiten, welche stets einzelfall- und situationsgebunden ist, als einen Vorgang zu begreifen, der Regeln unterliegt, die von Einzelsituationen unabhängig sind. Ärztliches *Können* zeigt sich darin, daß es im konkreten Einzelfall zum Erfolg, zur Heilung kommt; ärztliches *Wissen* besteht darin, daß dieser Vorgang als ein regelgeleiteter begriffen wird. Während es der Naturwissenschaftler mit Vereinzeltem (Singulärem) zu tun hat, das er quantitativ bestimmen, experimentell untersuchen und in Voraussagezusammenhänge bringen kann, hat es der Arzt mit dem Menschen, also Individuellem, zu tun. Das Singuläre ist beliebig und wiederholbar, das Individuelle hingegen einmalig; seine Behandlung erfordert daher ganz andere Methoden als der Umgang mit Singulärem.

Die Besonderheit ärztlichen Handelns wird deutlich, wenn man sich mit dem Verf. vergegenwärtigt, daß Gesundheit und Krankheit keine deskriptiven Begriffe sind. D.h.: ‚Gesundheit' bezeichnet nicht etwas, das der Fall ist, sondern etwas, das der Fall sein soll, und entsprechend ‚Krankheit' nicht etwas, das ist, sondern etwas, das nicht sein soll. Beide Begriffe sind mithin normativer Natur. Bestimmt werden sie nach Maßgabe der Lebensvorstellungen der Menschen. Dabei gründet die Normativität des Krankheits- bzw. Gesundheitsbegriffs nicht auf der Konzeption der subjektiven Befindlichkeit des einzelnen, sondern auf ihrem Status als Vernunftbegriff. *Vernünftig* sind die beiden Begriffe dann, wenn sie dem Kriterium der Verallgemeinerbarkeit genügen. Der Kritik am subjektivistischen Gesundheits- bzw. Krankheitsbegriff fügt Verf. noch eine weitere Kritik hinzu, nämlich die an der dualistischen Anthropologie, welche im Gefolge Descartes' den Menschen in Bewußtsein und Ausdehnung (Geist und Körper) aufspaltet. Verf.

plädiert statt dessen für eine pragmatische Anthropologie, welche sich nicht der Kategorien von ‚Körper' und ‚Geist', sondern derjenigen von ‚Wiederholbarkeit' und ‚Einmaligkeit' bedient. Krankheiten werden als Funktions- bzw. Systemstörungen angesehen, die nach Regeln zu beheben sind, welche situations*invariant* Geltung besitzen. „Ist die Störung bewältigt, bleibt das gesunde Individuum übrig, und es gibt keinen Zweck mehr, in bezug auf welchen z.B. zwischen Körper und Geist zu unterscheiden wäre".

Wie und wo aber zeigt sich ein Bedarf an medizinischer Ethik? Ist die Philosophie in der Lage, diesen Bedarf zu decken? Zwei Wege einer Antwort bieten sich an: Man kann zum einen schauen, ob es konkrete medizinische Sachverhalte gibt, deren moralische Implikationen von einer wissenschaftlich betriebenen Ethik geklärt werden können; man kann aber auch den Versuch unternehmen, nachzuweisen, daß die Ethik von sich her *grundsätzlich* in der Lage ist, die moralischen Implikationen medizinischer Möglichkeiten zu klären. Beide Wege stehen zueinander, so verschieden sie sind, nicht in Widerspruch, ja sie können miteinander kombiniert werden. Dies zu zeigen ist die Aufgabe des Beitrages von *Wolfgang Kuhlmann* über *Diskursethik und die neuere Medizin*. Im ersten Teil seiner Darlegungen zeigt der Autor, daß und wie ethische Analyse im konkreten Fall funktioniert, im zweiten, wie ein generelles Erklärungskonzept aussieht. Am Anfang steht die grundsätzliche Frage danach, wie Sachverhalte oder Tatbestände mit ethischen Normen und Prinzipien in Zusammenhang gebracht werden können. Bei der sachlichen Feststellung dessen, *was der Fall ist*, und der ethischen Vorschrift darüber, *was sein soll*, handelt es sich beide Male um theoriegeladene Zusammenhänge. Mehr noch: um Zusammenhänge, die zwar formal voneinander zu unterscheiden sind, gleichwohl aber faktisch miteinander verschränkt vorkommen. D.h.: In die Feststellung dessen, was der Fall ist, gehen schon immer normative Bezüge ein.

Am Beispiel der In-vitro-Fertilisation erläutert der Autor, daß es drei mögliche Ursachen für die Unklarheit bzw. Unsicherheit in der ethischen Einschätzung der mit dieser neuen Technik verbundenen Probleme gibt. Zum einen kann dies daran liegen, daß die bisher entwickelte Ethik versagt, d.h. auf die neuen Probleme nicht anwendbar ist. Zum zweiten kann die Ursache für die Unsicherheit die sein, daß die bisher entwickelte Ethik Lücken aufweist. Drittens schließlich ist denkbar, daß die bisher entwickelte Ethik durchaus zur Lösung von Problemen hinreicht, es aber Schwierigkeiten mit der Anwendung gibt. – Was die erste Möglichkeit angeht, so ist die Ethik, insofern sie auf der – wie immer näher zu bestimmenden – absoluten Differenz zwischen gut und schlecht bzw. auf der Differenz zwischen dem zu tuenden Guten und dem zu vermeidenden Schlechten besteht, weder unzureichend noch veränderbar: Sie ist nicht unzureichend, weil die Anerkennung der Differenz zwischen gut und schlecht die unaufhebbare Voraussetzung einer jeden Ethik ist, und sie ist auch nicht aufgrund neuer Sachverhalte veränderbar, es sei denn, man beginge den „naturalistischen Fehlschluß" einer Ableitung des Sollens aus dem Sein. – Auch die zweite der oben genannten Möglichkeiten verfängt nicht, da die Ethik kein für jeden Einzelfall ausdifferenziertes Regelsystem, sondern einen prinzipienbezogenen Reflexionszusammenhang darstellt. Transferprobleme können daher nicht auf „Lücken" zurückgeführt werden, es muß sich dabei vielmehr um *Anwendungsprobleme* handeln.

Nach Kuhlmann erfordern die neuen Möglichkeiten der Medizin im Hinblick auf ihre ethische Behandlung weder eine neue Ethik noch eine Ergänzung der bisherigen Ethik. Stattdessen ist eine exakte Ausarbeitung der Frage, worauf man sich bei der Anwendung der Ethik im Falle neuartiger Probleme stützen soll, möglich und erforderlich. D.h.: Es geht dem Verf. um ein *Verfahren*, mit dessen Hilfe man von rein deskriptiv bestimmten Sachverhalten zu Feststellungen gelangt, welche deren ethische Bezüge adäquat erfassen. Hierzu sind vier Instanzen notwendig: 1. das Moralprinzip selbst („Philosophie 1"), 2. der jeweils gegebene Sachverhalt („Philosophie 2"), 3. Erfahrung und schließlich 4. Urteilskraft. „Philosophie 1" verpflichtet den Handelnden darauf, das Bestmögliche zu erreichen; „Philosophie 2" soll die erforderlichen Kriterien, Maßstäbe und Inhalte, die im konkreten Fall einschlägig sind, nennen und prüfen; die Erfahrung soll helfen, aufgrund bisher bewährter Anwendungsfälle eine Lösungsstrategie zu entwerfen, und die Urteilskraft schließlich soll den Brückenschlag vom Allgemeinen (Norm, Regel, Gesetz) zum konkreten Einzelfall herstellen.

Die von Kuhlmann vorgeschlagene Diskursethik leitet ihren Namen von der Forderung her, daß ethische Fragen und insbesondere kritische Standpunkte durch den Diskurs aller Beteiligten behandelt und einem Konsens zugeführt werden. Dabei wird davon ausgegangen, daß es bestimmte moralische Grundverpflichtungen gibt, die jedermann als rational zugänglich und gleichermaßen verbindlich anerkennt bzw. anerkennen wird, sobald sie ihm bewußt sind. Hierzu gehört die schon erwähnte Fundamentaldifferenz zwischen gut und schlecht sowie die Forderung, das Gute zu tun und das Schlechte zu unterlassen. Solche Prinzipien gehören zum festen, nicht zur Disposition stehenden, weil ohne Selbstwiderspruch nicht zur Disposition stellbaren Grundbestand der Ethik. Kuhlmann nennt dies ‚Philosophie 1'; ihr Gegenstand sind die Grundprinzipien normativer Ethik, d.h. diejenigen Sätze, deren Wahrheitsanspruch vom Fallibilismus-Vorbehalt ausgenommen sind. Jeder, der sich am ethischen Diskurs beteiligt, muß sie anerkennen. Wichtig ist dabei ein Zweifaches: zum einen, daß hier eine ethische Letztbegründung vertreten wird, d.h. eine solche, die einer weiteren Begründung weder fähig noch bedürftig ist; zum zweiten, daß diese Letztbegründung reflexiver Natur ist: Sie erfolgt in Form eines Rückbezugs.

Damit ist freilich nur der formale Hintergrund der Diskursethik umrissen. Für die notwendige inhaltliche Ausrichtung sorgt nach Kuhlmann die Instanz der Erfahrung. Sie versorgt den Menschen mit einer Vielzahl von Gesichtspunkten, regt Analogiebildungen an und vermittelt vielfältige Hinweise. Freilich: Die Erfahrungsinstanz vermag nicht die für den ethischen Diskurs erforderliche Geltungsnotwendigkeit von Handlungsnormen zu vermitteln. Dieselben leitet die Diskursethik aus der Maxime des vernünftigen Konsenses ab. D.h.: Geltung besitzt dasjenige, worin alle ihre Vernunft verwendenden Menschen übereinstimmen bzw. übereinstimmen würden. Wie aber soll man zu ethischen Resultaten kommen, wenn der Diskurs darüber ein unabgeschlossener ist? Hier ist zwischen dem faktisch endlichen und dem potentiell unendlichen Diskurs zu unterscheiden. Ethische Diskurse müssen, sollen sie zu Resultaten führen, als faktisch endliche Diskurse betrachtet werden. Für ihre konsensuelle Absicherung reicht es, wenn an ihrer potentiellen Unabschließbarkeit festgehalten wird. Die „Resultate“ der Diskursethik sind insoweit Annäherungen an einen idealen Grenzwert. Einen endgültigen Konsens im Sinne eines nicht-falliblen, nicht bezweifelbaren und nicht weiter diskursbedürftigen Ergebnisses kann es nicht geben, wohl aber einen Konsens, der bei prinzipieller Offenheit gegenüber möglichen Einwänden von den derzeit am Diskurs Beteiligten und den von den Konsequenzen des Konsenses Betroffenen einmütig anerkannt wird.

Zur Führung eines solchen Diskurses bedarf es ethischer Kompetenz. Nun steht aber das Fach Ethik kaum je auf dem Lehrplan. Erst die jüngste Änderung der ‚Ärztlichen Approbationsordnung‘ nennt unter den Ausbildungsgegenständen erstmals „ethische Aspekte ärztlichen Handelns“. Damit nimmt das Thema *Ethik in der Medizin als Gegenstand von Lehre, Studium und Forschung* konkretere Gestalt an. In seinem diesbezüglichen Beitrag beschäftigt sich *Winfried Kahlke* vor dem Hintergrund einer kritischen Skizze der derzeitigen Situation der medizinischen Ausbildung mit der Frage, wie eine Implementation ethischer Analyse aussehen könnte. Am Beispiel der Genomanalyse skizziert er die einzelnen Schritte, die ein derartiges Forschungsvorhaben aus ethischer Sicht begleiten müßten. Dabei würde es nach Kahlke nicht hinreichen, nähme man die ethische Analyse erst bei der Bewertung im Einzelfall vor; ein wissenschaftlich abgesichertes Vorgehen macht vielmehr ein Zusammengehen von medizinischer Genomanalyse und philosophisch-ethischer Bewertung derselben erforderlich. Damit ergibt sich für die an der Genforschung beteiligten Wissenschaftler von Anfang an – und nicht erst bei Vorliegen konkreter Ergebnisse – die Verpflichtung zur ethischen Reflexion ihres Tuns. Im Falle der Genomanalyse ist dies insofern von besonderer Bedeutung, als es sich dabei um ein Forschungsfeld handelt, dessen Risiken und Folgen derzeit besonders schwer voraussagbar sind. Verf. hält sechs Lernziele für vorrangig: Sensibilisieren, Motivieren, Orientieren, Argumentieren, Entscheiden und Handeln. Wie diese Lernziele zeigen, begreift Verf. die Ausbildung in Ethik nicht als einen einmal abzuleistenden Studienabschnitt der medizinischen Ausbildung, sondern als einen Studium, Forschung und Praxis begleitenden *Fortbildungsauftrag*.

II. Natur, Mensch, Person

Vermag Ethik angesichts der drängenden Fragen und Probleme seitens Technik, Wissenschaft und Gesellschaft klare und zuverlässige Antworten zu geben? Wenn ja, reicht die bisher entwickelte Ethik aus oder bedarf es einer ganz neuen Ethik? Nach Hans Jonas (Das Prinzip Verantwortung. Frankfurt 1979) vermag die Ethik kompetente Antworten zu geben, sie bedarf nur einer neuen, einer metaphysischen Begründung. Die traditionelle Ethik ist ihm zu sehr am Menschen und seinem Handeln und häufig einseitig an der formalen Prüfung von Geltungsansprüchen orientiert. Auf dieser Grundlage vermag sie nach Jonas den heutigen Anforderungen nicht mehr gerecht zu werden. Dies umso weniger, als die Wissenschaftsgläubigkeit der Moderne und ihr zwanghaftes Verfallensein an die Idee der Machbarkeit eine Sicherung der Verantwortung verhindern. Um eine solche „Ethik der Verantwortung“ aber ist es Jonas zu tun. In ihrem Beitrag *Metaphysische Voraussetzungen und praktische Konsequenzen des „Prinzips Verantwortung“* prüft *Annemarie Gethmann-Siefert* in einem ersten Schritt die Jonassche Grundannahme, die traditionelle Ethik, allem voran die Kantische, sei anthropozentristisch, um sich im Anschluß daran mit der Frage nach der Konsistenz einer „Ethik kollektiver Verantwortung“ kritisch auseinanderzusetzen. Wie die Verf. zeigt, übersieht die

Jonassche Deutung der Bindung des ‚kategorischen Imperativs' an das Individuum den Kern dieses Kantischen Lehrstücks, nämlich die Ermöglichung der Verallgemeinerbarkeit und die Sicherung eines umfassenden Geltungsanspruchs. Indem Jonas an die Stelle einer formalen, auf das Prinzip Freiheit gegründeten Ethik eine materiale, auf der Idee der Natur basierende Ethik setzt, tritt lt. Verf. an „die Stelle der Autonomie des Handelns ... die Heteronomie des Sich-Verdankens", d.h. die Ethik wird im Ansatz von einer außerhalb des Individuums liegenden überkulturellen und außerhistorischen Instanz abhängig gemacht. Nicht der Mensch als handelndes Vernunftwesen, sondern die Natur als ontische Notwendigkeit bildet nach Jonas das Fundament der Letztbegründung von Ethik. Er entgeht dem Vorwurf der Ableitung des Sollens aus dem Sein (dem sog. ‚naturalistischen Fehlschluß') dadurch, daß er die Natur als das Resultat göttlichen Handelns begreift; die Begründung der Ethik wird onto-theologisch. Mit dieser Begründungsweise von Ethik aber wird die Freiheit vom Menschen in die infolge der Freiheit göttlichen Schaffens ungebundene Natur verlegt und der Mensch zur Handlungsunfähigkeit verdammt. Welche Konsequenzen ein solcher Ansatz hat, zeigt die Verf. am Beispiel der ethischen Implikationen des Rechts auf einen menschenwürdigen Tod.

Die Beispiele belegen laut Verf., daß der Jonassche Ansatz einer metaphysisch begründeten Ethik impraktikabel, wenn nicht ungeeignet ist. So hat das Jonassche Konzept der „maximalen Todesdefinition" die Unmöglichkeit von Organtransplantationen zur Folge, und zwar auch dann, wenn der Verstorbene zu seinen Lebzeiten einer Organentnahme ausdrücklich zugestimmt hat. Getreu der Verlagerung der Ethikbegründung vom Konzept des autonomen Individuums auf eine Metaphysik der Natur spricht Jonas dem Menschen die Möglichkeit ab, in Freiheit Entscheidungen über die postmortale Verwendung seines Körpers zu treffen. Das Recht auf ein Sterben in Würde bejaht Jonas bezeichnenderweise nicht mit Rekurs auf den Menschen, sondern auf die gleichsam von Natur aus gegebene „Würde des Todes". Dagegen ist zu bedenken: Abgesehen davon, daß eine auf das Sein der Natur gegründete Ethik kaum Aussicht auf Konsens hätte – zu unterschiedlich sind bekanntlich die Auffassungen der Menschen von der Natur –, würde eine solche ontologisch begründete Ethik auch nicht das leisten, was Ethik leisten soll: nämlich die moralische Urteilsfähigkeit des Menschen auszubilden und zu schärfen, die darin besteht, daß der einzelne sein Handeln nicht nur unter ethische Normen stellt, sondern darüber hinaus die Verallgemeinerbarkeit dieses Tuns kritisch zu überprüfen imstande ist. Für die Ethik als wissenschaftliche Disziplin bedeutet dies: Sie muß auf den Menschen gegründet werden, und sie kann nur eine formale, keine inhaltliche Ethik sein. Sie muß auf den Menschen gegründet werden, d.h.: auf die Freiheit und Autonomie der Person und deren Diskursfähigkeit und Vernunfthaftigkeit. So verstanden macht Ethik keine inhaltlichen Vorgaben, sie ist vielmehr formal, sie dient der kritischen Prüfung der Bedingungen moralischen Handelns. Vor allem aber: Sie verfügt lt. Verf. weder über eine letztgültige metaphysische Begründung noch über eine prinzipiell nicht mehr infragestellbare Wahrheit; ihr Begründungsstatus bleibt kontingent, weil von der menschlichen Freiheit und Vernunft abhängig, und ihre Wahrheitsfähigkeit eine bedingte: den grundsätzlichen Vorbehalt der Irrtumsmöglichkeit kann sie nicht ohne Selbstaufgabe überwinden.

Zur Aufgabe des Wissenschaftlers gehört die Prüfung der Rationalität von Argumenten, die für oder gegen eine bestimmte These, Theorie oder Handlungsmöglichkeit vorgetragen werden. Dabei setzt eine Bewertung von Pro- und Contra-Argumenten stets eine gründliche Prüfung der Konsistenz und der Hintergründe derselben voraus. Wie wichtig, aber auch wie schwierig dies ist, zeigt die Diskussion um die ethische Qualität der durch die modernen Fortpflanzungstechnologien sich eröffnenden Möglichkeiten künstlicher Befruchtung, des intratubaren Gametentransfers, der In-vitro-Fertilisation etc. Den ethischen Problemen der Reproduktionsmedizin geht der Beitrag von *Annemarie Pieper* unter der Überschrift *Moderne Fortpflanzungstechnologien: Machbarkeitswahn oder Thera-*

pieangebot? nach. Laut Verf. läßt sich die Frage eines generellen Verbots oder Nicht-Verbots der Fortpflanzungstechnologien nicht apodiktisch beantworten, weil dieser Bereich sowohl Anwendungen ermöglicht, die ethisch zulässig, als auch solche, die ethisch zweifelhaft sind. Grundsätzlich ist zu beachten, daß die Möglichkeiten der Reproduktionsmedizin, vor allem im Falle der künstlichen Herbeiführung erwünschter Mutterschaft, Individualrechte von hohem Rang berühren, die einem allgemeinen Nutzenkalkül nicht untergeordnet werden dürfen. Die Verf. zeigt, daß bei Anerkennung des Freiheitsrechts und Glücksanspruchs des einzelnen (sofern diese nicht die nämlichen Rechte anderer einschränken) gängige Einwände gegen die Inanspruchnahme der Möglichkeiten der modernen Reproduktionsmedizin seitens kinderloser Paare (wie z.B., ein solcher Kinderwunsch sei pathologisch oder egoistisch oder man müsse Unfruchtbarkeit als gottgewollt hinnehmen) ethisch nicht haltbar sind, und zwar deswegen nicht, weil sie mit einem politischen oder gesellschaftlichen Oktroi in Grundrechte eingreifen.

Andererseits ist jedoch nach den Rechten der Kinder zu fragen, die aufgrund der künstlichen Reproduktionstechnologie geboren werden. Hier ist das Recht auf die eigene Identität bzw. genauer: auf das Wissen um die eigene Herkunft zu nennen, das im Falle künstlicher Fertilisation, insbesondere bei heterologer Insemination, tangiert sein könnte. Genau genommen handelt es sich um die biologische Seite dieses Rechtes auf Identität, denn die Sicherung der ungleich wichtigeren psychologischen Seite des Identitätsrechts unterliegt denselben Bedingungen wie dasjenige „natürlich" gezeugter Kinder. Die Verf. hält dafür, daß dem möglichen Identitätskonflikt künstlich gezeugter Kinder zum einen der Wert gegenübersteht, daß sie in ganz eindeutiger Weise Wunschkinder sind, und zum zweiten die generelle Prävalenz des Geborenwerdens vor dem Nicht-Geborenwerden.

Doch wie sieht es mit der ethischen Qualität der Arbeit der Wissenschaftler im Bereich der Reproduktionsmedizin aus? Ist die Möglichkeit der Hilfe bei Kinderlosigkeit nur ein Vorwand für ungezügelte wissenschaftliche Neugier, für Manipulationen am menschlichen Erbgut, für die – dazu noch immer weitgehend von Männern vorgenommene – Kontrolle menschlicher Reproduktion ab ovo? Daß hier Gefahren lauern, und d.h für den Ethiker: daß hier elementare ethische Prinzipien infrage stehen, kann gar nicht bestritten werden. Die Schwierigkeit liegt in der Frage, ob es ethisch zu rechtfertigen ist, um der Verhinderung solcher Gefahren willen die positiven Möglichkeiten der modernen Fortpflanzungstechnologien von vornherein abzublocken. *Kann das Argument der Mißbrauchsmöglichkeit wissenschaftlicher Erkenntnis ein generelles Verbot der Herbeiführung solcher Erkenntnisse rechtfertigen?* Die Verf. verneint dies, und zwar mit folgenden Überlegungen: Zum einen folgt aus der Mißbrauchs*möglichkeit* nicht zwingend der tatsächliche Mißbrauch, zum zweiten ist denkbar, daß dem Mißbrauch durch entsprechende gesetzliche Bestimmungen und medizinethische Kontrollen ein Riegel vorgeschoben wird. Schließlich und vor allem übersieht ein rigoroses Verbot der Reproduktionstechnologien, daß die Wissenschaftler aus Freiheit handelnde und ihr Handeln verantwortlich steuernde Vernunftwesen sind, die ihr Tun und Lassen unter das wissenschaftliche wie moralische Rechtfertigungsgebot der ‚Scientific Community' gestellt wissen. Das bedeutet: An die Stelle eines rigorosen Verbots der Reproduktionstechnologien wegen der Möglichkeit des Mißbrauchs muß die Regulierung der wissenschaftlichen Arbeit durch den ethischen Konsens der Handelnden treten. Der hierzu nötige Diskurs ist freilich nicht auf den Kreis der Forschergemeinschaft beschränkt, sondern er ist ein solcher, der von der Gesellschaft insgesamt getragen und gesteuert werden muß. Der einzelne Wissenschaftler und damit auch der Reproduktionsmediziner trägt insoweit nicht nur eine Verantwortung gegenüber der Scientific Community, sondern gegenüber der Gesellschaft insgesamt, er muß seine Forschungsvorhaben nicht nur vor der Fachwelt, sondern auch vor der Gesellschaft (vertreten z.B. durch Ethik-Kommissionen) rechtfertigen. Dabei gilt das Prinzip, daß nur solche Forschungen ethisch unbedenklich sind, von denen ein erwartbarer Fortschritt für den Menschen ausgeht, und zwar ein Fortschritt, der nur auf diesem Weg erzielt werden kann. Im Falle der Reproduktionsmedizin plädiert die Verf. darüber hinaus dafür, daß am ethischen Beurteilungsprozeß Frauen paritätisch zu beteiligen sind. Dies ist umso wichtiger, als Frauen gerade in Fragen der Reproduktionsmedizin eine „Betroffenheitskompetenz" (Annemarie Gethmann-Siefert) einbringen können, die weit über die emotive Bedeutung hinaus einen entscheidenden Beitrag zur Rationalität des entsprechenden Diskurses in Richtung auf eine „transinstrumentelle Rationalität" (Annemarie Pieper) erbringen kann.

Der Beitrag von Annemarie Pieper enthält ein Plädoyer dafür, die ethische Dimension der modernen Fortpflanzungstechnologien nicht durch staatliche Bevormundung, sondern durch den rationalen Diskurs des mündigen, moralisch verantwortlichen Bürgers zu regeln. Desungeachtet wird man immer dort legislativ und judikativ tätig werden müssen, wo es um Definition und Beachtung des rechtlichen Rahmens der Reproduktionstechnologien geht. Innerhalb dieses Feldes wird man absolute Sicherheit vor Mißbrauch und absolute Gefahrlosigkeit nur um den Preis einer Einschränkung der Freiheit herstellen können. Freiheit und Selbstbestimmung des mündigen Individuums aber sind ethische Prinzipien von hohem Rang. Dieselben zu verwirklichen ist Aufgabe des gesamtgesellschaftlichen ethischen Diskurses. In der Embryonenforschung, deren ethische Problemstellungen Teil derjenigen der Reproduktionstechnologien sind, hat man sich in Deutschland seit 1990 zugunsten einer strikten rechtlichen Regelung in Form eines Embryonenschutzgesetztes entschieden. Danach ist jegliche Forschung an und mit Embryonen verboten. Ein Schutzbedarf für Embryonen entsteht z.B. dadurch, daß bei der In-vitro-Fertilisation stets mehr befruchtete Eizellen entstehen, als für die Behebung ungewollter Kinderlosigkeit erforderlich ist. Die nicht für eine Schwangerschaft verwendeten Eizellen dürfen nach dem Embryonenschutzgesetz nicht der Forschung zugeführt werden, obwohl eine solche Forschung möglicherweise zur Erkennung der Ursachen von Fehlbildungen nützlich sein könnte (Verbot der sog. „verbrauchenden Embryonen-

Forschung"). Die ethische Problematik dieser Forschung besteht darin, daß dieselbe nicht dem Embryo selbst dient, sondern diesen einem anderen Zweck unterordnet. Der deutsche Gesetzgeber hat sich deshalb für eine strikte gesetzliche Regelung entschieden.

Die Aufgabe der Ethiker in der Untersuchung der Rationalität der Argumente pro und contra Zulässigkeit der Embryonenforschung charakterisiert *Dieter Birnbacher* in seinem Beitrag über *Ethische Probleme der Embryonenforschung*. Seine Darlegungen gliedern sich in eine Analyse der derzeitigen Kontroversen, eine Herausarbeitung ihrer Voraussetzungen und den Vortrag eigener Lösungsvorschläge. Was ersteres angeht, so ist lt. Verf. zwischen der ethischen Analyse von Handlungsweisen und derjenigen der Motive der Handelnden zu unterscheiden. Dies ist deswegen unumgänglich, weil die Moralität von Handlungsweisen und diejenige von Handlungsmotiven nicht notwendig miteinander verknüpft sind. So kann man aus neutralen oder gar moralisch defizienten Motiven heraus moralisch korrekt handeln, und man kann umgekehrt aus moralisch positiven Motiven heraus moralisch fragwürdige Handlungen vornehmen. Im Hinblick auf die Embryonenforschung bedeutet dies, daß ihre ethische Beurteilung nicht schon durch die möglicherweise mangelhafte Qualität der Motive (wissenschaftliche Neugier, merkantile Interessen o.ä.) entschieden werden kann. Man wird im Gegenteil auf eine strenge Unterscheidung zwischen Handlungsweisen und Handlungsmotiven achten müssen und sich vor allem auf die ethische Analyse der Qualität der Argumente einlassen. Im Hinblick auf letztere greift Verf. die Unterscheidung von Brian Barry zwischen *bedürfnis-* und *ideal-orientierten* moralischen Argumenten auf. Erstere sind deskriptiver Art: Sie entstammen faktisch bestehenden Bedürfnissen und Präferenzen. Die ideal-orientierten Argumente hingegen richten sich nicht an Faktischem, sondern an Geltungen aus. Der Unterschied zwischen den beiden Arten von Argumenten bzw. des Umgangs mit ihnen liegt nach Verf. darin, daß den bedürfnis-orientierten Argumentationen eine gewisse Prioriät vor den ideal-orientierten zukommt, weil erstere leichter allgemeinen Zuspruch finden als letztere. D.h.: Es läßt sich eher ein Konsens über bestehende Bedürfnisse denn über Geltung beanspruchende Normen herstellen. Verf. fragt nun, was sich unter der Annahme dieser ‚Prioritätsthese' im Hinblick auf die Frage nach dem Embryonenschutz ergibt. Kann man bei Embryonen bis zu einem Alter von 14 Tagen (und nur um diese geht es, ältere Embryonen sind grundsätzlich der Forschung nicht zugänglich), bei denen entwicklungsmäßig die Voraussetzungen für Bewußtsein und Subjektivität noch nicht gegeben sind, von Bedürfnissen und damit von bedürfnis-orientierten Argumenten sprechen? Birnbacher verneint dies. Doch wie steht es, wenn man in max. zwei Wochen alten Embryonen „*potentielle* Bedürfnissubjekte" sieht? Dies ist bei den „überzähligen" Embryonen, die nicht in den Uterus einer Frau eingepflanzt und so in ihrer natürlichen Potentialität zur späteren Menschwerdung belassen werden, allenfalls in einem abstrakten Sinn von Potentialität der Fall: weil sie nicht transferiert werden, sterben sie weit vor der Realisierung ihrer Potentialität ab.

Im Hintergrund steht hier ein Problem von grundsätzlicher Bedeutung: Kann man Potentialität wie eine Eigenschaft behandeln? Potentialität ist genau genommen keine Eigenschaft im Sinne von Vorhandenem, sondern bezeichnet die Möglichkeit, in Zukunft bei ungehinderter Entwicklung bestimmte Eigenschaften zu erwerben. Der noch nicht 14 Tage alte Embryo „besitzt" noch nicht die Eigenschaften, über die er in späteren Phasen verfügen wird. Macht man die Schutzrechte am faktischen *Besitz* von Eigenschaften fest, so wird man dem noch nicht 14 Tage alten Embryo mangels entsprechender Eigenschaften keine derartigen Schutzrechte zubilligen können; dies umso weniger, als der nicht für den Transfer verwendete Embryo mit Sicherheit ein solches späteres Stadium nicht erreichen wird. Ganz anders sieht nach Verf. die Situation für Experimente an der menschlichen Keimbahn mit dem Ziel ihrer künstlichen Veränderung aus: Eine Manipulation am Genbestand erscheint schon angesichts der Tatsache, daß die nachfolgenden Generationen diesen manipulierten Genbestand übernehmen, ethisch im höchsten Maße problematisch. Nach Verf. ist „die Keimbahntherapie am Menschen grundsätzlich abzulehnen".

Die bedürfnis-orientierte Argumentation ermöglicht in gewisser Hinsicht einen liberalen Standpunkt in der Frage der Erlaubtheit einer restriktiven Form von Embryonenforschung. Es ist jedoch zu fragen, ob eine solche Liberalität nicht Grenzen verwischt und so den schützenden Damm irgendwann brechen läßt (sog. ‚Dammbruchargument'). Verf. hält dies für ein grundsätzlich wichtiges, im Falle der Embryonenforschung aber nicht relevantes Argument, sofern dieselbe innerhalb enger Grenzen und unter strengen Auflagen (einziger Weg für die Heilung von Krankheiten, Zustimmung der Spender, Beendigung der Experimente nach Ablauf von 14 Tagen) erfolgt. Besonders ernst nehmen muß man lt. Verf. die gefühlsmäßigen Widerstände gegen die Embryonenforschung. Dieselben sind nicht einfach als irrational abzutun. In ihnen steckt, neben dem emotiven ein durchaus rationaler Kern: die Vermutung nämlich, daß die ethischen Bedenken gegen die Embryonenforschung nicht durch die positiven Möglichkeiten derselben (Heilung bzw. Vermeidung von Krankheiten etc.) aufgehoben werden können. Daß diese Bedenken in Deutschland stärker als in anderen, vergleichbaren Ländern wiegen, kann nach Verf. auf die „historisch bedingte Sensibilisierung für Belange des Lebensschutzes" und eine „weniger ausgeprägte liberale Tradition" zurückgeführt werden.

Nach gründlicher Abwägung des Pro und Contra gelangt Verf. letztlich zu dem Ergebnis, daß „die Embryonenforschung bis auf weiteres als moralisch unzulässig gelten muß". Daraus folgt freilich nicht zwingend, daß sie, wie dies in Deutschland durch das Embryonenschutzgesetz geschieht, pönalisiert wird. Mangelnde Akzeptanz der Zulässigkeit einer bestimmten Handlungsmöglichkeit impliziert nicht notwendig deren strafrechtliche Sanktionierung. Eine Pönalisierung moralisch mangelhaften Verhaltens ist nur dann angezeigt, wenn dasselbe zu handfesten sozialen Schädigungen führt. Dahinter steckt das Problem, ob man Moral gegebenenfalls mit strafrechtlichen Mitteln durchsetzen darf. Lt. Verf. ist dies in ethischer Hinsicht nur dann angemessen, wenn „die Unmoral einiger das Wohl anderer in erheblicher und nicht zu vernachlässigender Weise tangiert". In Konsequenz seiner Überzeugung, daß die ethische Ablehnung der Embryonenforschung in Deutschland nicht auf der Nicht-Beachtung von Bedürfnissen des Embryo, sondern auf der durch geschichtliche Erfahrungen bedingten besonderen Sensiblität beruht, lehnt Verf. eine Pönalisierung der Embryonenforschung ab; dies nicht zuletzt deswegen, weil die Sicherung von Moral auf Kosten der Freiheit aus rechtsethischen Gründen immer dann bedenklich ist, wenn das unter Strafe gestellte Verhalten keine objektive Schädigung anderer impliziert. Man könnte diese Argumentation dahingehend auf den Punkt bringen, daß man den bekannten Satz, daß nicht alles, was rechtlich erlaubt ist, auch moralisch legitim ist, durch den Satz ergänzt: Nicht alles, was moralisch illegitim ist, muß rechtlich unter Strafe gestellt werden.

Die Frage der ethischen Qualität der Embryonenforschung bezieht sich auf den maximal zwei Wochen alten Embryo. Forschungen über diesen Zeitraum hinaus gelten in jedem Fall als medizinisch wie ethisch unakzeptabel. Doch wie ist diese 14-Tage-Grenze zu begründen? Ist nicht zu fragen, ob der Embryo vom ersten Tag an menschliches Leben darstellt? An dieser Frage setzt der Beitrag des Embryologen und Philosophen *Günter Rager* über *Embryo, Mensch, Person: Zur Frage nach dem Beginn des personalen Lebens* an. Gelten die Rechte, die der Mensch als Person besitzt – seine Würde, seine Freiheit, seine Autonomie – erst vom Augenblick der Geburt an, oder gelten dieselben schon in seiner vorgeburtlichen Entwicklungsphase? Ist, so fragt Verf., „die befruchtete Eizelle ihrem Wesen nach ein Mensch? Ist sie gar Person?" Als Embryologe geht Verf. von embryologischen Befunden aus, um sich im zweiten Teil seiner Darlegungen kritisch mit der These auseinanderzusetzen, menschliches Leben beginne nicht *mit*, sondern zu einem bestimmten Zeitpunkt *nach* der Verschmelzung von Ei- und Samenzelle. Im abschließenden Teil widmet er sich der Frage, ob bereits die befruchtete Eizelle als Mensch und als Person zu betrachten ist.

Die Entwicklung des Embryos aus der befruchteten Eizelle zeigt sich nach Verf. als ein kontinuierlicher Prozeß, im Verlaufe dessen kein Augenblick dergestalt auszuzeichnen ist, daß man sagen könnte, *vor* diesem Zeitpunkt handle es sich bei dem Embryo noch nicht um einen Menschen und *mit* diesem Zeitpunkt sei der Embryo zum Menschen geworden. Einen bestimmten Zeitpunkt in der Entwicklung des Embryos als den der Menschwerdung auszeichnen zu wollen, ist nach Verf. angesichts des naturwissenschaftlichen Befundes – nämlich der *Kontinuität* der Embryonalentwicklung – nicht möglich. Aus dem Umstand aber, daß die befruchtete Eizelle das das künftige Individuum bestimmende Genom enthält, folgert Verf., daß es sich bei der befruchteten Eizelle von Anfang an um menschliches Leben handelt.

In einem zweiten Schritt setzt sich Verf. mit Einwänden bzw. Gegenpositionen zu diesem Prinzip „Mensch von Anfang an" auseinander. Da ist zum einen die These, der Embryo könne deswegen nicht von Anfang an Mensch sein, weil er im Verlaufe seiner Entwicklung zunächst niedrigere Formen animalischen Daseins durchlaufen müsse, ehe er zu menschlichem Dasein vorstoße (sog. „Biogenetisches Grundgesetz"). Ein solider wissenschaftlicher Nachweis für die Gültigkeit dieses „Gesetzes" liegt lt. Verf. nicht vor, d.h. es ist nicht erwiesen, daß die Ontogenese des Menschen seine Phylogenese „rekapituliert". In Wirklichkeit ist die Phylogenese als ein Ereignis in der Kausalität der Ontogenese zu betrachten. D.h.: Zu jedem Zeitpunkt seiner Entwicklung von der befruchteten Eizelle an ist der Embryo seiner Potentialiät nach, d.h. aufgrund seiner genetischen Konstitution, immer schon Mensch. Es gibt in diesem Entwicklungsprozeß keine diskreten Momente mit prinzipiell neuer Entwicklungsqualität. Eine gewisse Schwierigkeit ergibt sich lediglich für den Zeitraum zwischen der Vereinigung von Ei- und Samenzelle und dem Augenblick, in dem die befruchtete Eizelle die Fähigkeit zur Bildung von Zwillingen oder Mehrlingen verliert: Kann man in diesem Zeitabschnitt im Embryo menschliches Leben im Sinne der Individualität sehen, obwohl sich in dieser Zeit eineiige Mehrlinge bilden können? Verf.

sieht hier kein Hindernis: Die befruchtete Eizelle stellt auch im Mehrzellstadium ein einheitliches Ganzes dar. Auch meint der Begriff des Individuums nicht Unteilbarkeit, sondern Ungeteiltsein. Die Entstehung von Mehrlingen ist mithin mit dem Begriff des Individuums vereinbar.

Doch wie steht es mit dem Person-Sein? Der Begriff der Person ist mit dem Gedanken des moralischen Subjekts, das über Selbstbewußtsein und Vernunft verfügt, auf das engste verbunden. Dies setzt eine bestimmte Entwicklung des Hirns bzw. des Nervensystems voraus. Die physiologischen Voraussetzungen hierfür sind nicht vor dem 16. Tag nachweisbar. Der Beginn menschlichen Lebens bzw. der Eintritt des Embryos in das Stadium menschlichen Lebens wäre dann zu dem Zeitpunkt anzusetzen, an dem die für Selbstbewußtsein und Vernunftgebrauch erforderlichen Entwicklungen des Nervensystems eingesetzt haben. Verf. verweist in diesem Zusammenhang auf den Vorschlag von H.M. Sass, daß analog zum Hirntod als dem Ende menschlichen Lebens infolge des irreversiblen Ausfalls des Gehirns der Begriff des ‚Hirnlebens' einzuführen ist, welches in dem Augenblick beginnt, in dem sich erste Hirnströme nachweisen lassen. Nach Verf. übersieht diese Position, neben einer Reihe irrtümlicher embryologischer Annahmen, vor allem den Umstand, daß gerade die Entwicklung der Synapsen nicht plötzlich einsetzt, sondern kontinuierlich vor sich geht. Die Festlegung auf einen bestimmten Zeitpunkt der Entwicklung erscheint daher als willkürlich. Bleibt die Frage, ob erst durch die Geburt menschliches Leben und menschliche Personalität konstituiert werden. Hiergegen führt Verf. an, daß spätestens infolge der Fortschritte der modernen perinatalen Medizin der Augenblick der Geburt keine Eindeutigkeit der Grenzziehung mehr zuläßt. Der Embryo ist mithin von Anfang an menschliches Leben. Doch in welchem Sinne ist er auch Person?

Sicher nicht im Sinne von Selbstbewußtsein und Freiheit. Verf.s Argumentation geht dahin, an die Stelle einer relativ statischen Auffassung von Person eine dynamische zu setzen: Person-Sein meint bereits die aktive Potentialität zu Freiheit und Selbstbewußtsein. Der Embryo besitzt eine solche aktive Potentialität, denn wenn seine Entwicklung ungehindert so, wie sie genetisch angelegt ist, weitergeht, wird sie die Aktualität von Selbstbewußtsein und Freiheit erreichen. Person-Sein ist nicht von der *aktualen Kontinuität* eines Selbstbewußtseins abhängig; sonst müßte ja der schlafende oder der narkotisierte Mensch sein Person-Sein in dieser Zeit einbüßen. Dies ist gänzlich unplausibel. Wohl aber wird man von einer Potentialität des Person-Seins des Schlafenden oder des Narkotisierten sprechen können. Verf. sieht hierin keinen Unterschied zur Potentialität des Person-Seins des Embryo.

Der Grundgedanke der Ragerschen Argumentation, daß nämlich die embryonale Entwicklung eine durch und durch kontinuierliche ist, die keinen eigens auszeichenbaren Zeitpunkt für den Beginn menschlichen Lebens kennt, gilt ganz generell für menschliches Leben: es stellt auch nach der Geburt bis hin zum Tod einen kontinuierlichen Prozeß dar, die Geburt bedeutet keine Zäsur. Person meint damit nicht bereits erreichte und unveränderliche Vollkommenheit, sondern ständige Entwicklung vorhandener Potentialitäten. Im ersten Satz des Artikels 1 der Menschenrechte müßte man mithin das Wort ‚geboren' streichen, denn er gilt auch für den noch nicht geborenen Menschen; zwar ist dessen Person-Sein noch reine Potentialität, doch führt die Entwicklung, wenn keine Hindernisse auftreten, naturhaft dorthin. Der Embryo ist damit nach Verf. nicht nur als menschliches, sondern auch als personales Leben zu betrachten.

Den Gedanken, daß der Begriff der Person speziell für die Behandlung medizin-ethischer Fragen und Probleme von fundamentaler Bedeutung ist, setzt der gleichnamige Beitrag von *Jan P. Beckmann* fort. Verf. legt eingangs dar, warum man auf den Begriff der Person nicht verzichten kann, wenn man die Besonderheit der geistig-leiblichen Einheit des Menschen mit seiner unverwechselbaren Individualität verbinden will. Im einzelnen wird untersucht, in welcher Weise der Begriff der Person Verwendung finden kann. Dabei geht Verf. so vor, daß er zunächst die beiden wichtigsten traditionellen Auffassungen von Person vorstellt, anschließend deren Leistungsfähigkeit prüft, um in Anbetracht der dabei auftretenden Unzulänglichkeiten den Versuch zu unternehmen, in Anlehnung an die neuere Diskussion ein Person-Verständnis zu skizzieren, das ethischen Erfordernissen gerecht werden kann, die sich aus der heutigen Medizin, insbesondere aus den Bereichen der Embryologie, der Intensiv- und der Transplantationsmedizin, ergeben. Genau dies leisten lt. Verf. die beiden wichtigsten, von der Tradition favorisierten und teilweise noch heute verwendeten Person-Begriffe nicht: der substantialistische, auf Boethius zurückgehende Person-Begriff deswegen nicht, weil er das Person-Sein als unveränderlichen Selbststand konzipiert, und der empiristische, auf John Locke zurückgehende Person-Begriff nicht, weil er das Person-Sein einseitig zu einer Funktion des Bewußtseins macht. Dabei haben beide Person-Verständnisse, wie Verf. zeigt, durchaus ihre Vorzüge: der substantialistische insofern, als mit seiner Hilfe deutlich gemacht werden kann, daß der Mensch nicht etwa nur ein Person-Sein *hat*, sondern Person *ist*, und der empiristische, weil mit seiner Hilfe die für den Menschen fundamentale Erfahrung der Ich-Identität angemessen zum Ausdruck gebracht werden kann. Doch wird der substantialistische Person-Begriff den vielfältigen Beziehungen, die für personales Dasein des Menschen konstitutiv sind, nicht gerecht. Der empiristische Person-Begriff hinwiederum wird zwar dem Prozeßcharakter der Person gerecht, engt die Verwendung dieses Begriffs aber infolge der Identifikation mit dem aktualen Selbstbewußtsein derart ein, daß die Gefahr besteht, daß unbezweifelbare Weisen menschlicher Existenz (frühkindliche Entwicklungsstadien, Debilität, Alzheimer-Krankheit o.ä.) möglicherweise aus dem Person-Sein herausfallen.

Der Verf. sucht daher Ansätze zu einem neuen Person-Verständnis zu entwickeln, das derartige Ausgrenzungen menschlicher Existenzweisen aus dem Person-Sein vermeidet. Er tut dies, indem er in Anlehnung an D. Parfit einen *prozessualen* Person-Begriff vorstellt, wonach die Personalität des Menschen nicht als unveränderliche Eigenschaft, sondern als ein kontinuierlicher Prozess begriffen wird. Damit löst der Verf. zum einen die aus dem Empirismus stammende

Identifizierung von Ich und Person wieder auf und macht die Ich-Identität nicht zum Kennzeichen, sondern wieder zur Voraussetzung des Person-Seins. Zum anderen löst er den Person-Begriff aus seiner substantialistischen wie auch aus seiner empiristischen Verengung: Der Mensch ist unabhängig von Bewußtseinszuständen u.ä. sein Leben lang Person, aber er ist nicht notwendig stets *dieselbe* Person im Sinne eines unveränderlichen Ist-Zustandes. Vielmehr wandelt sich dieselbe infolge äußerer und innerer Ursachen. Zugleich löst Verf. den Person-Begriff von biologischen Voraussetzungen, um zu verhindern, daß das Neugeborene, der komatöse Patient oder der Alzheimer-Kranke infolge psycho-somatischer Besonderheiten aus dem Person-Verständnis herausfallen. *Person-Sein ist keine Eigenschaft, die man besitzt, sondern ein Prozess, den man durchläuft.* Am Beginn dieses Prozesses steht der Zuerkennungsakt, den die menschliche Gesellschaft jedem einzelnen unbedingt schuldet, sei es, daß die Zuerkennung des Person-Seins (spätestens) mit dem Augenblick der Geburt erfolgen muß, sei es, daß er dem Fetus, dem Embryo oder, wie G. Rager darlegt, bereits der Vereinigung der menschlichen Ei- und Samenzelle zuzusprechen ist. Nach Verf. ist dieser Zuerkennungsakt eine durch nichts suspendierbare Pflicht und ein durch keine wie auch immer gearteten Umstände aufhebbarer Rechtsakt. Verf. will damit zum Ausdruck bringen, daß das Person-Sein neben seiner Prozessualität ein wesentlich *relationales* Phänomen ist: Person ist man in bezug auf andere. Darauf beruht – ganz im Sinne des Kantischen kategorischen Imperativs – die bedingungslose Anerkennung der Selbstzweckhaftigkeit des Menschen.

Exemplarische Prüffelder für die unbedingte Geltung des Grundsatzes, daß der Mensch zu keiner Zeit und in keiner seiner Existenzweisen je als Mittel angesehen werden darf, sondern stets Zweck an ihm selbst bleibt, sind in der gegenwärtigen Diskussion Gentechnologie, Humangenetik und Transplantationsmedizin. Ihnen gelten die Beiträge des dritten Teils dieser Sammlung.

III. Gentechnologie, Humangenetik, Transplantationsmedizin

Kann man die ethische Beurteilung der durch die wissenschaftliche Forschung eröffneten Handlungsmöglichkeiten am Grad der Akzeptanz bzw. der Nicht-Akzeptanz orientieren? Dies ist eine der Fragen, die sich für den Ethiker in Anbetracht der fehlenden breiten Akzeptanz insbesondere der Gentechnologie stellt. Obwohl es Anzeichen dafür gibt, daß man mit Hilfe gentechnisch veränderter Pflanzen möglicherweise Ernährungsdefizite in den Entwicklungsländern beheben kann, und trotz der Erwartung, daß mit Hilfe zielgenauer genetischer Veränderungen gegen Krankheiten präventiv oder kurativ erfolgreich angegangen werden kann, ist der Widerstand gegen die Gentechnologie weit verbreitet. Eine der Ursachen hierfür ist die Befürchtung, genetische Veränderungen könnten sich verselbständigen und in der Tier- und Pflanzenwelt zu außer Kontrolle geratenden Veränderungen führen. Der Philosoph kann sich hierzu nur im eingeschränkten Rahmen seiner Kompetenz äußern. Dies bedeutet, daß er das Verhältnis zwischen den wissenschaftlich-technischen Möglichkeiten und den ethischen Maßstäben thematisiert und reflektiert. Dieser Aufgabe widmet sich der Beitrag über *Ethische Probleme der Gentechnologie* von *Ludwig Siep*, der zunächst auf einige wissenschaftsgeschichtliche Überlegungen hinweist, um anschließend die Möglichkeit einer Grenzziehung gentechnischer Veränderungen der Natur zu diskutieren und abschließend auf die besonderen ethischen Probleme der Anwendung der Gentechnologie einzugehen.

Schon eine kurze Vergegenwärtigung der neuzeitlichen Naturwissenschaften macht deutlich, welchen qualitativen Sprung in der Naturbeherrschung die moderne Gentechnologie ermöglicht hat. Für die neuzeitlichen Naturwissenschaften galt, wie Verf. ausführt, die Welt als dem Menschen vom Schöpfer zur Weiterentwicklung anvertraut. Bezähmung der Naturgewalten und Erweiterung des Wissens über die Natur und ihre Gesetze zum Zwecke des Eingriffs in dieselbe kennzeichnen das naturwissenschaftliche Engagement der Neuzeit. Im Unterschied zu den Möglichkeiten der Gentechnologie jedoch hat der Mensch mit Hilfe technisch-naturwissenschaftlicher Erkenntnis am Bau der Welt bisher lediglich Korrekturen und Erweiterungen vornehmen können. Nunmehr beginnt er, Einblick in den *Bauplan* selbst zu gewinnen. Und in dem Maße, wie er Einblick in den Bauplan von Organismen gewinnt, wächst die Möglichkeit, in diesen Bauplan *verändernd einzugreifen*. Über Jahrhunderte hinweg hat der Mensch die Natur nur „zähmen" können; nunmehr steht er davor, sie zu ändern. Damit wächst das Maß der Verantwortung. Denn ob er verändert oder genau dies unterläßt – beides muß er verantworten. Konkret: Wenn es nur gentechnisch möglich ist, den Hunger auf der Welt zu reduzieren, ist der Mensch dann zu genetischen Manipulationen von Pflanze und Tier gezwungen? Wenn es möglich ist, durch genetische Änderungen Krankheiten zu vermeiden resp. zu heilen, die anders nicht zu behandeln wären, ist dann gentechnische Forschung am Menschen nachgerade geboten? Andererseits erfährt der Mensch durch die Erforschung seines genetischen Codes etwas bisher nicht Dagewesenes: seine eigene Gefährdung, seine (Erb-)Krankheiten etc. „Wieviel Freiheit verschafft mir selber mein Wissen über meine Erbanlagen?" fragt Verf. Schon fordern Juristen das „Recht auf Unvollkommenheit" und, so muß man hinzufügen, auch das „Recht auf Unwissenheit" hinsichtlich des eigenen genetischen Codes.

Die Schwierigkeiten einer angemessenen ethischen Erfassung dieses Sachverhalts sieht Verf. u.a. darin, daß die neuzeitlichen Naturwissenschaften einerseits und die ethische Reflexion andererseits auseinanderklaffen. Die Naturwissenschaften gelten als das Reich der Kausalität, die Ethik als das der Freiheit. Die Naturwissenschaften beruhen wesentlich auf „korrigierbarem Erfahrungswissen", während die Ethik „ein zweifelsfreies Fundament für die Regeln gewaltfreien Umgangs der Menschen als gleichrangiger Vernunftwesen" benötigt. Die Naturwissenschaften haben mehr und mehr ein vom Menschen quasi unabhängiges Wissen produziert; die Ethik hingegen ist immer „anthropozentrischer" geworden. Zwischen der *Entmo-*

ralisierung der Natur und der *Anthropozentrierung* der Moral besteht lt. Verf. ein Verhältnis wechselseitiger Bedingung. Damit gerät die Ethik in ein Dilemma: Der Wille zur freiheitlichen Selbstbestimmung des Menschen und die Eigengesetzlichkeit des Erkenntnisfortschritts in den Naturwissenschaften lassen sich nicht mehr zwanglos miteinander vermitteln. Folge: Es fragt sich, wie die Ethik als philosophisch-rationale Disziplin z. B. die notwendige Grenzziehung zwischen gentechnisch Erlaubtem und Nicht-Erlaubtem konsensfähig und mit intersubjektiv nachprüfbarer Sicherheit vornehmen kann. Ein erster Schritt ist Verf. zufolge die „Entanthropozentrierung" der Ethik: Der Mensch ist nicht *das*, sondern *ein* Lebewesen, er steht der Welt nicht als Macher gegenüber, sondern ist organischer Teil derselben, er ist nicht Endzweck der Welt, sondern, wie die Evolutionstheorie zeigt, deren spätes, teilweise zufälliges Produkt.

Zwei Optionen bieten sich an: Der Mensch kann sich zu erhalten suchen durch Denaturierung der Welt und seiner eigenen biologischen Existenz; er kann sich aber auch als „Mitspieler" an die übrige Natur anpassen. Für die letztgenannte Option sprechen nach Verf. drei gewichtige Überlegungen: Durch die Lösung von der anthropozentrischen Fixierung gewinnt der Mensch an Freiheit und erweist sich als das, was er seiner Natur nach ist: als ein vernünftiges Naturwesen, das die Fähigkeit der Selbstdistanzierung besitzt. Sodann: Indem er sich selbst nicht als ‚Krone der Schöpfung', sondern als einen Teil der Natur begreift, gibt der Mensch der Natur ihre Natürlichkeit zurück und macht sie so nicht zu einer auf ihn selbst bezogenen Umwelt, sondern zu einer mit ihm existierenden *Mitwelt*. Schließlich: Die Möglichkeit genetischer „Verbesserungen" könnte dem einzelnen seitens der Gesellschaft Verpflichtungen eintragen, die mit seiner Freiheit und Menschenwürde unvereinbar sind, wie z.B. das Ansinnen, für die genetische Ausstattung der eigenen Kinder verantwortlich gemacht zu werden. Das „Recht auf Unvollkommenheit" erweist sich insoweit als eine sozial stabilisierende Institution. Unter ethischen Gesichtspunkten wird man daher nach Verf. die Grenzlinie zwischen dem in der Gentechnologie ethisch Erlaubten und dem Bedenklichen relativ eng ziehen. Ethische Unbedenklichkeit ist der Gentechnologie nur dort zu bescheinigen, wo es um die Vermeidung bzw. die erfolgreiche Bekämpfung schweren Leidens geht, dem anders nicht beizukommen ist. Ethisch bedenklich ist jeder darüber hinausgehende Versuch einer genetischen Veränderung der Natur. Nach Verf. ist die „Unvollkommenheit der Natur in bezug auf menschliche Bedürfnisse ein wesentlicher Bestandteil ihrer Natürlichkeit".

So deutlich sich eine solche ethische Grenzziehung in der Theorie vornehmen läßt, so undeutlich kann sie in der Praxis ausfallen. Dies hat seine Ursache u.a. darin, daß Begriffe wie ‚Norm' und ‚Normabweichung' oder ‚Gesundheit' und ‚Krankheit' unterschiedliche Auslegungen erfahren. Die Verwendung solcher Begriffe ist unter dem Aspekt der Natürlichkeit der Unvollkommenheit von Natur und Mensch neu zu überdenken. Was speziell die in den kommenden Jahren mit mutmaßlich zunehmendem Erfolg betriebene Erforschung des menschlichen Genoms angeht, so wird man unter ethischen Gesichtspunkten darauf hinweisen, daß das Prinzip der menschlichen Autonomie wahlweise das Recht auf Wissen um den eigenen genetischen Status wie das Recht auf Nichtkenntnis desselben impliziert. Genetische Beratung muß weiterhin dem einzelnen freigestellt bleiben, unter ethischen Gesichtspunkten wäre ein Zwang dazu mit der Freiheit und Würde des Menschen nicht vereinbar. Ethische Grenzziehungen sind des weiteren erforderlich bei gentechnischen Veränderungen in der Tier- und Pflanzenzucht, um das ökologische Gleichgewicht zu erhalten und Monokulturen zu verhindern. Auch diesbezüglich gilt es, so Verf., die Natürlichkeit der Natur als ein Recht sui generis zu beachten. Die sich hier abzeichnende Aufgabe eines verantwortlichen Umgangs mit der Gentechnologie ist nicht durch eine Art „Arbeitsteilung" zwischen „reiner" Forschung und ethisch zu regelnder „Anwendung" zu lösen. Forschung ist kein automatisch ablaufender „schicksalhafter" Prozeß, sondern verantwortliches Handeln unter Risiko. Werden die Risiken von den Verantwortlichen in Wissenschaft, Praxis und Gesellschaft nicht einer ständigen Kontrolle ihrer ethischen Unbedenklichkeit unterzogen, so könnte es die Autonomie des Menschen lt. Verf. erforderlich machen, „von der Naturbeherrschung zur Wissenschaftsbeherrschung“ überzugehen.

Genomanalyse und Gentherapie werden in den kommenden Jahrzehnten die Schlüsselbereiche sein, in denen die wissenschaftlichen Einsichten der Genetik und die technischen Möglichkeiten der Gentechnologie zum Einsatz kommen. Was die angestrebte Kartierung und Sequenzierung des menschlichen Genoms angeht, so existiert seit 1988 das auf internationaler Kooperation beruhende Projekt „Human Genome Organization“ (HUGO), von dem bis zur Jahrtausendwende erste Ergebnisse vorliegen sollen. Da von den Einsichten in die menschlichen Erbanlagen Erkenntnisse über genetisch bedingte Krankheiten erwartet werden, die möglicherweise mit Hilfe genetischer Veränderungen präventiv oder kurativ behandelt werden können, bildet die Gentherapie einen medizinisch ebenso interessanten wie ethisch umstrittenen Forschungsbereich. Die Europäische Gemeinschaft fördert seit 1990 unter dem Stichwort der „prädiktiven Medizin“ ein Forschungsprogramm zur Genomanalyse zwecks Gesundheitsprävention, das seitens der Mitgliedstaaten nicht ohne Kritik geblieben ist. Die Kritik beginnt damit, daß für die Gentherapie erforderliche Forschungen an Embryonen, welche dabei „verbraucht“ werden, auf starke ethische Bedenken stoßen. Dies ist jedoch nicht das einzige Problem. Wie ist unter ethischen Gesichtspunkten die Frage zu behandeln, ob eine Schwangere einer Genomanalyse zustimmen muß, deren möglicherweise negatives Ergebnis einen Schwangerschaftsabbruch nahelegt? Und: Wenn Behinderungen durch rechtzeitige Gentherapie verhindert werden können, müssen sich dann Eltern behinderter Kinder etwa vor der Gesellschaft rechtfertigen? Können Arbeitssuchende zu einer genetischen Analyse verpflichtet werden, bevor sie eine Anstellung erhalten? Oder ganz generell: Ist es unter ethischen Gesichtspunkten zu rechtfertigen, daß der Mensch nicht nur sich selbst, sondern auch vor der gesamten Gesellschaft genetisch „durchsichtig“ wird?

Mit solcherart kritischen Fragen setzt der Beitrag von *Ludger Honnefelder* über *Ethische Probleme der Humangenetik* ein. Gefragt wird, welche ethischen Prinzipien hier im Spiel sind und welche Bedeutung vor allem das Prinzip der Menschenwürde hat. Das Gebot der Achtung der Menschenwürde nimmt bei aller Unterschiedlichkeit der Akzeptanz ethischer Prinzipien eine in der neueren Diskussion unumstritten zentrale Position ein. Nicht von ungefähr steht die Achtung vor der Menschenwürde im ersten Artikel des Grundgesetzes. Die Würde des Menschen als eines Individuums besteht in seinem selbstverantwortlichen Subjektsein und seiner unaufgebbaren Selbstzweckhaftigkeit, ganz im Sinne der Kantischen Bestimmung, daß der Mensch von niemandem als Mittel angesehen werden darf, sondern stets und ausnahmslos als Zweck an sich selbst gelten muß. Jeder Mensch besitzt qua Individuum eine eigene Würde, folglich schuldet auch jeder Mensch jedem anderen die Achtung derselben. Keineswegs entsteht die Würde des Menschen erst durch ihre Achtung. Vielmehr ist erstere Voraussetzung der letzteren. Das Individuum nun durch Manipulation seiner genetischen Anlage in den Dienst einer Eugenik zu stellen, hieße es instrumentalisieren und seine Selbstzweckhaftigkeit infrage stellen. Schon die Analyse seines Genoms wäre ohne die Zustimmung des Individuums ein Verstoß gegen die menschliche Würde und ethisch inakzeptabel.

Doch nicht nur im Hinblick auf seine Stellung als moralisches Subjekt, sondern auch aufgrund seiner Natur als Wesen mit einer leiblich-geistigen Einheit kommt der Achtung der Würde des Menschen zentrale Bedeutung zu. Weder kann diese Einheit zur Disposition gestellt noch kann sie von dritter Seite für ‚wertlos' erklärt werden. Dies gilt nach Verf. bereits für die ‚verbrauchende' Embryonenforschung: aus der Sicht der Schutzwürdigkeit der menschlichen Art, und dazu sind auch die Embryonen zu zählen, verstößt deren Instrumentalisierung gegen die Würde des Gattungswesens Mensch. Beide, die individuelle Würde, d.h. das Recht auf Achtung der individuellen Subjekthaftigkeit und Autonomie, und die Würde der Artnatur des Menschen, d.h. das Recht auf Achtung der naturgegebenen psycho-somatischen Einheit des Menschen, sind untrennbar miteinander verbunden. Die Achtung vor der Würde des Menschen ist lt. Verf. insofern „Fundament aller moralischen Verbindlichkeit“. Sie kann, bei aller Unterschiedlichkeit menschlicher Lebensentwürfe, niemals und von niemandem zur Disposition gestellt werden.

Dem zuletzt Gesagten widerspricht nicht, daß bestimmte, der Achtung der Menschenwürde untergeordnete Normen hinsichtlich der Beurteilung der moralischen Qualität geglückten Lebens unterschiedliche Akzentuierungen erfahren. Die ethische Analyse muß auch die Frage untersuchen, wieweit der Umgang mit Besonderheiten genetischen Ursprungs im Rahmen von Sinnkonzepten Akzeptanz findet. Erst ein solches Sinnkonzept vermag Bewertungs- und Entscheidungsmaßstäbe dafür an die Hand zu geben, in welchem Maße und in welchen Grenzen die Erkenntnisse der Humangenetik zum Zwecke der Prävention und der Therapie genetisch bedingter Krankheiten einzusetzen sind. Hier spielt die Art des Verständnisses bzw. die individuelle und gesellschaftliche Bewertung von ‚Krankheit‘ und ‚Gesundheit‘ eine entscheidende Rolle. Versteht man unter Gesundheit so etwas wie statistische ‚genetische Normalität‘ und dementsprechend Krankheit als Abweichung davon, wird man in den Möglichkeiten von Genomanalyse und Gentherapie Mittel der Verhinderung und Vermeidung solcher Normalitätsabweichungen sehen. Verf. hält dagegen, daß ‚Krankheit‘ und ‚Gesundheit‘ keine deskriptiven naturwissenschaftlichen Begriffe, sondern von der Gesellschaft allgemein und von der Beziehung zwischen Arzt und Patient im besonderen geprägte „normativ-praktische Vorstellungen“ sind. Heilung ist dementsprechend nicht Herstellung der statistischen Normalität, sondern die (Wieder-)Herbeiführung eines Zustandes, der dem Patienten akzeptabel erscheint. Gesundheit ist danach nicht ein quantitativ bestimmbares Maß, sondern ein qualitativ bestimmter Wert. Nach Verf. ist nur durch ein Festhalten am *normativ-praktischen* Krankheits- bzw. Gesundheitsbegriff ein ethisch unbedenklicher Umgang mit Genomanalyse und Gentherapie sicherbar. Kurz: Genomanalyse und Gentherapie müssen vor einem rein deskriptiv-naturwissenschaftlichen, durch statistisch festgestellte Normen geprägten Krankheitsbegriff bewahrt und in das Ethos des normativ-praktischen Gesundheitsbegriffs eingebunden werden, sollen sie ethisch beherrschbar bleiben.

Wie wichtig und folgenreich die vom Verf. explizierte Unterscheidung von (a) Gesundheit als Deskription „genetischer Normalität" und Krankheit als deren Abweichung und (b) Gesundheit als normativ-praktischer Vorstellung eines mit Sinn erfüllbaren Lebens und Krankheit als Beeinträchtigung desselben ist, zeigt sich im Hinblick auf die Humangenetik insbesondere darin, daß der deskriptive, statistisch fixierte Gesundheitsbegriff aus genetisch bedingten Einschränkungen Krankheiten macht und – folgenreicher noch – solche Beeinträchtigungen in dem Augenblick, in dem sie genetisch verhinderbar oder zumindest therapierbar sind, bei Nichthandeln als schuldhaftes Versagen einzelner oder der Gesellschaft insgesamt erscheinen läßt. In gleichem Maße würde der gesellschaftliche Druck, genetische Abweichungen zu verhindern, steigen; gleichzeitig würde die Umsetzung der Erkenntnisse aus der Analyse des menschlichen Genoms in die Gentherapie durch ethische Reflexion kaum beeinflußbar werden. Ethisch steuerbar ist der Umgang mit den Erkenntnissen der Humangenetik nach Verf. nur dann, wenn dieselbe auf der Basis des normativ-praktischen Begriffs von ‚Krankheit' und ‚Gesundheit' in das Ethos ärztlichen Handelns eingebunden wird.

Die Frage, ob neue medizinische Möglichkeiten mit den Standards der bisherigen Ethik angemessen erfaßt werden können, oder ob eine neue Ethik erforderlich ist, stellt sich mit besonderer Dringlichkeit in der modernen Transplantationsmedizin. Damit ist derjenige Teil der Chirurgie gemeint, der sich mit der Entnahme (Explantation), dem Transfer (incl. der Präparierung und Konservierung) und der Einpflanzung (Implantation) von Organen oder Organteilen aus einem menschlichen Körper in einen anderen beschäftigt. *Neu* an diesen medizinischen Möglichkeiten ist, daß im Unterschied zu der Zeit vor 40 Jahren, als man mit ersten Verpflanzungen (der Niere) begann, heute grundsätzlich jedes menschliche Organ bzw. jeder Organteil transplantierbar ist. In seinem Beitrag über *Ethische Probleme der Transplantationsmedizin* geht *Oswald Schwemmer* davon aus, daß in Anbetracht dieser Sachlage ethische Reflexion unabdingbar ist, zumal es (im Unterschied etwa zur Embryonenforschung) in Deutschland bisher noch keine rechtliche Regelung gibt, ein Umstand, der der Ethik verstärkte Aktualität in diesem Bereich zuweist.

Nach dem schon mehrfach genannten, von Kant in den Mittelpunkt ethischer Begründung gestellten Prinzip der Selbstzweckhaftigkeit darf der Mensch den Menschen niemals als Mittel gebrauchen; der Mensch ist Zweck an ihm selbst. Doch gilt dies auch von seinem Körper bzw. Teilen desselben? Gilt es auch nach seinem Tode, d.h. von seiner Leiche? Der Selbstverständlichkeit, mit der man dies bejahen wird, steht die enorme Leidensreduktion, ja häufig die Möglichkeit der Lebensrettung gegenüber, welche durch Organtransplantationen erreicht werden kann. Daß heute Transplantationen in großem Umfange möglich sind, liegt an Entwicklungen apparativer Techniken, die es erlauben, Vitalfunktionen des Körpers auch über den Zeitpunkt des (Hirn-) Todes des Menschen hinaus künstlich aufrecht zu erhalten. Angesichts des Umstandes, daß dies nicht nur tage- oder wochen-, sondern monatelang möglich ist, andererseits aber infolge des Hirntods die Voraussetzung für personales menschliches Leben unwiederbringlich entfallen ist, stellt sich seit der Mitte der 60er Jahre immer dringender die Frage nach der ethischen Qualität dieser Handlungsmöglichkeiten im Blick auf das Prinzip der Menschenwürde. Man hat diese Frage durch die sogenannte Hirntod-Bestimmung, d.h. die Feststellung des völligen und irreversiblen Ausfalls von Großhirn und Hirnstamm (totale Decerebration) angegangen. Hierbei handelt es sich um eine Feststellung, die erstmals 1968 von der Harvard Medical School getroffen worden ist. Dies geschah damals freilich nicht um der Möglichkeit der Organentnahme willen, sondern zum Zwecke einer medizinisch indizierten und ethisch angemessenen Lösung des sogenannten „irreversiblen Komas“ (irreversible coma, coma dépassé). Die dadurch erfolgte Ersetzung der klassischen Todesbestimmung – des totalen Ausfalls des Herz-Kreislauf-Systems – durch das Hirntod-Kriterium hat dann freilich durch die Fortschritte der Transplantationsmedizin eine ganz andere, zusätzliche Bedeutung erfahren: Da der Mensch nach heutigem medizinischen Erkenntnisstand bei irreversiblem Ausfall von Großhirn und Hirnstamm tot ist, handelt es sich bei der medizinisch-apparativen Unterstützung der Vitalfunktionen seines Körpers um Handlungen, die naturgemäß medizinisch und ethisch, aber auch juristisch anders zu beurteilen sind als Handlungen an Lebenden. Während vor dem Hirntod des Menschen medizinisch, ethisch und juristisch ausschließlich solche Handlungen zulässig sind, welche der Rettung oder zumindest, falls diese nicht mehr möglich ist, der Schmerzbehandlung dienen, und andere Handlungen, etwa solche, die der Vorbereitung von Explantationen dienen könnten, absolut untersagt sind, sieht die Situation *nach* dem Hirntod anders aus. Zwar gelten auch hier noch bestimmte personale Rechte, vor allem das der Beachtung von zu Lebzeiten des Toten erfolgten Verfügungen. Nur wenn eine entsprechende Zustimmung des Toten oder eine entsprechende Bestätigung derselben seitens seiner nächsten Verwandten vorliegt, ist die künstliche Aufrechterhaltung der körperlichen Vitalfunktionen für einen bestimmten Zeitabschnitt zum Zwecke der Explantation unter bestimmten Voraussetzungen ethisch zulässig.

Ungeachtet der juristischen Kategorisierung des Leichnams als Sache besitzt der Tote bestimmte postmortale Rechte. Diese beziehen sich sowohl auf willentliche Verfügungen, die er vor seinem Ableben festgelegt hat, als auch auf solche, die die unmittelbaren Angehörigen in seinem Namen reklamieren. Hier ist sowohl das Prinzip der Achtung der Autonomie als auch die „Autorität von Traditionen“ im Spiel. Verf. unterscheidet im Ausgang von Kant zwischen der normativen und der faktischen Seite der Autonomie. Normativ ist die Bindung aller Autonomie an das, wozu alle Menschen aufgrund ihrer Vernunftausstattung als sittliche Subjekte verpflichtet sind; faktisch ist diejenige Seite der Autonomie, welche dem jeweiligen Willen des einzelnen entspringt. Nach Verf. ist bereits die faktische

Autonomie, d.h. der Wille, über die Verfügbarkeit des eigenen Körpers selbst zu bestimmen, hinreichende Grundlage für die ethische Beurteilung der Möglichkeiten der Transplantation. Zum einen *ist* der Mensch ein Wesen mit körperlicher Integrität; zum anderen *hat* der Mensch einen Körper, über den er und nur er verfügen kann. Nach seinem Tode ist das Autonomie-Prinzip durch das Prinzip der „Sinntreue" zu ergänzen, d.h. durch das Prinzip, daß der *Sinn* des vom Verstorbenen zuvor Gewollten und Gesagten Geltungsfunktion hat. Die ethische Beurteilung der Entnahme eines oder mehrerer Organe aus dem Körper des Toten wird somit von der Beachtung seiner postmortalen Rechte, welche prämortal durch Ausübung seiner Autonomie festgelegt worden sind, nachhaltig geprägt. Relativ unproblematisch ist der Fall, daß der Verstorbene zu Lebzeiten eine ausdrückliche Erlaubnis oder eine ebenso ausdrückliche Nichterlaubnis einer Organentnahme verfügt hat. Schwieriger wird es für den Fall, daß eine solche Erlaubnis oder Nichterlaubnis nicht vorliegt, aber auch Angehörige, die stellvertretend eine Klärung des Willens des Toten herbeiführen könnten, entweder nicht existieren oder nicht greifbar sind oder eine Klärung nicht vornehmen wollen. Doch sind dies nicht, wie Verf. zeigt, die einzigen Probleme. Zu klären ist die Frage der ethischen Implikationen der Bildung von Organbanken, die Gefahr einer Kommerzialisierung von Organspenden, die Gefahr des Organhandels und die sich aufgrund der neuesten Forschung abzeichnenden Probleme der Implantierung sogenannter ‚Key Cells' zum Zwecke von für die Forschung und Industrie nutzbaren Zellkulturen.

Mit umfangreichen bibliographischen Angaben, zu denen auch eine Aufstellung präskriptiver Texte gehört, schließt dieser Überblick über ethische Probleme der Transplantationsmedizin, in der in besonderer Weise deutlich wird, wie wichtig es ist, daß mit dem Fortschreiten der medizinisch-wissenschaftlichen Erkenntnisse die Bildung und Entwicklung ethischer Kompetenz Schritt hält.

*

Daß in den Beiträgen dieses Bandes neben begründeten Antworten auch viele Fragen stehen, hat seinen Grund nicht nur in der Schwierigkeit der Sache, sondern zugleich auch in der Absicht der Autoren, durch Sachinformation und ethische Problemexposition den Leser zur eigenständigen Reflexion und Urteilsbildung anzuregen. Denn: Obwohl dem Prinzipiellen verpflichtet, ist Ethik kein der Geschichte und Gesellschaft vorgegebener Wissensbestand, sondern eine zu jeder Zeit aufs neue zu leistende Reflexionsaufgabe. Dieselbe besteht darin, die Prinzipien und Normen des Handelns immer wieder daraufhin zu überdenken und zu überprüfen, ob sie den Bedingungen menschlicher Existenz Genüge tun, und d.h.: ob sie der Würde, der Autonomie und der Freiheit des Menschen entsprechen. Erfolgreich ist eine solche reflexive Analyse nur dann, wenn die drei folgenden Bedingungen gemeinsam erfüllt sind: Zum einen bedarf es hinreichender Vertrautheit mit den einschlägigen wissenschaftlichen, insbesondere den medizinischen Fakten, deren Verwendung ethischen Klärungsbedarf schafft. Vonnöten ist sodann ethische Expertise, die Fähigkeit also, moralische Fragen und Dilemmata auf ihren normativen Hintergrund und ihre argumentative Lösungsmöglichkeit hin zu untersuchen. Schließlich bedarf es des Diskurses sowohl *in* wie *mit* der Öffentlichkeit. Ist auch nur eine dieser drei Voraussetzungen nicht erfüllt, dürften angemessene Ergebnisse kaum zu erwarten sein. Denn fehlt es an Informiertheit in der Sache, wird ethische Reflexion reine Theorie bleiben. Fehlt es an ethischer Expertise, besteht die Gefahr, daß an die Stelle intersubjektiv nachprüfbarer ethischer Analysen mehr oder weniger zuverlässige subjektive Intuitionen treten und so das Gute zwar gewollt, infolge mangelnder (Selbst-)Aufklärung aber verfehlt wird. Mangelt es am öffentlichen Diskurs, wird es Akzeptanz- und Legitimationsprobleme geben. Alle drei Voraussetzungen – Wissenschaft, Ethik und öffentlicher Diskurs – müssen zeitlich wie faktisch miteinander verschränkt werden.

I.
Medizinische Ethik als wissenschaftliche Aufgabe

Felix Anschütz

Geisteswissenschaftliche Grundlagen der modernen Medizin

I. Das iatrotechnische Konzept der modernen Medizin – Entstehung und Bedeutung

Schon im 18. Jh. kam der Gedanke auf, Krankheiten nach dem naturwissenschaftlichen Modell, welches in Physik und Chemie bereits zu großen Erfolgen geführt hatte, zu behandeln. Die Erkenntnisse aus Mechanik, Wärmelehre, Optik und Chemie wurden Anfang des 19. Jh. immer eindrucksvoller. Die Ergebnisse der Naturforscher hatten nicht nur zu greif- und wiederholbaren Meßwerten geführt, sondern darüber hinaus zu mathematisch faßbaren Gesetzen. Es wurde angenommen, daß derartige Erfolge auch für die Medizin zu erwarten seien.

Allerdings galt es hier, gedanklich die Schwierigkeit zu bewältigen, die für die unbelebte Natur festgestellten Gesetze auf die lebendige Substanz anzuwenden, da die Phänomene des Lebendigen angeblich Sondergesetzen unterliegen sollten. Die Vorstellung, daß im Lebendigen besondere Kräfte walten, mußte überwunden werden, und es hat bis in die Mitte des 19. Jh. gedauert, bis rückhaltlos die Übertragbarkeit physikalischer Gesetze auch auf den menschlichen Organismus anerkannt war. Der früher im Mittelpunkt ärztlichen Denkens stehende Begriff der Lebenskraft[1] (vitalistische Medizin, Schelling) wurde fortan als nicht existent betrachtet und abgelehnt. An dieser Stelle seien nur kurz die Namen der im Zentrum dieser Diskussion stehenden Forscher genannt: E. Du Bois-Reymond, C. Ludwig, H. v.

1 Lebenskraft = vom Vitalismus ursprünglich von Aristoteles angenommene „besondere“ elementare Kraft, die sich aus mechanischen Kräften nicht ableiten läßt, welche in den Organismen die Erscheinungen des Lebens bewirken soll.

Helmholtz, B. Naunyn, um nur einen Teil besonders hervorgetretener Persönlichkeiten zu nennen. Anfang des 20. Jh. formulierte Naunyn den häufig zitierten Satz: „Medizin wird Wissenschaft sein oder sie wird nicht sein." – und 1902: „Unsere Heilkunde ist das, was sie geworden ist, geworden, seitdem sie sich der Führung der Naturwissenschaft anvertrauen konnte, seitdem sie gelernt hat, Methoden und Technik für ihre Zwecke zu benutzen. ... Ununterbrochen, sicher und erstaunlich groß war bisher der Fortschritt, und er wird es auch ferner bleiben, solange wir unserer Fahne, der Fahne der Naturwissenschaft treu bleiben."

Rothschuh hat das aus der naturwissenschaftlichen Denkweise stammende Konzept der modernen Medizin das „iatrotechnische" genannt. Dieses Konzept liegt dem Handeln in unserer modernen Medizin weitgehend zugrunde. Einige ausgesuchte wichtige Punkte aus der umfangreichen Darstellung von Rothschuh sollen hier wiedergegeben werden:

„1. Der Organismus ist nicht von besonderen vitalen Kräften gelenkt, es gibt *keine Lebenskraft*.
2. Die Lebensvorgänge sind im Prinzip *physikalische und chemische* Prozesse, nur besonders angeordnet in organisierten relativ komplizierten Gebilden. Der Organismus als *Ganzes* ist undurchschaubar ... Es ist daher nötig, ihn in seine einzelnen morphologischen und physiologischen Glieder und Elemente zu *zerlegen*.
3. Der Zusammenhang dieser Funktionsglieder ist streng naturgesetzlich und *determiniert*, also im Prinzip nicht anders als in der toten Natur. Naturgesetze sind *Kausalgesetze*.
   (...)
4. Die Methode zur Aufklärung der Funktionsweise der Teile ist das *Experiment* analog dem Vorgehen in Physik und Chemie. (...) Es ist daher der *Tierversuch* im Rahmen einer experimentellen Medizin die maßgebliche Methode der iatrotechnischen Medizin.
   (...)
5. Es ist ferner wünschenswert, alle Untersuchungen mit dem Ziel *quantitativer Ergebnisse* auszuführen ... Quantitative Ergebnisse lassen sich in Diagrammen, Kurven, Zahlenreihen festlegen und besser überprüfen.
6. Dieses Abstrahieren vom ganzen Organismus liefert zwar ein stark *verkürztes Menschenbild*, führt jedoch zu Zuverlässigkeit in der Wahl der Mittel ...
   (...)

7. Die *therapeutische Lenkung* der gestörten Lebensprozesse gelingt umso zuverlässiger und gezielter, je besser die Ursachen und innerorganismischen Kausalzusammenhänge für das Auftreten dieser Störung bekannt sind (...)

Die iatrotechnische Medizin strebt ein grundsätzlich aktives Eingreifen in die organismischen Zusammenhänge an. Das Substrat soll beeinflußt, verändert, korrigiert werden. Seine Reaktivität wird weniger in Rechnung gestellt als die Zielsetzung, einen festliegenden Kausalnexus von außen direkt in der gewünschten Richtung zu verändern, so wie es der Techniker macht, der einen Fernseher, ein Auto oder eine Uhr repariert."[2]

Diese Darstellung gibt eine Vorstellung von dem Konzept, welches am Krankenbett bei der „Analyse" eines Krankheitsbildes am einzelnen Patienten praktiziert wird. Die Grenzen dieses Modells ergeben sich aus den genannten Formulierungen, da sie die Individualität des Patienten und die Einstellung des Arztes zu diesem nicht berücksichtigen.

Die Erfolge dieses Konzeptes in den letzten 150 Jahren sind offenbar und nicht im einzelnen darzustellen. Techniken bei der Untersuchung des Kranken, von der Perkussion des Brustkorbs bis zur Magnetresonanz, Fiebermessung, Entwicklungen in der Pathologie, in der Bakteriologie, Operationstechniken, Organtransplantationen, gezielt quantifizierbare Pharmakotherapie etc. sind allgemein bekannt und haben zu den so oft genannten Erfolgen, von der mittleren Lebensverlängerung eines geborenen Kindes über die Eradikation von Pocken bis zur weitgehenden Beherrschung der Tuberkulose und vielem anderen mehr geführt.

Als besondere gedankliche Leistung aber sei auf die Formulierung und Definition von Krankheitsentitäten hingewiesen. Als Krankheitsentität (Krankheitseinheit) werden fast naturgesetzliche Reaktionen des menschlichen Organismus auf bestimmte Noxen, z.B. Infektionskrankheiten, bezeichnet, die in ihrer Ursache, ihrem Erscheinungsbild, in ihrer Pathogenese und vor allem in einem daraus abgeleiteten therapeuti-

2 K.E. Rothschuh, Konzepte der Medizin in Vergangenheit und Gegenwart. Stuttgart 1978, 417-19 unter Hinweis auf Rothschuh, Der Krankheitsbegriff. Hippokrates 43 (1972), 3-17.

schen Konzept wissenschaftlich untersucht und definiert wurden. Diese Leistung der wissenschaftlichen Medizin ist hoch einzuschätzen, da dem behandelnden Arzt durch Kenntnis eines abstrakten Krankheitsbildes, wie z.B. des Typhus abdominalis, bei einem Patienten mit Fieber, Roseolen am Abdomen, einer Leukopenie und Benommenheit die Bestätigung seiner Vermutungsdiagnose durch Kulturen im Stuhl, im Urin oder im Blut mit der Feststellung der Salmonella typhii und damit die Durchschauung des Krankheitsbildes und der gezielte Einsatz eines bestimmten Antibiotikums zur Rettung dieses Patienten möglich wird.

Allerdings muß bedacht werden, daß die heutige Nosologie (Lehre von den Krankheiten) etwa 50 000 Krankheitsbilder kennt, und daß selbstverständlich die Identifikation in einzelnen Fällen mit ähnlicher Symptomatik durchaus Schwierigkeiten bereiten kann. Die Übereinstimmung individueller Krankheitsbilder mit zugeordneten Entitäten kann sehr unterschiedlich ausfallen, da „Randunschärfen" auftreten, d.h. Abweichungen von der typischen, d.h. „idealen" Erscheinung.

Im 19. Jh. traten mit der Anwendung naturwissenschaftlicher Erkenntnisse und der gewaltigen Erweiterung des Wissens in der belebten Natur psychologische Fragestellungen nach Ursachen oder Gestaltung von Krankheitsbildern in den Hintergrund. Dabei waren schon zu Beginn des 19. Jh. z.B. von Gustav Carus im Rahmen seiner wissenschaftlichen Medizin Krankheiten im Unbewußten oder im Bewußten angesiedelt worden: „Zu den Körperkrankheiten gehören die eigentlichen oder sog. leiblichen Krankheitsbilder mit den drei Urformen Fieber, Entzündung und Verbildung. In allen diesen Krankheiten erscheint also eine gewisse besondere, dem Eigenleben des Organismus fremde Idee und lebt sich parasitisch aus, und zwar allemal wesentlich in der Erscheinung der unbewußten Seele. Die zweite Gruppe der Krankheiten, welche hauptsächlich am bewußten Geiste sich offenbaren, werden gemeinerhin Seelenkrankheiten genannt."[3] Zur Entwicklung der heute breit etablierten psychosomatischen Medizin trug ganz entscheidend Viktor von Weizsäcker bei, der erstmals konkrete Ergebnisse vorweisen konnte. Die Beschäftigung mit dem sog. „tierischen Magnetismus"[4] hatte auf einigen Um- und Irrwegen schließlich zur Methode der planmäßigen Suggestion und Hypnose in der Medizin geführt. Hier sind die epochalen Ergebnisse der Untersuchungen von Sigmund Freud und seinen Nachfolgern anzusiedeln. So wurde diskutiert, ob die Entstehung und die Beseitigung von neurotischen Erscheinungen über seelische Mechanismen möglich sei (Konflikt, Verdrängung, Konversion). Viktor von Weizsäcker hat dann diese Vorstellung im ersten Drittel des 20. Jh. auf die Gestaltung allgemeiner Erkrankungen übertragen und so ein Konzept der anthropologischen Medizin entwickelt.[5] – Die psychosomatische Medizin versucht, über das reine Maschinenmodell der naturwissenschaftlichen, in Chemie und Physik forschenden Medizin hinaus ein ganzheitliches Modell des kranken Menschen zu formulieren und demgemäß zu handeln. Das heißt, daß die persönliche Struktur des Patienten, seine Umgebung und soziale Stellung in die Erklärung und Behandlung mit einbezogen werden. Die von von Uexküll und Wesiack formulierte „Theorie der Humanmedizin" faßt die Grundlagen ärztlichen Handelns und Denkens für ein anthropologisches Gesamtmodell zusammen.

Naturwissenschaftliches Denken am Krankenbett wird auch heute noch weitgehend getragen von den Begriffen der Kausalität und der darauf beruhenden Gesetzlichkeit. Diese Begriffe müssen deshalb für das ärztliche Handeln reflektiert werden,

---

3 C.G. Carus, Psyche. Zur Entwicklungsgeschichte der Seele. Pforzheim 1846, 340/1

4 Franz Anton Mesmer (1734-1815) glaubte an ein dem „Pneuma" der Alten analoges magnetisches Fluidum, welches dem Erdmagnetismus entspricht. – Mesmer wollte die Gesetze der Physik in das Lebendige übertragen und eine vitalistische Physik schaffen. Erst von späteren Anhängern wird der tierische Magnetismus mit der „Lebenskraft" geradezu identifiziert.

5 Vgl. Literaturangaben im Anhang.

weil ihnen ein vermeintlicher Determinismus der belebten Substanz, insbesondere des Menschen innewohnt, aber auch deswegen, weil die heute so ganz im Zentrum des Bewußtseins des modernen Menschen stehende freie Willensentscheidung darin beschränkt wird, aus welcher wieder der Begriff der Verantwortung abgeleitet wird. Letzterer steht bereits sicher außerhalb kausaler naturwissenschaftlicher Betrachtungsweisen. Er ist mit all dem verbunden, was unter „ärztlicher Ethik" zusammengefaßt wird und was heute eines der zentralen Themen des Dilemmas der modernen ärztlichen Tätigkeit darstellt.

II. Kausalität: Gesetzlichkeit im ärztlichen Handeln

Die Definition des Kausalprinzips lautet: „Ex nihilo nihil fit" (Aus nichts entsteht nichts), alles hat seinen Grund, hat seine Ursache. Diese Feststellung ist von Leibniz als das „Prinzip des zureichenden Grundes" definiert worden, „kraft dessen wir annehmen, daß sich keine Tatsache als wahr oder existierend, keine Aussage als richtig erweisen kann, ohne daß es einen zureichenden Grund dafür gäbe, weshalb es eben so und nicht anders ist, wenngleich uns diese Gründe in den meisten Fällen nicht bekannt sein mögen." Es gibt also keinen Zufall; dieser ist laut Demokrit „als Deckmantel der eigenen Ratlosigkeit"[6] von den Menschen erdacht worden.

Die moderne Erkenntnistheorie geht allerdings davon aus, daß dieses Prinzip weder beweisbar noch widerlegbar ist; denn einzelne Aussagen kann man nicht verifizieren, es sei denn, das ganze Universum wird durchgetestet. Singuläre Aussagen sind nicht falsifizierbar, da immer die Möglichkeit besteht, daß eine Ursache bisher nur noch nicht nachweisbar war. Das Kausalprinzip ist aber tief im menschlichen Geist und seinem Erklärungsbedürfnis verankert; es liegt fast allen, auch religiösen Vorstellungen zugrunde („Kein Sperling fällt vom Dache, ohne

6 Vgl. Die Vorsokratiker. Hg. v. W. Capelle. Stuttgart 1968, 414.

Euren Vater, und die Haare auf eurem Kopfe sind alle gezählt"; Matth. 10, 29-30). Außerdem wird das Kausalprinzip durch unsere tägliche Erfahrung bestätigt. Wenn wir uns z.B. mit dem Hammer auf den Finger schlagen, ist der Hammer als „zureichender Grund" der entstandenen Verletzung meist anerkannt. Hier allerdings wird die Sache bereits fragwürdig: Unzureichende Schulung für das Einschlagen eines Nagels, die Unfähigkeit, exakt zu treffen, evtl. auch das Mißverhältnis zwischen Hammer- und Nagelgröße legen bei näherer Betrachtung ein ganz anderes Verhältnis zwischen Hammer und Fingerverletzung nahe, als es zuerst schien.

Aus dem genannten Kausalprinzip ergibt sich das für die Medizin und das ärztliche Handeln so wichtige „Naturgesetz" und mit der mechanischen Deutung der Gesetzlichkeit der Siegeszug des sog. mechanischen Determinismus. Bei Naturgesetzen handelt es sich hiernach um mechanische Gesetze. So schreibt Descartes, daß die Regeln der Mechanik dieselben sind wie die der Natur. Das mathematische Gesetz ist es, welches die Quantifizierbarkeit und die Vorstellung von einer Maschine nicht nur in der unbelebten, sondern später auch in der belebten Natur aufkommen läßt. Diese Gesetze bringen den großen Vorteil mit sich, daß sie den Zufall und die Unbestimmtheit ausschließen. Sie haben keine Freiheitsgrade. Die mechanische Deutung der Gesetzlichkeit besitzt noch einen weiteren Vorteil, der das Prinzip der Nahewirkung logisch erzwingt: Weitere Ursachen können nur durch unmittelbare Berührung auf ein System einwirken. Erste Ursachen und letzte Ziele sind damit festlegbar.

Es sind vier Eigenschaften, die die mechanische Gesetzlichkeit – auch für die heutige Medizin! – so ungeheuer attraktiv machen: 1. die leichte Mathematisierbarkeit, 2. die strikte Notwendigkeit und Verläßlichkeit der mechanischen Gesetze, 3. die hervorragende Erfassung auch von kleineren Sachverhalten gemäß dem Prinzip der Nahewirkung und schließlich 4. die uns allen einsichtige Plausibilität.

Diese einfache Deutung wurde jedoch bereits im 18. Jh. als zu eng und zu primitiv für bestimmte naturwissenschaftliche Erfahrungen befunden. Schon Newton bricht mit ihr. Anstelle des Prinzips der Berührung (Nahewirkung) führt er den Begriff der Kraft ein. In der Biologie und Medizin wurde zum Ende des 19. Jh. dem „Kausalismus“ der „Konditionalismus“ entgegengesetzt (Verworn): Der Begriff der Ursache sei zu eng und deshalb durch eine Gesamtheit von Bedingungen zu ersetzen. Ein Geschehen sei nie von nur einer Ursache abhängig. Zu Beginn des 20. Jh. wurde das Kausalprinzip noch einmal Gegenstand entscheidender Diskussionen, und zwar durch die Entwicklung der Quantentheorie. Diese ergab, daß es grundsätzlich unmöglich ist, strikte Kausalität physikalisch nachzuweisen, da sich aus dem Beobachteten der Zugriff der Beobachtung nicht eliminieren läßt. Die erkenntnistheoretische Unzuverlässigkeit des Kausalprinzips, ja der physikalisch-mathematische Nachweis seiner grundsätzlichen Nicht-Gültigkeit ändert nichts an der Tatsache, daß damit weiterhin, und zwar mit Erfolg, wissenschaftlich gearbeitet wird. Die Praxis zeigt, daß die Zufälligkeit der Ereignisse für einfachere Fragestellungen der Biochemie und Biophysik auch innerhalb des menschlichen Körpers eine nur untergeordnete Rolle spielt. Die Frage, ob das Kausalprinzip gilt oder nicht, ist wissenschaftlich nicht zu entscheiden. Die Frage, ob seine Annahme oder seine Ablehnung die stärkere oder schwächerer Hypothese ist, ist weitgehend eine Angelegenheit der persönlichen Entscheidung.

Für die ärztliche Handlung am Krankenbett sind bezüglich der Gültigkeit des Kausalprinzips aber doch kritische Konsequenzen zu ziehen:

1. Die sich aus dem Kausalprinzip ergebende Gesetzmäßigkeit mit ihrem Determinismus widerspricht der menschlichen Willensfreiheit und muß damit notwendigerweise zu Kollisionen in der Beziehung zwischen Arzt und Patient führen.
2. Das unreflektiert angewendete Kausalprinzip und die sich daraus ergebende deterministische Gesetzmäßigkeit erlauben dem Arzt fälschlicherweise, sich als außenstehend, beobachtend und unbeteiligt Handelnden an dem Problem Krankheit/Patient zu fühlen.

III. Teleologisches Denken und Handeln

In der Medizin und auch in der Biologie sind die Verhältnisse jedoch niemals eindeutig und gut definiert. Daher ist ernsthaft zu bedenken, ob ärztliche Probleme durch ein bewußtes, zielgerichtetes, freiheitliches, absichtliches Handeln gelöst werden können, auch wenn dieser Weg, wie sich zeigen wird, aus dem Reich der naturwissenschaftlichen Sicherheit herausführt.

Teleologisches (= zielorientiertes) Denken beinhaltet nicht nur Bewußtheit, Rationalität und freien Willen, es schließt vor allem den Begriff der Verantwortung mit ein. Die Struktur des teleologischen Denkens und Handelns sei kurz dargestellt:

Teleologisches Denken und Handeln

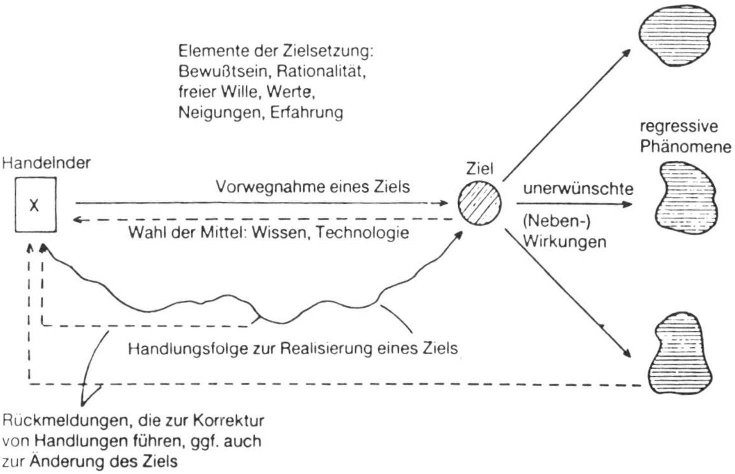

In dem für sich sprechenden Modell sind wichtige Aktivitäten und Eigenschaften hervorzuheben. Der Handelnde setzt sich freiwillig und bewußt ein Ziel, und zwar aufgrund seiner Kenntnis, aufgrund der ihm zur Verfügung stehenden Möglichkeiten, der Technologie, der pekuniären und persönlichen Hilfen. Er macht sich einen Plan, aus dem sich seine Handlung ergibt. Während dieser Handlung empfängt er durch seine Beobachtung Rückmeldungen über die Richtigkeit seiner Voraussetzungen. Im günstigen Falle wird er bestätigt, bis er sein Ziel erreicht hat. Im ungünstigen Fall korrigiert er seine Handlung oder gar – und das ist entscheidend! – sein Ziel. Er bemerkt Nebeneffekte und unerwünschte Wirkungen. Auch die Existenz von sog. „Werten" wird angenommen, obwohl diese Werte geistiger Art sein können und naturwissenschaftlich nicht abklärbar sind.

Als Erklärung für biologisches und medizinisches Geschehen ist teleologisches Denken auch unter unseren heutigen Gesichtspunkten fragwürdig, vor allen Dingen dann, wenn es sich um Teilprobleme im physikalisch-chemischen Bereich des Organismus handelt. Die oben dargestellte teleologische Denkweise aber begründet jedwedes Handeln und ist ohne weiteres auf das tatsächliche Verhalten am Krankenbett übertragbar. Dort nämlich liegen niemals die für die Kausalität geschilderten eindeutigen determinierenden Faktoren vor, die einen gesetzmäßigen Ablauf einer Handlung garantieren. Jede Diagnose (Durchschauung des Krankheitsbildes) ist unsicher. Keine unserer pathologisch-physiologischen Vorstellungen über Krankheitszusammenhänge ist unumstößlich, und niemals läßt sich der Effekt einer therapeutischen Maßnahme, sei sie ein ärztliches Gespräch, eine pharmakologische Verordnung oder ein operativer Eingriff, sicher voraussagen. Immer werden Beobachtung und Überprüfung von Diagnose und Therapie die Modellvorstellung, unter der gehandelt wurde, bestätigen oder ablehnen müssen.

IV. Die ärztliche Verantwortung

Unter dem Titel ‚Verantwortung als kausale Zurechnung begangener Taten' schreibt Jonas: „Bedingung von Verantwortung ist kausale Macht. Der Täter muß für seine Tat antworten: Er wird für deren Folgen verantwortlich gehalten und gegebenenfalls haftbar gemacht. Dies hat zunächst rechtliche und nicht eigentlich sittliche Bedeutung. Der angerichtete Schaden muß gutgemacht werden, auch wenn die Ursache keine Übeltat war, auch wenn die Folge weder vorausgesehen noch beabsichtigt war. Es genügt, daß ich die aktive Ursache gewesen bin.“[7]

Alles Handeln zeitigt Folgen und ist damit unter Verantwortung zu stellen. Jede Form des Handelns ist ein ethisches Problem. Von zentraler Bedeutung ist deshalb das Bewußtsein, daß für das ärztliche Handeln nicht die medizinische Vorschrift allein entscheidend ist, sondern daß auch anders gehandelt werden kann, und daß derartige Entschlüsse aus freier Entscheidung entstehen.

Die Verantwortung beinhaltet drei Komponenten: die Totalität, die Kontinuität und die Zukunft. Die Verantwortung von Mensch zu Mensch ist total, sie kann nicht geteilt werden. Sie kann nicht an eine Gruppe, an eine Institution übertragen werden (Jonas). So kann eine Therapie oder die Entscheidung über den Abbruch einer Therapie niemals durch einen Mehrheitsbeschluß, sondern nur durch die beratene Einzelentscheidung *eines* Arztes herbeigeführt werden. Verantwortungsfähig zu sein, ist eine der höchsten menschlichen Eigenschaften, denn erst damit wird der Mensch ein moralisches Wesen. Verantwortung besteht für die Vergangenheit, für eine kausale Zurechnung über Geschehenes und für die Zukunft, für „Zu-Tuendes“. Hier besteht sogar die Pflicht zur Entscheidung, wenn Verantwortung von der Gesellschaft an ein Amt gebunden wurde. So hat der ärztliche Leiter einer Institution Verantwortung für lebensentscheidende Maßnahmen zu übernehmen: Indikationen zur Operation, Einsetzen differenter, mit Risiko behafteter Therapieformen, Entscheidung über Abbruch oder Fortführen von Behandlung, über Leidensminderung, Lebensverlängerung. Er muß sich dabei immer fragen: Was kommt danach?

Die totale Verantworung verfährt „geschichtlich“. Dies ist mit dem Begriff Kontinuität gemeint, denn Verantwortung von Mensch zu Mensch, von Arzt zu Patient dauert an. Die Entscheidung muß im richtigen Augenblick fallen, wobei die Vor-

7 Hans Jonas: Das Prinzip Verantwortung. Frankfurt/M. 1979, S. 172.

hersage aufgrund eines analytischen Kausalwissens und aus dem Konstruieren zukünftiger Zustände (gemäß den Gedankenmodellen) erwächst. Verantwortung reicht in die Zukunft, sie gilt für den Arzt in immer neuem Einsatz bei der Kontrolle der Befunde mit Anpassung der jeweiligen Handlung an den immer wieder überprüften Zustand.

Die Verantwortung beinhaltet diagnostische und therapeutische Maßnahmen, auch beruhigende Gespräche, höchste Aktivität bei Bedrohung, Abwartenkönnen auch bei Unsicherheit, weil nur selten aufgrund eindeutiger kausalanaytisch zu definierender Befunde eine Extrapolation in die Zukunft, d.h. Prognose, möglich ist. Ärztliche Verantwortung zu übernehmen kann im Einzelfall sehr schwer sein und ist notwendigerweise auch mit Fehlbeurteilungen verbunden.

V. Zum Wissenschaftsbegriff in der Medizin

Wissenschaft als Inbegriff menschlichen Wissens ordnet den Zusammenhang von wahren Urteilen und wahrscheinlichen Annahmen i.S. von Hypothesen oder Theorien über „das Ganze", hier: über die Gesundheit bzw. Krankheit des Menschen. Sie bedenkt nicht nur die Tatsachen, sondern auch deren Gründe (Ursachen), sie prüft ihre Vorstellungen immer wieder an den ihr zugänglichen Realitäten.

Die Naturwissenschaften verdanken ihr hohes Ansehen ihrer denkerischen Genauigkeit und Folgerichtigkeit. Die Mathematik ist ihr entscheidendes Werkzeug, so daß sich der Wert der einzelnen Wissenschaften an ihrem Gehalt an Mathematisierbarkeit bemißt.

Der Begriff der Naturwissenschaft wird in der heutigen Diskussion unterschiedlich definiert und in der modernen Medizin mit ihrem Streben nach Exaktheit mit der mathematisierbaren Form meßbarer Größen identifiziert, wie sie z.B. in der Physik, in der Chemie und in der Biologie angewandt werden. Exaktheit und Zuverlässigkeit sind in der Forschung das höchste

Ziel, dem alles andere unterzuordnen ist. Naturwissenschaft ist aber selbstverständlich auch Wissenschaft vom Menschen, der schließlich auch „Natur“ ist. Hierher gehört der Vorwurf von von Uexküll (1986), daß in der heutigen Medizin zuwenig Naturwissenschaft, d.h. nur eine bereits überholte, nämlich die des 19. Jh. gepflegt würde.

Geisteswissenschaft befaßt sich mit der Erforschung der Schöpfungen des menschlichen Geistes, wie z.B. Kultur, Religion, auch Recht, Theologie, Ethik und vieles andere mehr. Eine spezifische Methode der Geisteswissenschaft ist die Hermeneutik. Diese meint ursprünglich die Kunst der Auslegung von Texten, z.B. der Heiligen Schrift oder des Corpus Juris in der Jurisprudenz. Tatsächlich deuten auch die Ärzte die Symptome ihrer Patienten und erkennen in ihnen die Zusammenhänge der Störung wieder. So heißt die Frage bezüglich eines unklaren Krankheitsbildes an den Kollegen nicht: „ Was wissen Sie über das Krankheitsbild „X“ ?, sondern: „ Haben Sie schon einmal die Symptome X, Y, Z gesehen? Wie deuten Sie diese?“ – Das Besondere der Hermeneutik besteht darin, daß die Deutungen von ganz verschiedenen Wissens- oder Denkinhalten aus vorgenommen werden können. Die Deutung eines Beschwerdebildes von psychoanalytischer Grundlage aus dürfte in den allermeisten Fällen zu einem anderen Ergebnis kommen, als die von einer naturwissenschaftlichen Basis aus gegebene.

Teleologie und Hermeneutik enthalten Vorstellungen, Ziele, Meinungen und auch tiefer greifende Eigenschaften des erkennenden und handelnden Arztes. Hier stehen die persönlichen Gegebenheiten des Patienten und Begriffe wie „Verantwortung“ wesentlich deutlicher im Mittelpunkt als im methodologischen Handlungszwang infolge der vermeintlich kausal ausgerichteten naturwissenschaftlichen Gesetze. Naturwissenschaft erforscht generelle Probleme und erklärt, Geisteswissenschaft befaßt sich mit individuellen Problemen und versteht. Tatsächlich führen nur Erklären und Verstehen zum gewünschten Ziel der Erkenntnis, so daß eine scharfe Unterscheidung beider Disziplinen wegen der tatsächlich vorliegenden Übergänge nicht möglich ist. Eine Krankheit diagnostizieren ist kein automatisches Ableiten aus Fakten, sondern ein Interpretieren von Erscheinungen, ein hermeneutischer Vorgang also. Die Diagnose ist mithin theoriegeleitet. Die Gegenüberstellung von mit Fakten befaßter Naturwissenschaft und verstehender, von Wertvorstellungen geleiteter Geisteswissenschaft ist in ihrer Krassheit aufzuheben. Der Arzt muß in seinem Patienten nicht nur eine abstrakte Krankheitsentität, sondern das Individuum in seiner Beschwerde, in der Not erkennen, und er sollte versuchen, es mit seinem eigenen karitativen Grundgefühl zu verstehen. Für das ärztliche Handeln ist daher sowohl die Naturwissenschaft als auch die Geisteswissenschaft notwendig.

Am Krankenbett aber steht der Arzt vor so ausgesprochen schweren Problemen wie Leben, Tod, Sterben, Hingabe, Empathie, Sorge, Fürsorge, die ihn, wenn er empfindlich dafür ist, erheblich belasten. In seiner ärztlichen Tätigkeit muß er Fragen entscheiden, welche auch die Kenntnis von geistigen Werten voraussetzen. Ärztlichem Handeln liegen also Erkenntnisse zugrunde, die mit einem ganzheitlichen Wissenschaftsbegriff gewonnen werden: mathematisierbare Naturwissenschaft mit physikalischen und chemischen Meßmethoden und logische Rückschlüsse, aber ebenso, und vielleicht noch wichtiger, menschliches Verstehen, Gerechtigkeit, Verantwortungsgefühl, bis hin zu Gefühlen wie Mitleid. Es ist notwendig einzusehen, daß das Wesentliche in dem ureigensten Verhältnis zwischen dem *einen* Arzt und dem *einen* Patienten bei einer Begegnung unter vier Augen wissenschaftlich nicht zu beschreiben ist (siehe unten, 2. Fallbeispiel). Jaspers schreibt unter ‚der Charakter und das Unverständliche':

„Der Grenze der Forschung gegenüber dem Menschen dürfen wir uns nicht nur philosophisch bewußt sein, sondern müssen sie im Interesse der Forschung selber kennen. ... Aber sie scheitert und sie irrt, wo sie zuviel, wo sie das Ganze zu wissen oder grundsätzlich wissen zu können meint. Wo die Erkenntnis radikal scheitert, darf der Forschende wissen, daß sich ein Raum öffnet, in den er nicht mehr als Forscher gegenüber dem Menschen, sondern als Mensch dem Menschen als Schicksalsgefährte eintritt. Der Mensch als Existenz ist mehr als das

Ganze der verständigen Zusammenhänge und mehr als die Gesamtheit seiner biologisch faßlichen Anlagen."[8]

VI. Zwei Fallbeispiele

1. Fallbeispiel: *Ein Erfolg rein naturwissenschaftlicher Medizin, welche den handelnden Arzt in die Lage versetzt, lebensrettend einzugreifen:*

70jähriger Patient, blasses Aussehen, schweißiges Gesicht, zyanotische, bläuliche Lippen, aufrecht sitzend, nach Luft ringend, ansprechbar, aber Gespräch oder Anamnese nicht möglich, nur Wunsch nach Linderung der Beschwerde. Körperliche Untersuchung innerhalb von zwei Minuten: rasselnde Atmung, Rasseln über der Lunge, Herz links vergrößert, Blutdruck deutlich erniedrigt, Halsvenen im Sitzen gestaut, Leber vergrößert, Ödeme an den Beinen. Diagnose: Lungenödem bei Herzversagen. Sofortige Therapie: Sauerstoffzufuhr, geeignete Lagerung durch aufrechtes Sitzen und herabhängende Beine. Einlegen einer Kanüle in die Armvene, dort i.v. 10 mg Morphium, eine geeignete Menge Furosemid, Dauerzufuhr von Dinitrat und unter Blutdruckkontrolle Nebennierenhormone (Dopamin), evtl. auch ein Digitalispräparat, dabei beruhigendes Zureden, auch ohne Antwort.

Innerhalb von 30 min. atmet der Patient langsamer, ruhiger, das Rasseln verschwindet, er scheidet große Mengen Urin aus, der Blutdruck steigt auf ausreichende Werte an. In der Zwischenzeit liegen die Kontrollwerte aus der Blutuntersuchung und ein EKG vor, die zur Anpassung der medikamentösen Therapie an den Zustand führen. Der Patient schläft ein. Am nächsten Morgen hat er tiefes Vertrauen zu seinem Arzt, ohne daß ein Wort gesprochen wurde, allein aufgrund einer rein mechanisch-physikalisch-pharmakologisch wirksamen Therapie.

8 Karl Jaspers: Allgemeine Psychopathologie, Wien 1965, S. 359.

2. Fallbeispiel: *Nur ethisch zu begründender Therapie-Entschluß unter Vernachlässigung ärztlicher Regeln:*

Eine 56jährige Frau leidet an einem metasierenden Mammakarzinom. Die zu Beginn der Behandlung starken Knochenschmerzen haben sich durch eine kunstgerechte Therapie mit Hormonen, Zytostatika und Röntgenbestrahlung gebessert, die Herde sind zurückgegangen. In der jahrelangen ambulanten, aber auch immer wieder stationären Behandlung hat sich ein tiefes Vertrauensverhältnis zum Arzt, aber auch eine deutliche emotionale Bindung an die Patientin herausgebildet.

Wie zu erwarten, versagt eines Tages die bisher eingeschlagene Therapie. Schon frühere Versuche, die nun wirklich notwendige Aussprache über die Prognose und die Aussichtslosigkeit weiterer Therapie herbeizuführen, werden von der Patientin nicht angenommen. Die Patientin will weiter behandelt werden, so daß der Arzt schließlich eine Scheinbehandlung mit therapeutisch unzureichenden Einzeldosierungen eines Zytostatikums in längeren Abständen durchführt. Das persönlich nahe Verhältnis hält bis zum Schluß.

VII. Kritische Stellungnahme

Der Krankheitsbegriff beinhaltet ein Handlungsprinzip. Demnach gehen in die Krankheitsbegriffe ein:

a) die subjektive Hilfsbedürftigkeit des Menschen,
b) die Störung der Ordnung leiblicher, seelischer und leiblich-seelischer Vorgänge,
c) die Notwendigkeit ärztlicher Betreuung oder die klinische Hilfsbedürftigkeit und
d) schließlich die Notwendigkeit mitmenschlicher und gesellschaftlicher (sozialer) Betreuung des Kranken, seine soziale Hilfsbedürftigkeit, seine Pflege.

Nach einer Definition von Rothschuh wird Krankheit folgendermaßen bestimmt:

„Krankheit ist der Zustand der subjektiven oder/und klinischen oder/und sozialen Hilfsbedürftigkeit eines Menschen infolge des Verlustes des abgestimmten Zusammenwirkens der physischen, psychischen oder psychophysischen Funktionsglieder des Organismus."[9]

Der Gesundheitsbegriff ist noch viel schwerer zu definieren als der der Krankheit. Die Definition der WHO (Gesundheit = „Zustand vollkommenen körperlichen, geistigen und sozialen Wohlbefindens") wird als philiströs, als naiv empfunden in ihrem Ideal, nur das Objektive, das Gesunde, das Klassische zu berücksichtigen. Der Gesundheitsbegriff ist von der jeweiligen Gesellschaft und Situation abhängig und stark von der Sozialerwartung beeinflußt. Unter der Vorstellung, daß der heutige Mensch sich nur gesund im sozialen Gleichgewicht fühlt, wenn er ins Ausland fahren kann, auf Autobahnen mobil ist, ohne Unterbrechung von Musik berieselt wird, wenn er seinen unruhigen Geist mit Alkohol oder gar mit Schlafmitteln sedieren kann, ist eine Gesundheitsdefinition i.S. der WHO abzulehnen.

Besser erscheint die von Hartmann gegebene Definition des „bedingten Gesund-Seins":

„Gesund ist ein Mensch, der mit oder ohne nachweisbare oder für ihn wahrnehmbare Mängel (Ungleichgewichte) seiner Leiblichkeit allein oder mit Hilfe Anderer Gleichgewichte findet, entwickelt und aufrechterhält, die ihm ein sinnvolles, auf die Entfaltung persönlicher Anlagen und Lebensentwürfe eingerichtetes Dasein und die Erreichung von Lebenszielen in Grenzen ermöglichen, so, daß er sagen kann: „Mein" Leben ..., „meine" Krankheit, „mein" Sterben."[10]

Eine Definition dessen zu geben, was als Heilung anzustreben ist, erscheint ebenfalls äußerst problematisch. Ausgehend von dem Satz: „Salus aegroti suprema lex" soll versucht werden, eine einigermaßen erschöpfende Beschreibung dieses ärztlichen Handlungszieles zu geben.

---

9 Vgl. K.E. Rothschuh, Konzepte der Medizin in Vergangenheit und Gegenwart. Stuttgart 1978, 8-9.

10 F. Hartmann, Patient, Arzt und Medizin. Göttingen 1984, 47.

Heilung i.S. einer restitutio ad integrum, einer Wiederherstellung zum vollkommenen körperlichen und sozialen Wohlbefinden, ist eine relativ seltene Facette eines ärztlichen Handlungsziels. Abgesehen von der Tatsache, daß soziales Wohlbefinden (s.o.: Autofahren, Karibik-Besuch) nicht ärztliche Aufgabe sein kann, geht es mehr darum, eine Anpassung an den jeweiligen Zustand durch die oben beschriebenen Maßnahmen zu erzielen, auch durch ein vernünftiges Gespräch und ruhige Aufklärung.

Viel häufiger ist das Erhalten der Restfunktion eines Organversagens, d.h. der Umgang mit einem chronisch Kranken, dem ein Sichabfinden mit den beschränkten Möglichkeiten näher gebracht werden muß. Schließlich ist es auch Aufgabe des Arztes, einem Patienten Heil zu bringen, wenn ein Sterbender begleitet werden muß. In dem oben genannten Wort „salus" ist mehr geistige, vielleicht auch geistliche Ausgeglichenheit enthalten als ein geordneter Stoffwechsel.

Das ärztliche Handlungsziel ist eher mit dem Begriff „Hilfe" als mit dem Begriff „Heilung" umschrieben. Der Erfolg ärztlichen Handelns mit Hilfe der beschriebenen klinischen Medizin besteht darin, daß diese Hilfe gewährt werden kann. Ärztliches Handeln ist nur möglich, wenn das Krankheitsbild durchschaut wurde. Dieser Vorgang führt zu dem Begriff der Diagnose, der allerdings nicht immer exakt zu definieren ist, da in der Akutmedizin und in der Praxis des niedergelassenen Arztes oft eine symptomatische Behandlung zum Ziel führt. Die Diagnose, weiter oben als Krankheitsentität bereits definiert, ist die eigentlich sichere Basis für jedes weitere Vorgehen.

Nach Anamnese-Erhebung und körperlicher Untersuchung und nach Erstellung einer sog. Routine-Labor-Untersuchung (Blutsenkung, kleines Blutbild, Urin, EKG, Rö-Thorax) werden zur Sicherheit bzw. aus differentialdiagnostischen Erwägungen zusätzlich weitergehende Untersuchungen angestellt (kompliziertere Labor-Untersuchungen, Bakterienkulturen, invasive Methoden). Die Behandlung – medikamentös oder auch physikalisch oder auch diätetisch – läuft unter der Vermutungsdiagnose schon während dieses diagnostischen

Prozesses und wird je nach Ergebnis der Untersuchung variiert. Evtl. muß das Modell der Diagnose geändert und eine andere Therapie eingesetzt werden.

Die ärztliche Handlung muß aber nicht nur einer bestimmten Diagnose bzw. der Beherrschung eines Symptoms folgen, sondern vor allen Dingen dem ärztlichen Handlungsziel. Dieses kann sehr unterschiedlich sein, nämlich einmal Retten, Heilen, dann Erhalten und schließlich Leiden mindern.

Beim Umgang mit dem aus scheinbar voller Gesundheit heraus akut bedrohten Kranken gibt es für den behandelnden Arzt kein anderes Handlungsziel als Rettung mit allen medizinischen Möglichkeiten. Angesichts der hohen Aktivität und Gefahr wird auf den Patienten kaum Rücksicht genommen. Die kurze Dauer rechtfertigt jede lebensrettende Maßnahme, auch eine Rippenfraktur bei Herzmassage.

Viel häufiger ist die Gruppe der chronisch Kranken mit gleichbleibendem Verlauf, bei denen Patienten mit psychosozialen Problemen und medikamentösen Therapien überprüft werden, um möglicherweise einen gleichbleibenden Zustand herbeizuführen. Hier sind Kontrolluntersuchungen und Anpassung der Therapie notwendig.

Verschlechtert sich der weitere Zustand des Patienten, tritt das ärztliche Gespräch immer mehr in den Mittelpunkt. Nebenwirkungen von Medikamenten sind unbedingt zu vermeiden. – Bei Sterbenden ist schließlich die Leidensminderung und das Begleiten alleiniges ärztliches Ziel.

Hieraus ergeben sich für die ärztliche Handlung Fragen über Ethik in der Medizin. Ethik ist das Nachdenken über das menschliche Handeln unter dem Gesichtspunkt: menschenwürdig oder menschenunwürdig (Sporken)? Die Menschenwürde ist im Grundgesetz garantiert. Ihre strikte Berücksichtigung ist die erste Voraussetzung der medizinischen Ethik. Die Schwierigkeit besteht darin, daß durchaus strittig sein kann, was als menschenwürdig zu gelten hat. Es muß z.B. bei der Frage der Therapie von Endzuständen zwar einerseits die Erhaltung des Lebens, andererseits jedoch auch ein Verzicht auf unnötige Verlängerung des Sterbens als menschenwürdig angesehen werden. Als unmittelbares Attribut der Menschenwürde wird in zunehmendem Maße die Selbstbestimmung der Einzelpersönlichkeit gefordert.

Wenn der Patient auch keine technischen Entscheidungen treffen kann, weil ihm die Kenntnis fehlt, kann er doch Wertentscheidungen treffen, für die der urteilsfähige Patient als voll qualifiziert anzusehen ist. Ethische Stellungnahmen in solcher Situation erfordern vom verantwortungsvoll behandelnden Arzt Bestimmtheit und Takt, vor allem den Mut zur ärztlichen Gewissensentscheidung.

Ethische Probleme in der Medizin existieren aber nicht nur im Bereich der Behandlung von Endzuständen oder in der Intensivmedizin, – auch in der Praxis des Allgemeinarztes oder im Umgang mit leichter Kranken kommt es immer wieder zu Problemen, welche die ärztliche Handlung unter ethischen Gesichtspunkten variieren können. Ausstellen von Bescheinigungen, Anwendung von Medikationen, von denen der Arzt selbst nicht recht überzeugt ist, Einsatz von eingreifender Diagnostik bei alten Menschen ohne therapeutische Konsequenz, Abbruch von Gesprächen usw. Ärztliches Handeln steht viel häufiger vor ethischen Problemen, als der naturwissenschaftlich ausgerichteten Medizin bewußt ist.

Es ist nicht erstaunlich, daß unterschiedliche Meinungen in den einzelnen Gruppen (Patienten, Angehörige, Ärzte, Juristen, Theologen, Verwaltungsbeamte u.v.a.m.) bestehen, wenn man die Unsicherheit der Diagnose und der Prognose, den Wechsel der Ziele ärztlichen Handelns und schließlich den schwankenden Boden ärztlicher Ethik betrachtet. Es muß jedoch angenommen werden, daß offenbar trotz aller dieser Unsicherheiten in der Regel – wenn auch nicht immer – vom Arzt ein richtiger Weg zur Behandlung des Kranken gefunden wird. Dazu hilft sicher das Kennenlernen ethischer Probleme, ihrer gedanklichen, philosophischen Hintergründe für das ärztliche Handeln, die Beschäftigung mit der Psychologie des Kranken, vor allen Dingen aber auch die Anleitung durch den erfahrenen Arzt und damit die Vertiefung der eigenen Erfahrung.

Als klinische bzw. ambulante Medizin wird die Form ärztlichen diagnostischen und therapeutischen Handelns bezeichnet, welche weltweit an den Universitäten im Rahmen der Ausbildung zum Arzt gelehrt und schließlich vom Staat durch eine Approbation bestätigt wird. Diese Medizin beruht auf den Erkenntnissen der Naturwissenschaft, z.B. der Biologie, Chemie, Physik und hat zu den allgemein anerkannten großen Erfolgen im Umgang mit der menschlichen Krankheit geführt.

Diese Medizin muß aber ihr Vorgehen der Einzelpersönlichkeit des Patienten mit allen ihren Unwägbarkeiten anpassen. Der moderne Arzt ist zum einen praktisch tätig, zum anderen aber in seiner Kunst erfahren. Die ärztliche Kunst lernt man im wesentlichen durch praktische Übung. Derartige Fertigkeiten können eine motorische Fähigkeit wie das Beherrschen einer Operationstechnik oder das Legen eines Herzkatheters sein. Dazu gehört immer die kognitive Komponente von Wissen und Erfahrung und charakteristischerweise ein Wissen, das nicht allein durch Lehrbücher, Fachaufsätze oder ähnliches zu erwerben ist. Dieses Wissen bildet den Kern der ärztlichen Kunst.

Ob der feste Boden der weitgehenden Sicherheit in der Erkennung eines Krankheitsbildes wie des Typhus abdominalis, der einer gezielten Antibiotikatherapie zugänglich ist, besteht, oder ob es sich in der Praxis des niedergelassenen Arztes um eine symptomatische Therapie nach verantwortungsvoller Untersuchung und kurzfristiger Kontrolle handelt, ist bezüglich des gedanklichen Vorgehens gleich. Zugrunde liegt die Kenntnis mit Beurteilung der Situation und eine gezielte, begründbare Handlung.

Zweifelsfrei steht aber diese Medizin in zunehmendem Maße in der allgemeinen Kritik. Schließlich ist das Kranksein von alters her dem Nichtrationalen, den Gefühlen, dem Emotionalen verhaftet, weil die Mißempfindung, der Schmerz, die Angst, das persönliche Leiden immer über das Rationale hinausführt. Die Rationalität im Sinne der messenden, mathematisierbaren Naturwissenschaft hat im klinischen Labor oder in der physikalischen Meßtechnik ihren einmaligen, unbestreitbar hohen Wert. Die ärztliche Handlung am Krankenbett füllt sie nicht aus, da der Arzt in seinem Patienten alles andere als ein Objekt vor sich hat, sondern einen Menschen nicht nur von Fleisch und Blut, sondern voller Erwartungen, Hoffnungen und Vorstellungen, Ängsten und vielen anderen, absolut irrationalen Empfindungen.

Die technologische Medizin abzulehnen, ist unsinnig, da sie unbestreitbar zu Erfolgen an Leib und Leben von Patienten, zur Beherrschung von Schmerz und zur Verbesserung von Lebensumständen führt. Am Krankenbett bzw. in der Sprechstunde muß aber endlich das mechanistische Menschenbild eines aus Chemie und Physik bestehenden Organismus in seiner Nicht-Realität und Fiktion ebenso überdacht werden wie die Rolle des kühl, d.h. nur rational handelnden Arztes. Dies kann nur durch die Beschäftigung und die Auseinandersetzung mit geisteswissenschaftlichen Fächern wie z.B. der Philosophie und insbesondere der Ethik erreicht werden, so daß die daraus resultierende vertiefte ärztliche Bildung in die Handlungsabläufe eingebracht werden kann.

Klinische Medizin geht vom sicheren Boden wissenschaftlich begründbarer Erkenntnis aus und handelt in der jeweilig durchschaubaren Situation zwar rational, aber der Einzelpersönlichkeit des Patienten entsprechend angepaßt, d.h. der Arzt fragt sich, ob diese oder jene eingreifende, den Patienten belastende diagnostische Methode die Sicherheit seiner wissenschaftlich begründeten Basis soweit verstärkt, daß ein Vorteil für den Patienten dabei herausspringt, oder wenn es sich um Therapien handelt, ob dieser Patient der notwendigen Behandlungsmethode wirklich zu unterziehen ist. Hier tritt das persönliche Risiko eines operativen Eingriffs, z.B. bei hohem Alter des Patienten, bei der ärztlichen Handlungsentscheidung auf. Hier ist die besondere Vorsicht und Zurückhaltung bei Gesprächen unter vier Augen bei sich verschlechterndem Verlauf einer unheilbaren Krankheit angesiedelt. Hier geht es um persönliches Ermessen des Arztes und die Akzeptanz des individuellen Patienten.

Arztsein ist ein besonderer Beruf, ausgefüllt von Naturerkenntnis, Menschenkenntnis und Kunstfertigkeit (Viktor von Weizsäcker). In der Vereinigung dieser Eigenschaften unterscheidet er sich von jedem Techniker, aber auch von jedem Geisteswissenschaftler. Auf eine Kurzformel gebracht arbeitet die moderne klinische und ambulante Medizin auf der Basis wissenschaftlich und intersubjektiv mitteilbarer Erkenntnisse nach zunächst vorgeschriebenen Regeln in der Diagnostik und Therapie, dann aber mit zunehmender Freiheit der Entscheidung, angepaßt an die Situation, die Persönlichtkeit und den Wunsch des Patienten.

Literatur

Anschütz, F.: Ärztliches Handeln. Grundlagen, Möglichkeiten, Grenzen, Widersprüche. Darmstadt 1988

Carus, C.G.: Von den Anforderungen an eine künftige Bearbeitung der Naturwissenschaften. Eine Rede gelesen zu Leipzig am 19. September 1822 in der ersten Zusammenkunft deutscher Naturforscher und Ärzte. Neudruck Hamburgische Staats- und Universitätsbibliothek 1928

Du Bois-Reymond, E.: Reden, hrsg. von Estelle Du Bois-Reymond. Leipzig 1912

Hartmann, F.: Patient, Arzt und Medizin. Göttingen 1984

Helmholtz, H. v.: Das Denken in der Medizin. In: Vorträge und Reden. Braunschweig 1896

Hübner, K.: Kritik der wissenschaftlichen Vernunft. Freiburg/München 1978

Jonas, H.: Technik, Medizin und Ethik. Zur Praxis des Prinzips Verantwortung. Frankfurt/M. 1985

Naunyn, B.: Ärzte und Laien. In: Gesammelte Abhandlungen. Bd. II, S. 1327-1355. Würzburg 1909

Rothschuh, K.E.: Konzepte der Medizin in Vergangenheit und Gegenwart. Stuttgart 1978

Rothschuh, K.E.: Naturheilbewegung, Reformbewegung, Alternativbewegung. Stuttgart 1983

Schelling, F.W.: Von der Weltseele. Eine Hypothese der höheren Physik zur Erklärung des allgemeinen Organismus. Hamburg 1798

Sporken, P.: Die Sorge um den kranken Menschen. Düsseldorf 1977

Uexküll, T. v. (Hg.): Integrierte Psychosomatische Medizin. Stuttgart/New York 1981

Uexküll, T. v./Wesiack, W.: Theorie der Humanmedizin. München 1988

Weizsäcker, V. v.: Psychosomatische Medizin. Verhandlungen der Deutschen Gesellschaft für Innere Medizin. 23. Kongreß 1949, S. 13

Weizsäcker, V. v.: Der Arzt und der Kranke. In: Rothschuh, l.c. 1978

Carl Friedrich Gethmann

Heilen: Können und Wissen. Zu den philosophischen Grundlagen der wissenschaftlichen Medizin

Probleme des ärztlichen Handelns finden das volle Interesse der Philosophie seit ihren griechischen Gründern. Dabei geht es in erster Linie allerdings um Fragen der Ethik und Pragmatik und die damit in Zusammenhang stehenden Fragen der philosophischen Anthropologie.[1] In auffälligem Kontrast dazu steht die Behandlung der medizinischen Fächer[2] durch die Wissenschaftsphilosophie. Bekanntlich hat sich die Wissenschaftsphilosophie seit ihrer Entstehung als eigenständige philosophische Disziplin in den ersten Jahrzehnten des 20. Jahrhunderts fast ausschließlich mit den mathematischen und physikalischen Disziplinen beschäftigt.[3] Erst in den letzten Jahren sind die Chemie[4], die Biowissenschaften, die Psychologie, die Infor-

1 Eine Konzeption der Heilkunde entwickelt z.B. Platon im *Timaios*. Fragen der Ethik, Pragmatik und Anthropologie mit Beispielen aus der ärztlichen Praxis erörtert Platon im *Symposion*, in der *Politeia* und den *Nomoi*, Aristoteles in der *Nikomachischen Ethik* und der *Eudemischen Ethik*.

2 In diesem Beitrag wird grundsätzlich von „medizinischen Fächern“ und nicht von „der Medizin“ gesprochen. Es wird sich zeigen, daß „die Medizin“ eine Pluralität von Fächern mit unterschiedlichem wissenschaftsphilosophischem Status umfaßt; schon intuitiv dürfte klar sein, daß beispielsweise die Chirurgie nicht auf gleiche Weise „Wissen“ bildet wie die Physiologie oder die Psychiatrie.

3 Siehe u.a. R. Carnap, *Der logische Aufbau der Welt*; ders., *Logische Syntax der Sprache*; K.R. Popper, *Logik der Forschung*; B. Russell, *Logic and Knowledge*; ders., *Philosophy of Logical Atomism;* M. Schlick, *Allgemeine Erkenntnislehre*.

4 Vgl. z.B. zur Chemie P. Janich, „Chemie als Kulturleistung“ und den Aufsatzband J. Mittelstraß/G. Stock (Hg.), *Chemie und Geisteswissenschaften*.

matik und andere Disziplinen verstärkt in das Blickfeld wissenschaftsphilosophischer Untersuchungen gelangt. Dafür sind vor allem zwei Gründe geltend gemacht worden:

(a) Die medizinischen Fächer wurden als wissenschaftsphilosophisch zu komplex angesehen. Eine wissenschaftsphilosophische Rekonstruktion erschien aussichtslos, solange nicht strukturell „einfachere" Fächer in ihrem Aufbau rekonstruiert waren. Bei den medizinischen Fächern kam hinzu, daß sie neben ihren kognitiven Grundlagen auch noch operativen Zwecksetzungen unterlagen. Sie teilten daher ihr Schicksal mit Disziplinen, die in ähnlicher Weise handlungsorientiert sind, wie Jurisprudenz, Betriebswirtschaftslehre oder Maschinenbaukunde, die aber gegenüber den scheinbar rein wissensorientierten Disziplinen eine zusätzliche Schwierigkeitsdimension aufweisen.

Dieser wissenschaftsphilosophischen Ordnung der Disziplinen nach dem Gesichtspunkt der Komplexität ihrer inneren Strukturen liegt häufig ein Modell von der Einheit der Wissenschaften zugrunde, wie es besonders prononciert von C.F. von Weizsäcker vertreten wird.[5] Danach haben wir uns den Prozeß der Verwissenschaftlichung letztlich als eine Einbettung von einfacheren Theorien in komplexere Theorien vorzustellen, wobei der Fluchtpunkt dieses Prozesses letztlich eine (heute allerdings noch nicht inhaltlich absehbare) Einheitswissenschaft darstellt. Metaphysischer Hintergrund dieser Auffassung ist die Vorstellung von der Einheit der Natur, die wiederum wegen der Einheit der Schöpfung und des Schöpfers anzunehmen ist. Entsprechend der Ordnung der Schöpfung erhält man eine Art wissenschaftsphilosophischer Arbeitsreihe, die von der Mechanik über die anderen Wissenschaften vom Anorganischen zur Chemie und weiter über die Biowissenschaften zur Medizin, sodann über die Psychologie zur Humangeschichte und den Geisteswissenschaften überhaupt führt.[6]

5 C.F. von Weizsäcker, *Die Einheit der Natur*; ders., *Die Geschichte der Natur*; Ders., *Zum Weltbild der Physik*.

6 Vgl. C.F. von Weizsäcker, *Die Einheit der Natur*, S. 21 ff.

Teilt man diese metaphysischen Hintergrundannahmen allerdings nicht, dann spricht nichts gegen eine *pluralistische Konzeption*, nach der es viele Formen sinnvoller Wissensbildung gibt, die ihrerseits jeweils auf lebensweltlichen Bedürfnissen aufruhen, ohne daß es eines Einheitslimes bedarf.[7] Im übrigen ist unbestritten, daß es in der Wissenschaftsgeschichte theoretische Einbettungsprozesse gegeben hat; möglicherweise wird es weitere geben. Solche Einbettungen stellen jedoch kein exklusives Modell intertheoretischer Relationen dar.

Im Rahmen einer pluralistischen Konzeption besteht kein Grund, mit der Wissenschaftsphilosophie der medizinischen Fächer zu warten, bis die Wissenschaftsphilosophie der Physik, der Chemie und der Biowissenschaften fertiggestellt ist.

(b) Die ethischen und anthropologischen Probleme der Medizin galten (und gelten noch immer) als die gesellschaftlich besonders folgenreichen Probleme, während man sich von der wissenschaftsphilosophischen Betrachtung weder für die medizinischen Fächer selbst noch für die gesellschaftliche Funktion „der Medizin" viele Aufschlüsse erwartete. Diese Sicht wurde durch die Schwerpunkte der Selbstreflexionen der Mediziner noch gestützt, bei denen ebenfalls ethische und anthropologische Fragen den Schwerpunkt bildeten und bilden.[8]

Die Bedeutung der ethischen und anthropologischen Probleme der medizinischen Fächer ist unbestreitbar. Gleichwohl rücken gegenwärtig vor allem auch die Fragen nach dem *wissenschaftsphilosophischen* Status der medizinischen Fächer in das Zentrum gesellschaftlicher Aufmerksamkeit, seitdem es nämlich eine Kritik an einem bestimmten wissenschaftlichen Selbstverständnis der die medizinischen Fächer professionell betreibenden Wissenschaftler und ihren Paradigmen gibt („Schulmedizin") und statt dessen eine alternative Medizin oder sogar eine Mehrzahl von alternativen Medizinen gefor-

7 Vgl. dazu C.F. Gethmann, „Einheit der Lebenswelt – Vielheit der Wissenschaften".

8 So z.B. V. von Weizsäcker, *Der Gestaltkreis*; Th. von Uexküll/W. Wesiack, *Theorie der Humanmedizin*.

dert wird. Somit besteht ein legitimes *praktisches* Interesse an der Beantwortung der *theoretischen* Frage, welches Verständnis der medizinischen Fächer zu Recht Anspruch auf Verbindlichkeit erhebt. Die Beantwortung dieser Frage hängt eng mit der Beantwortung der Frage zusammen, welchem Verständnis sich die Menschen aus wohlverstandenem Selbstinteresse anvertrauen können. Dieser Fragezusammenhang hat dazu geführt, daß bei den praktizierenden Medizinern das Interesse an der Wissenschaftsphilosophie ihres Faches gewachsen ist und die Zahl der Veröffentlichungen von Medizinern zu Fragen der Wissenschaftsphilosophie deutlich zunimmt.[9]

I. Können und Wissen

Die moderne Wissenschaftsphilosophie teilt weithin den Ansatz, die Analyse der Wissenschaften mit den (vermeintlich) fertigen Konstrukten wissenschaftlicher Wissensbildung, den Theorien, zu beginnen. Gerade das Beispiel der medizinischen Fächer zeigt jedoch, daß diese Theoriezentriertheit der Wissenschaftsphilosophie Gefahr läuft, die entscheidenden Unterschiede verschiedener Wissenschaftssorten zu verkennen. Die medizinischen Fächer haben andere Aufgaben als die Naturwissenschaften vom Menschen, selbst wenn sie im Grenzfall hinsichtlich ihres „Theoriebestandes" mit diesen vollständig identisch wären.

Der theoriebezogene Ansatz wird hinsichtlich seiner Schwächen noch einmal verstärkt, wenn Theorien ihrerseits als in „Paradigmen" eingebettet betrachtet werden. Die

9 Der jüngste Versuch in dieser Richtung ist das Buch von K.D. Bock, *Wissenschaftliche und alternative Medizin*. Bock versucht, eine umfassende Grundlegung der Wissenschaftsphilosophie der medizinischen Fächer vorzulegen und ermahnt dadurch die professionell zuständigen Philosophen, diese Aufgabe nicht länger hintanzustellen. Bocks Versuch zeigt, daß sich die wissenschaftsphilosophischen Grundlagen der medizinischen Fächer weitgehend unabhängig von den wissenschaftsphilosophischen Problemen anderer Disziplinen diskutieren lassen.

Paradigma-Konzeption Kuhns[10] übergeht grundsätzlich die Tatsache, daß das Handeln in seinen Geltungsansprüchen nicht mehr durch einen sprachlichen Rahmen der sozialen Anerkennung (Paradigma) relativiert wird. Die elementaren Evidenzen lebensweltlichen Erfolgs und Mißerfolgs sind vor-paradigmatischer Art. An ihnen müssen sich Paradigmen überprüfen lassen. Ob die Sonne um die Erde kreist oder ob beim Verbrennen Phlogiston entsteht, mag eine vollständig paradigma-abhängige Frage sein. Ob man Schmerzen hat oder ob der Schmerz beseitigt ist, läßt sich jedoch niemand aufgrund der Zugehörigkeit seines Wissens zu einem Paradigma einreden. Die Paradigmen-Konzeption verschärft lediglich eine grundsätzliche Schwäche der Wissenschaftstheorie in der Nachfolge des Logischen Empirismus, die sich wegen der Theoriezentrierung ausschließlich mit den methodischen Problemen der theoretischen Disziplinen befaßt, nicht dagegen bisher mit denjenigen der praktischen Disziplinen.[11]

Die entscheidende Schwäche des Paradigma-Konzepts liegt darin, daß die wissenschaftliche Theoriebildung als ein in sich genügsames Glasperlenspiel erscheint. Demgegenüber gerät die Tatsache aus dem Blick, daß alle Wissensbildung auf einer vor-theoretischen und damit auch nicht-theorierelativen Praxis beruht.[12] In diesem Sinne beruht das Wissen immer auf

---

10 Vgl. Th. Kuhn, *Die Struktur wissenschaftlicher Revolutionen.*

11 Dagegen spricht auch nicht, daß es inzwischen eine Wissenschaftstheorie für Mediziner gibt: H. Kliemt, *Grundzüge der Wissenschaftstheorie.* Diese Darstellung vermittelt nämlich die herkömmliche, an der Physik (einer bestimmten Auffassung von ihr) orientierte Wissenschaftstheorie. Allerdings hat H. Kliemt inzwischen den wissenschaftsphilosophischen Status der praktischen Wissenschaften besonders gewürdigt: H. Kliemt, „Zur Methodologie der praktischen Wissenschaften".

12 Diese Kritik trifft auch für das Buch von K.D. Bock (s. Anm. 9) zu, der sich zunächst weitgehend auf die Position Kuhns (in der Rekonstruktion W. Stegmüllers) stützt. – Zur Kritik an Kuhns Paradigmen-Konzeption siehe P. Janich/F. Kambartel/J. Mittelstraß, *Wissenschaftstheorie als Wissenschaftskritik*; J. Mittelstraß, „Prolegomena zu einer konstruktiven Theorie der Wissenschaftsgeschichte"; P. Janich, „Operationalismus und Empirizität".

einem Können. So muß der Physiker auf den Umgang mit Meßgeräten zurückgreifen, um seine Beobachtungen erzeugen und ausdrücken zu können. Meßgeräte beruhen wiederum auf einem findigen Gerätebau, dieser wiederum auf einer erfolgreichen und planbaren Körperbearbeitung. Hierbei handelt es sich um Fähigkeiten, deren Gelingen jedenfalls nicht von dem Verfügen über Theorien oder dem Wissen im Rahmen von Paradigmen abhängt. Vielmehr geht es um eine poietische Tätigkeit, die externe Grundlage und damit kritischer Maßstab jeder physikalischen Theoriebildung bleibt.[13]

Dagegen könnte man einwenden, daß das Können in vielen Fällen auch auf Wissen beruhe (und dazu gerade auch auf die medizinischen Fächer verweisen). Dieser Einwand macht deutlich, daß die Ausbildung wissenschaftlichen Wissens an zwei verschiedenen methodischen Orten mit dem Können konfrontiert ist: bei der Erzeugung und bei der Anwendung des Wissens. Entsprechend ist begrifflich zwischen dem *wissenskonstitutiven* und dem *wissensapplikativen Können* zu unterscheiden. Diese Unterscheidung hat erhebliche Bedeutung für die Klärung zahlreicher theoretischer und praktischer Fragen. Zum Beispiel erstrecken sich Zuständigkeit und Verantwortung des Wissenschaftlers als Wissenschaftler auf das seiner Wissenschaft zugrundeliegende wissenschaftskonstitutive Können. So ist die Genetik nicht ohne (wissensfundierende) technische Intervention möglich, was im übrigen für alle experimentellen Wissenschaften gilt. Dagegen ist der Wissenschaftler nur eingeschränkt für das verantwortlich, was z.B. die industrielle Produktion mit seinem Wissen macht, d.h. für das wissensapplikative Können. Man sieht sofort, daß ein Begriff wie „Gentechnik“ zweideutig ist. Für alle Formen des Könnens gilt allerdings, daß für sie als Gütekriterium nicht eine theoretisch verstandene „Wahrheit“ gilt, sondern der zweckrational zu kontrollierende Erfolg. Das Können unterliegt nicht Wahrheits-, sondern Erfolgskriterien.

Das einschlägige erfolgsorientierte ärztliche Können ist das *Heilen*. Der Begriff des „Heilens“ wird hier in einem weiten

---

13 Vgl. P. Janich, *Zweck und Methode der Physik*.

Sinne verstanden, der die dem Arzt obliegenden Aufgaben des Vorbeugens und Beratens, aber auch die für die Ausübung dieser Tätigkeiten gegebenenfalls notwendigen Erkenntnisweisen („Diagnose") einschließt. Analog der Fähigkeit, Geräte zu bauen, ist das Heilen also eine vor-theoretische Fähigkeit, auf die alle medizinische Wissensfundierung bezogen bleibt. Allerdings unterscheiden sich die lebensweltlichen Typen des Könnens erheblich. Um dies zu verdeutlichen, sei das Heilen mit drei für bestimmte Wissenschaften wichtigen Formen von Können verglichen, nämlich mit dem schon erwähnten gerätegestützten Messen (für die physikalischen Fächer), mit dem stofflichen Mischen (für die chemischen Fächer) und dem merkmalselektiven Züchten (für die biologischen Fächer). Es bedarf wohl keiner weitausholenden Demonstration, um einsichtig zu machen, daß Heilen etwas anderes ist als Messen, Mischen oder Züchten. Wer die lebensweltlichen, zweckrationalen Unterschiede zwischen diesen Handlungsweisen überdenkt, der wird auch zugestehen, daß Heilen keine Natur-Wissenschaft fundiert, jedenfalls nicht im Sinne der Wissensfundierung, die auf dem Messen, Mischen oder Züchten beruht.[14]

Die medizinischen Fächer verdanken ihre Handlungsrationalität daher auch nicht wesentlich der Rationalität anderer Formen der Wissensbildung, wie sie sich in den Fächern Physik, Chemie, Biologie usw. niederschlägt. Wegen der unterschiedlichen Zwecksetzungen der jeweiligen Wissensbildung ist es auch mißverständlich, diese Fächer bzw. ihre Disziplinen als „Basiswissenschaften" der medizinischen Fächer zu betrachten. Unproblematisch ist die Unterstellung, die Einsichten eines Faches setzten teilweise Einsichten anderer Fächer voraus; problematisch ist dagegen die Unterstellung, die Naturwissenschaften vererbten kraft solcher Voraussetzungen der Medizin sozusagen ihre Rationalität und seien in diesem Sinne „Basis". Die Wissenschaften folgen jeweils einer eigenen Rationa-

14 Nach dieser Sicht der Dinge liegt es keineswegs auf der Hand, von der Biologie über die Chemie zur Physik eine Art Einbettungs- oder Reduktionsverhältnis anzunehmen.

lität, die letztlich auf die Handlungsrationalität der ihnen zugrundeliegenden vor-theoretischen Könnensbestände zurückgeht. Es geht hier also nicht um den Gegensatz von Erkenntnis- und Handlungsrationalität, denn auch die Naturwissenschaften beruhen letztlich auf einer bestimmten Handlungsrationalität, d.h. auf der Fähigkeit, zwischen Erfolg und Mißerfolg sicher zu unterscheiden.

Die Unterschiede zwischen den medizinischen Fächern und den von ihnen teilweise inhaltlich vorausgesetzten Naturwissenschaften leuchten jedoch sofort ein, wenn man diese Handlungsrationalität genauer betrachtet: Während die Erfolgsbedingungen physikalischer Körperbehandlung durch eine immer wieder in relevanter Hinsicht gleiche Situation charakterisiert sind (Labor-Experiment), sind die Heilungserfolge der medizinischen Fächer jedenfalls nicht solche des gerätegestützten Umgangs unter Laborbedingungen. Wenn es eine Erfolgskontrolle medizinischen Handelns gibt, dann ist sie jedenfalls ganz anderer Art als die der Physik. Damit wird weder in Abrede gestellt, daß die naturwissenschaftlichen Erkenntnisse und Verfahren von erheblicher Bedeutung für die Medizin sind, noch daß ihre Verwendung ein wesentliches Element ist, das wissenschaftliche Medizin gegenüber vor-wissenschaftlicher Medizin auszeichnet.[15] Es wäre jedoch merkwürdig, Wissenschaften nicht von ihren Zielen, sondern von ihren *Hilfsdisziplinen* her zu bestimmen, und das sind für die medizinischen Fächer die Naturwissenschaften (aber nicht nur sie). Ebenfalls ist es mißverständlich, die medizinischen Fächer „angewandte Naturwissenschaften" zu nennen. Abgesehen davon, daß der Begriff der „Anwendung" vieldeutig ist, würde man durch diese Bezeichnung die Zweck-Mittel-Beziehungen umkehren. Es wäre so, als wollte man die Physik als angewandte Mathema-

15 Hier wird also der These von K.D. Bock ausdrücklich zugestimmt, daß das Programm der Verwissenschaftlichung der Medizin ohne ernstzunehmende Alternative ist, und daß ein wesentliches Element dieser Verwissenschaftlichung die Integration der einschlägigen naturwissenschaftlichen Erkenntnisse ist (*Wissenschaftliche Medizin*, bes. 21 – 29).

tik oder die Geschichtswissenschaft als angewandte Siegelkunde ansehen.[16]

Die traditionelle Wissenschaftsphilosophie hat die Bedeutung des Heilens für die medizinische Wissensbildung dadurch ausgedrückt, daß sie die Medizin als Kunst (griech. TECHNE, lat. ars) und nicht als Wissenschaft (EPISTEME, scientia) bezeichnete. Die Bezeichnung einer Fähigkeit als „Kunst" hat keine pejorativen Konnotationen (wie in „brotlose Kunst"), sondern meint das auf Dauer gestellte Können (Heilkunst). Das auf der Heil*kunst* begründete Wissen ist ein Wissen sui generis und nicht natur- oder geisteswissenschaftliches Wissen. Die „Verwissenschaftlichung der Medizin" besteht schon deswegen nicht in einer „Ver-naturwissenschaftlichung", weil die Aufgaben des Arztes nicht da enden, wo er als bloßer Naturforscher vom Menschen aufhören dürfte. So wie der Richter kein Rechtssoziologe, der Ingenieur kein Werkstoffwissenschaftler ist, kann der Arzt kein bloßer Naturforscher sein. Übrigens ist der Arzt auch nicht da ein Naturforscher vom Menschen, wo er bloß kognitiv und noch nicht operativ agiert, nämlich bei der *Diagnose;* für den Naturforscher gibt es keine Krankheiten, allenfalls „Aberrationen" oder „Anomalien".[17]

Die Unterscheidung von Natur- und Geisteswissenschaften, die bei ihrer historischen Einführung ohnehin nur *eine* Fakultät, nämlich die Philosophische betraf (also nicht die Theologische, Juristische und Medizinische) und auch innerhalb der Philosophischen Fakultät nicht alle Fächer adäquat erfaßte (z.B. nicht Mathematik und Philosophie), hat eine für die genannten anderen Fakultäten wichtigere in Vergessenheit geraten lassen, nämlich die zwischen poietischen (von griech.

16 Aus den gleichen Gründen ist es auch nicht zweckmäßig, die medizinischen Fächer unter Hinweis auf die in ihnen notwendigen Interpretationsleistungen als Geisteswissenschaften zu bezeichnen (s. oben: F. Anschütz, „Geisteswissenschaftliche Grundlagen"). Im übrigen ist das Interpretieren eine Tätigkeit, die in allen Wissenschaften eine Rolle spielt.

17 Dies hat v.a. W. Wieland, *Diagnose,* eingehend und überzeugend dargestellt: Auch die Diagnose steht bereits im Handlungskontext des Heilens, d.h. sie ist am Zweck der Gesundheit orientiert.

POIESIS, werkbezogenes, herstellendes Handeln) und *praktischen* (von griech. PRAXIS, menschbezogenes Handeln) Wissenschaften. Während es die poietischen Wissenschaften mit der Bearbeitung von Dingen zu (menschlichen) Zwecken zu tun haben (Mittel zum Zweck sind), betreffen die praktischen Disziplinen unmittelbar den Umgang des Menschen mit Menschen (die nicht Mittel zum Zweck, sondern Selbstzwecke sind). Die meisten medizinischen Fächer sind, wie die Fächer der Jurisprudenz und Theologie, *praktische Disziplinen:* d.h. sie sind auf das intersubjektiven Verbindlichkeiten unterworfene Handeln zwischen menschlichen Akteuren bezogen.[18]

Gerade die praktischen Wissenschaften haben einen besonderen Bezug zur Standesmoral der nach diesem Wissen Handelnden und damit mittelbar zur Ethik als der philosophischen Disziplin, die sich kritisch mit Moralen befaßt. Die moralischen Überzeugungen und ihre ethische Kritik sind nicht ein wissenschaftsunzugängliches Superadditum zur Wissenschaft, sondern wesentliche Elemente der Fragestellung einer praktischen Wissenschaft. Medizin betreibt man mit Blick auf das ärztliche Handeln, so wie man Jurisprudenz mit Blick auf das forensische Handeln oder Architektur mit Blick auf das bauliche Entwerfen betreibt. Löst man diese Disziplinen von ihren Zweckbestimmungen, bleibt nicht etwa der wissenschaftsfähige Rest, sondern nichts von diesem praktischen Typ des Wissens übrig. Es ist eine der Fehlentwicklungen des Verständnisses der modernen Wissenschaften, die auf die Dominanz des poietischen Paradigmas zurückzuführen ist, die praktische Bedeutung des Wissens in die Sphäre des nur noch individuell oder kollektiv bestimmten Bekenntnisses abzuschieben.

Die spezifische Differenz zwischen poietischen und praktischen Disziplinen liegt nicht in der Handlungsrationalität als solcher, sondern in deren spezifischen Bedingungen, d.h. in den Elementen, die bestimmen, was im jeweiligen Bereich *Erfolg*

18 So auch vor allem W. Wieland, *Strukturwandel der Medizin und ärztliche Ethik*; vgl. H. Kliemt, „Zur Methodologie der praktischen Wissenschaften".

heißt. Während beim poietischen Handeln der Erfolg sich gerade dann einstellt, wenn die Antwort auf eine Frage situations*in*variant gegeben werden kann, ist der praktische Erfolg situationsvariant. Ein Messungsversuch ist gelungen, wenn die Messung ceteris paribus immer wieder zu dem gleichen Ergebnis führt. Ein Heilungsversuch ist gelungen, wenn er gerade bei *diesem* Patienten *jetzt* zum Erfolg führt.

Aus dieser grundsätzlichen Differenz ergeben sich die weiteren unterschiedlichen Merkmale poietischen und praktischen Wissens, deren wichtigste hier schematisch gegenübergestellt werden:

	poietisches Wissen	*praktisches Wissen*
Methode der Gegenstandserfassung	isolierend	integrierend
ontologischer Status des Gegenstandes	singulär	individuell
kognitives Resultat	Wissen, was (know that)	Wissen, wie (know how)
Geltungsanspruch	hypothetisch (die Überzeugung ist revidierbar)	apodiktisch (die Handlung ist definitiv getan)
diskursives Verfahren	Begründen	Rechtfertigen
Zukunftsorientierung	Voraussage	Erwartung
Stabilität des kognitiven Status (Situationsinvarianz)	Objektivität	Kompetenz

II. Lehr- und Lernbarkeit

Daß auf der Grundlage des poietischen Könnens, wenn alles gut geht, Wissen produziert werden kann, ist – mit Blick auf die naturwissenschaftlichen Disziplinen – trivial. In bezug auf die praktischen Disziplinen ist es demgegenüber ein Problem, wie sich die Handlungsaufgaben zu den auch hier notwendigen und möglichen Wissensbeständen verhalten.

Der Übergang vom Können zum Wissen beginnt grundsätzlich da, wo es gelingt, das situationsvariante (bloß okkasionelle) Handeln in ein Handeln gemäß situations*in*varianten Regeln zu überführen. Nur situations*in*variante Regeln lassen sich lehren und lernen, weil jede Lehr-/Lernsituation die prinzipiell beliebige Wiederholbarkeit voraussetzt, um – wenigstens grundsätzlich – zu gelingen. Der Ort, an dem Lehr-/Lernsituationen systematisch und methodisch organisiert werden, ist die Schule. Der Begriff „Schule" wird hier ausschließlich mit affirmativen Konnotationen verwendet (und nicht wie beispielsweise in „Verschulung"). Werden z.B. die in der Heilkunde versammelten kognitiven Bestände mit Hilfe der gesicherten Kriterien der Verallgemeinerbarkeit auf ihren Wissensgehalt hin durchgefiltert, erhält man das lehr- und lernbare Wissen. Man spricht diesbezüglich zu Recht von der „Schul"-Medizin.

Allerdings ist bei diesem Verständnis des Verhältnisses von Können und Wissen zu beachten, daß das lebensweltliche erfolgreiche Heilen nicht von vornherein als ein wissenschaftliches Handeln zu verstehen ist. Dies bedeutet keine Abwertung lebensweltlich erfolgreichen Handelns, denn es ist eben im großen und ganzen leistungsfähig. Generell gilt, daß Menschen lebensweltlich durchaus oft erfolgreich handeln, ohne daß dieses Handeln als ein Erfolg von Wissen im charakterisierten strengen Sinn des Verfügens über situations*in*variante Regeln zu verstehen ist. Es sei nur auf die vielen Formen von Hand- und Mundwerk, von der Schneiderkunst bis zur Staatskunst hingewiesen.

Nur unter besonderen Bedingungen gibt es überhaupt ein Interesse, die Schranken des lebensweltlichen Erfolgs zu überschreiten, nämlich

- wenn die lebensweltlichen Handlungsmuster hinsichtlich ihres zukünftigen Lösungspotentials zu unsicher sind, vor allem deshalb, weil aufgrund ihrer Unübersehbarkeit ihre innere Konsistenz nicht gesichert ist;
- wenn es Konkurrenzmuster gibt, vor allem in Situationen interkultureller, d.h. inter-paradigmatischer Konfrontation,

in denen man also nicht von externer Konsistenz ausgehen kann;
- wenn man den kognitiven Elementen eines Handlungsmusters aufgrund unsicherer Bewährungsformen nicht vertraut (so wird z.B. die Regenmachkunst durch metereologisches Wissen unterminiert).

Damit ist auch unterstellt, daß lebensweltliches Handeln durchaus von kognitiven Leistungen durchzogen ist. Es handelt sich bei diesen jedoch – in der philosophisch üblichen Terminologie gesprochen – nicht um Wissen (d.h. um Erkenntnisresultate, die an Kriterien der Verallgemeinerbarkeit im Sinne der Situations*in*varianz geprüft sind), sondern um *Meinen*. Das Meinen liefert keineswegs von vornherein unzuverlässige Erkenntnisresultate, sondern es ist lediglich ein Modus von Erkennen, das bezüglich seiner Verallgemeinerbarkeit (noch) nicht überprüft wurde. Jedes Erkenntnisresultat wird gemeint, manches darüber hinaus gewußt. Der kognitive Gehalt des lebensweltlichen Umgangs hat seine spezifische Form der Bewährung, die *Kunde*. Die Kunde ist das durch lebensweltliches Handeln bewährte Gemeinte; entsprechend sollte der Begriff „Heilkunde" verwendet werden.

Lebensweltliche Bewährungsformen sind (noch) nicht *kritisch* geprüft. Neben gegebenenfalls auch nach kritischer Prüfung zulässigen Meinungen finden wir auch Formen der Bewährung, die nicht den methodologischen Standards der Verallgemeinerbarkeit im Sinne der Situations*in*varianz genügen. Einige Beispiele für Meinungsbildungsverfahren, die grundsätzlich keine Chance der Verallgemeinerbarkeit haben, sollen hier (mit Seitenblick auf die Diskussion um eine „alternative" Medizin) genannt werden:

(1) *Exhaurierung*
Die Exhaurierung von Gemeintem ist ein Beispiel für eine *methodisch* begründete Fehlerhaftigkeit einer lebensweltlichen Bewährungsform. Generelle Aussagen können nämlich immer so exhauriert werden, daß sie als bewährt erscheinen. Beispiel:

„Alle Schwäne sind schwarz, bis auf die, auf die du gerade zeigst."

(2) *Vagheit*
Die Vagheit von Gemeintem ist ein Beispiel für eine *semantisch* begründete Fehlerhaftigkeit einer lebensweltlichen Bewährungsform. Generelle Aussagen können in ihren Randannahmen so vage formuliert werden, daß sie immer als bewährt erscheinen. Beispiel:
„Nach einer großen Trockenheit kommt immer Regen."

(3) Immunisierung
Die Immunisierung ist ein Beispiel für eine *pragmatisch* begründete Fehlerhaftigkeit einer lebensweltlichen Bewährungsform. Behauptungen können dadurch einwandimmun gemacht werden, daß keine pragmatische Chance der Falsifikation besteht. So kann durch Androhung sozialer Desintegration die Chance verschlossen werden, einen Falsifikationsversuch zu unternehmen. Beispiel:
„Wer nicht an die Regenmachkunst unseres Priesters glaubt, gehört nicht zu uns".

Die Beispiele zeigen, daß es Formen der lebensweltlichen Bewährung gibt, die grundsätzlich einer Verallgemeinerbarkeit im Sinne der Situations*in*varianz widerstreiten. Es gibt in vielen lebensweltlichen Handlungskontexten, so in den meisten Kulturen im Kontext des Heilens, Kunden, somit auch Heilkunden, die in einem gewissen Rahmen auf der Basis lebensweltlicher Bewährung erfolgreich sind (wobei die Definition von „Erfolg" selbst kontextabhängig sein kann, wie die Immunisierungsstrategie zeigt), ohne daß gesichert ist, daß ihre kognitiven Gehalte situations*in*variant gelten, d.h. daß sie Bewährungsformen genügen, die Verallgemeinerbarkeit gewährleisten. Bei Meinungen und Kunden ist daher immer von einer möglichen Pluralität auszugehen, während das situations- (kontext- und parteien-)*in*variante Wissen unbeschadet einer Pluralität sprachlicher Darstellungsformen immer exklusiv zu sein beansprucht.

Geraten lebensweltliche kognitive Bestände, Meinungen und Kunden, aufgrund der genannten und anderer Umstände in Krisen, muß nach sicheren Kriterien der Verallgemeinerbarkeit im Sinne der Situations*in*varianz gefragt werden. Die Fähigkeit des Menschen, über derartige Kriterien der Verallgemeinerbarkeit verfügen zu können, heißt traditionell „*Vernunft*". Das Wissen ist damit definitionsgemäß immer vernünftig. Bezüglich des heilenden Handelns ist somit nach den Kriterien zu fragen, gemäß denen es (in manchen Fällen) als vernünftig, damit als *wißbar* zu klassifizieren ist.

Situations*in*variante Kriterien der Verallgemeinerbarkeit sollen terminologisch als „Regeln" bezeichnet werden. Regeln sind bedingte Aufforderungen mit einem generalisierten Antecedens, d.h. sie haben die explizite Standardform:

Immer wenn p der Fall ist, tu q!

Damit Regeln formuliert und gerechtfertigt werden können, muß also die *Generalisierbarkeit* der Antecedens-Bedingungen möglich sein. Generalisierungen sind pragmatisch zulässig, wenn man ceteris paribus eine Handlung immer noch einmal vollziehen kann. Die Generalisierbarkeit des Antecedens der Regel setzt die *Wiederholbarkeit* von Handlungen voraus. Das Kriterium der Wiederholbarkeit wiederum ist nur erfüllbar, wenn sich sinnvoll eine Klasse von Ereignissen bilden läßt, so daß jedes Ereignis ein Fall von ... ist. Daß wir dies auch in Handlungskontexten oft unterstellen, hat sich sprachlich dahingehend niedergeschlagen, daß wir beim ärztlichen wie auch z.B. beim anwaltlichen Handeln von „Fällen" sprechen. Ist aber die Unterstellung der Wiederholbarkeit für das heilende Handeln zutreffend? Ein denkbarer Einwand wäre der, daß Menschen grundsätzlich unwiederholbar sind und somit auch keine Fälle von ... sein können.

Der Behauptung von der Unwiederholbarkeit haftet allerdings eine tiefe Ambiguität an. Es ist zu unterscheiden:

– die *faktische* Einmaligkeit, die sich z.B. aufgrund genetischer Einsichten behaupten läßt; wenn dies gemeint ist, soll von *Singularität* gesprochen werden;

- die *präskriptive* Einmaligkeit, die z.B. das Recht des Menschen fundiert, als einmalig behandelt zu werden; aus dieser präskriptiven Einmaligkeit folgt beispielsweise, daß der Mensch nicht als Mittel für die Existenzrechte anderer Menschen eingesetzt werden darf; wenn diese Einmaligkeit gemeint ist, soll von *Individualität* gesprochen werden.

Die Problematik der Singularität kann hier außer Betracht bleiben, weil sie nicht der Möglichkeit der Generalisierung widerstreitet. Genau genommen ist jedes Elementarteilchen singulär. Zu fragen ist dagegen, ob die Individualität der Tatsache widerspricht, daß der Mensch als ein Fall von ... betrachtet und behandelt wird. Diese Frage zeigt übrigens, daß sich in der Tat wissenschaftsphilosophische und ethische Fragen verschränken, wenn man die Bedingungen der Wissensbildung nur genau genug rekonstruiert.

Auch bezüglich der ethischen Seite der Fragestellung dürfte als unproblematisch gelten, den Menschen in Teilen oder Aspekten seiner Existenz als Fall von ... zu betrachten. Schwierigkeiten ergäben sich jedoch, wenn man Menschen schlechthin als Fälle von ... betrachten und behandeln würde. Terminologisch ausgedrückt: In einem *absoluten* Verständnis widerstreitet die Unterstellung der Wiederholbarkeit der Individualität, in einem *relativen* aber nicht. Aus ethischer Sicht wäre somit eine medizinische Wissensbildung zu beanstanden, die den Menschen in einem absoluten Verständnis als Wiederholbarkeit betrachtet und behandelt. Dagegen wird der Mensch in einem relativen Sinne in vielen lebensweltlichen Kontexten, z.B. in bezug auf Rechtsregeln, sogar in bezug auf moralische Regeln („Kasuistik"), als Fall von ... betrachtet und behandelt. So bildet man Klassen von Steuerfällen, ohne daß das Problem der Individualität zur Debatte steht.[19] Die hier liegende scheinbare Paradoxie zwischen der Individualität und der Behandlung der

19 Die analytisch möglichen Varianten, daß Regeln auch für keinen oder genau einen Fall gelten können, werden hier wegen ihrer pragmatischen Irrelevanz nicht betrachtet.

Individuen als Fällen von ... läßt sich auflösen, weil die Individualität im Vollsinne nicht immer zur Debatte steht.

Allerdings gibt es beim Heilen ein besonderes Exhaustionsproblem im oben charakterisierten Sinn. Gegenüber Versuchen der Regelformulierung könnte immer der Einwand erhoben werden, der Fall sei unwiederholbar. Da ein wichtiger Typ von Kritik an der Schulmedizin auf einer entsprechenden Überlegung beruht, ist hier besonders genau zu unterscheiden. Die Unterscheidung von Singularität und Individualität schlägt sich in der Unterscheidung von zwei Formen des durch Wiederholbarkeit zu sichernden Zukunftsverhältnisses nieder:

(1) *Voraussage*:
Eine Voraussage ist möglich, wenn die Situationsbeschreibung des Antecedens *alle* für die Wiederholbarkeit relevanten Merkmale erfaßt.

(2) *Erwartung*:
Eine Erwartung ist möglich, wenn die Situationsbeschreibung des Antecedens (in der Regel-Form) nur *einige* der für die Wiederholbarkeit relevanten Merkmale erfaßt. Für die übrigen Merkmale macht man unter Umständen Unterstellungen (Präsuppositionen). Erwartungen sind durch Wiederholbarkeitsannahmen mit substantiellen (d.h. nicht bloß formalen) Unterstellungen geprägt. Gleichwohl sind Erwartungen seriöse und pragmatisch unverzichtbare Zukunftseinstellungen.

Die Zukunftseinstellung des wissenschaftlich orientierten Arztes ist derjenigen des Erziehers, Unternehmers, Anwalts, Seelsorgers, partiell auch des Ingenieurs, strukturell ähnlich, unterscheidet sich dagegen klar von der Zukunftseinstellung des Elementarteilchenphysikers, Informatikers, Chemikers, Molekularbiologen. Weil die Zukunftseinstellung des Arztes aufgrund der Individualität seines Gegenstandes gerade von der des Naturwissenschaftlers wesentlich verschieden ist (der Naturwissenschaftler hat es lediglich mit singulären Gegenständen zu tun), ist es auch aus ethischer Perspektive besonders kritisch zu betrachten, wenn man die Wissenschaftlichkeit der Medizin durch sog. naturwissenschaftliche „Basisfächer" bestimmt sein läßt. Heilen ist keine experimentelle, sondern eine inventorische (heuristische) Praxis. Verwandt ist das Heilen nicht dem poietischen Experimentieren, sondern viel eher zum Beispiel dem Unternehmen (im wirtschaftlichen Sinn), dem Verteidigen (im militärischen Sinn), dem Seelsorgen (im religiösen Sinn), dem Entwerfen (im Sinne der Architektentätigkeit).

III. Gesundheit und Krankheit

„Heilen" ist eine Weise von Handeln, d.h. der Versuch der Realisierung eines Zwecks relativ zu einem gegebenen Ausgangszustand. Der Zweck des Heilens ist die *Gesundheit*, der Ausgangszustand die *Krankheit* eines Menschen. Will man die Handlungsstrukturen des Heilens rekonstruieren, muß man also den Zweck dieses Handelns präzise umschreiben. Dies ist unumstritten und wird in allen theoretischen Betrachtungen über das Heilen mehr oder weniger explizit berücksichtigt. Weniger wird dabei jedoch beachtet, daß, wenn man ein Interesse an heilungsbezogener Wissensbildung hat, die Definition von „Gesundheit/Krankheit" nicht mehr beliebig gegriffen werden kann. Im Interesse einer Hochstilisierung der Heilkunde zu einem (medizinischen) Wissen, d.h. der Ausdifferenzierung des Heilenkönnens zu einem situations*in*varianten Wissen, bedarf es eines Verständnisses von Krankheit und Gesundheit, das Generalisierungen zuläßt. Das Verständnis von „Gesundheit/Krankheit" muß vereinbar sein mit der Möglichkeit von Wiederholbarkeit im Sinne von Erwartbarkeit. Negativ gesprochen: Ein Verständnis von „Gesundheit/Krankheit", das allein auf individueller Selbsteinschätzung beruht und somit bloß parteienvariant gilt, läßt Generalisierungen nicht zu. Das bedeutet aber, daß es Möglichkeiten geben muß, Aussagen über die Gesundheit/Krankheit des Menschen *als solchen* zu machen.

Ferner ist zu beachten, daß entgegen dem oberflächengrammatischen Anschein „Gesundheit/Krankheit" keine ausschließlich deskriptiven Begriffe sind. Durch sie wird nicht nur ein

Ist-Zustand, sondern auch ein (Nicht-)Soll-Zustand bezeichnet. „Gesundheit" hat somit eine ähnliche semantische Tiefenstruktur wie z.B. Gerechtigkeit. Das bedeutet schließlich, daß es keine „natürlichen" (als bloßes Naturphänomen beschreibbaren) Begriffe von „Gesundheit/Krankheit" gibt. Die Festlegungen von „Gesundheit/Krankheit" haben immer ein präskriptiv-konventionelles Element, das sich zufolge der grundlegenden Frage ergibt, wie Menschen als Menschen überhaupt leben wollen.[20]

Damit ist im übrigen nicht in Abrede gestellt – und das macht die besondere Komplikation der Begriffe „Gesundheit/Krankheit" aus –, daß der deskriptive Gehalt dessen, was jeweils als „Gesundheit/Krankheit" bezeichnet wird, ausschließlich aus natürlichen Umständen oder Vorgängen geschöpft sein könnte. Das Konventionelle und Normative läge dann immer noch in der Auswahl dieser Zustände und Vorgänge.

III.1 Kritik des individualistischen Gesundheits-/ Krankheitsbegriffs

Den Zweck der Gesundheit anzustreben, muß hinsichtlich der Zielbestimmungen ein Jedermanns-Zweck sein, in traditioneller philosophischer Terminologie: Im Interesse der Verallgemeinerbarkeit der Wissensbestände der Heilkunde muß „Gesundheit" als ein Vernunftbegriff rekonstruiert werden. Dies schließt z.B. aus, „Gesundheit" allein unter Rückgriff auf das private „Wohlbefinden" zu definieren (wie in der Definition der Welt-Gesundheitsorganisation). Diese Definition hat nicht nur den *pragmatischen* Nachteil, daß gemäß ihr die Menschheit faktisch nur aus Kranken besteht, sondern den *methodisch* gravieren-

20 So stellt auch W. Wieland fest: „Ein praktikabler Krankheitsbegriff ist in seinem Kern stets ein deontologischer Begriff". Das habe für die medizinischen Fächer zur Folge, „daß schon die ihr zugeordnete Wissenschaftstheorie unvollständig bliebe, würde sie der normativ orientierten ethischen Reflexion bei der Analyse ihrer Grundbegriffe keinen Raum geben." (*Strukturwandel der Medizin*, 41)

deren, daß sie den Gesundheitsbegriff auf die bloß individuelle Sphäre reduziert und ihn somit der Verallgemeinerbarkeit entzieht. Damit wäre das Heilen im Sinne des Handelns zum Zwecke der Gesundheit prinzipiell nicht in „Wissen" überführbar, es bliebe in der Sphäre bloßen Meinens, eine bloß lebensweltliche Kunde. Auf der Grundlage einer solchen Gesundheitsdefinition gäbe es keine medizinischen Wissenschaften, allenfalls medizinbezogene naturwissenschaftliche Grundlagenwissenschaften. Im Grenzfall hätte jeder seine private Medizin. Es sei angemerkt, daß die Gesundheitsdefinition der Welt-Gesundheitsorganisation damit eine innere Affinität zu alternativen Medizin-Konzeptionen hat.

Eine bloß situationsvariante Gesundheitsdefinition hätte somit auch erhebliche gesellschaftliche Folgen. Wenn es nämlich keine kontext- und partei*in*variante Definition von „Gesundheit" gibt, dann lassen sich die Krankheitsfolgen und besonders -kosten nicht vergesellschaften. Das Versicherungsprinzip setzt eine grundsätzliche Vergleichbarkeit möglicher Schäden voraus, d.h. die Anerkennung eines intersubjektiven Vergleichbarkeitsprinzips. Wenn letztlich jeder selbst definiert, wann ihm Wohlbefinden abgeht, läßt sich dieser Mangel weder kognitiv noch operativ verallgemeinern.

Von entscheidender Bedeutung für ein adäquates Verständnis von „Gesundheit/Krankheit" mit Blick auf die Möglichkeit einer wissenschaftlichen Medizin ist allerdings, daß die situations*in*variante Verstehbarkeit nicht im Sinne poietischer Wissenschaften interpretiert wird. Die Krankheit muß als ein praktisches, aber überindividuell verständliches Phänomen erscheinen. Der Kranke ist daher nicht ein defektes Gerät (das wäre das poietische Mißverständnis), sondern *er erfährt sich als krank*. Diese Erfahrung ist jedoch nur als Gegenstand von Wissensbildung vermittelbar, wenn sie nicht als nur kontext- und parteienvariant, als bloß individuell, verstanden wird. Nur wenn der Kranke als Patient in seiner Krankheit einem Arzt verstehbar ist, kann dieser Wissen auf das individuell erlebte Phänomen Krankheit beziehen und daraus neues Wissen bilden. Die Arzt-

Patient-Beziehung ist also konstitutiv für die spezifisch *praktische* medizinische Wissensbildung.[21]

Der zugleich praktische und überindividuelle Charakter von „Krankheit" läßt verstehen, wieso es hinsichtlich des Verständnisses von Krankheit und Gesundheit einen historischen Wandel des sozialen Verständnisses geben kann. Wäre Krankheit ein poietisches Phänomen (wie die Störung einer Uhr), müßte es immer gleich verstanden werden. Wäre Krankheit ein bloß individuelles Phänomen, würde es sozial unvermittelbar entstehen und vergehen (wie das individuelle Selbsterleben). Das Verhältnis von Patient und Arzt, das sich auf der Basis eines praktischen Phänomens bildet, ist dagegen in ein soziokulturelles Umfeld eingebettet.[22] Das ist der einfache Grund dafür, daß hinsichtlich des Verständnisses von „Gesundheit/Krankheit" ein auffälliger sozialer Wandel festzustellen ist, der mit der Entwicklung der medizinischen Fächer korreliert ist.

III.2 Kritik der dualistischen Anthropologie

Im allgemeinen ist daher auch fast jeder medizinische Wissenschaftler zu Recht davon überzeugt, daß seine Aussagen über Krankheit und Gesundheit situations- (kontext- und parteien-) *in*variant vermittelbar sein müssen, d.h. sich auf allgemeine Aussagen über den Menschen beziehen, also auf der Grundlage einer Anthropologie erfolgen. Entsprechend wird in der medizinischen Reflexion auf die ärztliche Tätigkeit der Anthropologie zu Recht viel Raum eingeräumt.[23]

Die Unterscheidung eines deskriptiven und eines präskriptiven Begriffselements im Verständnis von „Gesundheit/Krankheit" legt es scheinbar nahe, die menschlichen Phänomene in

21 Vgl. L. Honnefelder / D. Lanzerath, „Medizinische Ethik und Krankheitsbegriff".

22 Zu den Konsequenzen dieses Verständnisses vgl. beispielsweise: L. Honnefelder, „Humangenetik und Menschenwürde", 233 – 235.

23 Vgl. z.B. die in Anm. 8 genannten Bücher.

zwei Klassen einzuteilen, nämlich in beschreibbare (natürliche) und vorschreibbare (kultürliche). Damit wird das Gesundheits-/Krankheitsverständnis in den terminologischen Rahmen einer dualistischen, historisch auf Descartes zurückgehenden Anthropologie gestellt. Die von Medizinern vertretene Anthropologie ist fast durchweg die cartesische Anthropologie, deren zentrales Kapitel die Unterscheidung der beiden Substanzen von res cogitans und res extensa (vulgo: Körper und Geist) ist.[24] Diese Anthropologie unterstellt, daß der Mensch aus zwei Substanzen, d.h. relativ selbständig existierenden Einheiten, zusammengesetzt ist, wobei es gegenwärtig als besonders fortschrittlich gilt zu unterstellen, daß diese auf geheimnisvolle Weise inter-agieren („psycho-somatische" Medizin). Dazu ist zunächst zu bemerken, daß man eine psycho-somatische Medizin nur braucht, wenn präsupponiert wird, daß der Mensch tatsächlich aus zwei relativ selbständigen Sphären, „Psyche" und „Soma", zusammengesetzt ist. Gerade dies ist aber kritisch zu überprüfen.

Für eine solche Überprüfung ist die entscheidende Frage, wodurch gerechtfertigt ist, die Vielfalt menschlicher Lebensvollzüge und -funktionen gerade in zwei Klassen einzuteilen, die der körperlichen und die der geistigen Phänomene. Wie jede Unterscheidung, so wird auch die von Körper und Geist zu einem bestimmten Zweck vollzogen, und es fragt sich, ob die Unterscheidung angemessenes Mittel zu einem vernünftigen Zweck ist. Wenn man in diesem Zusammenhang für eine *ganzheitliche Betrachtung* des Menschen plädiert, dann ist kritisch zu bedenken, ob diese nicht bereits als Zusammensetzung ungerechtfertigter Vor-Unterscheidungen angesetzt wird.

Nun könnte man einwenden, daß eine anthropologische Position, die nicht die Unterscheidung von Körper und Geist beinhaltet, genauer besehen einem kruden Materialismus das Wort rede, denn daß der Mensch einen Körper habe, sei von unab-

---

24 Dies gilt auch für K.D. Bock, der das Paradigma einer „wissenschaftlichen Medizin" an starke anthropologische Annahmen im Sinne des Cartesianismus anschließt (*Wissenschaftliche und alternative Medizin,* 23).

weisbarer Evidenz, so daß es doch letztlich um die Negierung des Geistigen und Seelischen gehe. Dieser Einwand trägt nicht der Tatsache Rechnung, daß korrelative Unterscheidungen logisch zusammengehören: Wer links sagt, sagt auch rechts, wer Körper sagt, sagt auch Geist. Es ist daher in der Tat terminologisch unkorrekt, den Menschen als bloßen Körper oder bloßen Geist zu betrachten, weil beide Betrachtungen schon die Unterscheidung von Körper und Geist präsupponieren. Wer im Interesse der Orientierung im Raume zwischen links und rechts unterscheidet, kann nicht anschließend behaupten, alle Raumstellen befänden sich links. Denn durch diese Behauptung wäre die Unterscheidung als unzweckmäßig für die Lösung von Orientierungsaufgaben dargetan.

Folglich läßt sich auch nicht die Behauptung angreifen, es gebe einen Geist oder es gebe einen Körper, sondern es läßt sich lediglich die Adäquatheit der Unterscheidung von Geist und Körper bezweifeln. Der hier vorgebrachte Einwand ist also nicht, es gebe die eine oder andere Sphäre des Menschen nicht, sondern der, daß die Unterscheidung von unnötig starken Unterstellungen lebe. Diesen Einwand kann man am leichtesten dadurch fundieren, daß man eine gleich leistungsfähige Terminologie mit schwächeren Unterstellungen empfiehlt.

III.3 Pragmatische Anthropologie

Der praktizierende wissenschaftlich orientierte Arzt braucht, um erfolgreich handeln zu können, eine Vorstellung von Krankheit und Gesundheit als allgemeinen menschlichen Phänomenen, er braucht aber nicht zwingend die cartesische Anthropologie. Er sollte sie jedenfalls nicht unbedacht, sondern nur aus guten Gründen präsupponieren, denn sie stellt eine sehr gehaltreiche Hintergrundtheorie dar, für die es eine Reihe von Alternativen mit schwächeren commitments gibt: z.B. die bis zum Beginn der Neuzeit verbindliche hylemorphistische Anthropologie des Aristoteles, die weniger erfolgreiche idealistische Anthropologie und die in ihrer Leistungsfähigkeit bisher wenig überprüfte existenziale Anthropologie. Letztere soll hier in einer sprachkritisch weiterführenden Version unter dem Titel einer „pragmatischen Anthropologie" kurz skizziert werden.

Bisher war vom Erfolg des Heilens die Rede, ohne daß dies inhaltlich weiter spezifiziert worden wäre. Zweck des Heilens ist die (Wieder-)Herstellung von Gesundheit. Ziele der Gesundheit sind solche der Funktionalität. Wenn man nun diese Ziele bestimmt, dann muß es sich um solche handeln, die der Verallgemeinerbarkeit im Sinne der Situations*in*varianz und damit der Bildung von entsprechendem Wissen zugänglich sind. D.h. es muß um Ziele gehen, die nicht allein durch individuelle Befindlichkeit zu charakterisieren sind. Das hat zur Folge, daß solche Ziele situations*in*variant bestimmt sein müssen.

Warum wollen wir überhaupt gesund sein und nicht vielmehr krank?

Es bietet sich an, eine Antwort mit Hilfe des Begriffs der „Störung" zu versuchen, wobei dieser Begriff von bloß poietischen Konnotationen freizuhalten ist: Soweit die menschlichen Lebensfunktionen störungsfrei vollzogen werden können, werden sie als Funktionen des ganzen Menschen erfahren. Nicht das Auge sieht, sondern der Mensch. Erst im Falle von Funktionsstörungen wird es überhaupt interessant, Instrumente („Organe") von Vollzügen zu isolieren, um sie als Urheber der Störung zu identifizieren und die Störung möglichst zu bewältigen, d.h. zu vermeiden (Prävention), zu beheben (Kuration) oder auszugleichen (Kompensation). Der Mensch sieht, aber das Auge (die Netzhaut) ist getrübt.

Die Ausgrenzung bestimmter Phänomene als Körperphänomene ist ein Störungsbewältigungsinstrument, d.h. Ergebnis einer Selbst-Deutung des Menschen, nicht einer Beschreibung von Phänomenen. Diese Ausgrenzung hat einen klaren Zweck, nämlich die Bewältigung der Störung.

„Krankheiten" sind vom Menschen erlebte und durch Menschen verstehbare Störungen der Lebensfunktionen, deren Bewältigungsversuch dazu führt, die Störungsursachen zu isolieren und zu identifizieren. Die Mittel der Lebensbewältigung werden als Instrumente („Organe" in einem weiten Sinn des Wortes) ausdifferenziert. Entsprechend ist es das Ziel des Heilens, das Organ in die Gesamtheit des Lebensvollzuges zu re-integrieren. Der Erfolg des Heilens ist gegeben, wenn die Bewältigung der Störung gelingt und als Bewältigung erlebt wird. Gesund ist der menschliche Lebensvollzug (v.a. in seinen elementaren Bedürfnisfunktionen), wenn dieser störungsfrei verläuft und so erlebt wird.

Der pragmatische (funktionalistische) Ansatz hat den Vorteil, daß über Funktion und System (isoliert: Zweck und Mittel) grundsätzlich situations*in*variant gesprochen werden kann. Ob dies im konkreten Fall möglich ist, hängt eben davon ab, ob dieser Zusammenhang in „Regeln" dargestellt werden kann, d.h. generalisierbar ist. Es ist die eigentliche wissenschaftliche Aufgabe der medizinischen Fächer, das mit geeigneten Methoden herauszufinden; und so weit wie das gelingt, reicht das medizinische Wissen.

Auch der funktionelle Monismus der pragmatischen Anthropologie arbeitet mit einer Grund-Unterscheidung. An die Stelle der ontologisch stark aufgeladenen Unterscheidung von Körper und Geist tritt die methodisch weniger problematische von Wiederholbarkeit und Einmaligkeit im dargestellten Sinne („Einmaligkeit" im Sinne von „Individualität"). Die Wiederholbarkeit steht nicht als besonderer Sektor der Einmaligkeit gegenüber, sondern sie ergibt sich als eine besondere Betrachtung des Individuums im Interesse der Störungsbewältigung. Ist die Störung bewältigt, bleibt das gesunde Individuum übrig, und es gibt keinen Zweck mehr, in bezug auf welchen z.B. zwischen Körper und Geist zu unterscheiden wäre.

Literatur

Anschütz, Felix: „Geisteswissenschaftliche Grundlagen der modernen Medizin", in diesem Band

Bock, Klaus Dietrich: *Wissenschaftliche und alternative Medizin*. Paradigmen – Praxis – Perspektiven, Berlin 1993

Carnap, Rudolf: *Der logische Aufbau der Welt*, Hamburg ^{3}1966

ders.: *Logische Syntax der Sprache*, Wien ^{2}1968
Gethmann, Carl Friedrich: „Einheit der Lebenswelt – Vielheit der Wissenschaften", in: Akademie der Wissenschaften zu Berlin (Hg.), *Einheit der Wissenschaften.* Forschungsberichte 4, Berlin 1990, 349 – 371
Honnefelder, Ludger: „Humangenetik und Menschenwürde, in: Ders. / G. Rager (Hgg.): *Ärztliches Urteilen und Handeln.* Zur Grundlegung der medizinischen Ethik, Frankfurt a.M. 1994
ders. / Lanzerath, Dirk: „Medizinische Ethik und Krankheitsbegriff. Zur normativen Funktion des Krankheitsbegriffs in der ärztlichen Anwendung der Humangenetik" (in Vorb.)
Janich, Peter: *Zweck und Methode der Physik aus philosophischer Sicht*, Konstanz 1973
ders.: „Chemie als Kulturleistung", in: Ders.: *Grenzen der Naturwissenschaft.* Erkennen als Handeln, München 1992, 63 – 84
ders.: „Operationalismus und Empirizität", in: Ders: *Grenzen der Naturwissenschaft.* Erkennen als Handeln, München 1992, 183 – 197
ders./Kambartel, Friedrich/Mittelstraß, Jürgen: *Wissenschaftstheorie als Wissenschaftskritik*, Frankfurt a.M. 1974
Kliemt, Hartmut: *Grundzüge der Wissenschaftstheorie.* Eine Einführung für Mediziner und Pharmazeuten, Stuttgart 1986
ders.: „Zur Methodologie der praktischen Wissenschaften", in: W. Deppert u.a. (Hg.): *Wissenschaftstheorie in der Medizin.* Ein Symposium. Berlin 1992, 97 – 114
Kuhn, Thomas S.: *The Structure of Scientific Revolutions*, Chicago 1962, ^{2}1970 (deutsch: *Die Struktur wissenschaftlicher Revolutionen*, Frankfurt a.M. 1968, ^{2}1976)
Mittelstraß, Jürgen: „Prolegomena zu einer konstruktiven Theorie der Wissenschaftsgeschichte", in: Ders.: *Die Möglichkeit von Wissenschaft*, Frankfurt a.M. 1974, 106 – 144
ders./Stock, Günter (Hgg.): *Chemie und Geisteswissenschaften*, Berlin 1992
Popper, Karl Raimund: *Logik der Forschung*, Tübingen ^{3}1969
Russell, Bertrand: *Logic and Knowledge.* Essays 1901-1950, London 1977
ders.: *Philosophy of Logical Atomism* and other Essays, London 1986
Schlick, Moritz: *Allgemeine Erkenntnislehre*, Frankfurt a.M. 1979
Uexküll, Thure von/Wesiack, Wolfgang: *Theorie der Humanmedizin.* Grundlagen ärztlichen Denkens und Handelns, München 1988
Weizsäcker, Carl Friedrich von: *Die Geschichte der Natur*, Stuttgart 1962
ders.: *Zum Weltbild der Physik*, Stuttgart 1970.
ders.: *Die Einheit der Natur.* Studien, München 1972
Weizsäcker, Viktor von: *Der Gestaltkreis*, Frankfurt 1973
Wieland, Wolfgang: *Diagnose.* Überlegungen zur Medizintheorie, Berlin 1975
ders.: *Strukturwandel der Medizin und ärztliche Ethik.* Philosophische Überlegungen zu Grundfragen einer praktischen Wissenschaft, Heidelberg 1986

Wolfgang Kuhlmann

Diskursethik und die neuere Medizin. Anwendungsprobleme der Ethik bei wissenschaftlichen Innovationen

I. Von der Schwierigkeit, in bezug auf die neuen biologisch-medizinischen Möglichkeiten ethische Argumente zu finden

Die Biologie und damit auch Teile der Medizin sind seit einiger Zeit in den Kreis der führenden Wissenschaften aufgerückt, das heißt derjenigen Disziplinen, in denen die spektakulärsten Entdeckungen gemacht werden, die im Bewußtsein der Öffentlichkeit die größte Rolle spielen und zu denen die besten Köpfe sich hinwenden. Die Biologie spielt diese Rolle vor allem, seitdem sie immer enger mit der Chemie und Physik zusammenarbeitet und so in ihrem Zentrum zur Biochemie und Biophysik geworden ist und damit zugleich auch den für diese beiden Disziplinen typischen *Praxisbezug* einer im Grunde *technischen* bzw. technologischen Naturwissenschaft übernommen hat. Physik ist insofern – auch als reine Grundlagenforschung – eine technische Wissenschaft, als schon die reine Forschung an experimentelles Handeln, und das ist technisches Handeln, gebunden ist.

Als in diesem Sinne auf experimentelles Handeln und insofern auf Technik angewiesene Disziplinen haben moderne Biologie und Medizin in geradezu sensationeller Weise den Spielraum für technische Eingriffe in bis dahin verschlossene Bereiche der Natur eröffnet und die Menschen damit vor ganz neue ethisch-moralische Probleme gestellt. Dürfen wir, was wir da neuerdings können? Dürfen wir die Risiken eingehen, die verbunden sind mit Freilandversuchen genetisch veränderter Organismen? Dürfen wir überhaupt in der heute möglich gewordenen Weise in die biologische Evolution eingreifen? Dürfen wir insbesondere die biologische Ausstattung des Menschen systematisch verändern, also in die „Keimbahn" des Menschen eingreifen, oder ist das Hybris? Wie haben wir uns zu verhalten, wenn Kranke Hilfe fordern, die nur durch Eingriffe in genetisches Material oder gar in die „Keimbahn" möglich ist? Wenn Forschung an sogenannten überschüssigen Embryonen (angefallen bei Versuchen zur In-Vitro-Fertilisation) Risiken verkleinern, Leid vermindern kann, aber diese Embryonen dabei aufgebraucht werden, was haben wir dann zu tun? Wie sollen wir uns verhalten angesichts der neuen Möglichkeiten und Situationen, mit denen wir nun konfrontiert sind bzw. sein können?

Fragen dieser Art, deren es viele, darunter im einzelnen von höchst unterschiedlicher Art, gibt, sind schwer zu beantworten. Das, worauf wir uns im Alltag bei moralischen Entscheidungen vor allem stützen: die moralischen Intuitionen, der moralische Sinn, das Gerechtigkeitsgefühl, das versagt hier. *Intuitionen, Gefühle* sind hier unklar und verwirrt, sie sprechen nicht unzweideutig. Die Situationen und Entscheidungsprobleme sind so neuartig, daß unser moralischer Sinn dafür nicht gemacht zu sein scheint. Das ist eigentlich auch zu erwarten, besteht er doch – mindest zu großen Teilen – aus internalisierten moralischen Erfahrungen. Die neuen Probleme aber sind präzedenzlos. Lösungen für sie können nicht internalisiert sein. – Wir haben jedoch auch große Schwierigkeiten, wenn wir explizit rational überlegend, mit *Argumenten* also, an diese Fragen herangehen. Was sind die wesentlichen Gesichtspunkte, wie sind die Probleme angemessen zu kategorisieren, was sind die Kriterien, was die Prinzipien, nach denen hier zu entscheiden wäre? Haben wir überhaupt zuständige Prinzipien oder Regeln? Haben wir eine Ethik, die diese neuen Fragen zu lösen imstande ist, oder muß allererst eine neue Ethik etabliert werden?

Der folgende Beitrag gilt dem Versuch, die Verwirrung ein wenig zu verringern. Es gibt zwei Möglichkeiten für ein solches Vorhaben. Man kann einmal möglichst viele der sehr verschiedenartigen Einzelprobleme aus dem problematischen Bereich sorgfältig jeweils für sich durchdiskutieren. Man kann zum anderen versuchen, so etwas wie ein allgemeines Rezept für den Umgang mit solchen Problemen herauszuarbeiten. Ein solches Rezept muß zwar ziemlich allgemein und abstrakt bleiben, um auf die verschiedenartigen Fälle passen zu können, aber es muß darum nicht völlig nutzlos sein. Es kann im Gegenteil durchaus hilfreich sein, sich einmal generell klarzuwerden, welche Möglichkeiten die Ethik überhaupt vorsieht, mit qualitativ neuen Problemen fertigzuwerden. Im folgenden soll der für einen kurzen Beitrag ersichtlich besser geeignete zweite Weg eingeschlagen werden. Im ersten Teil soll versucht werden, das Problem möglichst genau zu lokalisieren und die dabei involvierten Faktoren zu isolieren und zu identifizieren. Dabei soll zugleich in aller Kürze vorgestellt werden, wie überhaupt Ethik im konkreten Fall funktioniert. Im zweiten Teil soll dann das generelle Rezept erarbeitet werden.

I.1 Bausteine der Ethik: Was ist im Spiel?

Nehmen wir an, wir seien Zeuge eines Vorfalls gewesen, den wir dann anschließend unter moralischen Gesichtspunkten zu beurteilen haben. Nehmen wir außerdem an, daß wir den Vorfall nur sehr zufällig, oberflächlich und fragmentarisch wahrgenommen haben und uns daher erst ein angemessenes, vollständiges und hinreichend tiefes Verständnis desselben verschaffen müssen, um zu einem entsprechenden moralischen Urteil kommen zu können. Das ist eine etwas künstliche Veranstaltung (man denke an den Hitchcock Film: „Das Fenster zum Hof“), aber wir erhalten so Gelegenheit, die einzelnen Momente, die bei der moralischen Bewertung im Spiel sind, einzeln aufzuzählen und zu betrachten. – Wir machen uns zunächst klar, daß wir genaugenommen nur folgendes (1) direkt beobachtet haben, daß nämlich menschliches Gewebe durch einen offenbar scharfen metallenen Gegenstand, ein Messer oder dergleichen, zerstört wurde, so daß danach kein Leben in dem für uns nur teilweise erkennbaren Körper mehr war. (Dies soll als extrem vorsichtige Ausgangsfeststellung gelten, in der nur das, was ganz sicher gesehen wurde, berücksichtigt ist). Aus dieser Feststellung folgt für ein moralisches Urteil ersichtlich noch sehr wenig. Es ist unklar, welche Norm hier zuständig ist. Es ist unklar, ob es sich um Unfall, Mord, Opferung o.ä. handelt. Wir müssen daher weiter aufblenden und zusätzliche Evidenzen suchen. – Wir kommen so zu der Feststellung (2), daß die Person B gegen ihren Willen von der zurechnungsfähigen Person A absichtlich zu Tode gebracht wurde. Man könnte daher die Sache als Totschlag bewerten. – Die nähere Untersuchung macht jedoch klar (3), daß A die Tat lange geplant, sorgfältig vorbereitet und insbesondere Vorkehrungen gegen eine mögliche Entdeckung sowohl durch B wie durch andere getroffen hat. Dies legt nahe, den Vorfall als vorsätzlichen heimtückischen Mord zu beurteilen. – Wir stoßen allerdings bei weiterer Beschäftigung mit dem Fall auf Evidenzen dafür, daß (4) A in B keinen ganz unschuldigen Menschen getötet hat, sondern denjenigen, der an der Ermordung von A's Familie maßgeblich beteiligt war. Wir haben insofern mit einer Handlung zu tun, die als Vergeltungstat nicht völlig unverständlich ist. – Am Ende unserer Untersuchung wird uns schließlich klar (5), daß A in B den unmenschlichen Diktator getötet und zugleich die einzige Chance ergriffen hat, einen blutigen, von B angezettelten Krieg zu beenden. Jetzt haben wir mit einer Tat zu tun, die als legitimer Tyrannenmord gerechtfertigt werden kann, ja vielleicht mit einem Denkmal belohnt zu werden verdient.

Sehen wir nun genauer hin: Wie kommt es zur endgültigen „Tatbestandsfeststellung" (5)? Wir können das so nennen, denn wir haben die Sache ja nach dem Muster eines juristischen Prozesses aufgezogen. Und wie kommt man zur moralischen Beurteilung? – Wir sind ausgegangen von einer sehr vorsichtigen, möglichst *neutralen Beschreibung* (1) unserer in vielen Hinsichten mangelhaften Wahrnehmung. Außerdem war von Anfang an – schon wegen der Aufgabe, den Vorfall moralisch zu beurteilen – der *moralische Standpunkt,* den man am besten über ein Moralprinzip wie zum Beispiel den kategorischen Imperativ oder das Prinzip der Diskursethik formulieren könnte, im Spiel. Beides zusammen aber ist offenbar noch zuwenig, um zu einem vernünftigen Urteil zu kommen. Die (neutrale) Beschreibung (1) des Ereignisses führt zusammen mit dem bloßen (abstrakten) Moralprinzip noch nicht zu einem akzeptablen Urteil.

Wichtig ist zunächst zu sehen, daß wir in diesem (Normal-)Fall *genau und sicher wissen,* was wir zu tun haben, wo wir suchen müssen und was wir zusätzlich heranzuziehen haben, um zu einem akzeptablen Urteil zu kommen. Wir wissen nämlich, welche Konkretisierungen des Moralprinzips, d.h. welche konkreten Normen hier in Frage kommen könnten und prüfen entsprechend, welche Beschreibungen des Vorfalls, welche Tatbestandsfeststellungen sich verteidigen lassen. Das Moralprinzip zusammen mit einem Ereignis, bei dem ein Mensch durch einen anderen bzw. unter Beteiligung eines anderen zu Tode kam, legt offenbar nahe zu untersuchen, ob Normen für Unfälle, Totschlag, Mord, Vergeltung, Notwehr in Frage kommen. – Wichtig ist es weiter zu sehen, wie eng die jeweils ins Spiel gebrachten Normen (Konkretisierungen des Moralprinzips) und die Tatbestandsfeststellungen zusammenhängen. Die Tatbestandsbeschreibungen, die im Fortgang der Untersuchung sich abwechseln, sind ja nicht einfach nur objektive neutrale, aber immer genauere und konkretere Darstellungen des Vorfalls. Sie sind vor allem Darstellungen des Ereignisses *im Hinblick auf und im Lichte von bestimmten einschlägigen geltenden Normen.* Nur weil wir bestimmte Normen ins Spiel bringen, suchen wir überhaupt nach dergleichen wie Vorsatz, Heimlichkeit, nach bestimmten Motiven in der Vorgeschichte, die die Tat verständlich machen. Und wenn wir den Tatbestand so formulieren, wie wir ihn nacheinander formuliert haben, dann ist damit das fragliche Ereignis von Anfang an als Fall einer einschlägigen Norm formuliert; durch die Formulierung werden die moralischen Konsequenzen der Handlung von Anfang an klar gemacht. Das heißt, die Erarbeitung der Tatbestandsbeschreibung ist nicht einfach eine Frage der immer genaueren, quasi wissenschaftlich-theoretischen Erfassung des Ereignisses, sondern eine Frage, in der Bemühungen um das, *was der Fall ist,* theoretische Bemühungen also, und Bemühungen um das, was normativ verbindlich ist, *was sein soll,* sich verschränken. – Der Übergang von (1), der quasi objektiv-wissenschaftlichen Beschreibung, zu (2) erfolgt, weil wir das Moralprinzip angesichts der Beschreibung (1) noch gar nicht anwenden können. An sich, d.h. ohne Bezug auf das anzuwendende Moralprinzip, ist die Beschreibung (1), wenn sie, wie wir unterstellen, wahr ist – so gut wie jede andere. Insbesondere sind die Beschreibungen, die bei uns hinterher erfolgen, nicht irgendwie an sich vollständiger. Sie sind vollständiger nur mit Bezug auf das ins Spiel gebrachte Moralprinzip sowie die einzelnen konkreten Normen. Der Anspruch, der bei jeder Beschreibung bzw. Tatbestandsfeststellung erhoben wird, ist der, daß die jeweilige Tatbestandsfeststellung das Ereignis, *soweit es moralisch relevant ist,* berücksichtigt. Genaugenommen werden zu jeder Tatbestandsfeststellung vor allem die folgenden beiden Ansprüche erhoben: einmal, daß der Vorfall im Sinne von *gültigen,* nicht nur vermeintlich gültigen, das heißt begründbaren *Normen* als Tatbestand beschrieben ist, und zum anderen, daß der Vorfall in allen moralisch relevanten Zügen, d.h. in Bezug auf *alle hier einschlägigen* gültigen *Normen* beschrieben wurde. – Der Übergang von (2) zu den folgenden Beschreibungen ergibt sich dann daraus, daß die Vorschläge (2), (3), (4) im Sinne *dieser* Ansprüche sich als bloß vorläufige Vorschläge erweisen. Daß sie bloß vorläufig sind, stellt sich heraus in der Konfrontation des jeweiligen Vorschlages mit dem Moralprinzip selbst, das ja den Inbegriff des Moralischen artikuliert.

Unsere Frage lautete: *Was ist hier im Spiel?* Es ist vor allem das folgende: *Ereignisse* (insbesondere Handlungen, Handlungsresultate), das *Moralprinzip* (der Inbegriff des Moralischen), *konkrete Normen* auf ganz verschiedenen Ebenen von Normenhierarchien, *Beschreibungen der Ereignisse im Lichte von Normen* (Tatbestandsfeststellungen) und *Argumente,* Begründungen sowohl für die Normen als auch für die Angemessenheit der Tatbestandsfeststellungen, wie schließlich sogar für das Moralprinzip selbst.

Soweit die Verhältnisse, sofern es um das nachträgliche moralische *Bewerten* oder Beurteilen von etwas geht. Ganz ähnlich steht es bei dem zweiten Hauptanwendungsfall der Ethik, beim *Entscheiden.* Der wesentliche Unterschied zum vorigen besteht darin, daß hier nicht nachträglich faktische Handlungen, sondern *vorweg bloß mögliche* Handlungen bewertet und geprüft werden. Dabei gibt es Abkürzungsverfahren wie zum Beispiel eine vorgängige Überlegung im Sinne von: Was ist hier überhaupt an relevanten Handlungsmöglichkeiten verboten? Doch die ändern an der strukturellen Ähnlichkeit zum besprochenen Falltyp nichts.

Wir können festhalten: In einem Fall wie dem beschriebenen funktioniert die Ethik problemlos, weil es weder ein Problem der Geltung des Moralprinzips gibt noch ein Problem der Geltung der konkreten, ins Spiel gebrachten Normen, noch Schwierigkeiten bei der Anwendung der Moral, das heißt der angemessenen Formulierung der Tatbestandsbeschreibung. Wir können vielmehr relativ leicht und sicher, nämlich gut eingeübt in die hier relevanten Gesichtspunkte, die Fakten und die relevanten Normen in der beschriebenen Weise zueinander in Beziehung setzen.

I.2 Ein Fallbeispiel aus der modernen Medizin: Embryonenausschuß bei In-vitro-Fertilisation

Wie steht es nun mit den ethischen Problemen, zu denen es durch die moderne Biologie oder Medizin kommt? Betrachten wir ein *Beispiel,* um uns etwas Konkretes vorstellen zu können. Bei der sogenannten In-vitro-Fertilisation fallen, wie schon erwähnt, sogenannte „überschüssige“ Embryonen an. Nur ein kleiner Prozentsatz der übertragenen Embryonen nistet sich dauerhaft ein und wird nicht abgestoßen. Um einigermaßen Erfolg zu haben, braucht man daher eine größere Zahl von Embryonen. Wie sollte bzw. wie darf man mit diesen Wesen umgehen? Darf man sie einfrieren und für den Fall des Falles aufbewahren? Darf man sie zu wissenschaftlichen Zwecken verwenden (sie würden u.U. wertvolle Erkenntnisse ermöglichen) usw.? An dieses Problem wollen wir vor allem denken bei unserem Versuch, ein allgemeines Rezept für den Umgang mit den durch wissenschaftliche Innovationen entstandenen Problemen zu entwickeln. Wir wollen das Beispiel zunächst dazu verwenden, zu untersuchen – und zwar im Lichte des eben Herausgearbeiteten –, *wo genau das Problem liegt und was darin involviert ist?* Wie also sollen wir uns im Hinblick auf die überschüssigen Embryonen verhalten? Was dürfen wir, was ist nicht erlaubt?

Das Problem zeigt sich zunächst einmal darin, daß unsere vortheoretischen moralischen Intuitionen als die Instanz, auf die wir uns im Alltag in der Regel zuerst, zumeist und fast ausschließlich stützen – lange Erörterungen sind bei moralischen Entscheidungen nicht die Regel –, in bezug auf die obengenannte Frage sehr undeutlich spricht. Warum ist die Sache unklar? Warum stockt man zunächst hinsichtlich der moralischen *Gefühle,* dann aber auch mit dem, was man darüber hinaus aufbieten könnte und sollte, mit *Argumenten?* Es ist in einem solchen Fall, einer fremd- und neuartigen Situation, unklar, welche Normen hier in Frage kommen und wie die möglichen Tatbestandsfeststellungen aussehen, von denen wir bei nachträglicher moralischer Beurteilung oder vorgängiger moralischer Bewertung – wie für die Entscheidungen nötig – ausgehen. – Diese Unklarheit kann verschiedene Gründe haben. Die wichtigsten sind: (1) Die traditionelle Ethik reicht für diese neuartigen Fälle nicht aus, das *Moralprinzip selbst ist einseitig,* deckt diese neuartigen Probleme nicht ab. In diesem Fall bräuchten wir eine neue Ethik. (2) Die *traditionelle Ethik hat Lücken.* Es fehlen die einschlägigen Regeln und Normen. (3) Zwar ist die traditionelle Ethik in Ordnung, das Moralprinzip richtig und die Ethik vollständig, aber es treten nichttriviale *Probleme bei der Anwendung* der Ethik auf neuartige Fälle auf. Wir haben Probleme bei der Vermittlung der Fakten mit dem Moralprinzip und den konkreten Normen via Tatbestandsbeschreibung, wir sind hier unsicher, haben die wesentlichen Gesichtspunkte nicht zur Hand etc. – Ich behaupte nun, daß man zeigen kann, daß die beiden ersten Möglichkeiten nicht in Frage kommen.

I.2.1 Ist das Moralprinzip mangelhaft?

Zu (1): Kann man wirklich sagen: Das Moralprinzip deckt die neuartigen Probleme nicht ab und muß daher geändert werden? – Es ist zunächst zu unterscheiden zwischen dem Moralprinzip selbst und philosophischen Versuchen, das Moralprinzip angemessen zu formulieren, zu treffen, zu rekonstruieren. Vom *Moralprinzip selbst* kann man überhaupt nicht sagen, es sei mangelhaft und müsse geändert werden. Das Moralprinzip ist ja der Maßstab, der schon bei der Feststellung der Mangelhaftigkeit bzw. Einseitigkeit in Anspruch genommen und das heißt als gültig, als richtig unterstellt werden muß. Es kann daher weder als unrichtig beurteilt noch aus Gründen der moralischen Richtigkeit geändert werden. Es kommt hinzu, daß man das Moralprinzip überhaupt nicht irgendwie legitim *herstellen, erzeugen* oder auch nur *modifizieren* kann. Das folgt aus dem Prinzip der zu vermeidenden „naturalistic fallacy".[1] Wohl aber kann man davon reden, daß ein *Versuch,* das Moralprinzip explizit zu machen, es *zu formulieren,* es auf eine bestimmte Formel zu bringen, in vielen Hinsichten schief gehen kann, und daß daher ein solcher Vorschlag gegebenenfalls geändert werden muß. – Ein guter Rekonstruktionsversuch des Moralprinzips scheint mir die diskursethische Fassung des Moralprinzips zu sein.[2] Sie lautet in einer (sehr vorsichtigen und daher etwas umständlichen) Formulierung von Apel: „Handle nur nach einer Maxime, von der du, aufgrund realer Verständigung mit den Betroffenen bzw. ihren Anwälten oder – ersatzweise – aufgrund eines entsprechenden Gedankenexperiments, unterstellen kannst, daß die Folgen und Nebenwirkungen, die sich aus

1 Vgl. W. Frankena: Analytische Ethik, 1972, 118ff.

2 Vgl. bes. K.-O. Apel: Diskurs und Verantwortung, Frankfurt am Main 1988; J. Habermas: Moralbewußtsein und kommunikatives Handeln, Frankfurt am Main 1983, ders. Erläuterungen zur Diskursethik, Frankfurt am Main 1991; D. Böhler: Rekonstruktive Pragmatik, Frankfurt am Main 1985; W. Kuhlmann: Reflexive Letztbegründung. Untersuchungen zur Transzendentalpragmatik, Freiburg/München 1985; ders. (Hg.): Moralität und Sittlichkeit, Frankfurt am Main 1986.

ihrer allgemeinen Befolgung für die Befriedigung der Interessen jedes einzelnen Betroffenen voraussichtlich ergeben, in einem realen Diskurs von allen Betroffenen zwanglos akzeptiert werden können."[3] Man kann das Prinzip als eine Verbesserung des Kantischen kategorischen Imperativs betrachten, der folgendermaßen lautet: „Handle nur nach derjenigen Maxime, durch die du zugleich wollen kannst, daß sie ein allgemeines Gesetz werde."[4] Die Verbesserung besteht wesentlich darin, daß nicht nur zu einem Gedankenexperiment aufgefordert wird, bei dem die Interessen und Ansprüche anderer nur aus einer Perspektive gesehen und berücksichtigt werden, sondern daß ein realer Diskurs verlangt wird, in dem jeder seine Perspektive in seiner Sprache zur Geltung bringen kann.[5] – Die Frage ist nun: Gibt es irgendwelche Hinweise darauf, daß dieses Prinzip den Bereich der Ethik nicht vollständig abdeckt, so daß man insbesondere mit den durch wissenschaftliche Innovationen gestellten Problemen nicht fertigwerden kann? Kann man davon reden, daß die neuen Probleme irgendwie Druck in Richtung auf eine bestimmte Veränderung einer solchen Fassung des Moralprinzips ausüben? Ich denke, es gibt ersichtlich weder solche Hinweise noch kann man von einem solchen Druck reden, und daher scheint mir die erste Möglichkeit nicht in Frage zu kommen.

I.2.2 Ist die traditionelle Ethik lückenhaft?

Zu (2): Kann man sagen, daß die traditionelle Ethik Lücken hat derart, daß diese Lücken verhindern, daß sie mit den Problemen, die durch wissenschaftliche Innovationen gestellt werden, fertig wird? – Von „Lücken" kann man eigentlich nur reden, wenn man mit einem ausformulierten, kodifizierten System von hierarchisch geordneten Normen zu tun hat, wobei der Anspruch erhoben wird, der ganze Bereich bzw. alle relevanten Falltypen seien ausdrücklich geregelt (Nulla poena sine

3 Vgl. K.-O. Apel: Diskurs und Verantwortung, a.a.O. 123.
4 Vgl. I. Kant: Werke, Akademieausgabe, IV 421.
5 Vgl. K.-O. Apel: Diskurs und Verantwortung, a.a.O., 342ff.

lege). Das beste Beispiel dafür wäre ein Rechtssystem. Ein solcher Fall aber liegt in der Ethik nicht vor. Ethik kann überhaupt nicht sinnvoll als ein vollständig explizit artikuliertes, fertig vorliegendes Normensystem verstanden werden, weil ein solches System selbst bei größtmöglicher Ausdifferenzierung nie hinreichend geschmeidig sein kann, um dem besonderen Einzelfall wirklich gerecht zu werden. Das moralisch Richtige im strengen Sinn ist genau das, was der besonderen Situation in allen Zügen gerecht wird. Ein Normensystem des genannten Typs kann nicht als Ausdruck des moralisch Richtigen im strengen Sinne gelten (was nicht ausschließt, daß ein solches Normensystem nicht andere Funktionen hat wie z.B. didaktische, heuristische, die Funktion vorläufiger Orientierung etc.), der Anspruch, wirklich Ethik zu sein, ließe sich dazu nicht aufrechterhalten. Moderne Ethiken wie die Kantische oder die Diskursethik sind daher *Verfahrens*ethiken, d.h. sie begründen nur ein (möglichst geschmeidiges) Verfahren zur Erzeugung von Maximen bzw. Entscheidungen aus dem Moralprinzip. Wenn dann das Moralprinzip angemessen gefaßt und artikuliert wird, dann kann es in diesem Sinn nicht so etwas wie eine Lücke geben, wohl aber – und damit kommen wir zur dritten Möglichkeit – *Probleme bei der Anwendung.*

I.2.3 Gibt es ethische Anwendungsprobleme?

Zu (3): Ein Resultat dieses Abschnittes ist also, daß die neuen moralischen Probleme, die die Biologie bzw. Medizin aufwirft, in Wahrheit Anwendungsprobleme sind. Ich meine in der Tat, daß es durch die neue Biologie/Medizin zu nichttrivial neuen moralischen Problemen kommt, daß diese aber letztlich nicht in dem Sinn dramatisch sind, daß sie eine grundsätzlich neue Ethik erfordern oder größere Reparaturen an der vertrauten Ethik. Was man braucht, ist meiner Ansicht nach eine generelle Reflexion bzw. ein gutes Verständnis des – oft unterschätzten – Anwendungsproblems der Ethik: Was ist dabei im Spiel? Über welche Mittel verfügen wir, um dieses Problem zu lösen, und wie verfährt man dabei?

Es soll nun Aufgabe des folgenden zweiten Teils sein, diese generelle Reflexion in ihren Umrissen an unserem Beispiel anzudeuten. Es geht dabei um die allgemeine Überlegung: *Worauf können wir uns stützen, wenn wir die Ethik auf neuartige Probleme anzuwenden haben, und wie sollten wir dabei vorgehen?* Eine wichtige Hilfe für eine derartige Überlegung ergibt sich übrigens aus der juristischen Methodenlehre, für die das Problem der Rechtsergänzung, der Rechtsfortbildung durch das sogenannte Richterrecht, immer schon ein zentrales Thema war.[6]

II. Der Vorschlag der Diskursethik

Unser *Problem* hat – das können wir im Lichte der Analyse unseres Normalfalles sehen – folgende Form: Wir haben *einerseits* mit neuen Entitäten, Situationen und Handlungsmöglichkeiten zu tun, die irgendwie moralisch relevant zu sein scheinen. Diese allerdings haben wir zunächst nur zur Verfügung in Beschreibungen, die die Anwendung von ethischen Normen nicht ohne weiteres erlauben. Sie sind artikuliert in einer Sprache, die geradezu verhindert, daß sich die wichtigsten moralischen Aspekte irgendwie vollständig berücksichtigen lassen, ja daß die moralische Relevanz der Sache überhaupt sichtbar wird. Es ist die Sprache des Zusammenhangs, in dem die neuen Entitäten, Situationen, Handlungsoptionen allererst entdeckt wurden, die Sprache der Wissenschaft, des Labors. Diese Sprache der „wertfreien Wissenschaft“ ist von der normativ aufgeladenen Sprache der moralisch relevanten „Tatbestandsfeststellungen“ weit entfernt. – Auf der *anderen Seite* haben wir unklare moralische Gefühle, die indizieren, daß hier moralische Schwierigkei-

6 Vgl. z.B. Karl Engisch: Einführung in das juristische Denken, 8. Auflage, Stuttgart 1983, Kap. V und VI.

ten liegen, und das ganz allgemeine abstrakte Moralprinzip nach Art des kategorischen Imperativs bzw. des Diskursprinzips.

Unsere *Aufgabe* besteht darin, diese beiden Extreme zu vermitteln, d.h. sowohl das globale, vage Moralgefühl bzw. das dahinterstehende abstrakte Moralprinzip zu bestimmten inhaltlichen Normen und Maximen zu konkretisieren, die in konkreten Fällen tatsächlich nützlich sind, als auch die neutrale wissenschaftliche Beschreibung zur moralisch relevanten Tatbestandsfeststellung im Sinne unseres Beispiels zu transformieren, zu einer Beschreibung also, die Bezug nimmt auf einschlägige normative Regelungen und die außerdem noch alle moralisch relevanten Aspekte vollständig einbezieht.[7]

Wir sind nicht so sehr an dem konkreten Beispiel interessiert, sondern vielmehr an einem allgemeinen Rezept, und daher kann man unsere Aufgabe allgemein fassen als die, *Verfahren* anzugeben, über die man von neutralen, bloß wissenschaftlichen Sachverhaltsbeschreibungen zu moralisch relevanten Tatbestandsfeststellungen kommt, bzw. über die man das allgemeine Moralprinzip zu speziellen inhaltlichen Normen und Maximen konkretisiert.

Der Vorschlag, der nun hier zur Lösung des Problems gemacht werden soll, besteht im wesentlichen in einer Unterscheidung zwischen vier verschiedenen Instanzen, auf die wir bei einem solchen Problem zurückgreifen können, und einer Bestimmung des Zusammenspiels dieser Instanzen bei der Lösung. Wir schlagen vor zu unterscheiden zwischen (1.) *Philosophie 1*, zuständig für das Moralprinzip selbst, d.h. für formale Kriterien und Maßstäbe, (2.) *Philosophie 2*, zuständig für Kriterien, Maßstäbe *und Inhalte*, (3.) *Erfahrung*, nämlich Erfahrung mit faktisch eingespielten und akzeptierten normativen Regelungen

7 Es geht im folgenden *nur* um dies Verfahren. Was in der (transzendentalpragmatischen) Diskursethik üblicherweise als das Hauptanwendungsproblem gesehen wird, daß nicht nur die Normen angewendet, sondern sehr oft allererst die Anwendungsbedingungen für die Diskursethik realisiert werden müssen, das bleibt hier außer Betracht, müßte freilich in einer umfassenden Erörterung des Anwendungsproblems hinzugenommen werden.

moralischer oder rechtlicher Natur (diese Instanz ist zuständig für Inhalte) und (4.) der *Urteilskraft* oder Phronesis für die kluge Anwendung.

Urteilskraft ist die Kompetenz der klugen Anwendung des Allgemeinen (der Regel, des Gesetzes) auf das Besondere, die Situation, den Fall. Sie ist hier selbstverständlich gefordert, denn die Aufgabe der Vermittlung zwischen den Extremen: Moralprinzip und neuartige Falltypen, ist ja identisch mit der Aufgabe der Anwendung des Moralprinzips und seiner Konkretisierung auf den einzelnen Fall. – *Die Erfahrung* z.B. des langjährigen klugen Kenners der eingelebten Moral soll Inhalte liefern, Vorschläge für inhaltliche Normen, von denen dann wieder die Tatbestandsfeststellungen abhängig gemacht werden können. Erfahrung soll vor allem die hypothesenschaffende Phantasie anreichern und beflügeln. – Das, was ich *Philosophie 2* nenne, soll die der Erfahrung entstammenden inhaltlichen konkreten Vorschläge einer vorläufigen Prüfung und Selektion unterziehen, durch Vergleich nämlich mit dem, was Philosophie 2 selbst an konkreten Inhalten vorzuschlagen hätte. – Das, was ich *Philosophie 1* nenne, ist zuständig einmal für die Verpflichtung, überhaupt das Bestmögliche zu realisieren, und dann für die endgültige Überprüfung und Korrektur der Ergebnisse von Philosophie 2.[8] – Noch etwas anders gesagt: *Urteilskraft* ist, was die geforderte Vermittlung der Extreme insgesamt leistet. Dazu aber müssen Normen mittlerer Reichweite entworfen oder artikuliert werden. *Erfahrung* leitet die Phantasie, die mögliche konkrete Normen vorschlagen muß. *Philosophie 1 und 2* dagegen sind zuständig für die Disziplinierung der Phantasie, für die Kontrolle und Korrektur der Normenvorschläge.

8 Vgl. dazu: W. Kuhlmann: Systemaspekte der Transzendentalpragmatik, in: W. Kuhlmann: Sprachphilosophie, Hermeneutik, Ethik, Würzburg 1992, 274ff, bes. 282f.

II.1 Das Anwendungsproblem am Fallbeispiel

Nun etwas genauer zu den eben unterschiedenen Instanzen und ihrem Beitrag zur Lösung des Anwendungsproblems. Unser Beispielproblem war das der überschüssigen Embryonen bei der In-vitro-Fertilisation. Die Frage war: Wie sollen wir uns angesichts dieser Entitäten verhalten? Dürfen wir sie für Experimente verbrauchen, für Experimente im Zusammenhang der Grundlagenforschung oder für solche gezielter therapeutischer Forschung, für Untersuchungen z.B., die drohende Gefahren für das erfolgreich eingepflanzte Embryo abwehren helfen könnten? Dürfen wir sie einfrieren und auf Vorrat halten für zukünftige Forschung, für spätere Einpflanzung etc.? – Ich werde die Diskursethik heranziehen, weil ich der Ansicht bin, daß die Diskursethik als einzige den Anforderungen an eine moderne normative Ethik genügt. Nur die Diskursethik bemüht sich ja um eine Begründung der moralischen Forderungen, die auch mit radikalen Moralskeptikern à la Nietzsche noch fertig werden soll.[9]

II.1.1 „Philosophie 1" als Diskursethik

Zuerst zu *Philosophie 1:* Die Diskursethik ist eine zweistufige Ethik. Auf der ersten Stufe wird eine Reihe sehr formaler Normen und Verbindlichkeiten begründet. Zentrum ist die Norm, die vorschreibt, daß man in moralischen Konfliktfällen einen fairen praktischen Diskurs mit allen irgend Beteiligten und Betroffenen führen und eine für alle zustimmungsfähige Lösung anstreben soll. Auf der zweiten Stufe wird dann dieser konkrete praktische Diskurs, die vernünftige inhaltliche Diskussion moralischer Fragen, nach bestimmten Regeln geführt. – *Philosophie 1* in meinem Sinne entspricht genau der ersten Stufe der Diskursethik. Hier wird erstens gezeigt, daß wir immer schon unhintergehbar bestimmte (ethisch relevante) Din-

9 Vgl. W. Kuhlmann: Ethikbegründung – empirisch oder transzendentalphilosophisch? in: W. Kuhlmann: Sprachphilosophie...a.a.O. 176-207.

ge wollen, daß es daher überhaupt so etwas wie jedermann bindende moralische Verpflichtungen gibt; damit wird zugleich die Frage: „Warum überhaupt moralisch sein?" beantwortet.[10] Zweitens wird hier das Moralprinzip bestimmt und begründet, nämlich die schon erwähnte Verpflichtung, einen fairen und vernünftigen Diskurs in allen praktischen Fragen zu führen. Wichtigste Funktion des Moralprinzips ist die Bestimmung des Begriffs normativer Richtigkeit. Ein Moralprinzip, das seinen Namen verdient, muß als *letzter Maßstab* für Fragen von gut und böse, von normativer Richtigkeit taugen. Daraus folgt, daß die Bemühung um einen solchen Maßstab, und d.h. Philosophie 1, nicht als nichttrivial fallibles Unternehmen verstanden werden kann.[11] Die Idee von Fallibilität, von möglicher Prüfung und dann Korrektur des Resultats *setzt ja voraus,* wie wir oben angedeutet haben, daß man bereits einen Maßstab für diese Prüfung und Korrektur besitzt, nämlich das Moralprinzip. Man kann sich daher im Zusammenhang von Philosophie 1 nicht verstehen *als bloß auf dem Wege,* einem riskanten Wege dahin, man muß sich vielmehr zutrauen, daß man es schon hat. Philosophie 1 muß daher *als harter (nicht fallibler) Kern* der Ethik verstanden werden. Und in der Tat versucht die Diskursethik, jedenfalls in der Variante, in der ich sie vertrete, das Moralprinzip durch ein reflexives *Letztbegründungsargument* zu rechtfertigen. Letztbegründung aber ist etwas, das – wenn überhaupt – offenbar *nur von ganz wenigen Sätzen* oder Prinzipien möglich ist. Die Grundidee reflexiver Letztbegründung[12] besteht darin, daß sich das als vor jedem Zweifel sicher auszeichnen läßt, was man qua Zweifelnder, qua Argumentierender notwendig in Anspruch nehmen und als wahr oder gültig unterstellen muß, um überhaupt etwas sinnvoll bezweifeln bzw. um über irgendetwas mit Argumenten entscheiden zu können. Was man da unterstellen muß, das ist eine Reihe von Argumentationsregeln und Argumentationsvoraussetzungen, davon einige weni-

---

10 Vgl. W. Kuhlmann: Reflexive Letztbegründung, a.a.O. Kap. 5.
11 Vgl. W. Kuhlmann: Ethikbegründung..., a.a.O., 191-97.
12 Vgl. W. Kuhlmann: Reflexive Letztbegründung... a.a.O., 71ff.

ge mit ethischem Gehalt. – Kurzum: Es geht in Philosophie 1 nur um die *Grundprinzipien* normativer Ethik, um die Idee von verbindlicher Verpflichtung überhaupt, um den formalen Maßstab der Ethik, hinsichtlich nämlich der Verfahren zur Gewinnung inhaltlicher Lösungen. Es geht darum, das Grundprinzip, den Maßstab *in aller Reinheit* und *mit größtmöglicher Sicherheit* und Entschiedenheit vorzutragen. Kehrseite hiervon ist jedoch die *Formalität und Leere* von Philosophie 1.[13] – Philosophie 1 ist insofern extrem wichtig, als wir ihr den definitiven Maßstab und die absolute Verbindlichkeit moralischer Forderungen verdanken. Aber sie läßt uns ohne konkrete inhaltliche Hilfe zur Bewältigung der konkreten ethischen Probleme. Wir brauchen zusätzlich inhaltliche Anhaltspunkte, um den geforderten idealen praktischen Diskurs bzw. – wie normalerweise unvermeidbar – eine vernünftige Abkürzung davon erfolgreich durchführen zu können. – Damit sind wir wieder bei den zu vermittelnden Extremen angekommen: bei dem in neutraler Sprache artikulierten Sachverhalt, der das Problem bildet, und dem abstrakten formalen Moralprinzip, das auf Philosophie 1 zurückgeht. Die Frage ist: Wo sollen die inhaltlichen Normvorschläge herkommen?

II.1.2 Die Erfahrungsinstanz

Zur zweiten Instanz, *Erfahrung:* Gemeint ist gute Kenntnis der faktisch bestehenden bzw. anerkannten normativen Regelungen und Verhaltenserwartungen juristischer und moralischer Art und Erfahrung im Umgang damit. Das ist eine schwierige Sache, die man auch nicht schnell erlernen kann. Hier gibt es glücklicherweise das vorzügliche Buch „Mensch nach Maß" von W. van den Daehle[14], das für unseren Problemkreis einschlägig ist. Van den Daehle geht so vor, daß er zunächst (a) die Hauptgesichtspunkte nennt[15], die hier eine Rolle spielen, die

13 Vgl. W. Kuhlmann: Systemaspekte..., a.a.O., 270ff.
14 München 1985.
15 a.a.O., 22ff.

in Spannung zueinander stehen und die im Hinblick auf unser Problem auszugleichen sind: die Idee der *Unantastbarkeit des menschlichen Lebens*, die Idee der *Selbstbestimmung der Person* und die der *Freiheit der Wissenschaft.* - Er stellt dann (b) diese Aspekte im einzelnen so vor, daß wir von den Hauptakzenten dieser Regelungen, ihren wichtigsten Implikationen, den Grenzen ihrer Geltung und den bedeutendsten Anwendungsschwierigkeiten erfahren. Zur *Unantastbarkeit des menschlichen Lebens:* Diese Idee gilt zwar im Prinzip, aber immerhin gibt es weithin akzeptierte Abtreibungsregelungen. Diese jedoch bedeuten nicht, daß ein zur Abtreibung bestimmter Fötus seinen moralischen Status vollkommen verliert. Experimente mit solchen Föten werden vielmehr in Analogie zu solchen mit Menschen behandelt, d.h. die Föten stehen nicht zur völlig freien Verfügung für z.B. experimentelles Handeln. Andererseits ist hier auch nicht alles verboten. – Zur Idee der *Selbstbestimmung der Person:* Gemeint sind hier vor allem die Personen, denen der Embryo gehört, die Mutter, die Eltern. Die Autonomie der Person hat in unserer Gesellschaft einen sehr hohen Stellenwert. Aber sie wird beschränkt, wenn die Interessen anderer berührt sind, z.B. die Interessen des zukünftigen Kindes, in gewissem Sinn aber auch die des Embryos selbst. Ja man darf offenbar nicht einmal mit sich selbst alles anstellen (Drogenmißbrauch, Selbstverstümmelung). Darin meldet sich die für unser Problem einschlägige Idee eines *menschenwürdigen Umgangs mit der menschlichen Natur.* – Zur *Freiheit der Wissenschaft*: Sie ist ein grundgesetzlich garantierter Wert, aber auch er gilt nicht unbeschränkt. Experimente mit lebenden menschlichen Zellen gelten als unbedenklich, Experimente mit lebenden Menschen dagegen als sehr bedenklich. Der Bereich dazwischen ist problematisch. (Eine wichtige einschlägige Unterscheidung ist hier die zwischen therapeutischer und nichttherapeutischer Forschung). Mit all dem lernen wir nicht nur die Hauptgesichtspunkte, die Grundideen selbst kennen, sondern auch ihre Stärken, ihre möglichen Schwächen, die Stellen, wo sie schon faktisch unterminiert sind etc. – Am Ende (c) nimmt van den Daehle im Lichte der vorgestellten Ideen Stellung zu unserem Beispielproblem. Er behauptet zunächst, daß in den westlichen Gesellschaften faktisch alle logisch möglichen Positionen vertreten werden, von der völligen Freigabe der Embryonen bis hin zum vollständigen Ausschluß aller Experimente. Er zeigt dann, daß die extremen oder radikalen Lösungen mit unseren „sonstigen Wertungen" – dies ist sein Hauptmaßstab – kaum in Einklang zu bringen sind. „Wir lassen unter bestimmten Bedingungen Experimente mit sterbenden Personen zu und mit lebenden Föten. Warum dann nicht mit Embryonen, die eine sehr viel niedrigere Entwicklungsstufe menschlichen Lebens repräsentieren?"[16] Eine völlige Freigabe auf der anderen Seite widerspreche dagegen klar unseren Wertvorstellungen. Van den Daehle kommt dann in sorgfältiger Argumentation bei umsichtiger Berücksichtigung des normativen Umfelds zu den – wie ich denke sehr vernünftigen – *Resultaten:* a) „Forschung mit menschlichen Embryonen sollte nur zugelassen sein, wenn sie das geeignete und notwendige (also: das einzige) Mittel ist, wichtige Erkenntnisse von unmittelbarer klinischer Relevanz zu erzielen."[17] b) „Eine Erzeugung von Embryonen für die Forschung... würde in besonders deutlicher Weise demonstrieren, daß menschliche Lebensformen nur noch Mittel zum „guten" Zweck sind." Sie wird also verworfen.[18] c) „Eine Kultivierung von menschlichen Embryonen über den Zeitpunkt der Einnistung hinaus, also die Schaffung von differenzierten Föten in vitro für die Forschung, muß ausgeschlossen werden."[19] Das zu unserem Beispielfall.

Allgemein gesagt ist unsere 2. Instanz, die Erfahrung, zuständig für eine *Topik von Gesichtspunkten und Argumenten,* für *heuristische Hinweise,* für *Anregungen,* für eine *Beflügelung unserer einschlägigen Phantasie*, die uns ja zunächst in den hier thematischen neuartigen Situationen in der Regel

16 a.a.O., 38f.

17 a.a.O., 66.

18 a.a.O., 66f.

19 a.a.O., 67.

im Stich läßt. Dabei sind bei präzedenzlosen Fällen *Analogien, Extra- und Interpolationen* von großer Bedeutung.

Wenn diese Instanz so klug und umsichtig ins Spiel gebracht wird wie bei van den Daehle, der zugleich Philosoph und Jurist ist, dann kommt man mit ihr sehr weit. Dennoch hat die Berufung auf die Erfahrung einen systematischen Mangel: Erfahrung liefert nur solches, was *bloß faktisch für gültig gehalten wird.* Das ist zwar oft sehr vernünftig; deswegen kann man es ja als heuristisches Material verwenden, keineswegs darf man es ganz unberücksichtigt lassen. Aber, was faktisch von bestimmten Populationen für gültig *gehalten wird,* ist darum noch nicht notwendig in Wirklichkeit gültig oder richtig, und das war es, was wir hier suchen. Es könnte auch Resultat von (kollektiven) Irrtümern, Verblendung, Manipulation sein und muß daher geprüft und wenn nötig korrigiert werden. – Prüfung und Korrektur setzen einen Maßstab voraus. In der Diskursethik ist der einschlägige verbindliche Maßstab dasjenige, was sich im Hinblick auf unser Problem als vernünftiger Konsens in einem offenen, nicht-persuasiven inhaltlichen praktischen Diskurs ergeben würde. Dieser Maßstab ist gewiß richtig, aber er ist auch extrem schwer zu handhaben, ist schlecht praktikabel. Wir wissen ja nicht, was sich ergeben würde, wir können es nicht wissen, ja genaugenommen dürfen wir es nicht einmal antizipieren, weil sonst der Diskurs das Wichtigste, die Offenheit, verlieren würde. – Nun können wir aber nicht immer warten, bis dieser Diskurs geführt worden ist. In Wahrheit kämen wir so nie zu Entscheidungen oder Beurteilungen. Daher brauchen wir etwas Praktikables, das auch jetzt schon interimistisch zur Verfügung steht. Es muß das Richtige nicht notwendig in aller Reinheit und Präzision, aber doch irgendwie annähernd ausdrücken. Es muß zu einer vernünftigen Approximation führen. Die Diskursethik braucht etwas derartiges aus verschiedenen Gründen: Ein Diskursethiker kann auf Fragen hin nicht immer nur erklären: „Diskutiert und ihr werdet sehen, was herauskommt." Manchmal ist auch jetzt schon eine ungefähre Antwort gefordert. Außerdem sind schnell verfügbare vernünftige Annäherungen an das Resultat wichtige Mittel zur Beschleunigung der geforderten Diskurse selbst. Die Frage einer effektiven Beschleunigung praktischer Diskurse aber ist natürlich eines der wichtigsten Probleme bei dem Versuch einer Realisierung der diskursethischen Vorstellungen. „Des Rechtes Aufschub“ wird bekanntlich schon bei Hamlet als möglicher Anlaß weitestgehender Konsequenzen genannt.[20]

II.1.3 „Philosophie 2“ im Anschluß an Rawls

Was kann hier *als Philosophie 2* - wie ich sagen möchte – weiterhelfen? Ich meine, daß die Theorie von *J. Rawls*[21] hier hilfreich ist. Rawls' Grundidee kann folgendermaßen zusammengefaßt werden: Dasjenige, dem jeder zustimmen kann, was also das Resultat des praktischen Diskurses wäre, kann (annähernd) dadurch ermittelt werden, daß man Personen im Gedankenexperiment angesichts von Problemen entscheiden oder wählen läßt unter Bedingungen, die verhindern, daß die Personen einfach nur ihr Eigeninteresse durchsetzen, unter Bedingungen, die garantieren, daß sie unparteiisch das Richtige wählen. Die Idee ist bekannt vom Puddingteilen: Wer teilt, darf erst als letzter auswählen, weil er dann nicht wissen kann, welches Stück er erhält, d.h. welche Position er später zu der problematischen Regelung haben wird, wie er von ihr betroffen sein wird. Man wählt eine Regelung (die Aufteilung), versucht dabei, für sich das Beste herauszuholen (kluge Bemühung um Eigeninteresse), weiß aber nicht, in welcher Position man später sein wird (welche Puddingportion man bekommen wird – das ist die Bedingung, über die das Eigeninteresse in das Interesse an einer fairen, moralisch richtigen Lösung transformiert wird). Man wird also fair und gerecht für jede mögliche Position sorgen: *Es könnte ja die eigene sein.* Rawls systematisiert diese Idee zu der Konzeption einer Wahl von Grundnormen oder Regeln eines Staates angesichts von vorgegebenen Alternativen unter dem – wie

20 3. Aufzug, 1. Szene.

21 J. Rawls: Eine Theorie der Gerechtigkeit, (deutsch) Frankfurt am Main 1975.

er es nennt – „Schleier des Nichtwissens“[22]. Man weiß nicht, in welcher Position man später sein wird, was für ein Mensch man sein wird, klug, dumm, energisch, antriebsschwach, mit welchen Vorlieben und Neigungen etc. Mir geht es hier nur um die Grundideen eines Mechanismus, der es erlaubt, Diskursresultate schnell annähernd vorwegzunehmen, und der dies vor allem schafft, weil das kluge Sorgen für das Eigeninteresse eine zentrale Rolle spielt, die Phantasie stark anzuregen. Auf diese Weise bekommt man inhaltliche Vorschläge für normative Regelungen, bei denen der Anspruch erhoben werden kann, sie lägen zumindest in der richtigen Richtung, sie seien – mit gewissen Abstrichen zwar – normativ richtig. D.h. wir erhalten etwas, das als hinreichend praktikabler und normativ richtiger vorläufiger Maßstab zur Prüfung und Korrektur der Vorschläge, die aus der Erfahrung (unserer 2. Instanz) stammen, herangezogen werden kann. Wir können jetzt *konkret inhaltlich und philosophisch* diskutieren.

Ausblick

Nun ist das Resultat, zu dem wir auf diese Weise kommen können (reflective equilibrium[23]), zugebenermaßen ein pragmatischer Kompromiß, eine bloße Annäherung. Wir sind aber in der philosophischen Ethik an normativ richtigen Lösungen im strengen Sinne interessiert, an Rezepten, die jedenfalls im Prinzip zeigen, wie man derartiges erreichen kann. Das ist kein Zeichen für philosophische Mondsüchtigkeit und Praxisferne, sondern vielmehr eine Selbstverständlichkeit, wenn es um Maßstäbe und allgemeine Verfahren geht. Hier *darf* man die Strenge der Standards nicht schon pragmatisch ermäßigen. – Was können wir tun, um das bloß Praktikabel-Pragmatische zu tranzendieren in Richtung auf das wirklich Richtige? Wir können jetzt auf das mit den bisherigen Mitteln mögliche Re-

22 a.a.O., 159-66.
23 a.a.O., 38f.

sultat noch einmal das diskursethische Moralprinzip, die Forderung nach offenem, nicht-persuasivem praktischem Diskurs unter allen Beteiligten und Betroffenen, anwenden. Wir werden zwar auch dann den endgültigen vernünftigen Konsens in endlicher Zeit nicht erreichen. Aber wir können immerhin eine schon recht vernünftige Annäherung noch weiter modifizieren in Richtung auf dieses Ziel. Wir können z.B. daran arbeiten, den in die Rawlsche Konzeption eingebauten – schon anläßlich der Kantschen Theorie erwähnten – systematischen Mangel, daß nämlich alle Vorschläge letztlich nur aus *einer und derselben* Perspektive zur Geltung gebracht und geprüft werden, dadurch zu beheben, daß wir bei der jetzt fälligen Feinabstimmung dafür sorgen, daß möglichst viele und verschiedenartige Beteiligte und Betroffene ihre Ansprüche und Argumente selbst in ihrer Sprache und aus ihrer Perspektive artikulieren und vorbringen können. – Das muß als Andeutung für das Gemeinte genügen. Mit alledem haben wir alles zusammen, was nötig ist, um in der Diskursethik mit nichttrivial neuen Anwendungsproblemen fertigzuwerden. Ich fasse noch einmal zusammen:

Es ist die formale *Philosophie 1* zuständig für die Verpflichtung, überhaupt moralisch zu sein, sowie für die Bestimmung und Begründung des Moralprinzips (dies ist der harte, in gewissem Sinn infallible, aber auch sehr formale, inhaltsleere Kern der normativen Ethik).

Es ist die *Erfahrung* mit dem, was an relevanten Regelungen um den neuen Problemfall herum in Kraft ist, welche so und so diskutiert und angewendet wird. Von hier aus kommen wir zu substanziellen Vorschlägen von folgender allgemeiner Form: „Eine so und so beschaffene Regelung würde mit unseren faktischen sonstigen Wertungen gut zusammenpassen."

Es ist *Philosophie 2*, die selbst inhaltliche normative Vorschläge erarbeitet; inhaltliche, also auch riskante, fallible Vorschläge, die ihrerseits als Maßstab für die inhaltliche Prüfung und Bewertung der durch *Erfahrung* angeregten Vorschläge herangezogen werden können, zur „Grobjustierung", wie wir sagen können.

Und es ist noch einmal *Philosophie 1*, die am Ende zur Prüfung und dann Feinjustierung des so gewonnenen Resultats eingesetzt wird.

Alles zusammen kann verstanden werden als Versuch, die allzu globale Vorstellung einer Anwendung der Moral durch *Urteilskraft* genauer zu bestimmen.

Winfried Kahlke

Ethik in der Medizin als Gegenstand von Lehre, Studium und Forschung

I. Einleitung

Eine Abhandlung über Ethik in der Medizin als Gegenstand von Lehre und Studium muß zwei Ebenen berücksichtigen: Zum einen gibt es eine vor 20 Jahren in den Ländern der ehemaligen BRD in Kraft getretene Ausbildungsordnung, die Ärztliche Approbationsordnung (ÄAppO), die mittlerweile auch in den neuen Bundesländern gilt, bis heute sieben Novellierungen erfahren hat und verbindliche Regelungen für das Studium der Medizin vorgibt. Die andere Ebene betrifft die Vielfalt fakultativer Lehrveranstaltungen, die bis heute – in sehr unterschiedlicher Prägung – an fast allen Medizinischen Fakultäten bzw. Fachbereichen angeboten werden.

Die Ethik taucht, wie im nachfolgenden Überblick über die ärztliche Ausbildung erkennbar, im Fächerkanon für das Medizinstudium nicht auf. Und da die Lehre als Aufgabe der einzelnen Disziplin zugleich deren Einrichtung und Ausweitung in entsprechenden Forschungsbereichen begründet, ist es nicht verwunderlich, daß Ethik in der Medizin auch als Gegenstand der Forschung kaum eine Rolle spielt.

Im folgenden soll die Situation der ärztlichen Ausbildung beschrieben und darüber hinaus die Entwicklung aufgezeigt werden, die zum Thema Ethik in der Medizin eingesetzt wird und bis heute bemerkenswerte Ergebnisse aufweisen kann. In einer Art „Werkstatt-Bericht“ sollen dann einige konkrete Förderungsmöglichkeiten von Ethik in der Medizin in Ausbildung und Fortbildung der Heilberufe veranschaulicht und abschließend Perspektiven für die Lehre aufgezeigt werden.

II. Aufbau und Schwerpunkte des Medizinstudiums

Ein historischer, möglichst einige hundert Jahre zurückreichender Exkurs über den Weg, auf welchem sich der Beruf des Arztes entwickelt hat, wäre gerade in bezug auf unser Thema sicher von besonderem Interesse; ich will mich aber ganz bewußt auf jenen Zeitraum beschränken, für den die gegenwärtige Ausbildungsordnung gilt, also auf die letzten zwanzig Jahre. Für diese Beschränkung spricht auch die Tatsache, daß die meisten der gegenwärtigen ethischen Fragen und Probleme – abgesehen einmal von Themen wie dem der Euthanasie – in diesem Zeitraum aktuell geworden sind, ausgelöst durch einen technologischen Fortschritt in der Medizin mit seinen Folgen für Pflege, Diagnostik und Therapie.

Um deutlich zu machen, wie es um die Ethik in der Medizin als Gegenstand von Lehre und Studium steht, ist zunächst ein Überblick über die ärztliche Ausbildung notwendig (siehe Tabellen 1 und 2 am Schluß dieses Beitrags). Den ersten Teil des Studiums bildet der sog. Vorklinische Studienabschnitt. Mit seinen mindestens vier Semestern beansprucht er ein Drittel der gesamten Studienzeit – er soll die erforderlichen Grundlagen und eine vorbereitende Einführung in die Medizin geben.

Vor dem Hintergrund unseres Themas erscheint es mir notwendig, den Aufbau insgesamt, die einzelnen Fächer, ihre Aufteilung und schließlich ihre Gewichtung und Relation innerhalb des Fächerkanons zu betrachten, und zwar unter zwei Aspekten:

- Wie verhalten sich die naturwissenschaftlichen zu den psychosozialen Fächern?
- Wie verhält es sich mit patientenorientierten Lehrveranstaltungen?

Dabei ist zu berücksichtigen, daß die Veranstaltungen „Einführung in die Klinische Medizin“ und „Berufsfelderkundung“ erst mit der jüngsten – der siebten – Novellierung der Ärztlichen Approbationsordnung vor drei Jahren eingeführt wurden (siehe Tabelle 1).

Das deutliche Übergewicht an naturwissenschaftlichen Fächern – mit z.T. zweifelhaftem Nutzen für Studium und Beruf! – läßt Lernende und Lehrende einen Weg einschlagen, der nicht zuletzt durch seine Leistungsanforderungen und Prüfungsmodalitäten von den wesentlichen Zielen einer humanen Medizin eher ablenkt. Die klinischen Studienabschnitte enthalten jeweils die fachspezifischen Inhalte, ohne daß die häufig naheliegende und zumeist auch notwendige ethische Reflexion als Lernziel erkannt und angestrebt wird. Diese kritische Einschätzung, die mittlerweile von vielen Kolleginnen und Kollegen geteilt wird, darf nicht verschwiegen werden, um die ungünstige Situation aufzuzeigen, der sich beispielsweise die Einführung von Ethik in die medizinische Ausbildung gegenübersieht. Dabei muß zunächst offen bleiben, ob der Institutionalisierung eines Faches „Ethik" oder aber der Einbindung eines die einschlägigen Fächer einbeziehenden interdisziplinären Zentrums der Vorzug zu geben ist.

III. Wo und wann erscheint „Ethik" im Lehrplan?

Angesichts der gegenwärtig eher ungünstigen Bedingungen ist besonders hervorzuheben, daß die jüngste Änderung der ÄAppO – erstmals! – die Ethik aufführt, und zwar an zwei Stellen: In die Fassung der Ziele und Gliederung der ärztlichen Ausbildung wurde der Passus aufgenommen „Sie hat zum Ziel, ... die geistigen und ethischen Grundlagen der Medizin ... zu vermitteln"; der Prüfungsstoff für den ersten Abschnitt der ärztlichen Prüfung (nach den ersten beiden klinischen Semestern) enthält in seiner Auflistung „ethische Aspekte ärztlichen Handelns". Damit ist Ethik im Ausbildungsziel und Prüfungsstoff zwar erwähnt, die Einrichtung einer entsprechenden Lehrveranstaltung durch die Fakultäten und Fachbereiche deshalb aber noch nicht obligatorisch.

Exkurs über die ärztliche Ausbildung in der ehemaligen DDR: Dort gab es ein für alle Universitäten und Hochschulen verbindliches Lehrprogramm für den Spezialkurs „Grundfragen der marxistisch-leninistischen Ethik und der sozialistischen Moral". An den Medizinischen Akademien und Fakultäten wurden Lehrveranstaltungen zur Ethik in der Medizin im Rahmen des Pflichtfaches „Arzt und Gesellschaft" abgehalten. Für Studierende der Medizin, die 1992 und später ihr Studium in den neuen Bundesländern beginnen, gelten alle Regelungen der Ärztlichen Approbationsordnung; die bereits eingerichteten Lehrveranstaltungen zur Ethik in der Medizin – natürlich mit einer Neubestimmung ihrer Inhalte – können dann nur noch fakultativ angeboten werden.

Auch ein Vergleich mit der Ausbildung zur Krankenpflege und zur Krankenpflegehilfe ist aufschlußreich: Hier ist Ethik u.a. im Komplex „Berufskunde, Gesetzeskunde, Staatsbürgerkunde" (insgesamt 120 Stunden in der dreijährigen Ausbildungsphase) aufgeführt, wird in den einzelnen Ländern bzw. Ausbildungsstätten allerdings in bezug auf Inhalt und Umfang recht unterschiedlich umgesetzt. Auch die einjährige Ausbildung zur Krankenpflegehilfe schreibt für den theoretischen und praktischen Unterricht den Gegenstand „berufskundliche Fragen, insbesondere Ethik in der Krankenpflege" vor.

Wie wir gesehen haben, hat Ethik als Gegenstand der Lehre – noch – keinen Platz in der Ausbildungsordnung zur Ärztin und zum Arzt, sehen wir einmal ab von ihrer ersten Erwähnung in der jüngsten Änderungsverordnung. Diese bemerkenswerte Tatsache wirft die folgenden Fragen auf:

1. Erschien den Initiatoren und Planern der ÄAppO – einer im Auftrag des Bundesgesundheitsministeriums eingesetzten Kommission aus Vertretern des Medizinischen Fakultätentages, medizinischer Fachgesellschaften, der Bundesärztekammer, der entsprechenden Länderministerien u.a. – vor 25 Jahren Ethik in der Medizin zu fremd oder nicht relevant, um sie in eine Ausbildungsordnung zu integrieren?
2. Welche Möglichkeiten hatten die einzelnen medizinischen Fächer, ihre besonderen ethischen Fragestellungen und Entscheidungssituationen in die Ausgestaltung ihrer Lehre auf-

zunehmen? Haben sie solche Möglichkeiten wahrgenommen?
3. Haben Lehrende und Lernende das Fehlen von Ethik in der ärztlichen Ausbildung als einen Mangel empfunden, und wie haben sie reagiert?

Der Entwurf einer neuen Ärztlichen Ausbildungsordnung hat 1972 zwar die alte Bestallungsordnung aus dem Jahre 1953 abgelöst, ist aber im Grunde der Tradition gefolgt, die Spezialisierung in der Medizin durch die Einrichtung neuer Fächer zu fördern – der Status eines Faches mit Ausbildungsauftrag bildete die Grundlage für die Ausstattung mit personellen und sachlichen Ressourcen nicht nur für die Lehre, sondern vor allem auch für die Forschung. Der ursprüngliche Ansatz für die neue Approbationsordnung hätte schon den Namen einer Studienreform verdient; insbesondere eine patientenorientierte und themenbezogene Verflechtung naturwissenschaftlicher und soziopsychosomatischer Bereiche – damals von Thure von Uexküll, Ordinarius für psychosomatische Medizin, mit hoher Kompetenz entwickelt und nachdrücklich gefordert – würde das Menschenbild in der Medizin beeinflußt und der ethischen Reflexion in der Lehre möglicherweise eine Chance gegeben haben. Dies muß nun einer im Entwurf bereits vorliegenden neuen Approbationsordnung vorbehalten bleiben – einer Studienreform, die den Namen verdient und der das Überwinden der schon jetzt erkennbaren Widerstände zu wünschen ist.

IV. Ethische Fragen der modernen Medizin

Die vielen von der Technik kommenden Fortschritte in der Medizin haben in den letzten 20 Jahren neue ethische Probleme aufgeworfen, die nicht nur in Fachkreisen, sondern zunehmend in der Öffentlichkeit und zumeist kontrovers diskutiert werden. Dies gilt z.B. für die vorgeburtliche Diagnostik zum frühzeitigen Erkennen einer möglichen Fehlbildung, für Methoden der Fortpflanzungsmedizin mit einem erhöhten Risiko für Mehrlingsschwangerschaften und dem Problem des Fetozids, für den Umgang mit Embryonen oder für die intensivmedizinische Versorgung Sterbender, die als mögliche Organspender von Interesse sind. Das Konfrontiertsein mit diesen ethischen Fragen und Herausforderungen hat bei den jeweiligen Fächern, die ja auch jeweils Lehraufgaben zu erfüllen haben, nicht zu der Konsequenz geführt, diesen offensichtlichen Nachholbedarf an ethischer Entscheidungskompetenz in eine entsprechend auf Lehre und Studium gerichtete Forderung umzusetzen. Dies wiederum hat viele Gründe: Forschung und Krankenversorgung rangieren zumeist vor der Lehre; die zentrale Regelung der Ausbildung gewährt den einzelnen Hochschulen, wenn sie denn gezielte innovatorische Forderungen stellten, kaum eine Chance unmittelbarer Berücksichtigung; schließlich – und dies ist eine recht komplexe Ursache für das fehlende Reflektieren ethischer Fragen – eine das jeweilige Fachgebiet überschreitende und gar öffentliche Diskussion mit ihren nicht selten kritischen Aspekten könnte – so befürchten die Betroffenen – den Fortgang ihrer Forschung aufhalten, weshalb sie erfahrungsgemäß die ethischen Folgen nicht in ihr Forschungskonzept zu integrieren pflegen. Es gibt also viele Gründe dafür, daß trotz zunehmenden Auftretens ethischer Probleme und Konflikte in der Medizin eine Berücksichtigung in der Ausbildungsordnung bislang unterblieben ist. Ein konkreter Schuldiger ist aber nicht zu benennen.

War deshalb nun die Ethik aus dem Medizinstudium völlig ausgeblendet? Haben alle Lehrenden und Lernenden dies überhaupt als Defizit empfunden? Gab es Eigeninitiativen? Woher kamen die Initiativen?

Die wissenschaftlich-technologischen Entwicklungen in der Medizin der zurückliegenden 30 Jahre sind vielfach in bis dahin tabuisierte Bereiche oder in Grenzbereiche vorgedrungen und haben in Fach- und Laienkreisen häufig ein unterschiedliches Echo ausgelöst:

- Die Technisierung in der Intensivmedizin wurde mit der kritischen Frage nach der Menschlichkeit im Medizinbetrieb konfrontiert;
- die Einführung und zunehmende Anwendung vorgeburtlicher Diagnostik zum Erkennen von Fehlbildungen des Embryo mit der häufigen Folge des Schwangerschaftsabbruchs löste Befürchtungen um die gesellschaftliche Akzeptanz der Behinderten aus;
- die internationalen Projekte zur vollständigen Erforschung der menschlichen Erbeigenschaften (Genomanalyse) mit ihren Voraussagemöglichkeiten über spätere Krankheitsrisiken führte bei den Kritikern zur Warnung vor einer genetischen Diskriminierung, nachdem – vor allem in den USA – bestimmte Betriebe und Versicherungsgesellschaften an genetischen Auskünften zunehmendes Interesse äußerten.

Parallel zu der kontroversen Diskussion in der Öffentlichkeit haben diese, aber ebenso die unmittelbar in der Krankenversorgung auftretenden Probleme – z.B. Sterbebegleitung, Patientenaufklärung, „Abschalten der Apparate" u.a. – bei einzelnen Hochschullehrern und Studierenden in zunehmendem Maße zu einer Beschäftigung mit den ethischen Aspekten dieser Fragen geführt. So hat eine Umfrage von E. Heister und E. Seidler (1989) ergeben, daß im Studienjahr 1986/87 an 25 der 28 Hochschulen (in der alten BRD) insgesamt 111 Veranstaltungen zu Themen der Ethik in der Medizin angeboten wurden; im Studienjahr 1977/78 waren es nur 41 Veranstaltungen an 17 Hochschulen gewesen (Brand, Seidler, 1978). Von den in der jüngeren Erhebung befragten Dozenten gaben mehr als zwei Drittel an, daß den Medizinstudenten an ihrer eigenen Universität keine ausreichende Möglichkeit zur Auseinandersetzung mit medizinethischen Problemen geboten würde. Der anhaltende Wunsch nach Ethik-Veranstaltungen auf Seiten der Studierenden kommt auch darin zum Ausdruck, daß ein „Studentenverband Ethik in der Medizin" (SEM) gegründet wurde, der an verschiedenen Hochschulen vertreten ist und das Lehrangebot durch eigene Initiativen erweitert. Die Ausbildungsrealität ist hier also den recht unverbindlichen Vorgaben in den gesetzlichen Ausbildungsordnungen mancherorts um einiges voraus.

Hervorzuheben an dieser Feststellung ist, daß die genannten Initiativen neben dem vorgeschriebenen Studiengang und ohne Auftrag oder Unterstützung der Fakultäten ihren Platz eingerichtet und behauptet haben.

Während aus den medizinischen Bereichen, die eigentlich zur ethischen Reflexion besonders herausgefordert sind – Fortpflanzungsmedizin, Humangenetik, Organtransplantation u.a. –, Initiativen zur Etablierung von Ethik in der Lehre ausgeblieben sind, haben sich außeruniversitär entsprechende Aktivitäten entwickelt:

- Für die Förderung der Diskussion zur Ethik ist an erster Stelle die Akademie für Ethik in der Medizin (AEM) zu nennen, unter deren Gründern sich zahlreiche Initiatoren und Veranstalter von Ethik-Vorlesungen und -Seminaren wiederfanden und auf deren Aktivitäten im „Werkstatt"-Teil noch eingegangen wird.
- Die Studierenden haben ihrerseits einen Studentenverband Ethik in der Medizin (SEM) gegründet und dadurch ihr ausgesprochenes Interesse an einem entsprechenden Lehrangebot ausgedrückt.
- Bei der Bundesärztekammer wurde eine „Zentrale Kommission zur Wahrung ethischer Grundsätze in der Reproduktionsmedizin, Forschung an menschlichen Embryonen und Gentherapie" eingerichtet (Hintergrund für diesen Schritt war der Entwurf eines Embryonenschutzgesetzes und zweifellos auch das Interesse, die möglichen Einschränkungen für eine Embryonenforschung abzuwenden).

Die entscheidenden Impulse kamen – und kommen – also aus einer interdisziplinär zusammengesetzten Institution außerhalb der Hochschulen – nämlich der Akademie für Ethik in der Medizin – mit dem Ziel, auf den verschiedenen Ebenen der Medizin für ethische Probleme zu sensibilisieren, bestehende Initiativen zu fördern, ein allgemeines Diskussionsforum zu schaffen und durch bestimmte Arbeitsschwerpunkte Grundlagen für

Ethikveranstaltungen in der Aus- und Fortbildung der Heilberufe bereitzustellen.

V. Wissenschaftlicher Diskurs zur Ethik in der Medizin

Die Vermittlung medizinethischer Kompetenzen erfordert, wenn sie aus der Phase der „engagierten Amateure" (Viefhues, 1988) herauswachsen soll, eine elaborierte wissenschaftliche Auseinandersetzung mit Fragen der *Theorieentwicklung, der Methodenreflexion* und der *Evaluation* in der Lehre. An keiner deutschen Universität der alten Bundesländer existiert gegenwärtig ein „Institut für Ethik in der Medizin", das sich systematisch und schwerpunktmäßig mit der Weiterentwicklung der Lehre befassen würde; an der Martin-Luther-Universität in Halle-Wittenberg gab es die „Abteilung für Ethik und Geschichte der Medizin", deren Zukunft im Zuge einer „Evaluation" genannten Bewertung der wissenschaftlichen Einrichtungen in der ehemaligen DDR durch westdeutsche Kommissionen ungewiß ist. Dem geringen Grad der *Institutionalisierung* der Medizinethik im allgemeinen und der Lehre auf diesem Gebiet im besonderen entsprechend, findet die wissenschaftliche Diskussion zu Fragen der Vermittlung vorwiegend im Rahmen einzelner lokaler Netzwerke der Kooperation statt, die sich zum Zweck der Gestaltung interdisziplinärer Lehrangebote – beispielsweise in Göttingen, Ulm, Mainz oder in Hamburg, aber auch an anderen Orten – bilden. Um von einem übergreifenden „wissenschaftlichen Diskurs" über die Theorie der Vermittlung von Ethik in der Medizin in Deutschland sprechen zu können, fehlt es derzeit noch an hierauf spezialisierten Tagungen und Symposien, an qualifizierten Forschungsprojekten und an Publikationen. Aber auch eine Grundvoraussetzung wissenschaftlicher Kommunikation, nämlich allgemein zugängliche relevante *Information,* ist bisher nicht erfüllt. (Mit dem Vorhaben der Schaffung einer deutschsprachigen Datenbank zur Ethik in der Medizin durch die AEM wird diesem Mangel innerhalb eines Zeitraums von etwa zwei Jahren voraussichtlich abzuhelfen sein (Elsner, U., Meinecke, U., Reiter-Theil, S., 1992)).

In der interdisziplinären Diskussion um die *theoretischen Grundlagen der Lehre* sind die unterschiedlichen Positionen stark vom jeweiligen disziplinären Hintergrund des Lehrenden oder Betrachters – der klinischen oder der theoretischen Medizin, der Philosophie, der Theologie oder der Rechtswissenschaft – geprägt. Dieser Hintergrund stellt traditionell die Matrix nicht nur für die Definition und Begründung von *Zielen* und Entwicklungskonzepten dar, sondern auch für den Einsatz von *Methoden* sowie für die Auswahl von *Kriterien* der Bewertung, die entscheidend von den implizierten anthropologischen Konzepten, dem Menschenbild, beeinflußt werden. Inwieweit die Konzepte der Lehrenden sowie die Methoden und die Beurteilungsmaßstäbe hinsichtlich der Ergebnisse der Lehrangebote tatsächlich auf dem jeweiligen fachlichen Hintergrund aufbauen, und in welchem Ausmaß hier bei Auslandsaufenthalten (meist in USA) erworbene Vorstellungen entscheidend mit einfließen und bis zu welchem Grad diese verschiedenartigen Quellen zu einem reflektierten theoretischen und methodischen Konzept der Lehre integriert werden, läßt sich gegenwärtig nicht mit gesicherten Daten beantworten.

Ähnliches gilt für den Einsatz von *Lehrmethoden,* die in Abhängigkeit von den *Veranstaltungsformen* (Vorlesung, Seminar, Blockkurs u.a.) und den Teilnehmerzahlen Elemente wie Vortrag, Arbeit am Fallbeispiel, Exkursion, Rollenspiel u.v.a.m. kombinieren können. Die Vielfalt des jeweils zur Anwendung kommenden Repertoires von Methoden lädt zum Vergleich ein. Auch die *Reflexion der Methoden* bezüglich ihrer Zielsetzung und Wirksamkeit erfolgt bisher nicht im Rahmen eines allgemeinen Diskurses, sondern in lokalen oder regionalen Kooperationsnetzwerken von Lehrenden, die im „Team teaching" interdisziplinäre Lehrveranstaltungen anbieten. Zur *Evaluation* von Lehrmethoden und -konzepten liegen nach dem gegenwärtigen Stand der deutschsprachigen Veröffentlichungen noch keine hypothesenprüfende quantitativen Untersuchungen vor. In der Argumentation für eine breit angelegte Einführung und Propagierung von Lehrangeboten zur Ethik in den Heilberufen stellt dieser Sachverhalt ein Hindernis dar, das möglichst bald ausgeräumt werden sollte.

VI. Ethik in der Medizin als Gegenstand der Forschung

Ethik ist im Fächerkanon der Lehre in der Medizin – wie oben erwähnt – nicht vertreten; damit fehlt ihr – unter der klassischen Devise der Einheit von Forschung und Lehre – eine wesentliche Begründung für ein selbständiges Forschungsfeld und dementsprechend eine Forschungstradition. Ein einschlägiges Publikationsorgan für Forschungsarbeiten im Gebiet der Ethik in der Medizin ist, zumindest im deutschsprachigen Raum, ebenfalls nicht vorhanden. Es gibt vereinzelt wissenschaftliche Abhandlungen über die Ethik in der Medizin, die dem Lehrfach „Geschichte der Medizin" entstammen. Hier müssen ferner das Zentrum für medizinische Ethik an der Universität Bochum und der (geplante) Lehrstuhl für Ethik in der Medizin an der Universität Tübingen genannt werden. Schließlich ist auch hier die Akademie für Ethik in der Medizin zu erwähnen, unter deren koordinierender Funktion Forschungsfragen zur Ethik aufgegriffen werden.

Fassen wir die Beziehung zwischen Ethik und Forschung weiter, so kommen wir in das umfangreiche Feld medizinisch-technischer Entwicklungen, die mit ihrer Anwendung in Diagnostik und Therapie ethische Fragen und Entscheidungskonflikte aufwerfen bzw. beinhalten. Außer in der Medizin gilt generell für die jüngere Entwicklung von Wissenschaft und Forschung, daß hier aus der ethischen Perspektive eine erweiterte Verantwortung besteht. Da heute die Wissenschaft beispielsweise in den Naturwissenschaften und der Medizin durchweg von einer technischen Umsetzung gefolgt wird oder diese von vornherein zum Ziel hat, ist sie – aus meiner Sicht – auch für die Konsequenzen verantwortlich, d.h.: sie muß die Folgen ihrer erwarteten Ergebnisse ethisch reflektieren.

1. Beispiel: Genomanalyse

In einem Exkurs sei hier beispielhaft aufgezeigt, wie ein moderner und international angelegter Forschungsbereich aus ethisch-kritischer Sicht – hier gilt sie der Genomanalyse mit ihren prädiktiven Zielen – bewertet werden kann:

„Aussagen zur Genomanalyse aus ethischer Sicht" (9 Thesen)

1. Aussagen zur Genomanalyse aus ethischer Sicht lassen es notwendig erscheinen, zunächst grundsätzlich die Rolle der Ethik in der Diskussion von Wissenschaft und Forschung zu klären.
2. Sollen die Grundprinzipien der Ethik hier gelten, können sie nicht erst bei der Bewertung einzelner Anwendungsmöglichkeiten berücksichtigt werden, sondern müssen bereits auf der Entscheidungsebene über die Einrichtung und Förderung von Großforschungsbereichen zugrunde gelegt werden.
3. Die an diesen Entscheidungsprozessen beteiligten Wissenschaftler/innen stehen unter der ethischen Herausforderung, die Reflexion über die Folgen der Initiierung solcher Großforschungsbereiche gleichbedeutend mit den Zielen ihrer Forschung zu verfolgen.
4. Die auf der angesprochenen Entscheidungsebene erfolgende Mittelverteilung muß im Vergleich mit förderungsbedürftigen Alternativen nach ihrer Sozialverträglichkeit bewertet und vorgenommen werden; eine Allokationsdiskussion darf nicht erst beim separaten Ressort ansetzen.
5. Der Forschungsbereich „Genomanalyse" mit seinen national und international eingerichteten und geplanten Projekten kann aus ethischer Sicht nur als Ganzes bewertet werden; verläßliche Aussagen über die Folgen für die menschliche Gemeinschaft gibt es nicht.
6. Eine durch die Genomanalyse mögliche Gefährdung der Grundlagen menschlichen Zusammenlebens kann nicht ausgeschlossen werden; vielmehr lassen die bereits gegenwärtig geäußerten Wünsche auf Nutzung und Anwendung mit prädiktiven Zielen – Versicherungswesen, Arbeitswelt u.a. –

die drohende genetische Diskriminierung des Individuums erkennen. Das Ausweichen von Befürwortern der Genomanalyse vor dem öffentlichen Dialog verstärkt in der Öffentlichkeit die Furcht vor einer solchen Bedrohung.

7. Die Bewertung der Genomanalyse nach ihrer Sozialverträglichkeit kann auch nicht mit bestimmten, nach Abwägung von Chancen und Risiken definierten Einschränkungen erfolgen, da das Risikopotential – wie für die Gentechnologie insgesamt – wissenschaftlich nach wie vor ungeklärt ist.
8. Empirisch gewonnene Erkenntnisse auf anderen Sektoren wissenschaftlich-technologischer Entwicklung belegen die Unmöglichkeit, alle Folgen vorauszusehen bzw. die negativen auszuschließen.
9. Das Fehlen wissenschaftlich verläßlicher Aussagen über die Folgen der Genomanalyse für das menschliche Zusammenleben, bereits heute erkennbare Tendenzen mißbräuchlicher Nutzung und Anwendung sowie Erfahrungen aus anderen wissenschaftlich-technologischen Entwicklungen führen in der Reflexion über die Konsequenzen aus dem Betreiben der Genomanalyse zu dem Schluß, daß diese mit den ethischen Grundprinzipien nicht vereinbar ist.

Ein weiterer Grund für das Anliegen, die Ethik zum Gegenstand wissenschaftlicher Forschung zu machen, ist das folgende Beispiel:

2. *Beispiel: Genetische Pränataldiagnostik als Aufgabe der Präventivmedizin*

Unter diesem Titel erschien 1978 eine umfangreiche als Buch herausgegebene Arbeit von zwei deutschen Wissenschaftlern. Die beiden Humangenetiker äußern sich darin zu der Möglichkeit, durch vorgeburtliche Fruchtwasseruntersuchungen das eventuelle Vorliegen der kindlichen Chromosomenanomalie „Trisomie 21" (Down-Syndrom; früher als Mongolismus bezeichnet) festzustellen, deren Auftreten mit zunehmendem Alter der Eltern, besonders der Mütter, ansteigt. Die beiden Forscher (Ärzte) legen eine Kosten/Nutzen-Relation vor, wie sie sich bei konsequentem Einsatz der primären Pränataldiagnostik – also bei entsprechend konsequent durchgeführtem Schwangerschaftsabbruch! – ergibt: „... durch primäre Pränataldiagnostik bei allen Müttern ab 38 Jahren würden in der gesamten Bundesrepublik Deutschland die Kosten dieser Untersuchung nur etwa ein Viertel der erforderlichen Aufwendungen zur Pflege der Kinder mit Trisomie 21 betragen. In absoluten Zahlen ständen Aufwendungen für die Pflege der Kinder von jährlich rund DM 61,6 Mill. den Aufwendungen für ihre Prävention in Höhe von rund DM 13,5 Mill. gegenüber. Dies würde ... eine Einsparung von rund DM 48 Mill. bedeuten.“ Diese wissenschaftliche Arbeit wurde mit dem in der Medizin sehr angesehenen „Hufeland-Preis“ ausgezeichnet. Ein Ausspruch des Arztes Christoph Wilhelm Hufeland (1762-1836) führt bereits auf das ethische Problem, um dessentwillen dies Beispiel hier aufgeführt wird: „Ob das Leben eines Menschen ein Glück oder ein Unglück sei, ob es Wert habe oder nicht – dies geht den Arzt nichts an, und maßt er sich einmal an, diese Rücksicht mit in sein Geschäft aufzunehmen, so sind die Folgen unabsehbar, und der Arzt wird der gefährlichste Mann im Staate.“ Wird die aus diesen Aussagen sprechende Ethik zum Gegenstand einer wissenschaftlichen Analyse, so ergeben sich für den Forscher diverse Fragen:

- Welches Menschenbild liegt den beiden Positionen zugrunde?
- Steht die empfohlene „Prävention“ von behinderten Kindern im Widerspruch oder Einklang mit dem ärztlichen Ethos?
- Hat die ökonomische Zielsetzung in den betroffenen Fachkreisen einen ethischen Diskurs in Gang gebracht – sofern nicht, welches können die Gründe sein?

In dem Maße, in welchem die ethischen Fragen aus dem wissenschaft-technologischen Fortschritt der Medizin in den Prozeß der Wissenschaft einzubeziehen sind, müssen die Ethik in der Medizin, ihre Begründungen, ihre Entwicklung und ihr Stellenwert im täglichen medizinischen Entscheiden und Handeln wissenschaftlich bearbeitet werden.

VII. Empfehlungen zur Lehre und erste Schritte ihrer Umsetzung

Die aufgezeigten Initiativen zur Einrichtung von Lehrveranstaltungen zur Ethik in der Medizin haben die 1987 gegründete Akademie für Ethik in der Medizin veranlaßt, konkrete Schritte zur Vorbereitung einer curricularen Berücksichtigung solcher Veranstaltungen in der ärztlichen Ausbildung zu entwickeln. Dabei ist das angestrebte Ziel das Vermitteln bzw. Erlangen von moralischen und ethischen Kompetenzen für die vielschichtigen Entscheidungs- und Handlungsbereiche im Studium und im Beruf.

Die AEM hat eine Arbeitsgruppe „Ethik in der Ausbildung und Fortbildung der Heilberufe" eingerichtet, die ihrerseits konkrete Vorschläge in Form eines Manuals zum Aufbau und zur inhaltlichen Gestaltung von Lehrveranstaltungen zur Ethik in der Medizin entwickelt hat. Mit einem solchen Manual soll den spezifischen didaktischen Ansprüchen Rechnung getragen werden, die an ein interdisziplinär anzuwendendes Lehrkonzept zu stellen sind. Hierzu gehört zunächst eine Einführung in diese Disziplin der Philosophie, die Klärung von Begriffen, Erläuterung von Methoden – ein „geisteswissenschaftlicher Vorspann", den Studierenden der Medizin zwar eher ungewohnt, aber unverzichtbar, um bei sogenannten Fallbeispielen nicht die Probleme nur erkennen, sondern Folgehandlungen entwickeln und begründen und möglichst im ethischen Diskurs vertreten zu können.

Welche Inhalte für Lehrveranstaltungen zur Ethik in der Medizin als zentral zu betrachten sind – ohne Anspruch auf Vollständigkeit –, zeigen die folgenden „paradigmatischen Problembereiche": Beziehung zwischen Arzt und Patient – Reproduktionsmedizin – Status von Embryonen – Eugenik – moralische Probleme im Umgang mit psychisch kranken Menschen – Umgang mit Sterben und Tod – Transplantation – Entscheidungsfindung – Forschung – Mittelverteilung. In Lehrveranstaltungen mit dieser Thematik ist dann die theoretische

Grundlage mit der Praxis über jeweils Fallbeispiele herzustellen.

1. Lernziele
Für die Entwicklung und Vermittlung moralischer und ethischer Kompetenz werden Lehr- und Lernziele vorgeschlagen, die jeweils auf entsprechende Methoden der Vermittlung, auf Arbeitsformen und -materialien zu beziehen sind.

1. Sensibilisieren
Erkennen lernen, welche moralischen Probleme im Einzelfall aufgeworfen werden und inwiefern ärztliches Handeln ethische Implikationen hat.

2. Motivieren
Bereitschaft entwickeln, medizinische Zusammenhänge selbständig auf ethische Aspekte hin zu untersuchen und die moralische Grundhaltung zu reflektieren.

3. Orientieren
Die Pluralität medizinethischer Auffassungen sowie deren Gemeinsamkeiten und Unterschiede erkennen und fähig werden, die eigene moralische Grundhaltung zu erkennen und auf dem Hintergrund dieser Pluralität medizinethischer Auffassungen einzuordnen, zu reflektieren und weiterzuentwickeln.

4. Argumentieren
Lernen, die ethische Problematik anhand von Beispielen (z.B. klinischer Fall, Entscheidung, Gerichtsurteil, öffentliche Kontroverse ...) differenziert zu beurteilen und darzustellen, eine aus eigener Sicht angemessene Lösung des Problems zu entwickeln, detailliert zu begründen und im Diskurs zu vertreten.

5. Entscheiden
Im medizinischen Arbeitsbereich Notwendigkeiten und Möglichkeiten erkennen lernen, eigene moralische Entscheidungen zu treffen, bereits gefällte oder vorgefundene Entscheidungen kritisch zu reflektieren und erforderlichenfalls aus ethischen Gründen zu revidieren; fähig werden, neben der Verallgemei-

nerbarkeit von medizinischen Maßnahmen die Besonderheiten jedes Einzelfalles zu berücksichtigen.

6. Handeln
Die Tragweite von Entscheidungen im medizinischen Arbeitsbereich in bezug auf die Allgemeinheit und für den Einzelnen erkennen lernen; fähig werden, die eigenen moralischen Kompetenzen in die Praxis einzubringen und mit Beteiligten zu diskutieren und im Umgang mit Patienten und Betroffenen unter Wahrung von Toleranz nach den eigenen moralischen Grundsätzen zu handeln.

2. Lernen am Fallbeispiel
(Eine ähnliche Situation wird unter der Rubrik „Fall und Kommentare" in der Zeitschrift „Ethik in der Medizin" beschrieben und kommentiert (Breitmaier, 1989; Kahlke, 1990)).

Auf der Station einer Neurologischen Klinik wird ein 60jähriger Patient betreut, der an amyotrophischer Lateralsklerose leidet, die als fortschreitende degenerative Erkrankung des Rückenmarks mit atrophischen Paresen und spastischen Symptomen zum Tode führt, zumeist durch Komplikationen infolge gelähmter Atemmuskulatur. Die Angehörigen hatten bei der Aufnahme verlangt, den Patienten im Falle einer unheilbaren Krankheit keinesfalls darüber aufzuklären. Eine Krankenschwester, die die Forderung der Angehörigen und die kontrovers geführte Diskussion unter den Ärzten und Famuli miterlebt hat, berichtet während der Kleingruppenarbeit in einem Ethik-Seminar von ihren Erfahrungen bei der pflegerischen Versorgung des Patienten: Sie erlebe sich als unaufrichtig, obwohl der Patient bisher nie nach seiner Krankheit und deren Heilungschancen gefragt habe. Während einer Stationskonferenz habe der Leitende Arzt die Eintragung für den Diensthabenden empfohlen, im Falle akuter Atemnot zu bedenken, daß mit der Intubation die Phase der künstlichen Dauerbeatmung eingeleitet würde, die man angesichts der Irreversibilität und der zunehmenden Komplikationen dem Patienten ersparen solle, zumal das Grundleiden unweigerlich zum Tode führe.

Die Krankenschwester berichtet auf der betreffenden Stationskonferenz auch von ihrer Teilnahme am Ethik-Seminar zum Thema „Wahrheit am Krankenbett". Auf ihre Frage, warum man die Entscheidung nicht den Patienten treffen lassen wolle, erhält sie unterschiedliche Antworten: Man könne diesem bei seinem schlechten Allgemeinzustand die harte Wahrheit nicht zumuten; auch müsse der Wille der Angehörigen respektiert werden (vgl. Reiter-Theil, 1988). Am folgenden Wochenende kommt es bei dem Patienten während des Besuchs von Angehörigen zu einer bedrohlichen Atemnot. Die Krankenschwester ruft den Dienstarzt und bereitet alles zur Intubation vor, während die Angehörigen den eintreffenden Dienstarzt bedrängen, dem Patienten das drohende Schicksal einer Dauerbeatmung zu ersparen. Die Schwester informiert den Arzt über die im Krankenblatt eingetragene Empfehlung, aber auch darüber, daß der Patient bisher nicht über sein Leiden aufgeklärt worden sei. Der Arzt entscheidet sich zur sofortigen Intubation und begründet dies kurz gegenüber den Angehörigen. Anschließend bespricht er die Situation mit der Krankenschwester, die ihm auch von dem Ethik-Seminar berichtet. Sie kommen beide zu dem Schluß, daß nur der erklärte Wille des Patienten eine andere Entscheidung gerechtfertigt hätte.

Dieses Fallbeispiel, das einem „Aufklärungsdilemma" entspricht, thematisiert die genannten Lernziele in der folgenden Weise: Das Wissen um die infauste Prognose eines betreuten Patienten, dem die Wahrheit über sein Leiden bislang vorenthalten wird, einerseits, das als belastend empfundene Verschweigen der Wahrheit ihm gegenüber andererseits, *sensibilisiert* (1.) die im Beispiel genannte Krankenschwester für den moralischen Konflikt und *motiviert* (2.) sie zur Auseinandersetzung mit der ethischen Frage der „Wahrheit am Krankenbett" und zur Reflexion ihrer *eigenen Einstellung*. Sie findet daraufhin Gelegenheit, sich über verschiedene medizinethische Positionen zu *orientieren* (3.) und sie *argumentativ* (4.) sowohl im praktischen Kontext auf der Station als auch im theoretischen Rahmen des Ethik-Seminars zu erproben. Vor diesem Hintergrund – nach dieser „Vorarbeit" – kann sie den bevorstehenden Konflikt in der drohenden Notfallsituation differenziert erfassen, die vorgefundenen Entscheidungen des Arztes und der Angehörigen reflektieren und in ihrem eigenen *Entscheidungs- und Handlungsraum* Möglichkeiten authentischer ethischer Optionen entwickeln (5., 6.). Da Teilnehmer von Ethik-Seminaren nicht unbedingt Gelegenheit haben, sich auf konkrete Entscheidungen und Handlungen vorzubereiten, muß es wesentlich darum gehen, die ethischen Entscheidungs- und Handlungskompetenzen am Modell, sozusagen „probehandelnd", zu fördern. Dies kann vornehmlich dadurch erreicht werden, daß solche Seminare entsprechend ausgerichtet und Teilnehmer einbezogen werden, die – wie im geschilderten Fallbeispiel – aus ihrer beruflichen Praxis konkrete Situationen medizinischen Entscheidens und Handelns zur Diskussion stellen. Eine weitere wichtige Möglichkeit der Vermittlung ethischer Kompetenzen in der Medizin liegt darin, im praktischen Alltag der Klinik selbst Raum für die Auseinandersetzung mit Fragen der Ethik zu schaffen. Hier können externe Gesprächspartner eingeladen werden, die in der Stationsbesprechung, bei der Beratung über Dilemmata der Behandlung oder für die Aufarbeitung von belastenden Erfahrungen der Mitarbeiter/innen wertvolle Unterstützung und Anregungen geben können.

VIII. Perspektiven zur Ethik in Aus- und Fortbildung

Wenn bisher von Ausbildungsdefiziten, Zielen und Formen der Vermittlung der Ethik in der Medizin die Rede war, so war damit zunächst die Perspektive gemeint, daß künftige Praktiker wie Ärzte und andere heilberuflich Tätige notwendige ethische Kompetenzen im Rahmen ihrer Standardausbildung erwerben sollen. Dies ist in Deutschland gegenwärtig in einem gewissen Umfang möglich – allerdings abhängig von den spezifischen, lokalen Ausbildungsbedingungen und dem persönlichen Engagement.

Darüber hinaus wird jedoch die Entscheidung darüber zu prüfen und zu begründen sein, ob

- Medizinethik/Ethik in den Heilberufen universitär weiter im Rahmen von Fächern wie zum Beispiel Geschichte der Medizin oder Rechtsmedizin gelehrt werden soll, ob
- weitere (andere) Fächer hierfür in Frage kämen, etwa Medizinpsychologie oder Medizinsoziologie,
- oder ob es nicht der Professionalisierung und Etablierung eines eigenen *Faches „Ethik in den Heilberufen“* bedarf, wie es nicht nur im angloamerikanischen Raum, sondern auch beispielsweise in den Benelux-Staaten bereits eingerichtet worden ist.

Eine solche Autonomieentwicklung müßte keineswegs eine Isolation der Ethik aus praktischen Zusammenhängen der Medizin bedeuten. Viel eher würde sie die Chance eröffnen, daß die medizinische Ethik in Forschung, Lehre und Praxis authentische Verbindungen mit relevanten Disziplinen und Handlungszusammenhängen eingehen könnte, die vielseitige Anregungen und wechselseitige „Dienstleistungen“ eröffnen würden.

Anders als in Ländern mit fortgeschrittener Professionalisierung und Institutionalisierung der Lehre auf dem Gebiet der Ethik in der Medizin stellt in Deutschland die akademische Spezialisierung und Graduierung für Bereiche der Ethik in den Heilberufen weitgehend eine Perspektive der Zukunft dar.

In dieser Situation, die für die weitere Entwicklung des Gebiets und der Lehre der Medizinethik als kritisch (im Sinne von ‚entscheidend‘) zu betrachten ist, stellt die Existenz einer Vereinigung wie der AEM eine wichtige Chance dar. Ähnlich wie eine Arbeitsgruppe der AEM bereits Empfehlungen zur Ausbildung formuliert und ein Kurzlehrbuch zur Unterstützung des Ethik-Unterrichts entwickelt hat, werden auch künftige Vorhaben auf die Verbesserung der Situation und der Qualität der Ausbildung hinwirken. So ist im Rahmen der AEM ein Projekt zur Vermittlung von Ehtik in den Heilberufen entwickelt worden; 4 Werkstatt-Tagungen in Form eines „Teachers’ Training Course“ wurden bereits durchgeführt. Damit soll ein ständiges

Fortbildungsangebot zur Verfügung stehen, um dem Defizit an interdisziplinärem Austausch abzuhelfen und die Erarbeitung von Spezialkenntnissen und -fertigkeiten für die Vermittlung zu fördern.

Literatur

Ausbildungs- und Prüfungsverordnung für die Berufe in der Krankenpflege (KrPflAPV) vom 16. Oktober 1985, Bundesgesetzblatt 1985/I: 973-2000

Brand, U., Seidler; E.: Medizinische Ethik in der Ausbildung des Arztes. Eine Umfrage an den Hochschulen der Bundesrepublik, Österreichs und der Schweiz. Ärztebl. Baden-Württemberg 33 (1978) 362-371

Breitmaier, J.: Recht auf Aufklärung – Pflicht zur Aufklärung? Ethik in d. Med. 1 (1989) 222-223

Elsner, U., Meinecke, U., Reiter-Theil, S.: Literaturrecherche über die Akademie für Ethik in der Medizin. Zum Aufbau einer Informations- und Dokumentationsstelle. Ethik in d. Med. 4 (1992) 79-88

Heister, E., Seidler, E.: Ethik in der ärztlichen Ausbildung an den Hochschulen der Bundesrepublik Deutschland. Ergebnisse einer Umfrage. Ethik in d. Med. 1 (1989) 13-23

Kahlke, W. : Kommentar II zu „Recht auf Aufklärung – Pflicht zur Aufklärung?“. Ethik in d. Med. 1 (1990) 225-227

Kahlke, W., Reiter-Theil, S.: Lernziele für die Auseinandersetzung mit ethischen Problemen. In: Kahlke, W., Reiter-Theil, S. (Hrsg.): Ethik in der Medizin. Enke, Stuttgart 1995

Kahlke, W., Reiter-Theil, S.: Ausbildung in medizinischer Ethik – Stand und Perspektiven in Deutschland. In: Medizin, Mensch, Gesellschaft 17 (1992) 227-233

Reiter-Theil, S.: Entscheidungen am Krankenbett – Angelegenheit der Familie? Zu einer Untersuchung über die Wünsche älterer Menschen, System Familie 1 (1988) 141-142.

Siebte Verordnung zur Änderung der Approbationsordnung für Ärzte vom 21. Dezember 1989. Bundesgesetzblatt 1989: 2549-2560

Viefhues, H. : Medizinische Ethik in einer offenen Gesellschaft. In: H.-M. Sass, H. Viefhues: Ethik in der ärztlichen Praxis und Forschung. Bochumer Materialien zur Medizinischen Ethik. Bochum 1988

Tabelle 1: *Die obligaten Veranstaltungen im Medizinstudium* (nach der Approbationsordnung für Ärzte, 7. Änderung vom 21.12.1989)

Vorklinischer Studienabschnitt (1.-4. Semester)

Veranstaltung	*Stunden*
1. Praktikum der Physik/Chemie/Biologie für Mediziner	
2. Praktikum der Physiologie	
3. Praktikum der Biochemie	
4. Kursus der makroskopischen Anatomie	
5. Kursus der mikroskopischen Anatomie	
6. Kursus der Medizinischen Psychologie	ges. 480
7. Seminar Physiologie	
8. Seminar Biochemie	
9. Seminar Anatomie	ges. 96
(jeweils mit klinischen Bezügen)	
10. Praktikum zur Einführung in die Klinische Medizin	24
11. Praktikum der Berufsfelderkundung	12
12. Praktikum der medizinischen Terminologie	12

Erster Klinischer Studienabschnitt (5.-6. Semester)

1. Kursus der Allgemeinen Pathologie
2. Praktikum der Mikrobiologie und der Immunologie
3. Übungen zur Biomathematik für Mediziner
4. Kursus der allgemeinen klinischen Untersuchungen in dem nichtoperativen und dem operativen Stoffgebiet
5. Praktikum der Klinischen Chemie und Haematologie
6. Kursus der Radiologie einschließlich Strahlenschutzkursus
7. Kursus der allgemeinen und systematischen Pharmakologie und Toxikologie
8. Praktische Übungen für akute Notfälle und Erste ärztliche Hilfe

mit einer Gesamtstundenzahl von mindestens 300

Zweiter Klinischer Studienabschnitt (7.-10. Semester)

1. Kursus der Speziellen Pathologie
2. Kursus der Speziellen Pharmakologie
3. Praktikum oder Kursus der Allgemeinmedizin
4. Praktikum der Inneren Medizin
5. Praktikum der Kinderheilkunde
6. Praktikum der Dermato-Venerologie
7. Praktikum der Urologie
8. Praktikum der Chirurgie
9. Praktikum der Frauenheilkunde und Geburtshilfe

10. Praktikum der Notfallmedizin
11. Praktikum der Orthopädie
12. Praktikum der Augenheilkunde
13. Praktikum der Hals-, Nasen-, Ohrenheilkunde
14. Praktikum der Neurologie
15. Praktikum der Psychiatrie
16. Praktikum der Psychosomatischen Medizin und Psychotherapie
17. Kursus des Ökologischen Stoffgebietes
(einschließlich Umwelthygiene, Krankenhaushygiene, Infektionsprävention, Impfwesen und Individualprophylaxe)

mit einer Gesamtstundenzahl von mindestens 516

Tabelle 2: *Der zeitliche Ablauf der ärztlichen Ausbildung* (das Überschreiten der angegebenen Semesterzahlen in den einzelnen Abschnitten ist zulässig)

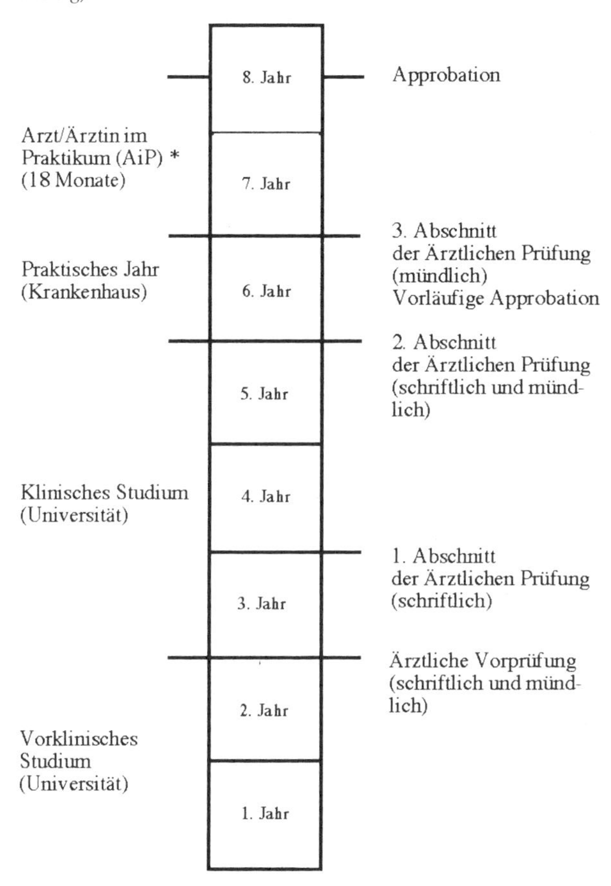

* Die Tätigkeit als AiP kann erfolgen in einem Krankenhaus, einer Arztpraxis, einer Gruppenärztlichen Einrichtung, im öffentlichen Gesundheitsdienst u.a. Vorschriften für eine Strukturierung gibt es nicht. Die Universität ist für diesen Abschnitt nicht mehr zuständig.

II.
Natur, Mensch, Person

Annemarie Gethmann-Siefert

Metaphysische Voraussetzungen und praktische Konsequenzen des „Prinzips Verantwortung"

Zu Hans Jonas' metaphysischer Begründung der angewandten Ethik.

In den landläufigen Diskussionen um die Effektivität einer angewandten Ethik wird oft das Unbehagen spürbar, daß die philosophische Ethik sich als zu vorsichtig, rein diskursiv und damit zu schwach erweist, das gesellschaftliche Orientierungsdefizit aufzuheben. Zwar *fragt* die Philosophie nach dem Menschen, und die Fragen nach dem, was gewußt werden kann, getan werden soll und gehofft werden darf, die Kant in der Frage: Was ist der Mensch? zusammengefaßt hat, erscheinen auch dem Alltagsverstand als die allgemein relevanten Fragen. Statt jedoch gezielte Antworten zu geben, ergeht sich die Philosophie in immer neuen, komplizierteren Formulierungen der Fragen. So scheint die Philosophie zumindest für den Laien, damit aber eben für den unmittelbar Betroffenen, wenig ergiebig, wenn es um den Rückgewinn verlorener Lebensorientierung geht.

Hans Jonas setzt in seiner Untersuchung *Das Prinzip Verantwortung* bei einer Umstrukturierung der Frage „Was soll ich tun?" an. Diese Frage muß, so betont er, gegenwärtig zur Frage „Was sollen/dürfen *wir* tun?" umkonstruiert werden. Auf diese Weise wird sie zur philosophischen Ausgangsfrage nach einer kollektiven Ethik, einer Ethik für die moderne wissenschaftlich bestimmte Welt. Dabei wird als unumstritten vorausgesetzt, daß Frage und Antwort auf diese Frage in den Bereich der Philosophie fallen. Ob eine Ethik – mit Kant gesprochen – das „Reich" dieser Frage absteckt und hier alles Erhebliche entdeckt, gilt aber nicht unstreitig.

Üblicherweise wird nämlich in den gegenwärtigen Diskussionen eher der Theologie oder der Religion die Aufgabe zugemutet, letztgültig zu entscheiden, was dem Menschen zu realisieren ge- oder verboten ist. Im Blick auf die Schöpfung und die Geschöpflichkeit des Menschen lassen sich die Möglichkeiten wissenschaftlich-technischer Verfügung über die Welt und den Menschen noch am ehesten definitiv abstecken. Das Orientierungsdefizit der modernen Gesellschaft, so beansprucht es wenigstens die Theologie, wäre also allein durch eine theologisch fundierte Ethik zu beheben. In der Tat haben deshalb die Vertreter der Religionsgemeinschaften in den Ethikkommissionen und auf jedwedem Forum, das sich um den Rückgewinn gesellschaftlicher Orientierungen bemüht, von Anfang an Sitz und Stimme. Dennoch gewinnt gegenwärtig auch die Philosophie diese Rolle der Beratung in Fragen der Orientierung unseres gemeinsamen Handelns zurück. Dabei verdankt die philosophische Ethik (ebenso wie die theologische Orientierung) ihre neugewonnene Aktualität der in den letzten Jahren bewußt kultivierten Besorgnis des Menschen um seine Umwelt. Der Fortbestand der Menschheit, der Erhalt der Integrität des einzelnen Menschen ebenso wie die Sicherung und Rettung einer einigermaßen lebensfreundlichen Umwelt sind die Voraussetzung dafür, daß die Frage nach grundsätzlichen Orientierungen unseres Handelns, unseres Umgehens nicht nur mit den Menschen, sondern auch mit unserer Welt, überhaupt explizit und öffentlich gestellt wird. Der verständliche Alltagswunsch an die Ethik ist dabei der, daß sie genaue, gültige und dauerhafte Orientierungen liefert und dadurch die Frage, wie wir in unserer Welt verantwortlich handeln sollen, gezielt durch die Auszeichnung gültiger Handlungsmaximen beantwortet.

In der gegenwärtigen Diskussion um die Möglichkeit einer angewandten philosophischen Ethik wird immer wieder die Arbeit von Hans Jonas über das *Prinzip der Verantwortung* lobend hervorgehoben. Hier entdeckt man die gewünschte Bemühung um eine neue Ethik, die die Belange der technischen Welt aufgreift und deren Probleme löst. Jonas stellt sich nämlich in seiner „Ethik der kollektiven Verantwortung", wie er sie nennt, ausdrücklich der umfassenden Forderung an die Ethik, genaue, allgemeingültige und dazu dauerhafte Orientierungen des Handelns zu entwickeln. Er demonstriert, daß dies nur möglich ist, wenn die Ethik auf eine metaphysische Basis gestellt wird. Allein eine metaphysisch begründete angewandte Ethik kann die Konkurrenz zur Theologie aushalten. Sie übernimmt damit aber aus dem Erbgut theologischer Letztbegründung eine hohe Begründungslast. Auch die angewandte philosophische Ethik steht nämlich unter der Maßgabe, letztgültige Richtlinien für ein Ethos, d.h. für die Lebensform des modernen Menschen zu liefern. Sie muß in ihrer Antwort auf die Frage, „Was sollen wir tun?“ den Gewißheitsgrad religiöser Überzeugung und theologischer Fundierung erreichen. Da Jonas diese Aufgabe in seine Bestimmung der Leistungsfähigkeit einer angewandten Ethik übernimmt, muß er seine Ethik der kollektiven Verantwortung metaphysisch absichern. Das Ethos, die lebensweltliche Orientierung selbst, wird metaphysisch fundiert. Im richtigen, moralisch vertretbaren gemeinsamen Handeln des Menschen kommt die letztgültige Einsicht in das Wesen des Menschen und der Welt zur Anwendung. Umgekehrt erzeugt nur eine solche Einsicht die Fähigkeit, recht zu handeln, weil die Handlungsorientierung aus gesicherten Grundlagen erwächst.

Durch diese Aufgabenstellung der angewandten Ethik gerät ihr Begründungsvorhaben sowohl in Gegensatz zu bestehenden moralischen Orientierungen als auch zu den gewohnten philosophischen Ethikbegründungen. Beinahe zwangsläufig muß die Ethik der kollektiven Verantwortung mit einer Kantkritik beginnen. Diese Kantkritik wird in Jonas’ Überlegungen sozusagen als Prämisse des ganzen Begründungsverfahrens eingeführt. In der gegenwärtigen Situation einer grundlegenden Gefährdung des Menschen durch die moderne Technik und die eigene Orientierungslosigkeit reichen weder die moralischen Maximen des Einzelnen noch die bestehenden Grundorientierungen der Gemeinschaft zu, eine neue Ethik zu entwickeln. Auch eine Philosophie, die (wie die Kantische) bestehende, bereits im Handeln vollzogene moralische Maximen auf ihre Rechtfertigung prüft, erscheint unzureichend. Die Maximen des Einzelnen und die Grundorientierungen der

Gemeinschaft können nicht mehr nur dahingehend geprüft werden, ob sie rechtens gelten. Kants Frage: quid iuris? greift zu kurz, will man eine Ethik für die moderne Welt begründen. Die philosophische Ethik muß über die formale Prüfung der Rechtfertigung von Geltungsansprüchen hinausgehen und zu inhaltlichen Orientierungen gelangen, um auf die Frage danach, was in der *gegebenen Situation* zu tun sei, zureichend antworten zu können.

Auch die Handlungsmaximen und ihre ethische Grundlegung, die in der für Jonas' Verantwortungsethik geforderten Weise nicht nur formale, sondern inhaltliche Ausrichtungen des Handelns liefern, taugen nicht, um die Probleme der menschlichen Gemeinschaft als ganzer zu bewältigen. Diesen Orientierungen liegt nämlich ein Ethos zugrunde, das selbst aus der Ideologie der Moderne, aus der Technikgläubigkeit des modernen Menschen erwachsen ist. Jonas kennzeichnet dieses Ethos als das unbedingte Wahrheitsstreben, das sich zusammensetzt aus einer kompromißlosen Sicherung der Gewißheit auf der theoretischen Seite und einer Hörigkeit gegenüber dem Zwang der technischen Machbarkeit in der Praxis. Beides hindert uns bereits daran, die Folgen des Wissens, nämlich letztlich die totale Steuerbarkeit unserer Welt, zu bewältigen, und kann sie auf keinen Fall vermeiden. Eine auf die Ideologie der Moderne gegründete Ethik reicht nicht einmal dazu hin, die in der technischen Weltbewältigung implizierten Schädigungen der Welt und indirekt des Menschen aufzufangen, zu regulieren oder wenigstens zu reparieren.

Der Mensch hat sich nämlich durch sein eigenes Vermögen, durch Wissenschaft und Technik, in die Zwangslage manövriert, seine Welt durch technisches Können zu zerstören und dadurch indirekt seine eigene Austilgung zu fördern. Eine Ethik, die den Menschen vor diesen Folgen seines eigenen Handelns, d.h. genauer: vor den Folgelasten seines Wissensdranges, schützen könnte, gibt es noch nicht. Der Mensch verfügt gegenwärtig also weder über ein Ethos, das über die Wissenschaftsgläubigkeit hinausgehend Orientierungen des Handelns liefern, noch über eine philosophische Ethik, die

die Fundamente seines Ethos korrigieren könnte. Einzig eine neue Ethik, eine auf feste metaphysische Grundlagen gebaute Orientierung des Handelns vermöchte es – so legt Jonas dar – in dieser Situation das Dilemma der Moderne zu vermeiden, den Knoten der ideologischen Verstrickung zu lösen.

Das Dilemma der modernen technisch orientierten Welt liegt – so Jonas – darin, daß aus dem Überlebenswillen des Menschen eine Technik entstanden ist, die sich inzwischen zur Lebensbedrohung aller Menschen auf der Erde ausgewachsen hat. Die Ethik hat in dieser Situation die Aufgabe, eine Einsicht in das Sein der Dinge und Menschen zu entwickeln und aus dieser Einsicht Aufforderungen zum rechten Handeln zu gewinnen. Sie hat – philosophisch formuliert – die Aufgabe, die metaphysischen Grundeinsichten in eine angewandte Ethik zu übersetzen. Das Resultat einer solchen Übersetzung sind Aufrufe, in gegebener Situation eine bestimmte Handlung zu vollziehen. Beispielsweise entwickelt Jonas in seiner Ethik der kollektiven Verantwortung die (moralische) Forderung, darauf zu verzichten, alles wissen zu wollen. Ebenso begründet er die Forderung, einen Verzicht auf den übermäßigen Einsatz medizinischer Technik zu leisten, und er entwickelt Verpflichtungen positiver Art wie die, am Fortbestand der menschlichen Gattung mitzuwirken, um dem Schöpfungsplan zu entsprechen. Die Ethik der Verantwortung wird dadurch zur materialen oder Inhaltsethik. Maximen des Handelns werden nicht vorausgesetzt (als geschichtlich gewachsene Orientierungen) und philosophisch auf ihre Verallgemeinerbarkeit, ihre Gültigkeit für jedermann geprüft, sondern sie werden gestiftet und in Kraft gesetzt.

Eine solche Inhaltsethik stützt sich im Prinzip auf zwei gleichgewichtige Begründungsverfahren: Zum einen auf eine *Analyse der modernen Welt* und zum anderen auf eine kritische Absetzung von der formalen Kantischen Ethik. In der Analyse der modernen Welt entwickelt Jonas die Bestimmung der technischen Welt in Absetzung vom vorwissenschaftlichen Weltbild antiker Kulturen bzw. weniger heute noch bestehender archaischer Kulturen. Durch die Kantkritik gewinnt er die philosophische Thematisierung der Handlungskonsequenzen des von ihm inkriminierten wissenschaftlichen Weltverhältnisses. Beides schließt er unter der spezifischen Perspektive der Begründung einer angewandten Ethik zu einem neuen Paradigma ethischer Argumentation zusammen. Es geht in der Ethik der Verantwortung um eine *anwendungsorientierte Inhaltsethik*, traditionell gesprochen um philosophisch fundierte Moral(en), Handlungsmaximen.

Ausgehend von den beiden genannten Grundlagen, der Analyse der Moderne und der Kantkritik, erarbeitet Jonas auch die Forderung, eine moderne Ethik metaphysisch zu begründen, und zwar durch eine ontologische Konzeption der Freiheit. Auf dieser Basis kann er in einem letzten Schritt eine Reihe von praktischen Konsequenzen ziehen, die die versprochene Orientierung nun tatsächlich in eindeutigen Geboten und Verboten verfügbar machen sollen. Vollzieht man diesen Argumentationsgang nach, so erhält man – wie im folgenden gezeigt werden soll – eine im letzten anwendungsunfähige, weil durch zu starke Voraussetzungen belastete Ethik. Durch den Ausgriff auf metaphysische Grundlagen und die Absetzung vom Kantischen Konzept der Vernunftkritik entwickelt Jonas letztlich keine philosophische Ethik, sondern eine spezifische Version theologischer Ethikbegründung im Verein mit einer Kasuistik, einer Ausmünzung der Moralität in Gebote und Verbote, die die philosophische Kritik herausfordert. Daher soll zunächst geprüft werden, ob die Ethik der Verantwortung nicht doch – wie Jonas beansprucht – als angewandte Ethik akzeptiert werden kann, die den Belangen der modernen Welt entgegenkommt und die Orientierungsprobleme der technischen Welt beseitigt.

1. Das Orientierungsdefizit der Moderne

Jonas beweist die Notwendigkeit einer neuen Ethik durch den Vergleich der vormodernen Welt und ihrer Orientierungen mit der Moderne. Dieser Analyse der Situation widmet er eine Reihe von Überlegungen, die letztlich alle auf die Entgegensetzung einer *kosmozentrisch orientierten Vormoderne* zur *anthropozentrisch orientierten Moderne* hinauslaufen.

Der in der Philosophie oft zitierte Unterschied von Antike und Moderne wird dabei durch die Perspektive der Ethik der Verantwortung neu akzentuiert. Jonas gestaltet ihn zur Begründung seiner Situationsanalyse der Moderne um, deren Brisanz aus eben diesem Gegensatz resultiert. Für die Antike gilt, daß die Eingriffe des Menschen in die Natur „oberflächlich" waren, „machtlos, ihr festgesetztes Gleichgewicht zu stören".[1] Für das menschliche Handeln war die „wesentliche Unwandelbarkeit der Natur" (20) eine unhintergehbare Voraussetzung. Die Natur konnte und mußte daher „kein Gegenstand menschlicher Verantwortung" (21) sein, und die Ethik durfte sich auf die Regelungen des Umgangs der Menschen miteinander beschränken. In dieser Situation wurde die bis in die heutige Zeit gültige Ethik ausgebildet.

Es liegt für Jonas auf der Hand, daß diese Ethik des menschlichen Miteinanderhandelns untauglich ist, das Umgehen des Menschen mit der Natur gleichzeitig und gleichermaßen zu regeln. Die moderne Welt und die sie begründende Weltdeutung wird der kosmozentrisch orientierten Weltsicht der Antike strikt entgegengesetzt. Durch die unbeschränkbare Macht, die ihm aus den technischen Möglichkeiten zuwächst, durch die Dynamik des Fortschritts im Wissen über die Natur und in seiner instrumentellen Umsetzung findet sich der Mensch in die Lage versetzt, sein Verfügungswissen gegen die kosmische Ordnung, gegen die Integrität der Welt ausspielen zu können. Die Welteingebundenheit alter Orientierungen, die der Kosmozentrik der Ethik entsprungen waren, weicht der anthropozentrisch begründeten Hybris, alles realisieren zu dürfen, was realisierbar erscheint. Die Merkmale der modernen Technik sind daher prinzipiell anders als die der alten techné. Jonas sieht die Hauptunterscheidung darin, „daß moderne Technik ein Unternehmen und ein Prozeß ist, während frühere ein

1 *Hans Jonas: Das Prinzip Verantwortung.* Frankfurt a.M. 1979, 19; die im Text folgenden Seitenzahlen beziehen sich auf diese Schrift.

Besitz und Zustand war".[2] In der Moderne wird die Welt als ganze manipulierbar, zunächst die außermenschliche Welt, aber auch der Mensch selbst. Lebensverlängerung hebt den Tod „als eine zur Natur des Lebens gehörige Notwendigkeit" (48) auf. Konsequent wird die „Gebürtigkeit" des Menschen, wie Jonas es nennt, die Notwendigkeit der Fortzeugung zum Erhalt der Gattung aufgehoben. „Wenn wir den Tod abschaffen, müssen wir auch die Fortpflanzung abschaffen, denn die letztere ist die Antwort auf den ersteren" (49). Hinzu kommen Tatsachen des modernen, durch die Technik gesteuerten Lebens wie Verhaltenskontrolle durch medikamentöse Beeinflussung, Genmanipulation durch biologische Eingriffe u.a.m. All dies vervollständigt das Bild einer von der Technik regierten Welt. Jonas kommt daher in seiner Situationsanalyse zu dem Schluß, daß die moderne Technik von uns „Handlungen von so neuer Größenordnung" fordert, „mit so neuartigen Objekten und so neuartigen Folgen", daß „der Rahmen früherer Ethik sie nicht mehr fassen kann" (26).

Die Anforderungen an eine Ethik sind durch die geänderte Zeit, insbesondere durch das geänderte Weltverhältnis des Menschen komplexer geworden. Das Interesse an der Erhaltung der Natur, das die Antike nicht als eigenständiges Interesse kannte, wird zwangsläufig „zu einem moralischen Interesse" (26, 27),[3] wenn die Verletzlichkeit der Natur durch die technischen

---

2 *Hans Jonas: Technik, Medizin und Ethik.* Frankfurt a.M. 1985, 16. Eine ähnlich lautende Bestimmung der modernen Technik findet sich a.a.O., 21. (Dieser Aufsatz wird im folgenden zitiert: *TME.*)

3 Jonas' Gebrauch des Begriffs „moralisch" bzw. „ethisch" entspricht nicht immer dem in dieser Untersuchung angewandten Gebrauch der Begriffe im Sinne Kants. Danach bezeichnen „moralisch" bzw. „Moral" die faktische und zu verantwortende Orientierung individuellen oder kollektiven Handelns, „Maximen" die Regeln, denen dieses Handeln de facto folgt, und „ethisch" oder „Ethik" die Unternehmungen philosophischer Prüfung solcher Gehalte auf ihre Maximen und der Maximen auf ihre Allgemeingültigkeit. Dabei ist vorausgesetzt, daß die Ethik nicht die Maximen stiftet, wie Jonas fordert. Ethik, damit auch angewandte Ethik, bleibt „formale Ethik". In einer materialen Ethik vermischen sich dagegen aufgrund der Kompetenzerweiterung der Philosophie auch die Sphären; der

Eingriffe erhöht worden, ja wenn ihre Zerstörung möglich geworden ist. Weil sich „mit gewissen Entwicklungen unserer Macht ... das Wesen des menschlichen Handelns geändert hat", wird auch eine Änderung der Ethik erforderlich. Die Merkmale der bisherigen Ethik sind nach Jonas *erstens* die ethische Neutralität der Technik und des Umgangs mit der außermenschlichen Welt. Hinzu kommt *zweitens* der Anthropozentrismus der traditionellen Ethik. Moralische Verpflichtungen gelten nur für den Umgang des Menschen mit dem Menschen. Als *drittes* ist die Voraussetzung wesentlich, daß das Wesen des Menschen selbst vorgegeben und nicht durch techné veränderbar ist, und *viertens,* daß Nutzen oder Schaden absehbar waren, daß die Handlungsziele sowohl zeitlich wie räumlich greifbar blieben. Daher schließt Jonas: „Alle Gebote wie Maximen überlieferter Ethik, inhaltlich verschieden, wie sie immer sein mögen, zeigen diese Beschränkung auf den unmittelbaren Umkreis der Handlung" (23). Ferner folgert er aus seiner Situationsanalyse, daß die gegenwärtige Gefahr globaler Vernichtung des Menschen durch den Menschen (d.h. durch die von ihm entwickelte Wissenschaft und Technik) eine *neue*, d.h. von der bisherigen philosophischen Ethik fundamental unterschiedene Ethik erforderlich macht. Diese Ethik muß das Orientierungsmanko beseitigen, das die bisherige traditionelle Ethik der Nahfolgen unseres Handelns, und zwar insbesondere die Kantische praktische Philosophie verursacht hat. Der erste Schritt, um eine solche neue Ethik auszubilden, liegt im Verzicht auf den Anthropozentrismus der traditionellen Ethik: Der Anthropozentrismus muß der Anerkennung des sittlichen Eigenrechts der Natur weichen (29ff). Das ist nur möglich, wenn die traditionelle Ethik auf eine andere Basis gestellt wird. Jonas legt die näheren

---

Begriffsgebrauch verliert seine Eindeutigkeit. In den Zitaten aus Jonas' Schriften wird z.B. „moralisch" und „ethisch", insbesondere moralische Überzeugung/Gebot bzw. Verbot oft als „ethisch" bzw. „ethisches Prinzip" bezeichnet. Da auf diese Weise eine Reihe von Schwierigkeiten entsteht, behält die vorliegende Untersuchung den traditionellen Sprachgebrauch bei.

Argumente für diese Umgründung der angewandten Ethik in seiner Kantkritik dar.

2. Das Orientierungsdefizit als Folgelast der Kantischen praktischen Philosophie

Jonas macht im wesentlichen Kants praktische Philosophie für das Debakel moderner Ethik verantwortlich. Die Orientierungslosigkeit der modernen Welt entspringt einer Ethik, die auf den kategorischen Imperativ gegründet ist. Wenn es bei Kant heißt, der Mensch möge so handeln, daß die Maxime, d.h. die Ausrichtung seines individuellen Handelns jederzeit für alle verpflichtend gemacht werden *könnte*, so sieht Jonas darin eine Ethik, die nur die Verallgemeinerbarkeit *je meines* Handelns prüft, und er redet vom Individualismus der Kantischen Ethik. Zum Individualismus des kategorischen Imperativs gesellt sich der Verlust des Realitätskontakts und der Zukunftsperspektive. Dies begründet Jonas durch die in der vergleichenden Situationsanalyse gewonnene Differenz zwischen antikem und modernen Weltbild. Kants praktische Philosophie verdankt sich im wesentlichen noch der Aristotelischen Ethik und wiederholt die Prinzipien dieser Ethik in der geänderten Situation der modernen Welt. Zunächst verkennt die Kantische praktische Philosophie damit die Situationsgebundenheit aller Ethik. Während in der Antike „der kurze Arm menschlicher Macht ... keinen langen Arm vorhersagenden Wissens" (25) erforderlich machte, ist in unserer Gegenwart die Beschränkung auf die individuelle Rechtfertigung des Handelns unzulässig. Eingriffe in die Natur, die die Natur nicht wesentlich verändern können, sind nicht rechtfertigungsbedürftig. Anders ist es bei Eingriffen in die Natur mit den Mitteln und Möglichkeiten der modernen Technik, die die Natur bis zu ihrer totalen Zerstörung deformieren können und damit indirekt die Selbstaufhebung des Menschen betreiben. Als ein solcher, in die Gegenwart verlängerter Aristotelismus erscheint Kants Ethik in der Darstellung von Hans Jonas als der Prototyp einer traditionellen Ethik, der in Verkennung der Anforderungen an eine Ethik der technischen Welt sein Ziel verfehlen muß.

Die nähere Begründung dieser Defizite der Kantischen Ethik bleibt philosophisch zwar außerordentlich dubios, wird aber für alle weiteren Argumente bei Jonas maßgeblich. Zunächst ist die Kantauseinandersetzung geprägt durch die durchaus bezweifelbare Aussage, daß sich der kategorische Imperativ an das Individuum richte und daß sein Handlungskriterium bloß „augenblicklich" sei (vgl. 37). Es geht dagegen auch in der Kantischen Formulierung des kategorischen Imperativs nicht um den Gewinn der Maximen eines bloß individuellen Handelns, sondern um ein Prüfungsverfahren der Geltung solcher Maximen, d.h. um die Probe auf die Verallgemeinerbarkeit der Maximen meines (des individuellen) Handelns. Auch Jonas würde zugeben, daß Kant nur so zu verstehen ist. Er bezweifelt aber gerade die Möglichkeit, solche Allgemeinheit zu erreichen, und zwar m.E. wiederum durch den Rückgriff auf ein Mißverständnis des gleichen Typs. Nach Jonas wird „die Selbsteinstimmigkeit" der „*hypothetischen* Verallgemeinerung" des kategorischen Imperativs angewandt auf ein konkretes Handeln, d.h. zur „Probe meiner *privaten Wahl* gemacht". Die Allgemeinheit der Maximen bezieht sich nicht auf die Ermöglichung einer Handlungsgemeinschaft, sondern bleibt in der solipsistischen Bemühung um die eigene Rechtfertigung stecken.

Kants Intention wird in einer solchen Deutung verfehlt. Selbst wenn es in der beschriebenen Weise um die Rechtfertigung privater Entscheidung geht, muß die Probe der privaten Wahl ja gerade die Probe darauf sein, ob jedermann in der gleichen Situation so hätte wählen können und dürfen. Kant geht es um die Frage, ob man die Maximen, d.h. die Orientierungen individuellen Handelns, *allen ansinnen* darf und welche Gründe dafür angebbar sind. Damit kommt zur Prüfung des Handelns selbstverständlich der Blick auf die Situation, in der gehandelt wird, hinzu. Nur ist die Formulierung der Situationsbestimmung nicht Aufgabe des kategorischen Imperativs, sondern das ihm vorgegebene, keineswegs ausgeklammerte, aber nicht durch den kategorischen Imperativ selbst hervorgebrachte Anwendungsfeld. In der konkreten Situation gibt der kategorische Imperativ das unverzichtbare Korrektiv an die Hand, daß nur dann, wenn es vertretbar ist, ein individuelles Handeln und seine Maximen allen als verbindlich vorzugeben, recht gehandelt wird. Nur wenn alle – Handelnde und Betroffene – zustimmen, ist dies gewährleistet. Jonas setzt dagegen, daß Kant „reale Folgen" der Prüfung des Handelns „überhaupt nicht ins Auge gefaßt" habe. Es gehe ihm lediglich um die Qualität, d.h. die Verallgemeinerbarkeit oder Nichtverallgemeinerbarkeit einer individuellen Selbstbestimmung je meiner Wahl, nicht um das „Prinzip ... objektiver Verantwortung". So dargestellt, schrumpft die Kantische Ethik auf eine „logische Augenblicksoperation" zusammen. Die Konsistenzprüfung, nicht die Kantische Intention zu prüfen, ob jedermann sich diese Handlung zu eigen machen, ihre Folgen als Akteur wie als Betroffener akzeptieren könnte, wird zum Merkmal der Verallgemeinerbarkeit. Auch der „Zeithorizont" wird in einer so verstandenen aristotelisch-kantischen Ethik ausgeblendet. Jonas kommt daher zu dem Schluß, daß die Kantische Ethik lediglich eine Binnenethik menschlichen Handelns ohne jegliche Zukunftsperspektive sei. Unter Einfügung der Schlußfolgerungen aus seiner Analyse der technischen Welt sieht er in Kants praktischer Philosophie die Grundlage einer anachronistischen Ethik. Nur die Gegebenheiten der vortechnischen Welt werden vorausgesetzt und berücksichtigt, und die Gegebenheiten der modernen technischen Welt können wegen dieser Vergangenheitsorientierung der Ethik nicht in den Blick kommen. Kants Ethik falsifiziert sich daher in der Anwendung auf die neue Situation der technischen Welt.[4]

4 Die Kantkritik wird besonders entfaltet in *Das Prinzip Verantwortung*, a.a.O. 37. Die Quellen dieser Kantinterpretation liegen selbst im Dunkeln. Vermutlich greift Jonas eher auf Interpretationen des Neukantianismus als auf Kant selbst zurück. Sonst bliebe unklar, warum er in der Charakteristik der Kantischen Ethik lediglich die *Kritik der praktischen Vernunft* zur Begründung der Prinzipien der Ethik heranzieht, nicht aber ebenso die *Metaphysik der Sitten* und die *Grundlegung der Metaphysik der Sitten*, die beide

Als Fazit der Kantkritik folgert Jonas deshalb weitergehend, daß die Kantische Ethik nicht nur der Prototyp einer traditionellen Ethik ist, sondern daß sie vor allem durch den für die traditionelle Ethik kennzeichnenden Anthropozentrismus korrumpiert wird. „Ethische Bedeutung gehörte zum direkten Umgang von Mensch mit Mensch" (22), nicht zur Festlegung des menschlichen Umgangs mit der Welt. Das ist zwar für die Kantische praktische Philosophie korrekt, die Ausschließlichkeit der Prüfung der Maximen menschlichen Handelns unter der Rücksicht der Zumutbarkeit für andere läßt sich aber, wie sich an einigen neueren Untersuchungen zeigt, durchaus auch in sinnvoller Weise auf den gemeinsamen Umgang mit der Welt, d.h. die Bewirtschaftung der Natur als Welt des Menschen übertragen.[5] Argumente gegen den Anthropozentrismus der Ethik, die über die doch sehr mißverständlich konzipierte Kantdeutung hinausgingen, finden sich in Jonas' Überlegungen nicht. An die Stelle weiterer Argumente tritt aber eine scharfe Polemik gegen die Haltung des Anthropozentrismus, die Jonas im Sündenregister moderner Welteinstellung als die „endlose Verschlagenheit des zu sich selbst emanzipierten Subjektes" brandmarkt.[6]

Der Anthropozentrismus der Kantischen Ethik wird verstärkt durch die – wie Jonas unterstellt – bloß „logische" Be-

die exemplarische Anwendung des kategorischen Imperativs in der historischen Situation der modernen Welt thematisieren.

5 Ansätze dazu gibt es z.B. in Studien zur modernen Umweltethik, die sich auf Kantischer Basis dem Problem des Umgangs mit der Welt widmen und hier zu sinnvollen Festlegungen einer allerdings auch weiterhin anthropozentrisch orientierten Ethik gelangen.

6 Solche Überlegungen entwickelt Jonas auf der Basis seiner Studie über *Augustin und das Paulinische Freiheitsproblem* (Eine philosophische Studie zum pelagianischen Streit. 2., neubearb. und erweiterte Aufl. mit einem Vorwort von Jonas Robinson. Göttingen 1965). Vgl. dazu auch die nähere Charakteristik dieser Haltung des Subjekts, die nach Jonas der „unaufhebbaren Zweideutigkeit des freien Willens [entsprungen ist], die immer das Unreine, z.B. die höchst irdische Eitelkeit, dabei mit auf seine Kosten kommen läßt" (*Materie, Geist und Schöpfung*. Kosmologischer Befund und kosmogenische Vermutung. Frankfurt a.M. 1988, 29).

gründung des kategorischen Imperativs (vgl. 35). Die Verpflichtung des einzelnen auf ein verallgemeinerbares Orientierungspotential seines Handelns (auf allgemeine verallgemeinerbare Maximen des individuellen Handelns) läßt nicht ersichtlich werden, warum die Existenz einer menschlichen Welt, warum die Existenz der Menschheit selbst zum moralischen Gebot werden könnte. Die Begründung eines solchen moralischen Gebotes ist mit den Mitteln einer formalen Ethik unmöglich. Dazu bedürfte es einer Integration der Situationsanalyse in die Ethik, d.h. es müßte eine Inhaltsethik ausgebildet werden. Nur wenn die Situationsanalyse in die Prüfung der Verallgemeinerbarkeit des Handelns integriert wird, kann eine Ethik auf Zukunft, auf die Gestaltung der geschichtlichen Welt ausgerichtet werden. Solange man, wie Kant, den kategorischen Imperativ lediglich „logisch", d.h. (so Jonas) nach seiner inneren Schlüssigkeit begründet, hat man nicht eigentlich ethisch argumentiert.

Eine solche eigentümliche ethische Begründung erfordert die Entwicklung eines neuen Begriffs der Subjektivität sowie zwangsläufig eine nicht mehr nur kritische, sondern metaphysische Begründung der Ethik. Es bedarf, so Hans Jonas, zunächst einer Umorientierung im Begriff der Subjektivität, denn „es ist der kollektive Täter und die kollektive Tat, nicht der individuelle Täter und die individuelle Tat, die hier eine Rolle spielen" (32). Außerdem kann es nicht um die bloße Begründung des gegenwärtig geforderten Handelns gehen, sondern die Ethik muß sich um eine Begründung des Handelns im Blick auf die Zukunft der Menschheit bemühen. „Es ist die unbestimmte Zukunft viel mehr als der zeitgenössische Raum der Handlung, die den relevanten Horizont der Verantwortung abgibt" (ebd.).

Jonas' Forderung geht also dahin, die Kantische praktische Philosophie in eine Ethik der Verantwortung zu transformieren. Die wichtigsten Schritte hierzu liegen in der Umdeutung der Konzeption der Subjektivität, damit verbunden in der Aufhebung des Anthropozentrismus der Ethik und der Integration der Situation (d.h. der modernen technisch orientierten Welt) in die Reichweite und die Belange ethischer Argumentation. Es muß eine Ethik der kollektiven Verantwortung entwickelt werden, die die Welt mit als ihr Kompetenzgebiet umgreift. Daher formuliert Jonas den kategorischen Imperativ Kants um zur Forderung: „Handle so, daß die Wirkungen deiner Handlungen verträglich sind mit der Permanenz *echten* menschlichen Lebens auf Erden" (194). In der Ausgestaltung dieses transformierten kategorischen Imperativs erweitert sich die Ethik von der Prüfung zur Entwicklung transsubjektiver Handlungsmaximen und sie wird durch die Integration der Situation zur *materialen Ethik*.

3. Die Ethik der kollektiven Verantwortung

Jonas' Grundannahme ist die, daß eine philosophische Ethik allein durch die Stiftung neuer ethischer (bzw. moralischer) Orientierungen in der Lage ist, das drohende Schicksal des Untergangs abzuwenden. Allerdings muß die philosophische Ethik, um eine angewandte Ethik für die moderne technische Welt werden zu können, grundlegend umgestaltet werden. Die Aristotelische Ethik der Nahfolgen des Handelns muß ebenso wie die Kantische „Individualethik" in der *kollektiven Verantwortungsethik* überwunden werden. Diese Ethik entwickelt im Wissen um das Machbare und seine Folgen Handlungsmaximen. Sie eruiert das Gebotene und zeichnet es aufgrund seiner akzeptierbaren Konsequenzen vor den Handlungen und Handlungsgeboten aus, deren Konsequenzen inakzeptabel erscheinen.

Um dies leisten zu können, muß zunächst, so stellt es Jonas in Konsequenz seiner Kantkritik dar, die Formalität der Kantischen reinen praktischen Philosophie überwunden werden. Die Ethik der Verantwortung wird zur Inhaltsethik. Ebenso muß die vermeintliche Blindheit der bisherigen Ethik gegen die Folgen des Handelns durch eine Sicht auf die Risiken und durch die Forderung zur Verantwortung gesetzter Risiken überwunden werden. Damit wird von allein die Isolation des Individuums auf seine Gewissensentscheidung, also der von Kant nach Jonas' Meinung vertretene Subjektivismus der Moralität, überwunden. Die Ethik der Verantwortung geht von der Forderung eines kollektiven Bewußtseins aus, das auf dem kollektiven Sein der Menschheit beruht.

Da für Jonas die Verantwortungsethik weder auf ein Ethos des modernen Menschen zurückgreifen kann noch auf die traditionelle philosophische Ethik, muß sie neu und fundamentaler begründet werden. Ein Ethos des modernen Menschen ist bislang darum nicht entstanden, weil die herrschenden moralischen Orientierungen ein Handeln im wissenden Blick auf die Folgen unmöglich machen. Grund dafür ist wiederum die traditionelle Konzeption der Ethik.

Es versteht sich beinahe von selbst, daß die Ethik der kollektiven Verantwortung neben der Verantwortlichkeit des Menschen für den Menschen die Verantwortung für die Natur umfaßt, denn eine ihrer Grundlagen ist die nicht weiter gerechtfertigte[7] polemische Ablehnung des Anthropozentrismus. In der Situation der Neubegründung der Ethik nimmt zunächst, so stellt es Jonas dar, die Technologie selbst eine – wie er sagt – ethische (sc. moralische) Bedeutung an, weil sie „im subjektiven menschlichen Zweckleben" einen zentralen Platz einnimmt (31). Die „sich ausdehnende künstliche Umwelt" (ebd.) erweitert den „Horizont der Verantwortung". Vor allen Dingen wird neben dem rechten Handeln des Menschen die Möglichkeit der Anwesenheit des Menschen in der Welt zur „moralischen Verpflichtung". „Die *Anwesenheit des Menschen in der Welt* war ein erstes und fraglos Gegebenes gewesen, von dem jede Idee der Verpflichtung im menschlichen Verhalten ihren Ausgang nahm: Jetzt ist sie selber ein *Gegenstand* der Verpflichtung geworden", denn es gilt, „die erste Prämisse aller Verpflichtung ..., das Vorhandensein bloßer Kandidaten für ein moralisches Universum in der physischen Welt, für die Zukunft zu sichern" (34). Inklusive muß die Ethik der Verantwortung dann auch die physischen Möglichkeiten der fortdauern-

7 Die Rechtfertigung, die Jonas in seiner Kantkritik gibt, beruht, wie gezeigt, auf einer Fehldeutung der praktischen Philosophie Kants.

den Anwesenheit der Menschen sichern. Der Bereich der Ethik wird erweitert auf Mensch und Natur.

Dieser Erweiterung des Bereichs entsprechen die neuen *Imperative*. Jonas formuliert solche Imperative z.B. mit der Aufforderung (und ihrer materialen Ausfaltung), die Zukunft nicht der Gegenwart zu opfern. Die Verpflichtung gegenüber dem, was ist – dem Leben der Menschen – schließt die Verpflichtung gegenüber dem, was noch nicht ist – dem Fortleben der Menschheit – ein. Das Fortexistieren der Menschheit darf nicht aufs Spiel gesetzt werden. So heißt der erste Imperativ: „Gefährde nicht die Bedingungen für den indefiniten Fortbestand der Menschheit auf Erden“ (36). Dieser Imperativ bringt aus sich das *Prinzip objektiver Verantwortung* hervor, das gegenüber dem Prinzip der bisherigen (angeblich der Kantischen) Ethik, nämlich der Prüfung der „subjektiven Beschaffenheit meiner Selbstbestimmung“ (37) den Vorrang erhält. Das Prinzip objektiver Verantwortung macht es erforderlich, den *Zeithorizont* in den moralischen Kalkül (37) zu integrieren. Es geht in der Ethik um die „berechenbare wirkliche *Zukunft* als die unabgeschlossene Dimension unserer Verantwortung“ (38).

Um diesen Aufgabenstellungen gerecht zu werden, muß die Ethik der Verantwortung eine neue, über die bisherige ethische Argumentation hinausgreifende *Methode ethischer Argumentation* entwickeln. Die ethische Argumentation muß, so betont Jonas, nicht nur den Intellekt, sondern den Geist des Menschen beanspruchen. Seine These ist: Die Grundlage der Ethik der Verantwortung ist eine *Heuristik der Furcht* bzw. eine *apokalyptische Phantasie*.

Die Integration des Zeithorizonts in den moralischen Kalkül führt zur Einsicht in die Ungewißheit aller Fernprognosen, damit in die Unmöglichkeit, den bisherigen Optimismus der Ethik beizubehalten. Die Annahme, es werde sich im Lauf des Handelns jedweder Schaden aufheben lassen, der aus voraufgehendem Handeln entsteht, wird durch die Kenntnis der Situation widerlegt, und die Ungewißheit aller Fernprognosen läßt sich in ihrem Gefahrenpotential für die gegenwärtige, zukunftsbestimmende Handlung nur entschärfen, wenn sie selber auf ein nicht mehr ungewisses Prinzip für die „Kasuistik der Verantwortung" gegründet wird. Dies ethische Grundprinzip ist der Vorrang der Unheils- vor der Heilserwartung. Jonas fordert, davon auszugehen, „daß in Dingen mit einer gewissen Größenordnung – solchen mit apokalyptischem Potential – der Unheilsprognose größeres Gewicht als der Heilsprognose zu geben ist" (76). Allein durch diese Ausgangshypothese gewährleistet man ein Handeln, das die erforderlichen Absicherungen gegen die im technisch potenten Handeln implizierten Gefährdungen trifft. Da wir nicht wissen können, was aus einzelnen Handlungen als Fernfolge *wirklich* folgen wird, muß es uns um die *möglichen*, d.h. alle denkbaren, damit aber – um der sicheren Exhaustion willen – die denkbar schlechtesten Folgen zu tun sein. In Abkürzung der Suche nach den für das Handeln oder Unterlassen relevanten Folgen geht Jonas daher prinzipiell davon aus, daß Handlungsfolgen, sollen sie im Sinne der Ethik der Verantwortung gefaßt werden, nur die schlechtestmöglichen sein können. Nur dann kann nämlich unter der Sicherheit eines optimalen Schadensausschlusses gehandelt werden. Das Prinzip der Kasuistik der Verantwortung lautet anders formuliert: Der Bestand hat gegenüber der Veränderung um jeden Preis das Vorrecht (vgl. 74f).

Zugleich setzt dieses Prinzip der Kasuistik der Verantwortung eine Erweiterung der Ethik selbst voraus. An die Stelle der praktischen Philosophie tritt – betrachtet man die Ethik unter Anwendungsperspektive – die Forderung, eine „vergleichende Futurologie" (63) auszubilden. Diese Forderung selbst wird wiederum auf zwei Pflichten – wie Jonas es nennt – gegründet, nämlich die „Pflicht zur Beschaffung der Vorstellung von den Fernwirkungen" unseres Handelns (64ff), mithin die Pflicht zur *umfassenden Informiertheit,* und die Pflicht zur „Aufbietung des dem Vorgestellten angemessenen Gefühls" (ebd.). Das Gefühl, das hier geboten ist, ist – formal gesehen – das Gefühl intersubjektiver Konnexion, das Gefühl der Solidarität und – inhaltlich gesehen – das Gefühl der Furcht als der entsprechenden „Antwort" auf die zu erwartende Zukunft. Mit Jonas' Worten: Als die „Selbstbereitung zu der Bereitschaft, sich vom erst gedachten Heil und Unheil kommender Geschlechter affizieren zu lassen" (65), führt die genannte zweite Verpflichtung zu einer ethischen Grundhaltung, der *Furcht*. Wir sind – so Jonas – „dazu gehalten, uns zu der passenden Furcht anzuhalten" (ebd.). Solidarität und Zukunftsfurcht schließen sich zur methodischen Grundlage, der *Heuristik der Furcht*, zusammen.

Die Gestaltung der Ethik der Verantwortung aus diesen Grundprinzipien fällt in die Kompetenz der philosophischen Phantasie. Denn das Wissen über Handlungsfolgen gehört einer „Idealsphäre an, d.h. ist ebenso sehr Sache philosophischen Wissens wie es die des begründenden ersten Prinzips war" (67). Die angewandte Ethik wird zur „imaginativen Kasuistik" (ebd.), zur „Aufspürung und Entdeckung noch unbekannter Prinzipien des Handelns". Mit dem philosophischen Fachterminus benannt: Die Ethik der Verantwortung muß eine materiale Ethik werden. Sie muß die relevanten Handlungsprinzipien und aus diesen spezifische Gebote für ein gemeinsames und gemeinsam verantwortetes Handeln schaffen. Nur auf diese Weise überbietet die Ethik der Verantwortung die Kantische formale Ethik durch die Angabe präziser, weil situationsbezogener Richtlinien des Handelns.

Den Übergang von der formalen zur Inhaltsethik begründet Jonas letztlich mit Hilfe einer Wertphilosophie, näherhin durch die Identifikation der Prinzipien der Verantwortungsethik mit Werten, die im Handeln gesetzt sind bzw. realisiert werden sollen. Fordert man nämlich Aufschluß darüber, wie sich solche Handlungsprinzipien in Gebote übersetzen, und wie sie sich beide begründen lassen, so sieht man sich auf Werte verwiesen, die im Handeln realisiert werden. Werte fallen zwar einerseits in das genuine Arbeitsfeld der Philosophie, sie sind aber andererseits geschichtlich gewachsene gemeinsame Grundlagen unseres Handelns. Bereits die Grundlagen der Ethik der Verantwortung gehören zu solchen Werten. So spricht Jonas davon, daß der *erste Wert* der Ethik die Prognostik sei, eine „hypotetische, wissenschaftlich fundierte und möglichst globale Zukunftsprojektion auf lange Sicht".[8] Dieser Wert, der für die Ausbildung der Ethik der Verantwortung maßgeblich ist, gilt nicht nur für die Welt der Vergangenheit als verbindlich, sondern er gilt für die Gegenwart wie für die „Welt von morgen". Er entspringt der „Heuristik der Furcht", deren Prinzip darin liegt, „nicht recht sondern unrecht zu behalten" (*TME* 55). Flankiert wird dieser Grundwert von einer Reihe weiterer zukunftsrelevanter Werte, die uns aus der Vergangenheit überkommen sind und in der Gegenwart fortgelten, die es aber gegen den drohenden Verfall zu verteidigen gilt. Jonas nennt hier zunächst die Sitte, dann die Sittlichkeit des Menschen. Aus Sitte und Sittlichkeit,[9] die zunächst selbst und in sich Werte darstellen, erwachsen dem Menschen weitere Wertsetzungen, die sein Handeln inhaltlich bestimmen, spezifische Orientierungen bereithalten. Diese Werte führen zur Ausbildung von Tugenden, die im Handeln des Menschen die Wertsetzungen in Gewohnheiten überführen. Während die Heldentugend der Vergangenheit aus dem Katalog gegenwärtiger Tugenden verschwindet, nimmt die Furcht „und ihre Kultivierung" deren Stelle im Wertemuster gegenwärtigen Handelns ein. Die Furcht erwächst „geradezu zur ethischen Pflicht" *(TME* 66). Ebenso treten Verantwortung, d.h. die Bereitschaft zur Verantwortlichkeit, und Frugalität (*TME* 66, 67f) als Selbstbeschränkung im Konsum sowie im wissenschaftlichen Fortschritt (*TME* 70f) an die Spitze der Tugenden zusammen mit einem – man höre und staune – Patriotismus als dem unmittelbaren Ort des durch die Ethik der Verantwortung gebotenen Menschheitsgefühls (vgl. *TME* 72f).

Weitere Verpflichtungen, die aus diesen Tugenden entspringen, verstehen sich wiederum beinahe von selbst, werden auch in anderem Kontext und unter Vorgabe divergenter Be-

---

8 *TME* 55. Diese Überlegungen werden besonders in der Abhandlung *Auf der Schwelle der Zukunft: Werte von gestern und Werte für morgen* (*TME* 53ff) dargestellt.

9 Eine nähere Definition findet sich in *Technik, Medizin und Ethik* (*TME* 56f, 58.). In ganz ähnlicher Weise behandelt Spaemann in seiner Abhandlung *Glück und Wohlwollen* diese Gedanken (*Robert Spaemann: Glück und Wohlwollen.* Versuch über Ethik. Stuttgart 1989, bes. 206).

gründungen erwähnt. So redet Jonas von der unbedingten Pflicht der Menschheit zum Dasein.[10] Hinzu kommt die unbedingte Ablehnung jeglichen Eingreifens in die genetische Anlage des Menschen und der Welt, gepaart mit der Aufforderung zur Erhaltung der Artenvielfalt. Die Argumentation hierfür wird nun nicht mehr in der – zumindest unter den Prämissen der Verantwortungsethik – erforderlichen Rigidität von der Anthropozentrik freigehalten. Jonas betont zwar, daß der Grund zur Verpflichtung auf die Erhaltung der Artenvielfalt darin liege, daß diese Vielfalt *seinsgesetzt* sei. Aber ohne Rekurs auf einen Schöpfungsglauben wird dieses Argument entweder zur Ableitung eines Sollens aus der puren Faktizität oder bleibt untriftig. Ergänzt wird die unbedingte Pflicht der Menschheit zum Dasein durch die komplementäre Seite, die Pflicht zur Fortzeugung als Verpflichtung (anderer) zum Menschsein. Jonas' Argument liegt auch hier wiederum in einer Deduktion des Proliferationsgebotes aus der Seinsweise des Menschen, nämlich aus seiner „Gebürtigkeit" und Todverfallenheit, also der Endlichkeit des Daseins.

Als erste Maxime, d.h. als Handlungsorientierung auf der Basis gemeinsamer Wertvorstellungen ergibt sich die Anerkennung der „unbedingten Pflicht der Menschheit zum Dasein" (80). Diese ist der Ursprung aller Verantwortung und sie enthält die Pflicht zur verantworteten Gestaltung der Zukunft. Jonas weist explizit darauf hin, daß mit der biologischen *Tatsache* der Fortpflanzung der Ursprung der Idee von Verantwortung überhaupt gegeben sei. Das in dieser biologischen Tatsache liegende Verhältnis des Menschen zum unselbständigen Nachwuchs, nicht das Verhältnis zwischen selbständigen Erwachsenen ist die Grundlage der Ethik. Diese von der Natur vorgegebene Handlungssphäre ist auch der „ursprünglichste Ort ihrer Betätigung" (85).

---

10 Auch Spaemann vertritt in scharfer Polemik gegen die Empfängnisregelung ein uneingeschränktes Proliferationsgebot (*R. Spaemann: Glück und Wohlwollen*, 216f); vgl. dazu *Das Prinzip Verantwortung*, 80, 85, 89f.

Dadurch erwächst eine neue Pflicht, nämlich die Pflicht der Fortzeugung, die Jonas aus der Perspektive der Betroffenen auch als Pflicht (besser wäre: Verpflichtung) zum Menschsein charakterisiert. Er räumt zwar ein, daß sich nicht das Recht „Ungeborener auf das Geborenwerden", genauer das Recht Ungezeugter auf Zeugung folgern lasse (86). Dennoch entspringt zunächst eine Sorgepflicht aus der „faktischen Verantwortung unserer Urheberschaft" für das Dasein anderer (ebd.). Diese Verantwortung selbst wiederum entspricht dem „Recht auf Dasein", das die anderen haben. Aus diesem „Recht auf Dasein" läßt sich als Ergänzung dann eine Verpflichtung zur Zeugung Ungezeugter folgern, wenn man zusätzlich das Recht eines „Schöpfergottes gegen seine Geschöpfe" unterstellt, „denen mit der Verleihung des Daseins diese Fortsetzung seines Werks anvertraut wurde" (ebd.). Auch bei der sogenannten „Pflicht zum *Dasein* künftiger Menschheit" handelt es sich um eine solche Pflicht, der kein menschliches, sondern lediglich ein göttliches Recht als sollizitierendes Pendant gegenübersteht. Jonas macht von dieser nun nicht mehr philosophischen, sondern theologischen Prämisse allerdings ohne weitere Begründung Gebrauch und definiert es als die primäre Pflicht (90) der Menschheit, nicht nur das künftige „Sosein" der Menschheit in die Verantwortung zu übernehmen, sondern zugleich ihr „Dasein". D.h. die Ethik der Verantwortung umfaßt inhaltlich die „Pflicht zum Dasein und Sosein einer Nachkommenschaft überhaupt" (86). Zu dieser Pflicht und ihrer Ausübung sind wir „ganz und gar einseitig ermächtigt". Wir müssen „allen nach uns Kommenden ihr Dasein nicht sowohl ... schenken" als vielmehr zumuten; „ein Dasein, das der Bürde fähig ist und für die Pflicht gemeint ist" (90). Erst aus diesem verpflichtenden Eingriff in die Existenz der Nachkommen (Proliferationsgebot) folgt konsequent die Verpflichtung zur Erhaltung und/oder Herstellung menschlicher Lebensbedingungen, mit Jonas: „die erste Pflicht gegen das Sosein der Nachkommen" (ebd.). So kann der erste *Imperativ* der angewandten Ethik, der sozusagen als materialer Ersatz des kategorischen Imperativs eingeführt wird, in der Forderung bestehen, „daß eine Menschheit sei".

Bereits hier wird eine ontologisch-inhaltliche These zum Leitfaden der Überlegungen. Heideggers Konzeption eines ursprünglichen „Schuldigseins" des endlichen Daseins, das sich anderem verdankt, nötigt – so Jonas – zur Tilgung einer Dankesschuld durch die Weitergabe eines Daseins, das man selbst empfangen hat. Das ursprüngliche „Schuldigsein" erzwingt die Fortsetzung der Gattung. Diese zunächst aus einer ontologischen Konzeption übernommene (dort allerdings in anderem Sinn entwickelte und begründete) These beruht so, wie sie in der angewandten Ethik als Pflicht formuliert wird, letztlich auf einer Schöpfungstheologie.[11]

Die Tatsache, daß die Zwecksetzungen der angewandten Ethik, der Ethik der Verantwortung, im allgemeinen konservativ ausfallen, folgt nicht zwangsläufig aus den genannten primären Imperativen. Diese Tatsache hat vielmehr zunächst zwei methodisch formale Gründe, nämlich die Heuristik der Furcht und die beanspruchte Globalität der Folgenabschätzung. Hinzu kommen zwei inhaltliche Gründe, nämlich zum einen, daß die metaphysische Grundlage zu unspezifisch ist, als daß aus ihr situationsaffine Neuerungen entstehen könnten. Zum anderen liegt der Grund für den Konservatismus der Ethik der Verantwortung darin, daß die Begründung des Sollens aus einem fest bestimmten Sein jede Utopie als eine nur tentative Version der Handlungsorientierung vermittels des Durchspielens verschiedener Möglichkeiten menschlicher Selbstrealisation ausschließt. Jonas nimmt in seiner Polemik gegen jegliche Form der Utopie zum Problem des Konservatismus seiner Ethik der Verantwortung eigens Stellung.[12] Die konservativ-bewahrende

11 Vgl. dazu 3.2., die Überlegungen zu den metaphysischen Voraussetzungen der angewandten Ethik.

12 In den Aufsätzen, die Jonas in *Technik, Medizin und Ethik* zusammenfaßt, also in der auf spezielle Probleme der Zukunftsethik angewandten Konzeption der Verantwortungsethik, zeigt sich, daß die „imaginative Kasuistik" letztlich nicht neue Imperative, sondern altbewährte zum Inhalt der Ethik der Verantwortung erhebt. Einige dieser Überlegungen werden im abschließenden kritischen Teil dieser Untersuchung geprüft.

Ausrichtung des Handelns durch die Ethik der Verantwortung verdankt sich dem Verzicht auf das spielerische Entwerfen von Handlungsmöglichkeiten. Allein dadurch kann sie dem Ernst der Situation gerecht werden, wie Jonas in seiner nicht weiter begründeten, aber dezidierten Ablehnung jeglichen Utopismus' der Ethik hervorhebt. Diese Polemik nimmt er selbst zum Anlaß, die Ethik auf einen neuen bzw. neu konzipierten Grundbegriff hin zu entwerfen. An die Stelle des Freiheitsbegriffs als des Grundbegriffs der traditionellen Ethik tritt in der Verantwortungsethik die Idee der Natur. Da die Kritik an der Utopie den Charakter einer formalen Prämisse hat, also in der folgenden metaphysischen Begründung den Ausschluß alternativer metaphysischer Grundlagen, wenn auch nicht die spezifisch gewählte Neugründung fundiert, sei sie zunächst kurz charakterisiert.

Jonas' Forderung, daß sich die nachkantische Verantwortungsethik von jeglicher utopischen Phantasie freihalten soll und muß, stellt sozusagen die Kehrseite der Heuristik der Furcht, damit die notwendige Konsequenz aus der Kantkritik sowie aus der Situationsanalyse dar. Wir sind gehalten, angesichts der Möglichkeit, durch moderne Technik die Natur nicht nur zu „kultivieren", sondern zu zerstören, möglichst alle (und formal-pragmatisch deshalb die schlimmsten) denkbaren Folgen des Handelns zu entwerfen. Einzig in der Ausmalung der möglichen *katastrophalen* Folgen menschlichen Handelns findet die Phantasie in der Ethik der Verantwortung ihren Ort. Diese auf die Pflicht eines Wissens um die Situation gegründete, der spezifischen Methode, der Heuristik der Furcht, entspringende apokalyptische Phantasie führt in der Ethik der Verantwortung nicht nur dazu, daß eine metaphysische Begründung nötig wird, sondern auch dazu, daß die metaphysische Begründung in der von Jonas gestalteten Weise umfassend sein, auf die ganze Wirklichkeit ausgreifen muß und sich nicht auf den Menschen beschränken darf. Die Ethik, die die Zukunft des Menschen zwar in die Verantwortlichkeit menschlichen Handelns legt, die Möglichkeiten, Segen wie Schaden zu stiften, aber als auf lange Sicht unentscheidbar offenläßt, würde eine Phantasie erfordern, die verschiedene Versionen einer Anschauung von der Gestalt der Zukunft überhaupt durchspielt. Anders die Ethik der Verantwortung. Hier liegt letztlich die Gestalt der Zukunft aufgrund schöpfungstheologischer Prämissen fest, so daß es nicht mehr darum gehen kann, eine menschenwürdige Zukunft zu entwerfen, sondern lediglich darum, eine bereits (durch Gott) entworfene menschenwürdige Zukunft zu realisieren. Deshalb geht Jonas mit schärfster Polemik gegen die Utopie und gegen das Anliegen vor, aus dem gemeinsamen *Entwurf* der Menschen die Zukunftsgestalt ihrer Welt zu veranschaulichen. „Kein Ernsthafter kann im steten und so leicht durchschauten Scheine glücklich sein", d.h. wer immer auf die Phantasie, auf die Kunst, auf die Fiktion eine Zukunftsmöglichkeit gründet, wird an den Erfordernissen der Situation, damit an den Geboten der Ethik vorbeihandeln. „Demoralisierend muß das Fiktive der Existenz auf alle wirken, denn mit der Wirklichkeit nimmt es dem Menschen auch seine Würde weg und die Zufriedenheit wäre so die der Würdelosigkeit" (363). Nochmals und etwas anders formuliert: Es gibt kein „Reich der Freiheit außerhalb der Notwendigkeit". Freiheit und Würde zusammen sind so „nicht das Gewonnene, sondern das Verlorene bei der Utopie" (365). Die „Würde der Wirklichkeit" – was immer das heißen mag – wird nach Jonas verkannt, wenn man an der Handlungsrelevanz von Utopien festhält. Die Utopie nämlich geht mit den Chancen und den verschiedenen Möglichkeiten freier Selbstverwirklichung des Menschen spielerisch tentativ um, sie stellt anheim, die Zukunft so oder so zu entwerfen. Damit setzt sie sich – nach Jonas – schlicht über die Wirklichkeit hinweg.

Das Problem, das sowohl die metaphysische Grundlage als auch ihre spezifische Ausprägung hervorbringen wird, liegt darin, daß der Wirklichkeitsbegriff hier nicht weiter infrage gestellt wird. Wirklichkeit kann nämlich sowohl die soziale Entfremdung, wie die Naturbedingtheit, wie die menschenwürdige Existenz des Menschen sein. Das eine ist faktisch da, aber durchaus verzichtbar, das andere ist nur als regulative Idee angezielt, aber unüberspringbar, will man die Ausbildung einer humanen Kultur ermöglichen. Trennt man, anders als es Jonas tut, im Wirklichkeitsbegriff zwischen Faktum (der bestimmenden Naturabhängigkeit und der gegebenen institutionellen Form der Kultur) und regulativer Idee, so wird eine andere Phantasie nötig. Die Möglichkeiten einer menschlichen Welt müssen sich, vorab in vielen Facetten ausgestaltet, spielerisch durchprüfen lassen, will man im Ernstfall, im realitätsetzenden Handeln ein Ziel vor Augen haben. Hier ist, anders als Jonas es vorschlägt, nicht allein die Religion der Lieferant von Weltbildern und Weltanschauungen, die es durchzusetzen gilt, sondern ebenso sehr das freie Spiel der Imagination, wie es in unserer Kultur durch die Kunst repräsentiert wird, die lediglich eine Vielheit möglicher (d.h. möglicherweise gerechtfertigter) Welt-Anschauungsweisen entwirft. Eine Phantasie nicht der Angst, sondern des Spiels wird nötig. Der Mut zur Aufgabe bestehender Orientierungen, bestehender faktischer Wirklichkeit im ersten Sinn kann nämlich nur einer freien Phantasie entspringen.

Die Notwendigkeit einer solchen Phantasie legt sich bereits durch die Konsequenzen des „Ernstes" der Verantwortungsethik nahe. Dieser Ernst führt nämlich ausschließlich in die Art von Katastrophenangst bzw. -hysterie, die eine kollektive, nicht mehr begründbare Hoffnung auf Rettung als einzigen Ausweg offenhält. Damit führt der geforderte „Ernst" der Verantwortungsethik, der der apokalyptischen Phantasie, d.h. die aus der Heuristik der Furcht gefolgerte Anwendung menschlicher Imaginationskraft, zwangsläufig zur Heteronomie des Menschen, nämlich zur Anerkennung einer Angewiesenheit auf die außerhalb unserer Macht stehende Rettung. Ersichtlich leitet Jonas' Ethik der Verantwortung den Menschen deshalb in das Geborgenheitsverlangen zurück, das die Religionen hervorgebracht hat und dem nur sie durch den Anspruch letztgültiger Sinnstiftung entsprechen. Angst oder Phantasie der Furcht erzeugen ein Schutzbedürfnis des Individuums; die globalisierte Angst aber erzeugt das Gottesverlangen, da die Rettung durch das total Andere nötig wird.

Die Invektiven gegen die Utopie erscheinen zunächst als relativ nebensächliche Polemik. Sie führen aber dazu, daß die Verantwortungsethik zu einer Version der praktischen Philosophie wird, die auf den Grundgedanken der bisherigen Ethik, den Autonomiegedanken, verzichtet. Der Mensch, dessen Weltentwurf und Zukunftsverständnis einer „Heuristik der Furcht entspringt" und dessen Weltanschauung der dazugehörigen apokalyptischen Phantasie entstammt, muß sich selbst um der Erhaltung des Individuums wie der Gattung willen in die Rolle eines rettungs-, sprich religions- und gottesbedürftigen Wesens fügen. Die Stelle der Autonomie des Handelns nimmt die Heteronomie des Sich-Verdankens ein. Statt Utopie ist Heil angesagt, statt Selbstverwirklichung des Menschen Realisation eines Schöpfungsplans, in dem dem Menschen seine kosmische Nische, damit die Möglichkeit seiner Fortexistenz garantiert wird.

Die zunächst harmlos erscheinende methodische Grundlegung einer neuen Ethik führt daher aus sich heraus nicht nur zur Forderung einer besseren, nun metaphysischen Begründung der Ethik. Sie legt die metaphysische Grundlage darüber hinaus in einer ganz bestimmten Weise fest. Als Ethik für ein endliches Wesen muß die Verantwortungsethik die Grundlagen einer Verpflichtung mit Endgültigkeitscharakter außerhalb des Menschen und des gemeinsamen Handelns finden. Die im Sein gegründeten Zwecke entspringen letztlich einer Natur, die den Menschen mit umfaßt und die selbst auf ein Begründungshandeln zurückweist, das nicht mehr endlich sein kann.

4. Metaphysische Grundlagen der Ethik der Verantwortung

Bei der Umformung der Ethik zur Ethik der Verantwortung zeigt sich zunächst ein Begründungsdefizit der traditionellen Ethik. Die letztere ist – mit Kant – auf eine Symmetrie der Verpflichtung, damit auf eine subjektive Basis gegründet. Diese Basis reicht nach Jonas' Ansicht nicht zu, eine tragfähige Ethik der Verantwortung zu entwickeln, weil die Basis dieser Ethik bloß „relativ", d.h. in Bezug auf subjektives Handeln, gesichert werden kann. Diese Relativität macht das Begründungsdefizit traditioneller Ethik aus, und Jonas will sie durch eine Bestimmung des Seins der Dinge und Menschen aufheben.[13] Nur durch eine solche „starke“ Begründung kann die relative Valenz der Handlungsmaximen, kann vor allem die Bestreitbarkeit ihrer jeweiligen Inhalte abgewehrt werden. Weil die Ethik der Verantwortung nur als materiale Ethik entworfen werden kann, müssen auch ihre Maximen letztbegründet sein, d.h. die einzelnen Inhalte der Verpflichtung dürfen nicht von historischen und kulturellen Zufälligkeiten abhängig bleiben. Eine solche Begründung der Inhalte ist aber nur möglich, wenn man die Zwecke nicht durch eine Reflexion auf die Subjektivität und die allgemeine Geltung individuell eruierbarer Handlungsmaximen gewinnt, sondern sie aus dem Sein der Dinge wie der Menschen begründet und die Maximen der Ethik dadurch zumindest indirekt aus dem Sein herleitet. Die andere, neue Ethik der Verantwortung kann nur so zureichend gesichert werden, daß das Ethos des Menschen aus letzten Gründen seine Sollenssicherheit erhält. Aus dem Sein der Dinge und Menschen selbst muß das, was in einer bestimmten geschichtlichen Entscheidung als das Geforderte, das Gesollte erhebbar wird, formal als allgemein und inhaltlich als Gesolltes begründet werden.

Die Werte der Ethik der Verantwortung werden daher nicht vermittels der Reflexion auf die Unbedingtheit intersubjektiver Anerkennung gewonnen, sondern sie werden durch eine Metaphysik grundgelegt. Erst durch das metaphysische Fundament gewinnt das Gefühl, daß das, was geworden ist, sein soll, seine Richtigkeit; hier generieren wir das Wissen, daß der Mensch sein soll (vgl. *TME* 74 f). Das Ethos ist daher in der Ethik der Verantwortung direkt mit seiner metaphysischen Begründung verknüpft. Aus dem Sein selbst leiten sich Zwecke des Handelns, aus diesen Zwecken das Sollen generell und ein

13 Bereits der primäre Imperativ „daß eine Menschheit sei“ (90) zeugt aus sich die Notwendigkeit einer metaphysischen Begründung des Sollens. Dieser Imperativ kann nämlich nicht auf den Willen eines Einzelnen gegründet sein. Da Jonas die Kantische Ethik im Sinne einer Willensethik, d.h. im Sinne einer strikten Individualethik deutet, kann er das Argument einer Symmetrie der Verpflichtung als Stützung des kategorischen Imperativs nicht akzeptieren.

jeweils inhaltlich spezifiziertes „Du sollst ..." ab. Mit Jonas' Worten: Das Ethos wird nicht mehr in Kantischem Kurzschluß „logisch", d.h. aufgrund einer Verallgemeinerbarkeit seiner Maximen, gerechtfertigt, sondern „ontologisch". Als fundamental für die Ethik kann nur ein letztbegründetes Wissen um das, was sein soll und wie es sein soll, gelten. Auch die gemeinsamen eingespielten Handlungsweisen müssen, da auch die inhaltliche Orientierung aus der Ethik der Verantwortung erwachsen soll, Überzeugungen und Verpflichtungen mithilfe einer Metaphysik als der Lehre vom Sein der Dinge und Menschen absichern.

4.1 Die Begründung der Ethik durch die philosophische Biologie

In der Formulierung ethischer (sc. nach traditionellem Sprachgebrauch moralischer) Maximen ging es Jonas um die Frage, „wie lassen sich Zwecke vom Fluch der Subjektivität erlösen?" (146),[14] damit um den Ersatz der Kantischen Fundierung der Ethik im (traditionell verstandenen, dem Menschen vorbehaltenen) Freiheitsbegriff und um die Vermeidung des Anthropozentrismus der bisherigen Ethik. Dies gelingt nur mithilfe seiner metaphysischen Begründung. Vorgängig aber müssen die Fundamente der Ethik so re-formuliert werden, daß der Übergang zur Metaphysik als der einzig zureichenden Grundlage des Ethos plausibel wird. Jonas verknüpft zu diesem Zweck seine Verantwortungsethik mit der vorab entwickelten sog. „philo-

14 Diese Notwendigkeit betont er vor allem in seinen Überlegungen zur philosophischen Biologie (*Hans Jonas: Organismus und Freiheit.* Ansätze zu einer philosophischen Biologie. Aus dem Englischen übers. vom Verf. und von K. Dockhorn. Göttingen 1973 [im folgenden zit.: *OF*]). Dort geht es um eine Kritik der bestehenden Ethik, insbesondere um die Ablehnung der Kantischen Annahme, der Mensch sei die Quelle aller Forderung oder Pflicht (*OF* 340) bzw. um die Kritik des unbegründeten „metaphysischen Standpunktes", ein „Sollen" gehe nur vom menschlichen Subjekt aus (*OF* 341).

sophischen Biologie".[15] In seiner philosophischen Biologie entwickelt Jonas nicht nur die Argumente für die Überwindung des Anthropozentrismus der Ethik, er erweitert sie in späteren Überlegungen auch um eine nun nicht mehr bloß metaphysische, sondern im Sinne Heideggers onto-theologische Begründung.

Traditionelle Grundbegriffe der Ethik werden auf dieser metaphysischen Basis umgedeutet bzw. durch Alternativen ersetzt. Anstelle des Freiheitsbegriffs wählt Jonas den Begriff der Natur zum Fundament der Ethik, weil er meint, ein solches Fundament der Ethik, nämlich die entwickelte Idee der Natur, sei die einzige nicht-subjektive Grundlage für eine Ethik der Verantwortung. Der Naturbegriff umfaßt die Gesamtheit der Dinge einschließlich des Menschen; er ist der Inbegriff des Seins der Dinge und Menschen. Dieser Begriff wird in Jonas' "philosophischer Biologie" näher spezifiziert. Die philosophische Biologie ist eine Wissenschaft der Natur (als *Biologie*), deren Ergebnisse und Fundamente für alles Seiende gelten (als *philosophische* Biologie). Da die philosophische Biologie über ein statisches Klassifizieren hinausgehend zu einer Erklärung des Lebensprozesses werden soll, muß sie gegenüber der traditionellen Naturerklärung erweitert, auf eine neuerschließende Begrifflichkeit gegründet werden. Jonas wählt nun – sozusagen im Umkehrverfahren der Begründung der Verantwortungsethik durch den Naturbegriff – zum grundlegenden Begriff der Naturerklärung den Begriff der Freiheit. In Abschattungen über alle Stufen des Seienden, angefangen vom Unorganisch-

15 Für den im *Prinzip Verantwortung* geforderten Begriff einer Natur als des Inbegriffs des Seins der Dinge und Menschen greift Jonas auf seine frühere Abhandlung *Organismus und Freiheit* zurück, in der er diesen Begriff entwickelt hat. Diese später angeschlossenen Überlegungen faßt Jonas in seinen Arbeiten unter dem Titel *Macht oder Ohnmacht der Subjektivität* und über *Materie, Geist und Schöpfung* zusammen. (*Macht oder Ohnmacht der Subjektivität.* Das Leib-Seele-Problem im Vorfeld des Prinzips Verantwortung. Frankfurt a.M. 1985 [im folgenden zit. *Macht*]; *Materie, Geist und Schöpfung*. A.a.O. [s.o. Anm. 6]).

Stofflichen über die Lebewesen bis hin zum Menschen, erklärt sich Seiendes als ein Modus der Freiheit.

Die Grundidee der philosophischen Biologie bildet eine ontologische Auslegung biologischer Phänomene vor dem Hintergrund der traditionellen Bestimmung des Menschen als Transzendenz, Freiheit. Bereits das unorganisch Seiende müßte als ein Freisein in nuce erklärt werden; am Lebendigen als dem spezifischen Gegenstandsbereich der Biologie wird die Freiheit als Lebensdrang ersichtlich, und so besitzt der Mensch nur im Vollsinn, was in Abschattungen allem Seienden zukommt. Die Freiheit ist daher Triebfeder des Lebendigen, nicht erst des vernunftbegabten Menschen. Wo immer sich Leben feststellen läßt, da herrscht bereits Freiheit, so daß im Streben des Lebendigen vorab das angelegt ist, was im Handeln des Menschen seinen vollgültigen Ausdruck findet.

Eine biologische Erklärung wird daher zwangsläufig zugleich zur philosophischen Deutung, wenn sie dieses Angelegtsein auf Freiheit zureichend klären will. Umgekehrt ist die philosophische Biologie als Lehre vom Sein der Natur zugleich eine Lehre von den Zwecken, auf die dieses Sein (als Freiheit) angelegt ist. Das Spezifikum der philosophischen Biologie liegt nach Jonas daher darin, daß sie die metaphysische Grundlage, näherhin die Ontologie als Seinslehre, mit einer Lehre von den Zwecken (des Handelns) und vom Sollen, also mit den spezifischen Erfordernissen einer auf ihrer Grundlage auszubildenden Inhaltsethik vereinbart.[16] Der Schritt von der metaphysischen zur onto-theologischen Begründung der Verantwortungsethik wird ebenfalls in der „philosophischen Biologie“ vorbereitet, und Jonas kann deshalb ohne Zögern Metaphysik und Schöpfungsmythos verbinden. Allem Lebendigen kommt Freiheit nämlich – so betont er – nicht aufgrund seiner Eigenmächtigkeit zu, sondern sie wird als Gabe und Aufgabe in

16 Die aus dem Naturbegriff der philosophischen Biologie zu folgernden Maßgaben für die Inhaltsethik entfaltet Jonas in verschiedenen weiteren Überlegungen, die er in seinen Studien zu *Technik, Medizin und Ethik* veröffentlicht.

den Prozeß des Lebens hineingelegt. Die philosophische Biologie gibt im Begriff der Natur, näherhin der lebendigen Natur damit nicht allein den bis in die Ausbildung einer Ethik maßgeblichen Seinsbegriff vor, sie legt ihn zugleich inhaltlich aus, nämlich als Geschöpflichkeit, und sie legt die Kontingenz alles Lebendigen einschließlich des Menschen damit zugleich inhaltlich fest: Freiheit ist verdankte Freiheit, Autonomie bleibt damit letztlich auf ein Begründungshandeln außerhalb menschlicher Kompetenz verpflichtet, einem Gesetz absoluten Denkens und (Schöpfungs-)Handelns unterstellt. Autonomie wird mit Blick auf die Deutung des Seins der Dinge und Menschen, die die philosophische Biologie auf der Basis des Freiheitsbegriffs entwickelt, zur Heteronomie.

Die Fähigkeit zum mündigen Vernunftgebrauch, die bislang die Grundlage für jegliche Ethik abgab, erscheint aus der kosmologisch-evolutionären Perspektive der „philosophischen Biologie" als Endpunkt einer in die Welt hineingelegten Entwicklungstendenz. Sie scheint einer (gott-)gewollten Entwicklung zu entwachsen und bleibt folglich auf diese verpflichtet. Dem Menschen wird seine „Rolle" in der Evolution des Kosmos geschenkt, auf daß er sie im Bewußtsein der Geschöpflichkeit und im Sinne der Schöpfung übernehme. Jonas konstruiert auf diese Weise in der „philosophischen Biologie" die komplementäre Grundlegung zur metaphysischen Basis der Ethik der Verantwortung. Er formuliert die Konsequenz seiner ethischen Grundidee, die „Natur" sei das Maß aller Ethik, hier von seiten der Natur, nicht wie im *Prinzip Verantwortung* aus der Perspektive des Menschen. Allerdings ist die Konsequenz der Sache nach hier wie dort die gleiche: eine Neubegründung der Ethik in einer Metaphysik. Auch der metaphysische Standpunkt der frühen Überlegungen, der in die Konzeption des *Prinzips Verantwortung* integriert wird, modifiziert die traditionelle Ethik nicht nur, er stellt sie auf eine prinzipiell andere Basis, wenn die Idee der Natur anstelle der Idee des Menschen (der Autonomie) zur Grundidee der Ethik wird. Ein „Prinzip der Ethik" findet Jonas „weder in der Autonomie des Selbst noch in den Bedürfnissen der Gesellschaft begründet". Es ist uns nur zugänglich „in einer objektiven Zuteilung seitens der Natur des Ganzen (was die Theologie als ordo creationis zu bezeichnen pflegte)". Erst aus der „inneren Richtung" der totalen Evolution der Natur läßt sich – und auch dies nur vielleicht – „eine Bestimmung des Menschen ermitteln, gemäß der die Person im Akte der Selbsterfüllung zugleich ein Anliegen der ursprünglichen Substanz verwirklichen würde". Jonas hält also dezidiert fest, daß „eine Ethik, die sich nicht auf göttlicher Autorität gründet, durch ein in der Natur der Dinge entdeckbares Prinzip begründet werden muß, soll sie nicht dem Subjektivismus oder anderen Formen des Relativismus zum Opfer fallen" (*OF* 341f). Es fragt sich allerdings, ob dieses „in der Natur der Dinge entdeckbare Prinzip" nicht selbst wieder auf „göttliche Autorität" zurückgreift. Anders formuliert: Wird nicht die Ethik der Verantwortung durch ihre spezifische metaphysische Grundlage selbst wieder zu einer theologischen, damit nur eingeschränkt (nämlich nur für den Kreis derjenigen, die dieselbe inhaltliche Deutung des Seins akzeptieren) gültigen Ethik? Diese Frage läßt sich nur durch eine nähere Prüfung der vorausgesetzten Ontologie beantworten.

Jonas geht in seiner Ontologie von einem Plädoyer für die „Lehre der klassischen Ontologie [aus], wonach das Ganze früher und besser ist als seine Teile, dasjenige, um dessentwillen sie sind und worin sie daher nicht nur den Grund, sondern auch den Sinn ihrer Existenz haben" (*OF* 303). Diese Grundannahme, ergänzt durch eine Ablehnung jeglicher Instrumentalisierung der Natur, ergibt zwangsläufig eine bestimmte inhaltliche Ontologie: einen Monismus der Freiheit bzw. des Geistes, der sich in einer bestimmten Schöpfungskonzeption inhaltlich auslegt. Das Leben selbst, so meint Jonas zeigen zu können, verwandelt Materie in Geist. Daher kann es nur unter dieser letzten Ausrichtung (als teleologisch auf Geist hin ausgerichtet) betrachtet werden und muß entsprechend „behandelt" werden. Ebensowenig wie sich der Mensch als Ziel der biologischen Evolution instrumentalisieren lassen darf, darf alles sonstige, das ebenfalls auf dieses Ziel hingerichtet ist, instrumentalisiert werden, denn ihm kommt durch das Angelegtsein auf Freiheit sozusagen dieselbe ontologische Würde zu wie dem Menschen. Im Rückgriff auf die traditionellen Kategorien der idealistischen Metaphysik, die das Nicht-Geistige als Substanz, Geistiges als Subjektivität bestimmt, formuliert Jonas die Behauptung folgendermaßen: „In der organischen Konfiguration hört das stoffliche Element auf, die Substanz zu sein" (*OF* 126) und entfaltet sich zur Subjektivität in ihrer Vollform, zur Geistigkeit. Was für die bloße Stofflichkeit gilt, gilt verstärkt für jedes organische Leben. „Die Identität eines lebenden Wesens reitet auf dem Wellenkamm eines ständigen Austausches"[17] zwischen Freisein und Notwendigkeit. Selbsttranszendierung ermöglicht „in den höheren Stufen dem Selbst eine immer weitere Welt" (*OF* 134).

Daher muß man nach Jonas zwangsläufig gegen den ansonsten unterstellten Dualismus von Materie und Geist die Prävalenz des Geistes in der Natur behaupten. Am Modell des Gehirns, das vorab als „Organ der Freiheit" (*Macht* 80) definiert wird, läßt sich zeigen, daß Lebendiges überhaupt nur als Freiheits- bzw. Geistphänomen rekonstruiert werden kann und daß man per Analogieschluß die Vorstufen des Lebendigen darum ebenso rekonstruieren muß wie die Vollform(en). Die Fähigkeit zur Zwecksetzung – mit Jonas: die Zweckkausalität – beschränkt sich nicht (wie Kant annahm) auf „subjektbegabte" (131) Wesen, sondern sie begegnet bereits in der vorbewußten Natur. Jeweils da, wo „Lebendiges", d.h. ein „über-sich-Hinauswollen" (143) auftritt, begegnet uns Geist in nuce. Daher erscheint das Leben als Selbstzweck jedes Körpers. Die Tendenz zur Evolution, die mit dem (womöglich zufälligen) Auftreten des Lebens gegeben ist, nötigt zu der Annahme, daß „im ‚einfachsten' wirklichen – nämlich stoffwechselnden ... *Organismus* sich die Horizonte von Selbstheit, Welt und Zeit ... schon in vorgeistiger Form abzeichnen" (144). In der Linie dieser Argumente entwickelt Jonas bereits in der philosophischen

17 *H. Jonas: Erkenntnis und Verantwortung*. Gespräch mit Ingo Hermann. Göttingen 1991. 102

Biologie Stufen der Ontologie.[18] Er geht auch hier davon aus, daß „das phänomenologische Lebenszeugnis ... sein ontologisches Wort“ spreche (*Materie* 24), erweitert die Konzeption des Lebendigen aber zu einer Bestimmung alles Seienden. Denn bereits im Materiellen ist eine „Tendenz“ auf Leben angelegt; Leben aber ist „Selbstzweck“ (a.a.O. 22). Daher muß – so legt Jonas es wenigstens nahe – gefolgert werden, Materie sei „Subjektivität von Anfang an in der Latenz“. Eine solche „Teleologie“ läßt sich, so versucht er plausibel zu machen, „dem vitalen Zeugnis allein entnehmen“ (a.a.O. 23).

Für Jonas bedeutet dies, daß – wie er es nennt – „phänomenologisch“ jeweils von der Existenz auf ein Möglichsein geschlossen wird.[19] Zugleich wird unterstellt, daß Höheres, Komplexeres aus einer niedrigen Stufe des Seins nicht ohne Zutun hervorgehen kann. Aber dies entspringt nicht der Phänomenologie in dem Sinn, daß es durch bloße Anschauung oder Evidenz den Dingen entnommen werden könnte, sondern es ist wiederum ein Lehrsatz der traditionellen Ontologie, der ohne weitere Begründung eingeführt wird. Damit setzt der erste Satz der Ontologie selbst die ontologischen Grundprinzipien – sie nur anwendend – voraus und entdeckt sie folglich im „Phänomen“ als dessen Logos wieder. Jonas macht bewußt von diesem argumentativen Zirkel Gebrauch, um die Schlußfolgerung begründen zu können, die lautet: „Ein Prinzip der Freiheit und aktuelle Modi derselben sind schon im organischen,

---

18 In den Abhandlungen des Bändchens *Materie, Geist und Schöpfung* entwickelt Jonas auf der Basis seiner philosophischen Biologie eine Stufenontologie, deren Teleologie er im Sinne M. Schelers bestimmt. Die Frage des Ursprungs der Zweckhaftigkeit des Lebendigen wird nicht weiter begründet. Naturteleologie wird auch nicht im Sinne der wohlfundierten Kantischen Konzeption als hypothetisches Interpretament von (Lebens-)Prozessen, sondern als reale Voraussetzung in der Natur gedeutet. Diese Konzeption läßt sich letztlich nur noch theologisch begründen. Jonas muß – wie im folgenden gezeigt wird – auf eine solche Grundlegung überwechseln.

19 Traditionellerweise müßte es hier heißen „ontologisch“; Jonas greift auf den Lehrsatz: ab esse ad posse valet illatio zurück.

stoffwechselnden Sein als solchem, d.h. in allem Lebendigen zu erkennen" (*Materie*, 28). Die spezifisch menschliche Freiheit, die Freiheit zur Selbstbestimmung, d.h. nach Jonas die Einbildungskraft als die schöpferische Erkenntnis und die Fähigkeit zur Transzendenz alles Gegebenen, ist nur die Verlängerung dieser kernhaft in der Materie bereits angelegten Freiheit. Jonas kommt daher zu dem (Kurz-)Schluß, daß also auch das „Reich der praktischen Vernunft", die „Freiheit selbstgesetzter Ziele für das Verhalten" (*Materie*, 26) sowie die moralische Freiheit nur ein „eminenter Modus dieser sozusagen ‚immanenten Transzendenz'" (a.a.O. 28) seien. Weil Subjektivität und Freiheit „schon im organischen stoffwechselnden Sein als solchem, d.h. in allem Lebendigen zu erkennen" sind, fällt alles Lebendige in das Reich der Freiheit (vgl. ebd.).

Jonas meint, auf diese Weise habe er gegen allen Anthropozentrismus der Ethik die „Ontologie als Grundlage der Ethik" und damit den „ursprünglichen Standpunkt der Philosophie" auch auf dem Felde der Ethik zurückerobert. Die Ethik der Verantwortung gründet nicht auf einem Anthropozentrismus, sondern auf der metaphysischen Einsicht in das Sein der Dinge, das – betrachtet man es von seinem Ziel her – als Freiheit erscheint. Damit ist die Verantwortung für alles Außermenschliche so konstruiert, daß sie der Verantwortung für das Menschliche prinzipiell gleichgestellt wird. Der Mensch muß die Aufgabe übernehmen, nicht nur im anderen Menschen, sondern bereits in jedem Lebendigen und abgeleitet in jedem Ding seine „Brüder", d.h. die Fähigkeit alles Seienden zur Freiheit zu erkennen und anzuerkennen. Die Natur ist das Feld der Ausübung von Verantwortung und der Mensch, insofern er Teil der Natur ist, fällt mit in dieses metaphysische Reich der Freiheit.

Zugleich liegt in dieser metaphysischen Dimension aber auch die Begründung der Bewahrungsethik. Ethisch gerechtfertigt zu handeln bedeutet nämlich prinzipiell, in Anerkennung alles anderen zur *Selbstbegrenzung der Freiheit* (vgl. 28f) bereit zu sein. Ein solcher Wille zur Selbstbeschränkung wird nötig, „weil die Freiheit zum Guten zugleich die zum Bösen ist und dieses in tausend Masken *in* allem Wollen zum Guten mitlauert" (29). Diese Einsicht zugleich mit der Gewißheit, daß das menschliche Wollen durch die Natur vorab in eine Pflicht genommen ist, nötigt zur Selbstbegrenzung der Freiheit durch Verzicht auf das im Handeln Realisierbare, das technisch Mögliche.

4.2 Theologische Voraussetzungen der Ontologie

Jonas' Ableitung des Sollens aus dem Sein setzt sich dem Vorwurf der naturalistic fallacy aus.[20] Er entzieht seine metaphysische Begründung der Ethik aber diesem Vorwurf, weil er ein spezifisches Modell der Herleitung des Seins aus dem Sollen voraussetzt, das er selbst als das zwangsläufig theologische (inhaltlich möglicherweise variable, aber prinzipiell unvermeidliche) Fundament der Metaphysik bezeichnet. Letztlich leitet Jonas die ethische Verpflichtung, das Sollen, nämlich nicht allein aus dem Sein der Dinge und Menschen ab, wie er im *Prinzip Verantwortung* behauptet, sondern er fundiert das Sein selbst nochmals in einem Handeln: im Schaffen Gottes. So interpretiert, entspringt das Sein der Dinge und Menschen dem personalen freien Entwurf. Sein ist Handlungsresultat und damit aus dem Handeln und mit Kategorien des Handelns deutbar. Nur auf dem Hintergrund dieser theologischen Referenz gewinnt die ontologische Grundlage der Ethik der Verantwortung ihre Plausibilität. Sein, Außermenschliches und daher dem mensch-

20 Dieser Vorwurf, den u.a. Wolfgang Kuhlmann in seinen Überlegungen zu *Ethik und Rationalität* (1989) vorbringt, trifft Jonas' metaphysische Begründung der Ethik darum nicht, weil er die Konzeption des Seins selbst noch einmal im Sinne einer Handlungsfolge, eines Handlungsresultats mit dem Sollen in Verbindung bringt. Das Sein ist, weil es als aus dem Handeln eines Gottes entsprungen gedacht werden kann, selbst teleologisch, in sich bereits einer Intention unterstellt und auf ein Ziel hin gerichtet. In Erkenntnis dieses Ziels muß der einzelne Mensch die Verpflichtung auf ein Sein-Sollen übernehmen, d.h. sich die Fortsetzung der Intention eines ursprünglichen Entwurfs zu eigen machen.

lichen Verfügen nicht anheimgestellte Zwecke als Werte und ein zwangsläufig-zwanghaftes Sollen, das diesen entspringt, sind die Grundlagen des Sollens, damit die Triebfedern des Handelns. Die Grundlegung bestehender Orientierungen, die die Ethik der Verantwortung angeblich aus dem Sein der Dinge und Menschen ableitet, wird dadurch nicht aus einem „Sein" im Sinne des Faktisch- oder Möglichseins abgeleitet, sondern aus einem Sein-Sollen. Das im Handeln gesetzte Sein untersteht der Intention eines Entwurfs. Und diese Intention ist es letztlich, die das Sollen erwachsen läßt, denn jeglichem Geschöpf wird die Übernahme der Intention des Schöpfungshandelns zur Verpflichtung.

Der in Jonas' Verantwortungsethik vorausgesetzte Seinsbegriff ist nicht der philosophische Begriff, der alles Vorliegende, alles Erkennbare umfaßt, sondern Sein bedeutet Geschöpfsein. Das Fundament der Metaphysik, die ihrerseits die Ethik der Verantwortung begründet, liegt daher – um es mit Heidegger zu charakterisieren – in einer Onto-Theologie. Um seine Begründungsabsicht einlösen zu können, greift Jonas noch einmal auf eine weiter spezifizierte Form des Geschöpfseins zurück, nämlich auf eine der Ethik Verantwortung besonders affine Bestimmung der Geschöpflichkeit und der Schöpfung, die er in der jüdischen Mystik findet.[21] Hier wird das Sein der Welt als das Gewordensein Gottes interpretiert, die Geschichte der Welt und des Menschen selbst ist das Werden Gottes. Der Blick auf die Geschichte ist also zugleich schon der Blick auf die Geschichte des ursprünglich-entwerfenden Prinzips. Gott selbst, das Gelingen seiner Handlungsintention ist mit der Welt in die Verantwortung unseres Handelns gelegt, denn in der Bedrohung der Zukunft der Welt, der Schöpfung, droht auch Gott selbst das Scheitern. Zwar formuliert Jonas diese Kon-

21 Vgl. dazu die Überlegungen in *H. Jonas: Zwischen Nichts und Ewigkeit* (Göttingen 1963), wo Jonas den Mythos des Gott-Werdens explizit anführt, um seine metaphysische Option zu stützen (55f). Vgl. dazu auch *Reflexionen in finsterer Zeit*. Vorträge von Fritz Stern und Hans Jonas. Hrsg. von O. Hofius. Tübingen 1984, bes. 68, 73ff, 79, 82f.

zeption mit aller Vorsicht, der Rückgriff auf die in der jüdischen Mystik vorgefundene Deutung der Geschöpflichkeit als „Mittäterschaft" der Geschöpfe am Werden Gottes ergibt sich aber konsequent, ja beinahe zwangsläufig aus einer „philosophischen Biologie". Die Freiheitsunterstellung bei allem Lebendigen, d.h. die Ausweitung des Freiheitsbegriffs auf den Bereich des Lebens überhaupt, bietet die Grundlage für die Erweiterung der metaphysischen Begründung der Ethik zu einer ontotheologischen Voraussetzung.

Was sich philosophisch als ein wiederholter argumentativer Zirkel darstellt, nämlich die Begründung der Zwecke unseres Handelns in einem metaphysisch gesicherten, die Realität setzenden Wollen, dessen Durchsetzung aber wiederum unserem Handeln anheimfällt, erscheint Jonas als eine gesicherte Basis der Ethik. Das Sein der Dinge und Menschen wird durch diesen spezifisch theologischen „Grund" in einer Weise bestimmt, die den Vorwurf der naturalistic fallacy aufhebt. Es geht nicht um eine Bestimmung des Sollens aus dem faktischen Sein, wie etwa bei der Herleitung der Verpflichtung aus der „Gewohnheit" gewachsener Sitten.[22] Jonas geht es vielmehr um eine Begründung des Ethos, die sich nicht auf bestehende Orientierungen stützt, sondern bestehende Orientierung selbst nochmals begründen, ausstehende Orientierungen stiften will. Das zeigte bereits die Analyse der technischen Welt und die mit ihr verbundene Forderung einer Erneuerung der Ethik zur Ethik der kollektiven Verantwortung. Der konstitutive Ansatz der Ethik der Verantwortung muß also über die „Gewohnheit", die Usualität des Gegebenen hinausgreifen. Das geschieht in der unterstellten Konzeption des Seins als Geschöpfsein.

Trotz dieses konsequenten Fortgangs von der Ethik der Verantwortung zu ihrer metaphysischen und letztlich zu ihrer

---

22 Die Konzeption der Herleitung einer Verpflichtung aus der „Gewohnheit" vertritt in eingeschränktem Maß zumindest O. Marquard in seiner Konzeption des Usualismus, d.h. in der Auszeichnung des Gewohnten weil Gewordenen als des zunächst der Neuerung Überlegenen. Vgl. dazu u.a. *Odo Marquard: Über die Unvermeidlichkeit von Üblichkeiten.* In: *Normen und Geschichte.* Hrsg. von Willi Oelmüller. Paderborn 1979, 332ff.

theologischen Grundlage kann das theologische Fundament dieser Ethik einzig die „Privat-Gültigkeit“ individueller Überzeugung rechtfertigen. Geht man – wie Kant es berechtigterweise vorzeichnet – von den Möglichkeiten und Kapazitäten endlicher Vernunft aus, so bleibt nämlich diese Prämisse unbeweisbar. Sie verdankt sich einer individuellen oder kollektiven Überzeugung, deren Allgemeinheit dahingestellt bleibt, solange sie nicht anders als theologisch begründet wird.

5. Die Handlungsfolgen der metaphysischen Ethik

In der Prüfung der Konzeption der Verantwortungsethik könnte man im Prinzip mehrere Wege gehen. Zunächst wäre es sicherlich sinnvoll, die spezifische onto-theologische Ausprägung der metaphysischen Begründung infragezustellen.[23] Dies vor allem darum, weil es gegenwärtig andere Ansätze der Ethik gibt, die zwar auch eine metaphysische Begründung anstreben, aber eine schwächere, weil voraussetzungsärmere Begründung.[24] Im folgenden soll eine andere Form der Prüfung gewählt werden. An die Stelle des Vergleiches unterschiedlicher Ansätze soll die Diskussion der Handlungsfolgen der spezifi-

---

23 Zu einer eingehenderen Diskussion der theologischen Voraussetzungen vgl. *A. Gethmann-Siefert: Ethos und metaphysisches Erbe.* Zu den Grundlagen von Hans Jonas' Ethik der Verantwortung. In: *Philosophie der Gegenwart – Gegenwart der Philosophie.* Hrsg. von Herbert Schnädelbach und Geert Keil. Hamburg 1992, bes. 201ff.

24 Exemplarisch entwickelt wird eine solche Begründung der Ethik bei *Karl Otto Apel: Diskurs und Verantwortung.* Das Problem des Übergangs zur postkonventionellen Moral. Frankfurt 1988. Hier ist besonders die Auseinandersetzung mit Jonas interessant (vgl. a.a.O., 179ff), die sich gegen die metaphysische Grundlage richtet und dafür plädiert, die Konzeption der Letztbegründung neu und anders zu fassen. Vgl. dazu auch ders.: *Kann der postkantische Standpunkt der Moralität noch einmal in substantielle Sittlichkeit „aufgehoben“ werden?* Das geschichtsbezogene Anwendungsproblem der Diskursethik zwischen Utopie und Regression. In: *Moralität und Sittlichkeit.* Das Problem Hegels und die Diskursethik. Hrsg. von Wolfgang Kuhlmann. Frankfurt a.M. 1986, 217ff.

schen metaphysischen Begründung der Verantwortungsethik treten.

Eine fundamentale Kritik an der Ethik der Verantwortung ist bereits in der von Jonas selbst entwickelten Charakteristik des geschichtlichen Handelns angelegt. Nicht so sehr die prinzipielle Konzeption des Handelns als eines vernehmenden Entsprechens als vielmehr die durch die theologische Gewißheit der ontologischen Fundamente vorgegebene konkrete Inhaltlichkeit der Handlungsmaximen nötigt zur Infragestellung der Ethik der Verantwortung. Es zeigte sich nämlich bereits in der Rekonstruktion der Folgen dieser Ethik die prinzipielle Schwierigkeit einer auf solche Art metaphysisch begründeten Ethik. Wo immer man die Ethik nicht als Prüfung geltender Orientierungen, als Absteckung des Geltungsbereichs individueller Handlungsmaximen entwirft, sondern zugleich inhaltliche Orientierungen bis hin zu konkreten Ge- und Verboten absichern bzw. sogar gewinnen will, muß die Ethik auf ein ontologisches Fundament Anspruch erheben, das zugleich theologische Gewißheitsgarantien übernimmt. Die Tragfähigkeit einer Inhaltsethik hängt von der inhaltlichen Festlegung der ontologischen Begründung ab. Umgekehrt zeigt sich die Notwendigkeit oder Verzichtbarkeit einer solchen onto-theologischen Begründung aber an ihren Folgen für das Handeln einer Gemeinschaft. Die entscheidende Frage lautet also: Was erhält in einer bestehenden Kultur orientierende Kraft? Sind es bestehende Werte, Traditionen oder ist es der Entwurf des Handelns auf zukünftige Möglichkeiten des Menschseins? Ist der Mensch und seine Chance zur Realisation eines vernünftigen freien Handelns, eines geglückten Lebens oder ist Außermenschliches (Natur bzw. Gott) das Maß der Ethik?

Für Jonas' Inhaltsethik fällt die Antwort auf die Frage leicht. Die spezifische Verknüpfung von ordo creationis und Sittlichkeit führt zur Aufhebung der Freiheit des menschlichen Individuums zugunsten der Anerkennung einer „Freiheit" der Natur, damit eines Anspruches der Natur auf „Selbst"-Verwirklichung. Die Natur, aufgefaßt als Kosmos des Lebendigen mit Freiheitspotenz, fordert vom Menschen, bewahrt, nicht geändert, belassen, nicht seinem handelnden Zugriff unterworfen zu werden. Daher muß die Ethik Maximen der Bewahrung der Natur entwickeln. Dadurch ergibt sich die Paradoxie einer Beschneidung menschlicher Freiheit zugunsten der Realisation göttlicher Freiheit vermittels der Freiheit der Natur. Mit Jonas formuliert: Die Chance göttlicher Selbstrealisation muß in der Natur gegen den technisch-verändernden, damit zerstörenden Zugriff des Menschen offengehalten werden.

In einer solchen Forderung manifestiert sich die notwendige Konsequenz der ontologischen Begründung, näherhin der Ausweitung des Freiheitsbegriffs. Da Jonas alles Lebendige analog zur Person beschreibt, diese Beschreibung als ontologische Bestimmung ausgibt, gewinnt auch alles Lebendige die „Würde" der Person. Zwar ist diese „Würde" durch einen unzureichend begründeten Analogieschluß erschlichen, aber die ontologische Grundlage der Ethik der Verantwortung läßt sich nicht wieder zu einem Anthropozentrismus der Ethik zurückformen. Der Extremfall einer solchen Unterstellung von Freiheit für alles Lebendige (Freiheit wird zur ontischen Qualität des Lebendigen) ist die Akzeptation der Natur als Handlungspartner, die bis hin zum Postulat einer Rechtsfähigkeit der Natur geht.[25] Wird diese Bestimmung der Freiheit als Qualität alles Lebendigen, als „Würde" der Natur[26] mit den methodischen Grundlagen der Verantwortungsethik (der Heuristik der Furcht und der beanspruchten Globalität der Folgenabschätzung) verknüpft, müssen die Zwecksetzungen, die sich aus der metaphysisch begründeten Ethik ableiten lassen, zwangsläufig konservativ ausfallen. Wenn im ethischen Handeln des Menschen nicht Moralität realisiert oder verfehlt werden kann, sondern das Wer-

25 Vgl. *A. Gethmann-Siefert: Ethos und metaphysisches Erbe*, a.a.O., bes. 183ff.

26 Kant behält aus guten Gründen den Begriff der Würde der menschlichen Person vor als inhaltliche Ausformulierung der aus der Natur des Menschen, der Freiheit und Vernunft, entspringenden Pflicht gegen jedes menschliche Individuum. Durch die Umdeutung des Freiheitsbegriffs meint Jonas den Begriff der Würde auch auf außermenschlich-Lebendiges, auf die „Natur" übertragen zu dürfen.

den Gottes in der Welt auf dem Spiel steht, wenn überdies alles zu Behandelnde die Qualität der Freiheit, damit die Qualität der Letztzwecklichkeit (Würde) hat, läßt sich kein Eingriff des Menschen in die Welt rechtfertigen. Die Methode des Wissensgewinns (Heuristik der Furcht) verbunden mit dem Anspruch, alle negativen Folgen des Handelns ersehen und ausschließen zu können, setzt an die Stelle der notwendigen Diskussion um die Verantwortbarkeit der Folgen und Fernfolgen unseres Handelns das sichere Bewußtsein, daß technischer Fortschritt nur schädigende Folgen haben kann und daß deshalb auf ihn Verzicht geleistet werden muß.

Wohlgemerkt: Philosophisch bleibt dieser Fortschrittsverzicht, den Jonas in seiner Ethik sogar explizit zur Pflicht erhoben hat, unbegründet. Lediglich die schöpfungstheologische Voraussetzung liefert die konsequente Grundlage für eine solche Folgerung. Praktisch wirkt sie sich aber als Verdammung zur Handlungsunfähigkeit aus, als Rückbindung der Begründung des Handelns an Dezisionen, statt an die vernünftige Argumentation.

Im Einzelfall läßt sich die Lähmung des Fortschritts, damit letztlich die Irrelevanz einer metaphysisch begründeten Ethik für Gegenwartsprobleme am besten verdeutlichen. Hier soll nur an wenigen Beispielen die Anwendbarkeit der Ethik der Verantwortung geprüft werden. Aus den Überlegungen, die Jonas selbst vorgibt, bieten sich für die nähere Prüfung an: das Proliferationsgebot, die Todesdefinition sowie das komplementäre Verbot, die technischen Möglichkeiten der Lebensverlängerung auszunutzen.

5.1 Das Recht auf einen menschenwürdigen Tod

In der Erörterung im Einzelfall läßt sich die Lähmung des Fortschritts, damit letztlich die Untauglichkeit einer metaphysisch begründeten Ethik für die Lösung gegenwärtiger Probleme demonstrieren. Es erübrigt sich, auf die Auseinandersetzung mit Problemen der Gentechnik einzugehen. Fragen, die hier entstehen und Probleme, die hier lösbar werden, sind vorweg entschieden – und zwar negativ – durch den Handlungsverzicht, der sich für die Ethik der Verantwortung im Blick auf die Natur- und Schöpfungsordnung als ein unumstößliches Gebot ergibt. Ebensowenig muß sich die Sinnlosigkeit des Proliferationsgebotes eigens nachweisen lassen in einer Welt, deren hauptsächliche Umweltprobleme und soziale Aporien aus der zu großen Zahl der auf der Erde zu erwartenden Menschen erwachsen. Da Jonas zugleich mit dem Proliferationsgebot die Erhaltung der Welt (zumindest auf ihrem gegenwärtigen Stand) fordert, stehen die inhaltlichen Gebote der Verantwortungsethik im Widerspruch miteinander. Die Erhaltung der Welt kann nicht gewährleistet werden, wenn das uneingeschränkte Proliferations*gebot* gilt. Auch wenn so die Sinnlosigkeit und damit die Uneinlösbarkeit eines solchen Gebotes auf der Hand liegt, bleibt die orientierungsgewisse Argumentationsbeschneidung fatal, zu der die Ethik der Verantwortung nötigt. Man wird sich keine Gedanken machen müssen und dürfen, obwohl die Forderung einer Erhaltung der Welt im expliziten Widerspruch mit diesem Gebot steht.

Eine diskutablere Auseinandersetzung mit Gegenwartsproblemen der angewandten Ethik findet sich in den Überlegungen, die Jonas anläßlich der Veröffentlichung einer Definition des Gehirntodes durch eine Kommission der Harvard-Medical-School veröffentlicht hat.[27]

Jonas entwickelt eine anthropologische Überlegung, mit deren Hilfe er die Zulässigkeit und Zuträglichkeit der Gehirntod-Definition in Zweifel zieht. Wird der Tod des Menschen bei „ir-

27 Diese Auseinandersetzung findet sich in *H. Jonas: Gehirntod und menschliche Organbank: Zur pragmatischen Umdefinierung des Todes.* In: *TME* 219-241; dazu ders.: *Techniken des Todesaufschubs und das Recht zu sterben.* In: *TME* 242-268 sowie *Against the Stream: Comments on the Definition and Redefinition of Death.* In: *H. Jonas: Philosophical Essays: From Ancient Creed to Technological Man.* 2. Aufl. Chicago 1980. In diesem Zusammenhang werden auch die Überlegungen im *Prinzip Verantwortung* oder die entsprechenden in *Macht oder Ohnmacht der Subjektivität?* (zum Leib-Seele-Problem im Vorfeld des Prinzips Verantwortung) relevant.

reversiblem Koma" als sicher angenommen, dieses wiederum durch das Vorliegen festgelegter diagnostischer Merkmale definiert (Abwesenheit jeder feststellbaren Gehirntätigkeit und jeder gehirnabhängigen Körpertätigkeit, flaches Elektrokephalogramm; *TME* 220), so befürchtet Jonas, daß hierin eine konsequenzenreiche Einschränkung liege, die medizinischem Mißbrauch Tor und Tür öffnet.

Unproblematisch an der Gehirntod-Definition ist lediglich die Entscheidung über die weitere medizinische Versorgung des betroffenen Individuums. Hier reicht nach Jonas der Standpunkt der katholischen Kirche zu: „Wenn tiefe Bewußtlosigkeit für permanent befunden wird, dann sind außerordentliche Mittel zur Weitererhaltung des Lebens nicht obligatorisch. Man darf sie einstellen und dem Patienten erlauben zu sterben."[28] Schwierig, weil konsequenzenreich, wird die Definition des Gehirntodes allein unter der Perspektive der Ermöglichung von Organtransplantationen. Jonas sieht hier die Gefahr, daß der Zeitpunkt des Todeseintritts vorverlegt wird, um optimale Bedingungen für die medizinische Versorgung dritter zu erreichen. Für diesen zweiten Fall, so betont Jonas, „müssen wir die Grenzlinie mit absoluter Sicherheit kennen", d.h. wir müssen die „maximale Definition" des Todes in Anschlag bringen, wenn und solange wir „die genaue Grenzlinie zwischen Leben und Tod nicht kennen" – was nach Jonas der Fall ist (vgl. *TME* 221, 222).

Gegen die Hirntod-Definition der Harvardkommission setzt Jonas deshalb seine maximale Definition des Todes, die auf jeden Fall Mißbrauch ausschließen soll. Die Medizin muß vom *Tod des ganzen Organismus* ausgehen. Das heißt aber letztlich, daß die Feststellung des Hirntodes nicht dazu berechtigt, den menschlichen Leib einer medizinischen Nutzung zuzuführen, selbst wenn der Betroffene vorab dieser Nutzung explizit zugestimmt hat. Statt dessen berechtigt die Hirntod-Definition lediglich dazu, das Erlöschen des organischen Lebens (den Tod des ganzen Organismus) nun nicht mehr durch weitere tech-

28 Zit. nach *TME* 220f.

nische Maßnahmen aufzuhalten. Die „Sinnlosigkeit bloß vegetativer Fortexistenz“ (*TME* 224), ja die „Sinnwidrigkeit bewußtlosen Fortvegetierens für ein Menschenwesen“ (*TME* 230) ist nach Jonas evident und muß nicht weiter begründet werden. Jonas folgert deshalb aus der Hirntod-Definition lediglich das Recht des betroffenen Individuums, sterben zu dürfen. Die Hirntod-Definition bringt nur *eine* Handlungsmaxime hervor: Durch die Einsicht, daß es „menschlich nicht recht – geschweige denn geboten – ist, das Leben eines hirnlosen Leibes künstlich zu verlängern“ (ebd.), wird die Aufforderung begründet, von technischen Maßnahmen der Lebensverlängerung abzusehen. Das in diesem Zusammenhang postulierte „Recht auf seinen eigenen Leib“ wird im Falle der Feststellung des Gehirntods zum Recht umformuliert, sterben zu dürfen: „Sterben in aller Vollständigkeit, bis zum Stillstand jeder organischen Funktion“ (*TME* 222).

Die maximale Todesdefinition, d.h. die Festlegung des Todeszeitpunkts auf den Zeitpunkt des Erlöschens des gesamten organischen Lebens, macht die Transplantationsmedizin unmöglich. Dennoch betont Jonas, daß diese Überlegungen unverzichtbar und unumgänglich sind, denn solange wir „einen ‚Organismus als ganzen‘ minus Gehirn haben, der in einem Zustand partiellen Lebens erhalten wird“, darf nicht danach gefragt werden, ob der Betroffene gestorben ist, sondern was mit ihm, der immer noch ein Patient, eine Person ist, geschehen soll (vgl. *TME* 229). „Diese Frage kann nun gewiß nicht durch eine Definition des Todes, sondern muß mit einer ‚Definition‘ des Menschen und dessen, was ein menschliches Leben ist, beantwortet werden“ (*TME* 229). Jonas plädiert für eine ganzheitliche, nicht dualistische Anthropologie und fordert aus der Untrennbarkeit von Körper und Seele, Leib und Geist das unverzichtbare Recht des Menschen „auf seinen eigenen Leib mit allen seinen Organen“ (*TME* 223). Dieses Recht auf den eigenen Leib muß in Anschlag gebracht werden, wenn es die Frage zu entscheiden gilt, was mit dem irreversibel komatösen Patienten geschehen darf. Es zählt nicht mehr die persönliche Entscheidung des Patienten, seinen eigenen Leib für die medizinische Nutzung zum Wohl anderer zur Verfügung zu stellen. Das „Recht auf den eigenen Leib“ muß über diesen Willen hinaus, ja gegen diesen Willen durchgesetzt werden. Das Recht der „Pietät“ (*TME* 223) – so stützt Jonas diese Folgerung –, der Wille der Angehörigen, über den Tod des Individuums hinaus die Person als solche, ihre Würde zu wahren, darf nicht tangiert werden. Die freie Entscheidung des Betroffenen über seine eigene Person tritt demgegenüber in den Hintergrund.

Letztlich ist diese Position in sich widersprüchlich und läßt sich lediglich durch Jonas' Einschätzung der Subjektivität begründen. Nach Jonas' Ansicht ist die subjektive Entscheidung nicht nur prinzipiell fallibel, sondern immer auch zur falschen Entscheidung, zum Bösen geneigt, d.h. man muß jeglicher Entscheidung Mißtrauen, nicht den Respekt vor der moralischen Entscheidung entgegenbringen. Ohne einen solchen m.E. nicht (oder nur theologisch durch die Lehre von der Erbsünde) begründbaren Vorbehalt müßte man das (von Jonas geforderte) Recht auf den eigenen Leib nicht nur prinzipiell für ein unabdingbares Recht erklären, sondern es müßte auch der Entscheidung des Individuums unterstehen, von diesem Recht in der einen oder anderen Weise Gebrauch zu machen. Die Bewußtlosigkeit und Unfähigkeit, die (einmal getroffene) Entscheidung über den eigenen Leib weiterzutragen, darf keine andere Verantwortung auf den Plan rufen, als die, die in der eigenen Entscheidung des Individuums bereits zum Ausdruck gebracht worden ist. Das Recht der Pietät würde hier also fordern, nicht den Leib zu bewahren, um die Würde des Menschen (hier des Patienten) aufrechtzuerhalten, sondern seine persönliche Entscheidung zu übernehmen, da die Aufrechterhaltung als subjektiv moralisch erkannte Entscheidungen (solange sie kein allgemeines Recht oder gleichgewichtige Belange anderer tangieren) der Würde der Person eher Rechnung trägt als die bloße Konservierung des Leibes, als die bloße Erhaltung körperlicher Integrität. Immerhin hat der Betroffene, also das Individuum selbst, auch wenn es sein Recht auf den eigenen Leib nicht mehr geltend machen kann und in Zukunft nicht mehr geltend machen können wird, im Sinne dieses Rechts über den eigenen Leib bereits befunden. Der erklärte und aufgeklärte Wille zur Freigabe des eigenen Organismus für medizinische Zwecke, d.h. zum Wohl anderer, ist eine moralische Entscheidung, die durch metaphysische Gründe nicht zurückgenommen werden kann, es sei denn, man setze – wie Jonas es de facto tut – die metaphysischen Fundamente des Menschseins höher an als die Freiheit.

Jonas muß sein gesamtes metaphysisches Geschütz auffahren, um den Irrtum dieser Selbstbestimmung zu entlarven. Nur weil – wie er in seiner philosophischen Biologie darlegt – noch der letzte Funke organischen Lebens die metaphysische Qualität der Freiheit hat, darf man auch beim Funktionieren der Subsysteme des menschlichen Organismus nicht davon ausgehen, daß der Organismus tot ist. Diese Konzeption des Lebens zusammen mit der unterstellten monistischen Anthropologie führt dazu, daß die wesentlichen medizinethischen Probleme nicht mehr diskutiert werden können.

Das im Rahmen medizinischer Versorgung notwendige und durch die Entscheidung des Individuums abgesicherte, gerechtfertigte Handeln muß sich zwangsläufig über eine solche ethische Begründung hinwegsetzen, soll moderne Medizin möglich bleiben. Ganz abgesehen davon, daß auch die metaphysische Begründung nur aufgrund eines Vorurteils triftig ist, wird sie als ganze untauglich, Maximen des Handelns auszubilden, die der Situtation der modernen Medizin entsprechen. Für diese ist nämlich die Einforderung des Rechts auf „seinen eigenen Leib mit allen seinen Organen" eine Sache des erklärten Willens des betroffenen Individuums und kann zwar von den mitbetroffenen Angehörigen gestützt, nicht aber widerrufen werden. Im letzten widerspricht Jonas nicht nur dem Gebot der Triftigkeit ethischer Maximen, sondern zugleich der unterstellten ganzheitlichen Anthropologie, wenn er den Menschen als „Leib" von der eigenen Entscheidungskapazität über den Leib, d.h. von der Möglichkeit des Selbstentwurfes dann abschneidet, wenn diese Möglichkeit nicht mehr ausdrücklich vom betroffenen Individuum selbst wahrgenommen wird. Die Frage, warum die Integrität des Leibes – besser müßte es hier nun heißen des Körpers – gegen die persönliche Entscheidung aufrechterhalten wird, läßt sich sinnvollerweise nicht beantworten, es sei denn durch Akzeptation der von Jonas entwickelten aber durchaus anzweifelbaren metaphysischen, näherhin der onto-theologischen Vorentscheidungen. Umgekehrt muß betont werden: Der menschliche Leib wird gerade dann in seiner Ganzheit anerkannt, seine Würde wird gewahrt, wenn die Entscheidung der Person über ihren eigenen Körper auch nach dem Verlust der Möglichkeit, diesen Entwurf selbst durchzusetzen – sozusagen als letzte noch mögliche personale Entscheidung – durch andere stellvertretend aufrechterhalten wird. Das ethisch Gebotene läge also eher darin, kontrafaktisch die Entscheidung der Person, des Individuums als eine moralische Entscheidung aufrechtzuerhalten, als darin, diese Entscheidung zurückzunehmen, weil sie einer dubiosen „Individualmoral", d.h. dem Vollzug der Freiheit, nicht der Anerkennung der Gottgebundenheit, entspringt.

5.2 *Technische Chancen der Lebensverlängerung*

Ein weiteres, häufiges diskutiertes Problem wird von Jonas im Rahmen dieser Diskussion um die Konsequenzen der Todesdefinition mitaufgegriffen und im Handstreich sogleich „mitgelöst". Es ist die Frage nach der Erlaubtheit, technische Möglichkeiten der Lebensverlängerung einzusetzen. In der Abhandlung *Techniken des Todesaufschubs und das Recht zu sterben* werden die Konsequenzen der Hirntod-Debatte für das „Recht zu sterben" näher erörtert.

Während in der Frage der Berechtigung der Organtransplantation die Hirntod-Definition zu einer absurden Prämisse erklärt wurde, scheint sie in der Frage des Rechts auf Sterben zu einer unumgänglichen Voraussetzung zu werden, will man die Menschlichkeit des Todes noch gewährleisten können. Deshalb formuliert Jonas in aller Schärfe, es werde in diesem Fall „eine Neudefinition des Todes nicht benötigt – nur vielleicht eine Revision der vermeintlichen Pflicht des Arztes, unter allen

Umständen das Leben zu verlängern" (*TME* 230). Während es in der Frage medizinischer Nutzung des menschlichen Organismus zwingend ist, als „einzig richtige Maxime für das Handeln" die Forderung aufzustellen, sich „nach der Seite vermutlichen Lebens" (*TME* 233) zu entscheiden, werden in der Frage nach dem „Recht auf Sterben" genau die umgekehrten Argumente herangezogen. Die Hirntod-Definition berechtigt, ja verpflichtet den Arzt, dem Patienten das Recht auf seinen Tod als die einzig noch mögliche Artikulation des Rechts auf seinen Leib einzuräumen. Gegen die passive Euthanasie setzt Jonas die Autonomie des Menschen, die in der Situation des irreversiblen Komas erfordert, in Betracht zu ziehen, „daß wir uns selbst besitzen und uns nicht von unserer Maschine besitzen lassen".[29] Daher fordert Jonas das unverzügliche „Aussetzen der todverzögernden Techniken der modernen Medizin" (*TME* 244). Die Diskussion um die aktive Euthanasie wird damit gleichsam mitentschieden. Jonas fordert lediglich die Freihaltung dieses Bereichs von *jeglicher* Argumentation unter Hinweis auf das Dammbruchargument.

Die ethische Begründung solchen Handelns, damit auch die Gründe dafür, daß ein Sterbenlassen des irreversibel komatösen Patienten medizinisch geboten ist, entwickelt Jonas aus dem Recht des Menschen, menschenwürdig zu sterben. Dieses Recht wird allerdings objektivistisch ausgelegt durch die These, „daß der Tod seine eigene Richtigkeit und Würde" habe (*TME* 236). Aus dieser Vorgabe folgert Jonas, daß die Einstellung künstlicher Lebenserhaltung „obligatorisch", nicht bloß erlaubt sei. Das „Recht zu sterben" läßt sich letztlich aus dem Recht des Menschen auf seinen Leib ableiten, wird des weiteren gestützt durch das „postume ‚Erinnerungsrecht'" (*TME* 262), das „zum Gebot ... wird, die Degradierung eines solchen ‚Fortlebens'" (ebd.) zu verhindern. Hat der Tod, wie Jo-

29 *Technik, Ethik und biogenetische Kunst.* Betrachtungen zur neuen Schöpferrolle des Menschen. In: Die pharmazentrische Industrie. 46/47 (1984); dazu *Technology as a Subject for Ethics.* In: Social Research. 49 (1982) N. 4; hier zit. nach *TME* 52.

nas formuliert, „seine eigene Richtigkeit und Würde", so leitet sich daraus das Recht des Menschen ab, „daß man ihn sterben läßt". Man muß den Unterschied machen zwischen „dem-Tod-Widerstehen und Sich-Töten, ebenso wie zwischen Sterbenlassen und den-Tod-verursachen". Wird der Tod nur durch Verlängerung eines bestehenden Minimalzustandes hinausgeschoben, so erscheint es angezeigt, das Recht auf Sterben in Anschlag zu bringen. Dieses Recht fällt mit unter das allgemeine Recht des Individuums, medizinische Behandlung auch abzulehnen, und führt so weit, daß der Arzt „von einem bestimmten Moment an ... [vom] ... Heiler ... zum Todeshelfer des Patienten" werden muß (*TME* 257).

Auch hier wird die problemträchtige Seite der Diskussion um die passive Euthanasie übersprungen. Arzt wie Patient stehen letztlich in der Verpflichtung auf eine allgemeine Naturordnung, die der eine für sein Recht zu sterben in Anschlag bringen kann, der andere für seine Verpflichtung zur Sterbehilfe. Nur auf diese Grundlage geht Jonas noch einmal eigens ein, wenn er aus dem generellen „Verlust der Ehrfurcht vor der Naturordnung" (*TME* 211) die Notwendigkeit der die Handlungsmaxime begründenden Forderung ableitet, die „eigene Würde und Richtigkeit des Todes" (s.o.) zu akzeptieren. Dieses Argument scheint aber wenig geeignet, die anstehenden Probleme zu lösen. In der Frage der künstlichen Lebensverlängerung gibt diese ontologische bzw. onto-theologische Prämisse nicht mehr als eine ungefähre Richtlinie an die Hand, nämlich die (auch aus dem kategorischen Imperativ Kants entspringende) Forderung, die Autonomie nicht zu verletzen. Dies akzeptiert, entstehen die brisanten Fragen nach der spezifischen Maßgabe für eine Lebensverlängerung bzw. ihre Unterlassung, also die passive Sterbehilfe. Jonas klammert diese Frage und die hier erforderlichen näheren Angaben aus, weil für ihn die Autonomie des Patienten wie des Arztes letztbegründet auf eine nicht subjektive Instanz verweisen. Von dieser Instanz her erscheint die „Würde und Richtigkeit des Todes" als eine Naturvorgabe, nicht aber als eine vom Menschen zu tragende Entscheidung für sein eigenes Leben bzw. als eine (vom Arzt her formuliert) für den anderen übernommene Fürsorge für dessen Leben. Nur auf der Grundlage der Kenntnis des göttlichen Naturplans mit dem Menschen, nur auf Basis der spezifischen kosmologischen Ontologie der Ethik der Verantwortung werden solche Optionen ohne weitere Reflexionen auf die spezifische Situation – etwa die Entscheidung des Patienten selbst oder die Finanzierbarkeit lebensverlängernder Techniken – verpflichtend.

Daß diese Grundlage anzweifelbar ist, räumt Jonas in gewisser Weise selbst ein. In seiner letzten Veröffentlichung spricht Jonas daher auch nur noch von „*Philosophischen Untersuchungen und metaphysischen Vermutungen*"[30], ohne allerdings die Anspruchsgewißheit der Forderung zurückzunehmen. Stellen und beantworten lassen sich Fragen nach dem Recht auf Sterben bzw. dem auf Lebensverlängerung nicht aus ontologischer Perspektive, sondern nur im Rückgewinn einer anthropozentrisch begründeten Ethik. Dann lautet die Forderung, die „Würde und Richtigkeit des Todes" anzuerkennen beispielsweise, die Würde des sterbenden *Menschen* auch in dieser Situation stellvertretend aufrechtzuerhalten, d.h. in seinem Sinn über seinen Leib zu befinden. Das zwingt aber zur Diskussion verschiedener Versionen der Fortsetzung solcher Selbstbestimmung für den Menschen, der seine Autonomie selbst nicht mehr durchtragen kann. Eine für eine Organspende nötige zeitweise Lebensverlängerung bei Einwilligung des Patienten ist ebenso sinnvoll und begründbar, wie die unbegrenzte Lebensverlängerung bzw. die Lebensverlängerung nach Maßgabe der technischen und finanziellen Möglichkeiten, wie die Forderung nach nicht nur passiver, sondern sogar aktiver Sterbehilfe. All diese werden in der Tat wieder zu möglichen Optionen, wenn man die ontologische Definition der „Würde des Todes" zu einer ohne metaphysische Grundlagen einsichtigen transzendentalphilosophischen

---

30 Frankfurt 1992; diese Einschränkung macht Jonas aufgrund der Kritik, seine Ethik sei eine „säkularisierte theologische Ethik". Vgl. dazu: *Wolfgang Erich Müller: Der Begriff der Verantwortung bei H. Jonas.* Frankfurt a.M. 1988, 101f.

Bestimmung umformt, nämlich der Forderung, auch im Tode die Würde des Menschen aufrechtzuerhalten.

6. Plädoyer für den Gebrauch endlicher Vernunft

Aufgrund der unakzeptablen bzw. gar nicht formulierbaren Handlungskonsequenzen der Ethik der Verantwortung legt es sich nahe, die metaphysische Begründung der Ethik rückgängig zu machen. Man sollte – der Kritik einiger neuerer Ansätze folgend – die Ethik als Konfliktbeseitigungsinstrument begreifen.[31] Dieses Konfliktbeseitigungsinstrument muß auf die endliche Vernunft gegründet sein und wird damit zum Instrument rationaler Konfliktlösung, nicht mehr zum Resultat der Einsicht und Einstimmung in eine Gesamtschau von ontologisch-kosmologischer Tragweite. Angesichts der Folgen der Ethik der Verantwortung wird deren Ideal einer absoluten Sicherung ohnehin fragwürdig. Sicherung ist zwar wünschenswert, aber zu große Absicherung macht – wie sich an konkreten Beispielen zeigt – handlungs- und diskursunfähig.

31 Diese Konzeption der Ethik ist besonders für den Konstruktivismus bedeutsam. Sie wird beispielsweise bei Oswald Schwemmer in der *Philosophie der Praxis.* (Versuch zur Grundlegung einer Lehre vom moralischen Argumentieren. Frankfurt a.M. 1991) ausgehend von Kant entwickelt, aber auch bei Carl Friedrich Gethmann in einigen weiterführenden Untersuchungen zu spezifischen Problemen der angewandten Ethik. Vgl. etwa: *Proto-Ethik.* Zur formalen Pragmatik von Rechtfertigungsdiskursen. In: *Bedürfnisse, Werte und Normen im Wandel.* Hrsg. von Theodor Ellwein und Herbert Stachowiak. Bd 1. München/Paderborn 1982, 113-143; ders.: *Praktische Geltungsansprüche und ihre Einlösung.* In: *Entwicklungen der methodischen Philosophie.* Hrsg. von Peter Janich. Frankfurt a.M. 1991, 148-175; ders.: *Lebensweltliche Präsuppositionen praktischer Subjektivität.* Zu einem Grundproblem der „angewandten Ethik". In: *Philosophie der Subjektivität.* Hrsg. von Hans Michael Baumgartner und Wilhelm Jacobs. Bd 1. Stuttgart 1993, 150-170. – Auch im Rahmen der von K.O. Apel entwickelten Transzendentalpragmatik ist eine solche Bestimmung der Ethik sinnvoll und fruchtbar. Vgl. dazu die spezifische Auseinandersetzung mit Jonas bei *W. Kuhlmann: Prinzip Verantwortung versus Diskursethik.* In: *Archivo di filosofia.* 55 (1978), No 1-3, bes. 95.

Daher lautet die Frage, ob nicht auch angesichts der globalen Bedrohtheit des Menschen durch seine eigenen Fähigkeiten, selbst unter Einrechnung der Tatsache, daß „die Geister, die [er] ... rief", dem Menschen über den Kopf wachsen mögen, daß sein eigenes Produkt sich gegen ihn kehren kann, eine schwächere metaphysische Begründung der Ethik zureicht. In den genannten Fällen einer tatsächlichen Anwendung der Verantwortungsethik zeigt sich, daß eine zu weitgehende Begründung der angewandten Ethik keine gute Begründung mehr sein kann.[32]

Der erste Akt in der Prüfung der Leistungsfähigkeit und Unverzichtbarkeit metaphysischer Grundlagen der Handlungsorientierung muß also in einer Differenzierung zwischen sinnvollen und nötigen bzw. überflüssigen, weil das Anliegen korrumpierenden metaphysischen Unterstellungen liegen. Ersetzt man alternativ die ontologisch-kosmologische Deutung des Freiheitsbegriffs durch die gängige formale Version der Freiheitskonzeption, erhält man zwar ebenfalls eine metaphysisch – im Prinzip der Freiheit – begründete Ethik, aber keine Inhaltsethik. Freiheit (wie auch Würde) ermöglichte als konkreter Begriff eine Vorgabe ethischer Grundüberzeugungen, die nicht aus und durch Gewohnheit (Usualismus, Neo-Aristotelismus) begründbar sind. Die Ermöglichung der Freiheit des Menschen erscheint in der Reflexion auf die Legitimation des Handelns als eine dem gemeinsamen Handelnkönnen unverzichtbare Voraussetzung. Freiheit und Würde als Charakteristika der Person gelten als unabdingbare (für den Einzelnen) und unhintergehbare (für die ethische Reflexion) Voraussetzungen. Als solche bilden sie die nötigen Vorgaben für die Zwecksetzung und die gemeinschaftliche Verständigung über Zwecksetzungen. Die Annahme, daß der Mensch „Person", daß er ein Wesen sei, das zu solcher Auseinandersetzung fähig ist, daß er ein diskursfähiges Wesen sei, ist in der Tat eine metaphysische Voraussetzung der Ethik, aber eine metaphysische Voraussetzung, die

32 Vgl. dazu die oben erwähnte Abhandlung von *A. Gethmann-Siefert: Ethos und metaphysisches Erbe,* bes. 183ff.

im Sinne der Kantischen „regulativen Idee" konzipiert ist. Diese regulative Idee scheidet in einem ersten Zugriff Zumutbares von Unzumutbarem, abdingbare Rechte und Pflichten von unabdingbaren. Denn die Erhaltung der Freiheit als der Ermöglichung bzw. Fähigkeit, Zwecke setzen zu können, wird zur generellen Maxime der Ethik, die sich in allen Einzelheiten der Kasuistik durchtragen muß. Der Mensch muß wollen können, daß etwas Bedingtes auch sei, und verantworten, was es sei. Anders formuliert: Freiheit ist die Bedingung für das typisch menschliche (nicht instinktgeleitete) Ausbilden von Gewohnheiten, Lebensformen unter dem Vorbehalt ihrer Revidierbarkeit im Sinne der Ermöglichung von (fortschreitender) Freiheit. Die sittlichen Orientierungen und Handlungsgewohnheiten, die ein Ethos ausmachen, erscheinen als vorläufig endgültige Festlegungen des Handelns auf eingespielte (weil vorderhand nicht konfliktrelevante) und intersubjektiv vertretbare Zwecke. Das notwendige Komplement bereits dieser Konzeption der Sittlichkeit ist aber die Reflexion auf die Geltung – hier die Gesolltheit – bestehender gegebener oder neu formulierter Zwecksetzung. Unter der Maßgabe von Freiheit muß festgehalten werden, daß die intersubjektiv getragenen Zwecke vom betroffenen Individuum je selbst gewollt worden sein *können*. Man muß die Zwecke, auf die man sich verpflichtet bzw. verpflichtet wird, zwar nicht faktisch gewollt oder gesetzt haben, aber man muß sie prinzipiell gewollt haben können.

Freiheit erscheint dann in näherer Spezifikation als die Fähigkeit, Zwecke setzen (und ausweisen) zu können, eine Fähigkeit, die der Mensch de facto und zur Genüge bis hin zur Ausbildung von festgefügten Lebensformen und politischen Institutionen ausgeübt hat. Diese faktische „Ausübung" von Freiheit, deren Vollzugsresultat das Ethos ist, muß aber (mit Kant gesprochen) vor die Prüfung ihrer inhaltlichen Konkretionen im einzelnen gefordert werden. Bei Funktionieren der Lebensorganisation muß sie zumindest gefordert werden *dürfen*. Die Formen der Handlungsorientierungen und -gewohnheiten, die dieser Sollizitation vor und durch Vernunft ausgesetzt werden müssen, können nur intrakulturell differenziert auftreten und müssen so, wie sie inhaltlich sind, aufgegriffen werden. Die Ethik liefert keine inhaltlichen Orientierungen des Handelns oder ersetzt bestehende durch andere. Sie kann nur dieses Geschäft der Prüfung ausüben, nicht Stiftung und Schöpfung inhaltlicher Handlungsmaximen übernehmen. Gesamt-Alternativentwürfe von Lebensformen, die humaner, damit eben gerechtfertigter sind als die bestehenden oder es vorgeben zu sein, liefern andere Instanzen. Hier wird die Kunst, die Religion als Mythologie, d.h. als ursprungsgeschichtliche Artikulation geschichtlichen Bewußtseins, auf den Plan gerufen. Die Philosophie qua Metaphysik und auch qua Ethik prüft solche inhaltlichen Orientierungen auf Widerspruchsfreiheit und damit auf ihre Allgemeinheit im Sinne einer generellen Zumutbarkeit hin, und zwar wiederum im Blick auf das unter gegebener Situation Erreichbare und zu Rechtfertigende. Vernunft stiftet keinen neuen Kosmos, die Ethik braucht keine kosmologisch orientierte Metaphysik zu ihrer Grundlage, sondern sie bleibt ein „Ideal" als Maßgabe der Prüfung bestehender Gesamtdeutungen.

Jonas selbst betont zwar immer wieder den „Vermutungs"-Charakter metaphysischer Prämissen. Er spricht von ihnen als von einer „kosmogonischen Vermutung, die sich der Vernunft empfiehlt, sie aber nicht zwingen kann" (*Materie,* 9). Dennoch werden diese Konzeptionen, weil und insofern sie beanspruchen, inhaltliche Handlungsmaxime zu entwickeln, zum Zwang. Denn aus einer „möglicherweise subjektiv oder für wenige Zustimmungswillige" plausiblen ontologischen Vorgabe gerät Jonas in eine diese unterfangende kosmogonische Sphäre. Diese Kosmogonie wiederum führt zur Deutung der Welt als Schöpfung Gottes und als Gott-Werden und formuliert sich selbstverständlich in inhaltlichen Maximen aus, die ihre Orientierungsleistung nicht aus der Maßgabe einer Ermöglichung der Freiheit des Menschen gewinnen, sondern sie aus der Freiheit der Natur schöpfen. Für das faktische Handeln, d.h. in der Anwendung der Ethik ergibt sich so eine prinzipiell begründete Veränderungsabstinenz und Fortschrittsreluktanz, aber es werden auch inakzeptable materiale Gebote gefolgert, wie z.B. das aus der Pflicht der Menschen zum Dasein einer Menschheit abgeleitete uneingeschränkte Proliferationsgebot.

An einer Ethik der Verantwortung ändert sich im wesentlichen zweierlei, wenn man den im Sinne Kants auf den Menschen eingeschränkten Freiheitsbegriff als Zentralbegriff unterstellt. Inhaltliche Zwecksetzungen und Maximen des Handelns können von einer solchen formalen Ethik nicht selbst hervorgebracht, festgesetzt werden, sondern sie sind jeweils vorausgesetzt und werden in der Ethik geprüft. Im Konfliktfall gibt die Ethik daher keine eindeutig vorschreibbaren Lösungswege vor im Sinne einer inhaltlichen Orientierung mit Geltungsgarantie. Statt dessen wird es zur Frage des vernünftigen Abwägens mit Hilfe ethischer Urteilskraft, was unter gegebenen Bedingungen allgemein zumutbar ist. Unter der Perspektive einer angewandten Ethik muß zwar ein eigener ethischer Diskurs entwickelt werden, aber keine ontologische, zumindest keine onto-theologische Fundierung. Auch in dieser umfundamentierten Ethik der Verantwortung müßte das Zusammenspiel wissenschaftlichen Wissens und praktischer Reflexion als konstitutives Moment der Ethik entwickelt und vorausgesetzt werden. Die Pflicht des Sich-Kundigmachens wird in unvoreingenommener und weitgreifender Weise zur Grundlage des ethischen Diskurses, d.h. der angewandten Ethik. Denn weder in den Wissenschaften noch im technischen know how, noch in der Alltagswelt und ihrem jeweiligen Ethos kommt eine Reflexion zum Zuge, die die allgemeine Zumutbarkeit von Pflichten begründete bzw. die Unabdingbarkeit von Rechten legitimierte. In den genannten Bereichen finden sich jeweils nur relativ zur gegebenen Situation entwickelte und geltende Formen der ethischen Urteilskraft. Überdies hätte die neue Konzeption der Ethik der Verantwortung die Aufgabe, auf eine Phantasie des Menschenmöglichen, Erwartbaren und Wünschbaren auszugreifen, die sie zwar nicht selbst hervorbringt, aber in bestimmten Bereichen der menschlichen Kultur – vor allem in der Kunst, aber auch in Religion und Weltanschauung – entdeckt. Anders als in der Festlegung der Phantasie auf eine Heuristik der Furcht müßte eine Heuristik humaner Alternativen, mit dem traditionellen Begriff: eine utopische Phantasie die Grundlage des ethischen Diskurses sein, sofern er auf die Prüfung von Alternativen bezogen wird. Menschliche Kultur entsteht im und besteht durch das Zusammenspiel von Alltagswelt und Deutungswelten. Letztere beschränken sich aber nicht auf Justiz, Wissenschaft, Religion und Mythologie, sondern fordern auch die Kapazität des Menschen, Noch-Nicht-Realisiertes zu entwerfen, nicht nur Bestehendes zu regeln. Unverzichtbar für die aufgeklärte Kultur ist eine praktische Philosophie, die als Ausbildung der ethischen Urteilskraft (der Fähigkeit zur Reflexion auf Verallgemeinerbarkeit) auf Entwürfe menschenmöglichen und wünschbaren Daseins zurückgreifen kann. Eine Möglichkeit eines solchen Entwurfs alternativer humaner Lebensformen oder eben eines Ethos, in dem sich Vernunft und Freiheit realisieren, vermag auch die Kunst vorzugeben. Sie soll – jedenfalls in der Annahme traditioneller Ästhetik – dem Gewohnten und Bestehenden das Bild besserer Chancen, den Vorschein von Glück entgegenhalten und damit zukunftsgerichtetes Handeln mitkonstituieren. Anders formuliert: Der Entwurf einer menschenwürdigen Lebensform und die ihr vorausliegende Bemühung um die Natur als Lebensraum des Menschen fällt nicht in die Kompetenz des Schöpfungshandelns Gottes, sondern in allen Teilen in die freie Verantwortung des Menschen. Sie ist Sache des rechten Gebrauchs der Freiheit, der produktiven Imagination des Möglichen, nicht Sache bloßer Zweck-Entsprechung gegenüber Intentionen, die mit göttlicher Geltungsgarantie ausgestattet, die ethische Urteilskraft auf das Nach-Denken der Zwecke Gottes einschränken.

Nur durch die Begründung der Ethik in einer praktischen Philosophie, deren Grundbegriff die Freiheit in ihren Konkretionen von der Institutionalisierung der Freiheit in Lebensformen bis hin zur utopischen Phantasie ist, lassen sich die unakzeptablen Kosten der Ethik der Verantwortung vermeiden. Diese alternative Ethik ist zwar auch eine Ethik der Verantwortung, sie bleibt aber wie jede Ethik, die auf endliche Vernunft gegründet wird, anthropozentristisch. Der Mensch trägt Verantwortung für seine Entscheidung und erträgt die Folgelasten seines Handelns. Er kann weder sich selbst noch die Gestaltung seiner Welt im vorgegebenen Konzept eines Sinnes der Welt im Ganzen aufgehen lassen. Er selbst hat den Entwurf der Welt, hat seine Kultur zu verantworten, aber auch zu gestalten. Die quasi metaphysische Letztinstanz des Diskurses angewandter Ethik ist – mit Apel formuliert – die praktische Vernunft. Diese praktische Vernunft ist ebenfalls eine metaphysische Unterstellung der Ethik, nämlich ein Ideal freiheitlicher Selbstverantwortung, das sich in der Realisation, in verschiedenen inhaltlichen Konkretionen bewährt, modifiziert, aber nie vollendet.

Im Rahmen einer solchen angewandten Ethik wird der Verzicht auf metaphysische Gewißheiten als Grund des Ethos, als Fundament der Handlungs- und Orientierungssicherung unumgänglich. Es gibt nur eine vorläufig-endgültige, nicht irreversibel letztgültige Begründung der Ethik. Auch die bloß unterstellte Endgültigkeit, die nötig ist, um überhaupt gemeinsam handeln zu können, und das Bewußtsein der Notwendigkeit solcher Unterstellung halten eine metaphysische Dimension der Ethik offen. War sie zunächst als „praktische Vernunft“ gekennzeichnet worden, so bestimmt sie sich inhaltlich fort durch das Postulat jeweils besserer Begründung eines abgesichert guten Handelns, das zu gestalten und zu entwerfen dem Menschen obliegt. In einer solchen Ethik der Verantwortung gibt es keinen thesaurus certitudinis, sondern nur die regulative Idee – die kontrafaktische Unterstellung einer praktischen Vernunft der Menschheit.[33]

33 So K.O. Apel in seinen Abhandlungen, die er unter dem Titel *Diskurs und Verantwortung* (Das Problem des Übergangs zur postkonventionellen Moral. Frankfurt a.M. 1988) zusammengefaßt hat. Vgl. auch ders.: *Kann der postkantische Standpunkt der Moralität noch einmal in substantielle Sittlichkeit „aufgehoben“ werden?* Das geschichtsbezogene Anwendungsproblem der Diskursethik zwischen Utopie und Regression. In: *Moralität und Sittlichkeit.* Das Problem Hegels und die Diskursethik. Hrsg. von W. Kuhlmann. Frankfurt a.M. 1986, 217ff. – Apel geht noch von der Möglichkeit radikaler Letztbegründung der Ethik aus. Zur Kritik dieser Konzeption im Sinne einer vorläufig-endgültigen Begründung vgl.

Der Nachteil einer schwachen metaphysischen Begründung der Ethik der Verantwortung im Sinne des Rekurses auf den Freiheitsbegriff bzw. auf die Konzeption praktischer Vernunft liegt damit zutage. Man kann keine philosophische Inhaltsethik entwickeln. Inhaltliche philosophische Begründungen des Gesollten und des Sollens sind nur auf der Basis der ontotheologischen, der kosmologisch gewendeten metaphysischen Begründung möglich. Die Philosophie, näherhin die praktische Philosophie und ebenso auch die Ethik als Prüfung von Orientierungen und Maximen auf ihre Vernunftkonformität schreiben nicht vor, *was* im gemeinsamen Handeln angestrebt werden muß. Dies erwächst in verschiedenen geschichtlichen Kulturen aus Handlungs- und Handlungsbegründungsgewohnheit sowie auch aus den zur Lösung anstehenden Konflikten. Auf die Frage Was soll ich/sollen wir tun? gibt die Ethik keine inhaltliche Weisung, hält die praktische Philosophie keine bestimmten Maximen vor.

Dieser Nachteil der schwach begründeten Ethik ist aber letztlich ein Vorteil. Es gibt keine philosophische Ethik im Sinne einer Inhaltsethik, weil es keine praktische Vernunft gibt, deren Maxime lauten könnte, einer Seinsordnung zu entsprechen, die im Handeln eines absoluten Individuums entweder strukturell (wie in der christlichen Schöpfungskonzeption) oder als kosmologisch begründete Verpflichtung (wie in der von Jonas herangezogenen jüdischen Mystik der Erklärung der Welt als Werden Gottes) vorgegeben wäre. Solche starken metaphysischen Grundlagen sind letztlich auch nur eine Version der Utopie letztgültiger Begründetheit, deren Wünschbarkeit man zwar nachvollziehen, deren Folgen man aber im konkreten Fall, wie sich zeigte, nicht akzeptieren kann. An die Stelle einer letztbegründeten Inhaltsethik tritt „nur" die Fähigkeit und der Zwang, Orientierungen zu prüfen, Verpflichtungen nach ihrer Verbindlichkeit, nicht nach der „Würde" ihres Inhaltes zu beurteilen.

C.F. Gethmann: Letztbegründung vs. lebensweltliche Fundierung des Wissens und Handelns. In: *Philosophie und Begründung*. Hrsg. vom Forum für Philosophie Bad Homburg. Frankfurt a.M. 1987, 268-302.

Die Möglichkeit gemeinsamen Handelns und seiner Zielsetzung ist Sache des Handelns und der Übereinkunft, Sache der Lebensform, des Ethos, nicht einer – wie auch immer fundierten – Ethik. Das Prinzip der philosophischen Ethik bleibt es, in Kritik des Ethos die Universalisierbarkeit von Orientierungen zu prüfen. Daher kann es nicht das Prinzip der angewandten Ethik sein, Gesetze zu (er-)finden, sondern ihre Aufgabe besteht nur darin, im Rahmen gegebener Handlungsmöglichkeiten und in den faktischen Versuchen zur Erweiterung dieses Bereichs die Perspektive zu eröffnen, daß Freiheit erhalten werde.

An den Folgen gemessen hat die Ethik der Verantwortung, die auf der schwächeren Basis einer praktischen Philosophie entwickelt wird, den Vorteil – besser den Vorteil im Nachteil –, daß menschliche Kultur nicht nur eingeengt in die kosmische Perspektive begriffen wird, sondern als Zusammenspiel von Zwecksetzungen – individuellen wie kollektiven –, von Lebensformen und von Kritik und Progress der Lebensform (des Ethos) durch den Diskurs (Philosophie). Gesamtentwürfe, Utopien, wie sie Kunst und Religion geben, sind Versionen der Begründung, die sich ebenfalls im ethischen Diskurs – dann nämlich, wenn ihre Handlungskonsequenzen zur Debatte stehen – prüfen lassen müssen.

So kann auch die angewandte Ethik nicht über die Begründungsbedürftigkeit unserer Entscheidungen und Handlungsorientierungen hinwegführen. Es wird nötig bleiben, im Einzelnen genau zuzusehen, welche inhaltlichen Optionen die Möglichkeiten freien Handelns mehr oder welche sie weniger beschneiden. Freilich bleibt eine solche Ethik fallibel, sie läßt das Ethos (die aus der Zwecksetzung entstehende Lebensform) bestehen. Sie wendet nicht drohende Katastrophen zum Rettenden, sondern trägt allenfalls dazu bei, sich im Konfliktfall, der die Erfahrung der unzureichenden Begründung ethischer Orientierung mit sich bringt, nach Kräften um eine zureichende Begründung und letztlich (inhaltlich) um eine menschenwürdigere Welt zu bemühen.

Annemarie Pieper

Moderne Fortpflanzungstechnologien: Machbarkeitswahn oder Therapieangebot? Ethische Probleme der Reproduktionsmedizin

In der Kontroverse um die Gentechnologien am Menschen haben sich die Fronten verhärtet. Sowohl die Befürworter als auch die Gegner berufen sich in ihren Plädoyers auf die Ethik. Oft dient jedoch der vage Bezug auf die Menschenwürde nur dazu, den Andersmeinenden mundtot zu machen oder den Mangel an Argumenten zur vernünftigen Begründung der eigenen Position zu verschleiern. Dabei bietet die Ethik, als philosophische Disziplin immerhin rund 2500 Jahre alt, ein reichhaltiges methodisches Instrumentarium, um handlungsregulierende Normen und Werte kritisch auf ihre Allgemeinverbindlichkeit hin zu überprüfen.

Aus der Vielzahl der in der öffentlichen Debatte um die Reproduktionsmedizin vorgebrachten Einwände gegen die Fortpflanzungstechnologien greife ich zum Einstieg zwei häufig wiederkehrende Thesen heraus, um sie aus ethischer Perspektive exemplarisch zu erörtern.

I. Ethische Bedenken gegen „unnatürliche Praktiken"

Künstliche Besamung, intratubarer Gametentransfer[1] und In-vitro-Fertilisation werden von vielen abgelehnt mit der vorgeb-

1 Im Unterschied zur In-vitro-Fertilisation, bei welcher die Befruchtung von operativ gewonnenen Eizellen mit den Samenfäden in der Glasschale erfolgt und die dabei erzeugten Embryonen in die Gebärmutter übertragen werden, werden beim intratubaren Gametentransfer Eizellen und Samenfäden in den Eileiter als natürlichem Befruchtungsort praktiziert.

lich ethischen Begründung, dabei handle es sich um *unnatürliche* Praktiken[2]. Dahinter steht die Annahme: Was unnatürlich ist, ist unmoralisch und muß daher verboten werden. Gegen diese weit verbreitete Auffassung lassen sich, wie mir scheint, mehrere Argumente vortragen:

(1) Was den Menschen als *homo faber* unter anderem vor nichtmenschlichen Lebewesen auszeichnet, ist seine Kunstfertigkeit in der Herstellung von Werkzeugen und Geräten. In der Medizin hat diese Geschicklichkeit zu einer erheblichen Steigerung der Lebensqualität von Patienten beigetragen: künstliche Zähne, künstliche Herzklappen, künstliche Darmausgänge – lauter nichtnatürliche Körperteile. Aber sind sie deshalb unnatürlich? Nahezu alle lebenswichtigen Organe können durch ärztliche Kunst in ihren natürlichen Funktionen unterstützt, wiederhergestellt oder ersetzt werden. Mit welcher Begründung sollen hiervon ausgerechnet die Geschlechtsorgane ausgenommen werden? Spenderherzen werden in Tiefkühlboxen transportiert, bevor sie in der Brust des Empfängers zu neuem Leben erweckt werden. Unnatürlich? Methoden einer künstlichen Befruchtung, mittels deren die für die Fortpflanzung bestimmten Organe in den Stand gesetzt werden, ihre von der Natur vorgesehene Funktion auszuüben: unnatürlich? Weshalb? Sind es nicht vielfach Relikte einer verklemm-

2 Das Unbehagen, das sich wohl bei den meisten einstellt, wenn sie sich die künstlichen Reproduktionspraktiken vorstellen, hat sicher auch etwas damit zu tun, daß eine gewisse Tabuschwelle überschritten wird. Das Geheimnis der Zeugung scheint verletzt und etwas, das zur persönlichsten Intimsphäre gehört, in die Öffentlichkeit getragen. Andererseits gilt Fruchtbarkeit heute keineswegs mehr als ein Segen, sondern angesichts der Überbevölkerung in den armen Ländern eher als ein Fluch, so daß durch das Thema „Geburtenkontrolle“ – in Verbindung mit dem Überalterungsproblem in den westlichen Ländern, mit den Hungersnöten in den Dritte-Welt-Ländern – das Geheimnis der Zeugung bereits weitgehend ‚rationalisiert‘ ist, da die Frage des Überlebens der Menschheit nicht nur eine ethische, sondern auch eine pragmatische Dimension hat.

ten Sexualmoral[3], die den Weg für eine Enttabuisierung der Sexualität und einen entkrampften Umgang damit immer noch blockieren?

(2) Die Natur kann nicht als Maßstab für menschliches Handeln dienen, denn die Natur „handelt" nicht. Naturale Prozesse unterstehen dem Kausalprinzip und folgen, da ohne Absicht und Ziel, dem Gesetz des Zufalls. Die Natur zum moralischen Vorbild menschlichen Handelns zu erheben, würde bedeuten, den Menschen seiner Freiheit und Verantwortlichkeit zu berauben, d.h. ihn zu entmoralisieren.

(3) Auch die Berufung auf die christliche Vorstellung eines Schöpfergottes, dessen Weisheit und Allmacht sich in der Natur offenbare, so daß diese doch als Vorbild für menschliche Handlungen herangezogen werden kann, taugt nicht als *ethische* Begründung für die Annahme, alles Nichtnatürliche sei unnatürlich, somit widergöttlich und insofern moralisch zu verwerfen. Abgesehen davon, daß es schwierig sein dürfte, diese These durch die Bibel zu belegen, gilt für religiöse Überzeugungen und weltanschauliche Standpunkte grundsätzlich, daß sie *Meinungen* sind und als solche nicht ohne weiteres verallgemeinert werden können. Aus ethischer Perspektive kann ein Gebot oder Verbot nur dann Anspruch auf *allgemeine* Verbindlichkeit erheben, wenn es den Universalisierungstest besteht. Sofern in den westlichen Gesellschaften die Religi-

3 Mit „verklemmter Sexualmoral" meinte ich die vor allem unter der älteren Generation noch weit verbreitete Einstellung, daß Sexualität zu den (für ‚schmutzig' gehaltenen) Dingen gehört, über die man nicht spricht, und bei denen man erst recht nicht der Natur ins Handwerk pfuschen darf. Ich bin nicht der Meinung, daß die neuen Techniken Sexualität überflüssig machen. Sie ermöglichen nur gerade im Fall von Unfruchtbarkeit einen Ersatz für die natürliche Zeugung, ohne damit das Geschlechtsleben eines Paares insgesamt zu beeinträchtigen. Der Mensch bleibt der Schöpfermensch in bezug auf seine Nachkommen, auch wenn es sich um eine medizinisch unterstützte Schöpfung handelt, die ihm ja nicht gegen seinen Willen aufgezwungen wird, sondern für die er sich aus freien Stücken entscheidet, um allen naturalen Beeinträchtigungen zum Trotz dennoch Schöpfer sein zu können, wenn er dies ersehnt.

onsausübung nicht vorgeschrieben, sondern freigestellt ist, gilt jede Form des Glaubens oder Nichtglaubens an einen Gott als gleichberechtigt. Daher ist es eine unzulässige Beschneidung des Persönlichkeitsrechts, moralische Prinzipien einer bestimmten Religion als Handlungsnormen für alle Menschen zu deklarieren, selbst wenn eine Mehrheit diesem Glauben anhängt.

II. Angst vor Manipulation

Manche Gegner und vor allem Gegnerinnen argumentieren unter Hinweis auf die Hybris der Menschen, insbesondere der Männer, gegen die modernen Fortpflanzungstechnologien. Ihr Protest richtet sich nicht gegen die Künstlichkeit dieser Methoden, sondern gegen die in ihrem Gefolge möglichen Manipulationen an menschlichen Keimzellen und Embryonen, auf die bei einer Befruchtung außerhalb des Körpers ein direkter Zugriff möglich ist. Dies weckt Befürchtungen und Ängste hinsichtlich des potentiellen Mißbrauchs, dessen Palette von der Züchtung von Embryonen zu Transplantationszwecken über die Erzeugung von tiermenschlichen Zwitterwesen bis hin zur Züchtung von klonierten Identlingen und Menschen nach Maß reicht.

Obwohl beträchtliche Zweifel daran bestehen, daß derartige Experimente in naher oder ferner Zukunft von Erfolg gekrönt sein werden, steht doch fest, daß es gute Gründe für das Mißtrauen gegenüber Genmanipulationen und die damit verbundene Gefahr der Instrumentalisierung menschlicher Lebewesen gibt. Die vielfältigen Formen von Gewalt, mit denen wir tagtäglich konfrontiert werden, sind ebensoviele Beispiele für die zunehmende Brutalisierung, mit der einzelne ihre Freiheitsrechte auf Kosten der Freiheit ihrer Mitmenschen wahrnehmen. Freiheit wurde seit jeher pervertiert, indem sie zur Unterdrückung und Auslöschung anderer Freiheit mißbraucht wurde. Auch Wissenschaftler und Mediziner waren davor nicht gefeit und haben im Namen der Forschungsfreiheit die Menschenwürde mit Füßen getreten. Was z.B. ideologisch verblendete NS-Ärzte ihren wehrlosen Opfern angetan haben, wird immer eines der düstersten Kapitel im Buch der deutschen Medizingeschichte bleiben.

Trotz dieser unbestrittenen schlimmen Erfahrungen lassen sich meines Erachtens mit Blick auf die betroffenen Personengruppen, insbesondere der Ärzte und Frauen, gegen ein rigoroses Verbot der Fortpflanzungstechnologien ethische Einwände vorbringen:

(1) Ein solches Verbot verletzt den Grundsatz der Verhältnismäßigkeit, wenn es pauschal mit dem Mißtrauen gegenüber der potentiell immer und überall mißbrauchbaren Machtposition der Mediziner begründet wird.
(2) Es diskriminiert einen ganzen Berufsstand, der sich dem Ethos des Helfens verpflichtet weiß. Die Annahme z.B., daß in jedem Humangenetiker ein Frankenstein auf der Lauer liegt, der nur auf eine günstige Gelegenheit wartet, um nach Lust und Laune mit menschlichem Erbmaterial zu experimentieren, entbehrt jeder Realität.
(3) Ein Verbot künstlicher Zeugungsmethoden verstößt gegen das Solidaritätsprinzip, das im Gesundheitswesen dazu verpflichtet, auch einer Minderheit den Zugang zu den vorhandenen Therapien zu ermöglichen. Patienten sind in der ursprünglichen Wortbedeutung nicht Kranke, sondern Leidende, denen wir Mit-leid schulden und die Chance einer Heilung nicht verweigern dürfen.
(4) Es sind vielfach Feministinnen, die mit den Gentechnologien am Menschen auch die Reproduktionstechniken radikal verbieten wollen, den Schwangerschaftsabbruch jedoch als ein Recht einfordern[4]. Darin liegt ein Widerspruch. Wenn

4 Die – übrigens hochrangige – Diskussion über Probleme der Abtreibung und der Fortpflanzungsmedizin unter den feministischen Ethikerinnen zeigt bei aller Vielfalt und Komplexität der Argumente eine große Einmütigkeit in bezug auf die Erlaubnis des Schwangerschaftsabbruchs und der Ablehnung der Reproduktionstechnologien. In der Tat wird beides damit begründet, daß Frauen für sich das Recht fordern, ohne jede männliche Fremdbestimmung selbständig darüber entscheiden zu können,

den Frauen in bezug auf ihren Körper ein Recht auf Selbstbestimmung zuerkannt wird, dann muß Entscheidungsfreiheit in beiden Richtungen gewährleistet sein: nicht nur hinsichtlich der Beendigung, sondern auch der Herbeiführung einer Schwangerschaft. Es gibt keine halbierte Autonomie, derzufolge die Vernichtung von Lebenskeimen erlaubt, die Zeugung von Leben aber diskriminiert wird. Im übrigen ist daran zu erinnern, daß es kein moralisches *Recht* auf Abtreibung gibt und entsprechend kein Recht auf Schwangerschaft. Aber das (Menschen-)Recht auf freie Selbstbestimmung schließt die Möglichkeit mit ein, sich im Sinne einer *ultima ratio* für das eine wie das andere zu entscheiden, nicht beliebig, sondern selbstverantwortlich. Außerdem sind es in der Regel dieselben Ärzte, deren Dienste für den einen Zweck völlig selbstverständlich in Anspruch genommen, für den anderen Zweck verteufelt werden.

III. Die Freiheit des Einzelnen und die Interessen der Gemeinschaft

Nun müssen die Freiheitsrechte der Individuen vereinbar sein mit dem wohlverstandenen Interesse der Gemeinschaft. Die

---

welche biologische und soziale Rolle sie sich zuschreiben. Carol Gilligan hat z.B. darauf aufmerksam gemacht, daß die amerikanische Debatte über die Abtreibung deshalb so verhärtet ist, weil es zwei verschiedene Prinzipien sind, auf die Männer und Frauen ihre moralischen Urteile stützen. Während die Männer sich primär am Gerechtigkeitsprinzip orientieren und das Recht der Schwangeren gegen das Recht des Fötus abwägen, rekurrieren Frauen auf das Fürsorgeprinzip, um ihre Entscheidung zu treffen. (Vgl. „Die andere Stimme", München 1990, S. 94f., 134f.). Beverly Harrison spricht vom „Recht der Frauen auf körperliche Unversehrtheit" und vergleicht den „Zwang zum Gebären" mit einer Form von Leibeigenschaft. (Vgl. „Die neue Ethik der Frauen", Stuttgart 1991, S. 94f.). – Zur Ethik der Geschlechterdifferenz vgl. Verfasserin: „Aufstand des stillgelegten Geschlechts. Einführung in die feministische Ethik", Freiburg 1993.

utilitaristische Ethik, deren Maxime vom größten Glück der größten Zahl bei gesellschaftspolitischen und wirtschaftlichen Überlegungen die dominante Rolle spielt, mißt dieses Glück in Nutzenquanten. Nützt den Mitgliedern der Gesellschaft ein Verbot der Reproduktionstechnologien langfristig mehr als deren kontrollierte Zulassung? Wäre es aus der Sicht der Öffentlichkeit vielleicht sogar Pflicht, um des Allgemeinwohls willen der künstlichen Fortpflanzung einen gesetzlichen Riegel vorzuschieben?

(1) Zunächst ist grundsätzlich zu bemerken, daß in bezug auf Moralität jeder Mensch die gleiche Kompetenz besitzt. Niemand – auch der Staat nicht – hat das Recht, mündige Bürger in ihren moralischen Entscheidungen zu bevormunden. Der Staat hat lediglich dafür Sorge zu tragen, daß die Freiheitsrechte von den Individuen ungehindert wahrgenommen werden können. Politiker in der Rolle von Moralaposteln, die kraft ihrer Autorität vorschreiben, was allgemein als gut und böse zu gelten hat, mißbrauchen ihr Amt und ihre Machtposition zur Entmündigung derer, die als Vernunftwesen zum selbständigen Gebrauch ihrer Freiheit ermächtigt sind. Bezüglich der Reproduktionsmedizin steht überdies zu vermuten, daß die gleichen Politiker schnell mit Hinweisen auf das biblische Vermehrungsgebot und Appellen an die Bürgerpflicht bei der Hand wären, um das Volk zu den Samenbänken zu bitten, sobald im Zuge der weiteren Verschlechterung der Umweltbedingungen die allgemeine Unfruchtbarkeit zunehmen würde.

(2) Das gesamtgesellschaftliche Wohl ist durch die Zulassung künstlicher Fortpflanzungsmethoden wohl kaum in unzumutbarer Weise beeinträchtigt. Was die auf dem Gebiet der Reproduktionsmedizin tätigen Forscher und Ärzte betrifft, so ist es, wie bereits gesagt, höchst unwahrscheinlich, daß aus ihren Labors plötzlich Retortenkinder vom Fließband oder Brigaden maßgefertigter Menschen gleichsam als Konfektionsware kommen. Forschungsprojekte in der Medizin kosten Geld und müssen, wenn sie die Mit-

menschen oder die Umwelt gefährden könnten, unabhängigen Ethikkommissionen vorgelegt werden. Sie sind somit gut kontrollierbar, und die Akademien der Medizinischen Wissenschaften haben in ihren ethischen Richtlinien für die ärztlich assistierte Fortpflanzung den Schutz der Menschenwürde zum Prinzip aller Maßnahmen erhoben.[5]

(3) Was schließlich die Gruppe derjenigen betrifft, die auf natürliche Weise keinen Nachwuchs bekommen können, so dürfte sich niemand ernsthaft in seinen moralischen Ansichten verletzt fühlen, wenn ein unfruchtbares Paar sich dazu entschließt, sich seinen Kinderwunsch auf künstlichem Weg zu erfüllen. Es ist dies eine private, persönliche Entscheidung, die als solche zu respektieren ist.

IV. Subsidiarität und Solidarität als Prinzipien der Gemeinschaft

Negativ zu Buche schlagen könnten allerdings im Gesundheitswesen die Kosten für die aufwendige Behandlung, die möglicherweise eine unzumutbare Belastung für die Gemeinschaft der Versicherten bedeutet. Dies bedarf einer eingehenden Überprüfung, denn das Renten- und Versicherungswesen beruht auf den Prinzipien der Subsidiarität und der Solidarität. Entsprechend trägt jeder nach Maßgabe seiner Einkünfte zur Aufrechterhaltung des Systems bei. Es gilt als gerecht, daß der Besser-

---

5 Im sogenannten Amstad-Bericht hat z.B. in der Schweiz die eidgenössische Expertenkommission „Humangenetik und Reproduktionsmedizin" folgende Richtlinien formuliert: „In einer freiheitlichen Rechtsordnung ist auszugehen von dem Prinzip der Selbstbestimmung der Bürgerin und des Bürgers. Staatliche Einschränkungen ihrer Freiheit bedürfen der Rechtfertigung. Dies gilt auch im Bereiche der künstlichen Fortpflanzung und der Humangenetik. (...) Zu der durch die persönliche Freiheit geschützten freien Entfaltung der Person gehört auch die Fortpflanzung. Demgemäss ist in der persönlichen Freiheit auch die Fortpflanzungsfreiheit enthalten. Sie ist in jüngerer Zeit als ein grundlegendes Menschenrecht ausdrücklich anerkannt worden." (S. 47/49)

verdienende mehr bezahlt als der finanziell schlechter Gestellte, obwohl damit eine Ungleichheit verbunden ist, denn normalerweise bekommt man für mehr Geld mehr Güter oder Dienstleistungen. Analog gilt es auch als gerecht, daß der eine im Verlauf seines Lebens mehr ärztliche Versorgung und Medikamente benötigt als ein anderer. Das System funktioniert ja ohnehin nur, wenn die überwiegende Mehrheit der Versicherten gesund ist und dies durch ihren Obolus honoriert. Wenn mehr als die Hälfte über einen längeren Zeitraum gleichzeitig krank wäre, würde das System zusammenbrechen. Aber es steht aufgrund der wachsenden Flut von Unkosten, die die hochtechnisierte Apparatemedizin und die Führung von Krankenhäusern und Pflegeheimen verursachen, auch so kurz vor dem Kollaps. Die Ressource medizinische Versorgung ist knapp geworden, und da die Mittel nicht ausreichen, um allen Bedürfnissen gerecht zu werden, erhebt sich die Frage nach einer gerechten Beteiligung aller, die Anspruch auf diese Ressource erheben. Dazu in aller Kürze einige Thesen und Probleme:

(1) Jeder Leidende[6] hat ungeachtet der Art und der Herkunft seines Leidens Anspruch auf angemessene Hilfe. Der Zugang zu dieser Hilfe muß für alle ohne Ansehen der Person in gleicher Weise gewährleistet sein.
(2) Welche Hilfe als angemessen erachtet werden kann, hängt von der ärztlichen Diagnose einerseits und den verfügbaren Therapien andererseits ab.
(3) Die Therapien, sofern sie nicht unbegrenzt verfügbar sind, unterstehen dem Kosten-Nutzen-Prinzip. Obwohl prinzipiell jedem Leidenden das gleiche Recht auf die bestmögliche Behandlung zusteht, müssen auf der Basis des finanziell Möglichen Einschränkungen dieses Rechts hingenommen und gewisse Ungleichbehandlungen akzeptiert werden.

6 Ich sage wiederum bewußt nicht: Kranke. Die Definitionen für „Krankheit" sind vieldeutig und umstritten, hängen sie doch von der Definition von „Gesundheit" ab. Die WHO schlägt vor, „Gesundheit als Zustand vollkommenen körperlichen, geistigen und sozialen Wohlbefindens, und nicht allein als das Fehlen von Krankheit und Gebrechen" zu definieren.

Das Problem dabei ist das folgende: Welche Einschränkungen sind zumutbar und gerecht? Wie immer die Lösung dieser Frage im besonderen Fall aussehen mag, eins steht bereits vorweg fest: Für die von der Einschränkung betroffenen Individuen ist sie immer ungerecht. Was immer im statistischen Durchschnitt oder für die meisten gerecht sein mag, ist für den ausgeschlossenen Einzelnen ungerecht. Wenn z.B. die Krankenkassen In-vitro-Fertilisation wegen zu hoher Kosten nicht bezahlen, um stattdessen verstärkt Mittel für die Behandlung zu früh geborener Kinder in Inkubatoren einzusetzen, empfindet eine Minderheit von Paaren, die auf diese Technologie angewiesen ist und unter ihrer Kinderlosigkeit leidet, diese Restriktion als höchst

---

F. Anschütz hält dies für den „überhöhten Gesundheitsanspruch einer Bevölkerung, die in einer westlichen Konsumgesellschaft lebt. (...) Der Gesundheitsbegriff ist von der jeweiligen gesellschaftlichen Situation abhängig und durch Sozialerwartungen ungeheuer stark beeinflußt. Der hohe Glücks- und Gesundheitsanspruch der westlichen Welt wird zudem noch gefördert durch die öffentliche Suggestion des sog. Machbaren, durch ein ausgesprochenes Streben nach Heil, Wahrheit, Glück, Macht, Reichtum.“ Vor dem Hintergrund dieser Gesundheitsvorstellung müßte das Altern als Krankheit aufgefaßt werden. Eine einheitliche Definition des Begriffs der Gesundheit hält Anschütz weder für möglich noch für wünschenswert. (Ärztliches Handeln. Grundlagen, Möglichkeiten, Grenzen, Widersprüche, Darmstadt 1987, S. 100 f., 106. Vgl. auch den Beitrag von F. Anschütz im vorliegenden Band). Das Gleiche müßte dann auch für den Begriff der Krankheit gelten. – Ich sehe die Schwierigkeit einer Abgrenzung zwischen ‚gesund‘ und ‚krank‘ resp. ‚leidend‘. Bestimmt man die Grenze nach „objektiven“ Kriterien, so ist schon die Festsetzung von empirischen Merkmalen, was als „objektiv“ zu gelten hat, eine subjektive Setzung. Bestimmt man die Grenze nach „subjektiven“ Empfindungen, so sind der Willkür Tür und Tor geöffnet. Ich habe keine angemessene Definition anzubieten. Mir scheint es nur in einer Gesellschaft, die den Wert der Gesundheit sehr hoch einschätzt und für die das Wort ‚Krankheit‘ entsprechend negativ besetzt ist, humaner, die ursprüngliche Bedeutung von Patient = Leidender in Erinnerung und damit die ethische Pflicht zur Hilfeleistung ins Bewußtsein zu rufen. Allerdings soll damit kein Freibrief für „Wildwuchs“ verbunden sein in dem Sinn, daß man für jedes Wehwehchen Behandlung fordern kann. Doch wo auch hier die Grenzen liegen, kann nicht nach allgemeinen Richtlinien, sondern nur von Fall zu Fall, d.h. individuell entschieden werden.

ungerecht. Oder wenn die Grenze für bezahlte Hüftoperationen auf das Alter bis zu 70 Jahren beschränkt würde, würden die über Siebzigjährigen diese Maßnahme als unmenschlich empfinden.

Bereits diese wenigen Beispiele, die sich durch kompliziertere vermehren ließen, zeigen, wie schwierig es ist, die Grenze einer zumutbaren, nicht ins Inhumane abgleitenden Ungerechtigkeit festzusetzen, vor allem wenn dadurch nicht nur die Lebensqualität beeinträchtigt, sondern auch noch ein Zweiklassensystem etabliert wird: auf der einen Seite die gut situierten Patienten, die ihre Behandlung selber finanzieren können, auf der anderen Seite die weniger bemittelten, die doppelt leiden müssen, nämlich zum einen unter der Last ihres Leidens und zum anderen unter der Ungerechtigkeit, die ihre finanzielle Schwäche mit sich bringt. Um die Ungerechtigkeiten, die auf der Basis des Kosten-Nutzen-Prinzips in Kauf genommen werden müssen, in einem erträglichen Rahmen zu halten, müssen die Entscheidungsverfahren durchsichtig sein, die zu einem für alle potentiell Betroffenen *argumentativ* nachvollziehbaren Konsens führen.[7]

7 Ich betone das Wort „argumentativ" deswegen, weil mir die üblichen demokratischen Verfahren, in denen das zahlenmäßige Mehr den Ausschlag gibt, dort, wo es um Fragen der Wiederherstellung des körperlichen und seelischen Wohlbefindens geht, nicht angemessen zu sein scheint. Entscheiden soll unter dem Druck der Kosten für das Gesundheitswesen das bessere Argument der über die Zusammenhänge Informierten, die nach Maßgabe des gesunden Menschenverstandes urteilen, auch wenn am Ende sie selbst zu den Benachteiligten gehören sollten. – Mir scheint, man muß am Modell eines argumentativen Konsenses als Norm festhalten, auch wenn faktisch die Meinungs- und Willensbildung häufig auf der Basis von Vorurteilen und fehlenden Informationen geschieht. Wie sonst sollten wir Kritik an bestimmten Formen von Praxis üben, wenn wir kein Kriterium dafür haben, wie ein begründetes Urteil gebildet sein muß?

V. Typische Argumente gegen die Reproduktionsmedizin

Ich möchte die bisher vorgetragenen generelleren Ausführungen noch um einige typische Argumente ergänzen, die von den verschiedensten Seiten gegen die Reproduktionsmedizin vorgebracht werden.

Gehen wir wir als erstes auf den Kinderwunsch von zwei Partnern ein, der so stark ist, daß sie die von der Medizin bereitgestellten Verfahren in Anspruch nehmen wollen, wenn es ihnen versagt ist, auf natürliche Weise Nachkommen zu zeugen. Gegen diesen Wunsch hört man häufig Einwände folgender Art:

(1) Der Kinderwunsch sei bei vielen Frauen, auch bei manchen Männern, gar nicht natürlich, sondern pathologisch, erzeugt durch den Druck der Gesellschaft, die Frauen nur in der Mutterrolle für vollwertig hält.
(2) Es sei egoistisch, um jeden Preis ein eigenes Kind zu wollen, solange es viele elternlose, „überzählige" Kinder in der Welt gebe, die man adoptieren kann.
(3) Ein erfülltes Leben sei für eine Frau auch ohne Kinder möglich.
(4) Sterilität sei gottgewollt; man müsse das daraus resultierende Leid tragen.

Was läßt sich unter ethischen Gesichtspunkten auf solche und ähnliche Einwände erwidern? Zunächst möchte ich erwähnen, daß die philosophische Ethik seit ihren Anfängen vor mehr als 2500 Jahren Vorstellungen von einem guten Leben entwickelt hat, in welchen dem Glück stets ein sehr hoher Stellenwert zuerkannt wurde. Jeder Mensch hat Anspruch auf Glück; worin jedoch der einzelne sein Glück sieht, ist individuell verschieden und daher in einer pluralistischen Gesellschaft freigestellt. Der Staat hat lediglich dafür Sorge zu tragen, daß die konkurrierenden Glücksansprüche untereinander verträglich sind und niemand sein Glück auf Kosten der berechtigten Glückserwartungen anderer erstrebt.[8]

Auf diesem ethischen Standpunkt des Anspruchs auf einen Freiraum, in welchem ein persönliches, individuelles Streben nach Glück möglich ist, werden die vorgetragenen Einwände gegenstandslos, weil sie allesamt anderen suggerieren oder gar diktieren wollen, worin sie ihr Glück zu sehen bzw. nicht zu sehen haben. Selbst wenn es zutrifft, daß es pathologische Fälle von Kinderwunsch gibt, wird wohl niemand ernsthaft bestreiten, daß der Wunsch nach einem eigenen Kind für viele Frauen ein natürlicher Wunsch ist und das sogenannte Mutterglück für sie eine durch nichts anderes ersetzbare Sinnerfüllung bedeutet. Ob eine Frau eine vergleichbare Erfüllung in der Erziehung adoptierter Kinder oder in einem kinderlosen Leben zu sehen vermag, das kann ausschließlich sie selbst entscheiden. Nicht einmal die Kirchen haben das Recht, diesbezüglich Vorschriften zu machen – im Namen eines Gottes, der nicht notwendig jedermanns und jederfrau Gott ist. Im übrigen läßt sich füglich daran zweifeln, ob ein naturaler Defekt wirklich gottgewollt ist und daher vom Menschen nicht behoben werden darf. Ethisch be-

8 Das Glücksprinzip hängt mit der Bedürftigkeit des Menschen als eines endlichen Wesens zusammen. Um der zu sein, der er sein möchte, muß der Mensch sich Ziele setzen und Wege suchen, die zu den gesetzten Zielen hinführen. Wird ein Ziel erreicht, so wird die dabei sich einstellende Befriedigung oder Erfülltheit als Glück bezeichnet, auch in dem Sinn, daß einem etwas geglückt ist. Das Streben nach Glück hat somit seine Berechtigung darin, daß der Mensch sich über seine Ziele zu vervollkommnen strebt. Damit ist zugleich eine Grenze gesetzt, da nicht jedes Ziel, durch das einer glücklich zu werden hofft, ethisch zu rechtfertigen ist. Durch dasjenige, was jemand als sein Glück begehrt, darf niemand in der Ausübung seiner Freiheitsrechte gehindert werden. Das Freiheitsprinzip ist demnach das höchste ethische Prinzip, nach Maßgabe dessen das Glücksstreben der Individuen restringiert werden muß. Diese Restriktion darf jedoch nicht so weit gehen, daß ich von anderen einen Glücksverzicht dort verlange, wo es um Ziele geht, die ich *für mich* nicht akzeptiere. Fremdes Glücksstreben ist zu tolerieren, wenn es meine Zielsetzungen nicht beeinträchtigt, zumal ich umgekehrt nicht auf meine persönlichen Glückserwartungen verzichten möchte, wenn ein anderer sie für sich nicht als solche zu betrachten vermag.

trachtet ist es demnach durchaus erlaubt, alle Hilfen, die die Reproduktionsmedizin zur Verfügung stellt, in Anspruch zu nehmen, es sei denn, es könnte der Nachweis erbracht werden, daß dadurch die berechtigten Glücksansprüche anderer Mitglieder der Gesellschaft in unzumutbarer Weise beeinträchtigt würden und deshalb ein Verzicht um des Allgemeinwohls willen geboten wäre.

Im übrigen unterstelle ich, daß nicht nur Frauen Kinder wollen, sondern daß es auch bei den Männern einen echten Kinderwunsch und so etwas wie Vaterglück gibt, das es nicht weniger zu respektieren gilt als das Mutterglück.

VI. Identitätskonflikte durch Reproduktionsmedizin?

Aber wie steht es mit den Kindern, die mit Hilfe der Fortpflanzungstechnologien das Licht der Welt erblickt haben? Welche Interessen sind im Hinblick auf sie zu berücksichtigen? Hier kommt dem Problem der Identitätsfindung großes Gewicht zu, insofern die Selbstvergewisserung der eigenen Identität ein Stück weit über die Herkunft und damit über die Familie erfolgt. Die Einwände der Gegner der Reproduktionsmedizin laufen in der Regel darauf hinaus, daß sie meinen, es sei besser, wenn es solche Kinder überhaupt nicht gäbe, weil physische und psychische Schäden aufgrund einer homologen oder heterologen Insemination und erst recht einer In-vitro-Zeugung nicht ausbleiben könnten.

Aus ethischer Perspektive ließe sich dazu sagen, daß menschliches Leben nicht verrechnet werden kann. Die Existenz eines Menschen, gleich welcher Herkunft, ist immer qualitativ ‚mehr' als nicht zu sein, auch wenn man daraus nicht ableiten kann, Kinder hätten ein Recht darauf, gezeugt und geboren zu werden – auf welche Weise auch immer. Im übrigen scheint es mir ein Vorurteil zu sein, wenn behauptet wird, nicht natürlich gezeugte Kinder trügen größere Schäden physischer oder psychischer Art davon als die natürlich gezeugten. Die Identitätsprobleme, die sie vielleicht haben, nachdem sie über ihre Herkunft bzw. die Art ihrer Zeugung aufgeklärt worden sind, mögen zwar anders gelagert sein als die gewöhnlichen Identitätskrisen Heranwachsender, aber ich sehe nicht, warum sie sich nicht ebenfalls auf der Basis von Vertrauen und Zuneigung lösen lassen sollen. Immerhin haben sie doch gegenüber den natürlich gezeugten Kindern den Vorteil, daß sie ihr Dasein nicht mehr oder weniger dem Zufall verdanken, sondern der Liebe ihrer Eltern, die keinerlei Anstrengungen gescheut haben, um ihren Kinderwunsch zu realisieren.

VII. Typische Vorwürfe gegen die Ärzte als Anwender der Reproduktionsmedizin

In bezug auf das Tun der Ärzte, die gemäß ihrem ärztlichen Ethos, den Patienten nach bestem Wissen und Gewissen zu helfen, Maßnahmen gegen die Sterilität ergreifen, wird oft folgendes eingewendet:

(1) Sterilität sei keine Krankheit, also stehe das ärztliche Handeln in diesem Fall nicht im Dienst einer Therapie.
(2) Insbesondere die In-vitro-Fertilisation sei ein sehr aufwendiges und strapaziöses Verfahren mit relativ geringer Erfolgsquote.

In bezug auf den ersten Einwand könnte man aus ethischer Sicht einräumen, daß Sterilität in der Tat keine Krankheit und nicht notwendig therapiebedürftig ist. Aber dies ist noch keine hinreichende Begründung für ein Verbot aller Reproduktionstechnologien, denn wir lassen auch andere körperliche Eingriffe zu, die zur Erhaltung des Lebens und der Gesundheit nicht notwendig sind. Wir haben z.B keine Schwierigkeiten einzusehen, daß jemand durch körperliche Anomalien in seinem Selbstwertgefühl so beeinträchtigt sein kann, daß er damit nicht leben mag. In solchen Fällen billigen wir nicht nur Korrekturen von Mißbildungen, sondern tolerieren sogar Geschlechtsumwandlungen.

Zur ethischen Rechtfertigung bietet sich hier das Prinzip der Chancengleichheit an. Wo jemand durch die Natur benachteiligt ist, ist es legitim, den Nachteil zu beheben, um die von der Natur ungerecht verteilten Chancen für alle möglichst gleich zu machen. Dieses Prinzip ließe sich auch mühelos auf ungewollt kinderlose Paare anwenden. Die Fortpflanzungstechnologien könnte man demzufolge als ein Bemühen um die Herstellung gleicher Bedingungen in bezug auf die Zeugung sehen.

Gegen den zweiten Einwand läßt sich im Sinne der Ethik erwidern, daß auch die Glücksansprüche einer Minderheit ernst zu nehmen sind, sofern sichergestellt ist, daß ihre Erfüllung die Gemeinschaft nicht in unzumutbarer Weise belastet. Weiterhin muß gewährleistet sein, daß jede Frau, die willens ist, nach eingehender ärztlicher Beratung die Risiken und Strapazen, die die Fortpflanzungstechnologien mit sich bringen, auf sich zu nehmen, ohne Ansehen der Person und des gesellschaftlichen Standes Zugang zu diesen Technologien erhält.

VIII. Typische Vorwürfe gegen die Wissenschaftler als Schöpfer der Reproduktionsmedizin

Werfen wir nun noch einen Blick auf die Wissenschaftler, die auf dem Gebiet der Reproduktionsmedizin forschen. Ihr Interesse ist ein primär theoretisches: die Gesetze der Entstehung und Entwicklung menschlichen Lebens herauszufinden. Sie berufen sich auf die Freiheit der Wissenschaft und weisen darauf hin, daß sich aus ihren Ergebnissen anwendungsbezogene Erkenntnisse gewinnen lassen, mit deren Hilfe nicht nur das Problem der Sterilität gelöst, sondern auch Krankheiten und Seuchen bekämpft und menschliches Leid insgesamt verringert werden können. Es ist jedoch nicht zu übersehen, daß auf der Seite der Gegner massive Vorwürfe vor allem an die Adresse der Gentechnologen gerichtet werden.

(1) Die Notlage steriler Frauen werde lediglich ausgenutzt und als Vorwand benutzt, um an das für Experimente mit Embryonen erforderliche Material heranzukommen.
(2) Technologien, die den Eingriff in die Keimbahn und damit eine Manipulation am Erbgut ermöglichen, öffneten der Willkür Tür und Tor: Aldous Huxleys schöne neue Welt läßt grüßen.
(3) Nachdem die Männer seit Jahrtausenden der Welt ihre Machtstrukturen gewaltsam aufgeprägt haben, schickten sie sich nun an, auch noch jene letzte Bastion zu erstürmen, über die sie bisher noch nicht verfügen konnten; sie wollten das Leben buchstäblich ab ovo kontrollieren.
(4) Der Mensch maße sich die Rolle des Schöpfergottes an; das sei der zweite Sündenfall, der noch verheerendere Konsequenzen nach sich ziehen werde als der erste.

Was kann auf diese Argumente entgegnet werden?

Selbst wenn man den Horrorberichten über Manipulationen an „Menschenmaterial" hinter verschlossenen Labortüren keinen Glauben schenkt, bleibt doch ein Unbehagen. Dieses Unbehagen resultiert aus dem uns allen vertrauten Wissen, daß Neugier nicht selten dazu verführt, das richtige Augenmaß zu verlieren und ein Ziel blindlings zu verfolgen. Um wieviel fataler die Folgen wissenschaftlicher Neugier sein mögen, können wir uns ohne weiteres auch ohne detaillierte Sachkenntnisse vorstellen. Unser Unbehagen hat noch einen weiteren gewichtigen Grund. Aus leidvoller Erfahrung wissen wir, daß es nahezu keine zum Segen der Menschheit erfundene Technologie gibt, die nicht auch *gegen* die Menschen gebraucht wurde und wird. Besonders Frauen ziehen daraus den Schluß, daß die Ambivalenz der Naturwissenschaften und ihrer technologischen Anwendungen eine bedrohliche Seite männlicher Intelligenz ins Licht rückt. Anscheinend ist für viele Männer wissenschaftliche Forschung ein Mittel der Herrschaft, ein Instrument zur Ausübung von Macht, wobei die Grenze zwischen lebens*erhaltender* und lebens*vernichtender* Anwendung bewußt fließend gehalten wird. Wirkliche Macht verschafft ein Mittel resp. ein technisches Produkt nur dann, wenn es zugleich auch als Waffe gebraucht werden kann. Die medizinische Sprache ist hier aufschlußreich. Sie enthüllt das gewaltsame Vorgehen gegen den Feind Krankheit: Eine Infektion wird bekämpft, Fieber wird unterdrückt, Viren werden abgetötet, Tumore vernichtet ... Aber man kann auch Krankheitserreger, Chemikalien und Gifte gegen menschliche Feinde einsetzen, um diese zu unterdrücken oder zu vernichten.

Die Wissenschaften und ihre Ergebnisse sind stets mißbrauchbar, auch wenn es nur einige wenige sein mögen, die einen solchen Mißbrauch tatsächlich treiben. Wie können wir uns davor schützen? Ich glaube, wo sittliche Einsicht und Verantwortungsbewußtsein fehlen, können auch die schärfsten Verbote und Sanktionen nicht vor Mißbrauch schützen. Es gab und wird wohl auch immer einzelne geben, die sich in einem Allmachts- und Machbarkeitswahn bei der Verfolgung ihrer Interessen über alles rücksichtslos hinwegsetzen, um ans gewünschte Ziel zu gelangen.

Die menschliche Freiheit ist stets dadurch bedroht, daß einige sie mißbrauchen. Aber kann man daraus ein Recht ableiten, die Freiheit aller auf ein solches Minimum zu beschränken, daß die Gefahr ihres Mißbrauchs weitgehend gebannt wird? Ich meine: nein. Jeder Mensch hat das Recht, seine Freiheit zu nutzen, solange und in dem Ausmaß, als er die Grenze seiner Freiheit an der Freiheit der anderen respektiert. Erst wenn diese Grenze überschritten wird, sind Sanktionen erforderlich. Wer für Freiheit im moralischen Sinn plädiert, tritt für ein aufgeklärtes, mündiges Verantwortungsbewußtsein ein, das es sich nicht nehmen läßt, von Situation zu Situation neu zu entscheiden, wie es im Bereich des Machbaren die Grenze zieht und damit das Ausgegrenzte als verboten deklariert.

Eine solche Entscheidung ist dann kein Willkürakt, wenn sie nicht von einem allein dogmatisch getroffen wird, sondern einen Anspruch auf Konsensfähigkeit erhebt und diesen in einem praktischen Diskurs einzulösen bereit ist, der sich dem kategorischen Imperativ verpflichtet weiß, kein menschliches Lebewesen als bloßes Mittel zu gebrauchen und es damit zu instrumentalisieren. Probleme der Gentechnologien sind mithin nicht ein für allemal a priori lösbar, sondern können nur je und je argumentativ angegangen werden, d.h. in einem Diskurs, in welchem die Betroffenen gemeinsam nach guten Gründen suchen, die für oder gegen die Durchführung bestimmter Maßnahmen zur Erreichung eines gewünschten und als human eingestuften Ziels sprechen.

IX. Resümee

Aus der Sicht der Ethik möchte ich abschließend zum Thema Forschung im Bereich der Fortpflanzungstechnologien folgendes festhalten:

1. Die Wissenschaftler können sich nicht mehr unter naiver Berufung auf die Freiheit der Wissenschaften und ohne Rechenschaft abzulegen in den ihnen gesetzlich garantierten Freiraum zurückziehen, um dort allein im Dienst der Wahrheit und die Augen fest auf den Nobelpreis gerichtet zu forschen. In der heutigen Welt kann niemand, der nicht nur Wissenschaftler, sondern auch Mitglied einer Gesellschaft ist, die sein Tun letztlich finanziert, die Frage ausklammern, was mit den Ergebnissen seiner Forschung geschieht. Er kann diesbezüglich nicht mehr seine Hände in Unschuld waschen und alle Verantwortung den Anwendern und den Politikern zuschieben. Zur Eigenverantwortung des Wissenschaftlers gehört eine Informationspflicht. Ängste und Vorurteile in der Bevölkerung sind ernst zu nehmen und können nur abgebaut werden, wenn offengelegt wird, woran und mit welchem Nutzen bzw. mit welchen Risiken geforscht wird.
2. Forschungen an und mit Menschen sind nur unter der Voraussetzung zulässig, daß die zu erwartenden Erkenntnisse einen therapeutischen Wert haben.
3. Humangenetische Projekte sind Ethik-Kommissionen zu unterbreiten, von deren Zustimmung nach bestem Wissen

und Gewissen die Durchführung eines Projekts abhängig gemacht wird.

4. Auf allen Ebenen, auf denen Probleme der künstlichen Reproduktionstechniken und der Fortpflanzung überhaupt diskutiert, geklärt, entschieden werden, sind Frauen paritätisch zu beteiligen. Die Tatsache, daß trotz vorgeblicher Gleichberechtigung auf dem Papier in der Regel nach wie vor über die Köpfe der Frauen hinweg von Männern in eigener Regie entschieden wird, was für die Frauen gut ist, dokumentiert das alte patriarchale Herrschaftsprinzip, das sich eine Verfügungsmacht anmaßt, die heute illegitim ist, ja im Grunde nie legitim war. Frauen sind daher gerade dort an Meinungsbildungsprozessen vermehrt zu beteiligen, wo es um Richtlinien geht, durch die sie selbst in ihrer körperlichen Integrität nicht weniger betroffen sind als die künftigen Generationen. Nur so kann die latente Gewalt der vorwiegend männlichen Diskurse aufgedeckt, offen problematisiert und vielleicht – in the long run – durch eine andere Form von Rationalität beseitigt werden, eine transinstrumentelle Rationalität, die nicht mit einem Auge auf potentielle Macht und Herrschaft schielt, sondern sich voll und ganz am Prinzip der Solidarität orientiert, eine Rationalität, die Leben in seiner sittlichen Qualität bewahren und nicht zerstören will.[9]

---

9 Die Betonung liegt auf dem Wort ‚Rationalität', auch wenn ich dafür eintrete, daß in einem solchen Diskurs auch der emotionale und der affektive Aspekt menschlicher Existenz nicht von vornherein als suspekt und daher indiskutabel gelten darf. Frauen verteilen im Diskurs aufgrund ihrer „Betroffenheitskompetenz" (Annemarie Gethmann-Siefert) die Gewichte anders, beziehen in die Argumentation auch Bereiche des Menschlichen mit ein, die nicht von sich aus schon rational strukturiert sind, aber für die Wahrheitsfindung alles andere als unerheblich sind. Ängste z.B. sind oft Indikatoren für zunehmend unerträglich werdende Zwänge in einer hochtechnisierten Gesellschaft, deren Mechanismen den einzelnen überfordern; sie einfach als irrational abzutun, anstatt die Faktoren zu untersuchen, durch die sie erzeugt werden, und nach Möglichkeiten zu suchen, um sie zu beseitigen, ist ein Fehler, der sich durch Vergrößerung des Konfliktpotentials rächen wird und zu weiteren Eskalationen beiträgt.

Um der Freiheit aller willen möchte ich dafür plädieren, die Regelung der Probleme, die sich im Zusammenhang mit den Fortpflanzungstechnologien ergeben, nicht pauschal dem Staat zu übertragen, denn es handelt sich um Probleme, die in den Kompetenzbereich des mündigen, moralisch verantwortlichen Individuums gehören. Die Devise freier Bürger lautet: Soviel Staat wie nötig, so wenig Staat wie möglich. Der Staat ist Anwalt des Rechts, durch das den Bürgern die Ausübung ihrer Freiheitsrechte gewährleistet werden muß. Aber unsere Freiheitsrechte müssen wir selber wahrnehmen. Wenn wir den Staat zum Richter über die Moral machen, geben wir ihm eine Kompetenz, die ihm nicht zusteht, und erlauben ihm Eingriffe in unsere Persönlichkeitsstruktur, deren Verlust wieder in die Unmündigkeit zurückführt, aus der wir uns gerade zu befreien suchen.

Ich denke also, jede und jeder hat die freie Entscheidung und muß selber verantworten, in welcher Weise sie bzw. er die Nachwuchsplanung regelt, wobei die Wahl der Methode in den Privat- und Intimbereich fällt. Allerdings meine ich, daß die Gentechnologien am Menschen nicht nur den einzelnen qua Forscher, sondern die gesamte Handlungsgemeinschaft als potentiell Betroffene wesentlich angehen. Hier sind gesetzliche Maßnahmen von seiten des Staates angebracht, die restriktiv gehandhabt werden müssen. Damit wäre auch eine Entflechtung von Reproduktionsmedizin und Gentechnologie gegeben. Wo Gentechnologie am Menschen strikt untersagt ist,[10] muß

Ob es allerdings sinnvoll ist, die vorhandenen Ängste durch eine „Heuristik der Furcht“ noch zu schüren, wie Hans Jonas meint (Das Prinzip Verantwortung, Frankfurt 1979, S. 63 f.), scheint mir fragwürdig und auf der anderen Seite über das Ziel hinauszuschießen.

10 Natürlich wird für die Gentechnologie am Menschen immer ins Feld geführt, daß dadurch Krankheiten geheilt werden könnten, für die es keine andere Therapiemöglichkeit gibt. Niemand würde dagegen etwas einzuwenden haben. Wir müssen uns nur darüber im klaren sein, daß Eingriffe in das Erbmaterial tiefgreifende Veränderungen sind. Wer zieht letztlich die Grenze, welche Beeinträchtigung als so schwerwiegend erachtet werden muß, daß ein solcher Eingriff unumgänglich ist? Wir legen unseren Über-

man nicht mehr die Reproduktionsmedizin einschränken aus Furcht, sie werde von Gentechnologen mißbraucht.

Wer aus Angst vor trotzdem immer noch möglichen und nie ganz auszuschließenden Mißbräuchen der Reproduktionsmedizin nach dem Staat ruft, sollte daran denken, daß er nicht nur die Gruppe der ungewollt Kinderlosen für etwas bestraft, was nicht sie zu verantworten haben, sondern auch alle jene Mediziner und Forscher diskriminiert, die im Bewußtsein ihrer Verantwortung Therapie und Forschung betreiben. Und schließlich: Der Preis für Sicherheit und Gefahrlosigkeit ist eben die Freiheit. Das sollte man ebenfalls bedenken, wenn man das Recht auf individuelle Selbstbestimmung einschränken will.

---

legungen stets unser Verständnis von Lebensqualität zugrunde und damit eine Auffassung davon, was am Menschen als mangelhaft zu betrachten ist. Aber woher wollen wir wissen, daß unser Menschenbild das einzig richtige und wünschenswerte ist? Vielleicht determinieren wir spätere Generationen durch unsere Vorstellungen von einem guten Leben, indem wir Mängel korrigieren, die anderen gar nicht als solche vorkommen.

Dieter Birnbacher

Ethische Probleme der Embryonenforschung[1]

I. Embryonenforschung – worum es geht

Worum geht es in der Debatte um die Embryonenforschung? Gemeint ist die sogenannte „verbrauchende" Forschung an menschlichen Embryonen in frühen Entwicklungsstadien, bei der der Embryo nach dem Experiment nicht mehr für eine Einpflanzung in den Uterus in Frage kommt. Weltweit sind in den letzten Jahren eine Reihe von Experimenten an menschlichen Embryonen durchgeführt worden (vgl. den Überblick bei Trounson 1990), wobei die Embryonen durchweg aus In-vitro-Fertilisationen stammen. Weitere sind geplant. Man verspricht sich von diesen Experimenten vor allem detailliertere Einsichten in die Vorgänge der Befruchtung, der Zellteilung, Zelldifferenzierung und Genexpression, die die Erfolgsaussichten der In-vitro-Fertilisation verbessern und dazu beitragen könnten, die Ursachen von Fehlbildungen und bestimmten Formen der Krebsentstehung besser zu verstehen und womöglich präventiv zu behandeln.

Die rechtliche und ethische Beurteilung der Forschung an menschlichen Embryonen ist hochgradig kontrovers. Während das in Deutschland seit 1990 geltende Embryonenschutzgesetz die Embryonenforschung rigoros verbietet, ist sie in anderen Ländern unter bestimmten Bedingungen erlaubt. Während ein großer Teil der deutschen Mediziner jegliche Embryonenfor-

---

1 Eine Vorfassung ist erschienen unter dem Titel „Embryonenforschung: Ethische Kriterien der Entscheidungsfindung" in Christoph Fuchs (Hrsg.): Möglichkeiten und Grenzen der Forschung an Embryonen. Stuttgart 1990, 147-158.

schung ablehnt, fordern Vertreter der medizinischen Grundlagenforschung, insbesondere auch aus den Kreisen großen Forschungsorganisationen, die Freigabe der Embryonenforschung, soweit sie „hochrangigen" medizinischen Erkenntnissen dient (vgl. Buchborn 1990).

Insgesamt laboriert die Debatte an einer grundlegenden Unklarheit über die relevanten ethischen Prinzipien und an einem generellen Begründungsnotstand. Ich nenne dafür zwei Beispiele: Der § 3.2 der Richtlinien zur Embryonenforschung des Wissenschaftlichen Beirats der Bundesärztekammer von 1985 (Wissenschaftlicher Beirat 1985) verbietet die künstliche Erzeugung menschlicher Embryonen ausschließlich zu Forschungszwecken. Zugleich stellt er fest, daß diese Beschränkung zur Folge haben kann, daß wichtige Forschungsvorhaben in Zukunft nicht mehr durchgeführt werden können. Im Kommentar zu dieser Richtlinie wird nun zwar auf die „erheblichen ethischen Einwände" gegen eine künstliche Erzeugung menschlicher Embryonen zu Forschungszwecken hingewiesen. Diese Einwände werden aber in keiner Weise inhaltlich ausgeführt oder auch nur benannt. *Was* gegen die gezielte Erzeugung menschlicher Embryonen zu Forschungszwecken spricht, bleibt unklar. In § 3.3.2 derselben Richtlinien wird gefordert, daß eine Kultivierung von menschlichen Embryonen in vitro nicht über einen Entwicklungsstand von 14 Tagen hinaus erfolgen soll. Auch diese zeitliche Grenze wird in keiner Weise begründet. Es wird zwar plausibel gemacht, daß es sich bei der Schwelle von 14 Tagen tatsächlich um eine Entwicklungsschwelle handelt, d. h. daß verschiedene äußerlich gut sichtbare Veränderungen am Embryo zeitlich zusammenfallen, nicht aber, warum gerade dieser Schwelle moralische Bedeutung zukommt (vgl. auch die Kritik an den entsprechenden Gesetzesvorlagen im englischen Unterhaus bei Brazier 1990, 132). Denen, die andere Schwellen für relevant halten, etwa die Befruchtung, den Beginn meßbarer Gehirnfunktionen oder die Lebensfähigkeit außerhalb des Uterus, werden keine Argumente angeboten, ihre Positionen entsprechend zu revidieren.

Begründungslücken dieser Art legen den Verdacht nahe, daß über die jeweiligen moralischen Anmutungsgefühle hinaus nach Begründungen gar nicht gesucht worden ist. Sind Anmutungen und Gefühle aber eine geeignete Grundlage moralischer Wertungen?

Sicher können Gefühle und Intuitionen komplexe Zusammenhänge vielfach ganzheitlicher und adäquater erfassen als ein analytisches Vorgehen. Sie können Hinweise auf rational nicht sofort greifbare Wertdimensionen geben, denen dann im einzelnen nachzugehen ist. Sie können aber ebensogut in die Irre führen. Die Gefühle, die Handlungsweisen wie Gruppenegoismus, der Vergeltung von Bösem durch Böses oder der Abwehr von Fremdem und Andersartigem zugrundeliegen, mögen außerordentlich intensiv sein, sie vermögen diese Handlungsweisen dennoch nicht moralisch zu rechtfertigen.

II. Der Beitrag des Ethikers zur Rationalisierung moralischer Argumente

Kann der Ethiker bei der Suche nach rationalen Argumenten pro und contra Embryonenforschung behilflich sein? Ich glaube ja, wenn auch sicher nicht in der Weise, daß er zu wissen beansprucht, was das letzte Wort in der Sache ist. Was er beizutragen vermag, ist zweierlei: erstens eine Identifikation und Analyse der strittigen Punkte, der dazu vorgetragenen Lösungsansätze und ihrer impliziten Voraussetzungen, und zweitens eigene Lösungsvorschläge. Diese können keinen Anspruch auf Letztgültigkeit erheben, mögen konkurrierenden Positionen aber immerhin ein gewisses Maß an Explizitheit und Transparenz voraus haben.

Aus dieser – an Analyse orientierten – Perspektive ist nun zunächst festzuhalten, daß sich die Fachdebatte wohltuend von der in der Öffentlichkeit geführten Debatte unterscheidet. Sie konzentriert sich durchweg auf die Frage der moralischen Vertretbarkeit der Embryonenforschung als *Handlungsweise* und konfundiert sie nicht mit der Frage nach der moralischen Qualität der *Motive*, aus denen heraus gehandelt wird. Das ist insofern ein Gewinn an Rationalität, als Urteile über die moralische Zulässigkeit oder Unzulässigkeit von Handlungen grundsätzlich zu unterscheiden sind von Urteilen über die moralische Dignität von Handlungsmotiven. Beide stimmen nur im Idealfall miteinander überein. Man kann das moralisch Richtige aus moralisch neutralen oder moralisch zu mißbilligenden Motiven heraus tun, ohne daß es dadurch weniger moralisch richtig wird (vgl. die Kantische (1785, 398) Unterscheidung zwischen dem Handeln *aus Pflicht* und dem bloß *pflichtgemäßen* Handeln aus außermoralischen Motiven). Und man kann – worauf Hume (1751, 258) hingewiesen hat –, aus moralisch wertvollen Motiven gelegentlich auch das moralisch Falsche tun. Die Tatsache, daß sich ein Forscher moralischer Kritik aussetzt, weil sein Handeln ausschließlich von monetären oder Profilierungsinteressen bestimmt ist, präjudiziert nicht, daß das, was er aus diesen Motiven tut, an sich moralisch unzulässig ist. Gerade in Deutschland begegnet man jedoch immer wieder einer Kritikrichtung, die bestimmte umstrittene Handlungsweisen (wie etwa die Leihmutterschaft oder den Handel mit abgetriebenen menschlichen Embryonen zu Forschungszwecken) in den Ruch der Unmoral bringt, indem sie die Motive – insbesondere, wenn diese *kommerzieller* Art sind – denunziert und darauf rechnet, daß sich die negative Bewertung der Motive auf die Bewertung der Handlungsweise überträgt. Wenn die moralische Zulässigkeit und Unzulässigkeit einer Handlung jedoch von der moralischen Qualität ihrer Motive unabhängig ist, sollte man beide zunächst getrennt beurteilen. Eine Argumentationsstrategie, die dies nicht beachtet, wirkt eher irreführend als aufklärend.

Damit ist die Frage nach den Standards der Beurteilung von Zulässigkeit und Unzulässigkeit der Embryonenforschung aufgeworfen. Welche Standards sind für diese Beurteilung relevant?

III. Bedürfnis- versus ideal-orientierte Argumente

Moralische Argumente lassen sich grundsätzlich einteilen in solche, die sich in letzter Hinsicht auf die Bedürfnisse und Präferenzen bewußtseinsbegabter Wesen berufen, und solche, die sich ausschließlich oder zusätzlich auf Werte, Prinzipien und Ideale berufen, die sich *nicht* auf die Bedürfnisse und Präferenzen bewußtseinsbegabter Wesen zurückführen lassen. Im Anschluß an den englischen Politiktheoretiker Brian Barry (1965, 37 ff.) kann man die einen als *bedürfnis-orientiert* („want-regarding"), die anderen als *ideal-orientiert* („ideal-regarding") bezeichnen. Ich möchte im folgenden von dieser Unterscheidung zwischen Typen moralischer Argumente ausgehen. Warum, wird noch im einzelnen deutlich werden.

Zunächst eine Warnung: Die Unterscheidung zwischen bedürfnis-orientierten und ideal-orientierten moralischen Argumenten betrifft Argumente und nicht schon die Normen oder Werturteile, die durch diese Argumente begründet werden. Für viele Normen lassen sich sowohl bedürfnis-orientierte als auch ideal-orientierte Argumente angeben, wobei je nach ethischem Standort des Autors einmal die einen, ein andermal die anderen in den Vordergrund gerückt werden. So hat etwa Hans Jonas versucht, die moralische Unzulässigkeit des Klonierens von menschlichen Nachkommen mit weitgehend rein bedürfnis-orientierten Argumenten zu begründen, nämlich mit Bezug auf die Präferenzen der gegebenenfalls klonierten Nachkommen (Jonas 1985, 162 ff.). Andere würden hier eher auf ideal-orientierte Begründungen wie die „Naturwidrigkeit" des Klonierens zurückgreifen. Es sei dahingestellt, ob die von Jonas gegebene bedürfnis-orientierte Begründung als geglückt gelten kann (zur Kritik vgl. Lenk 1989). Worauf es mir ankommt, ist lediglich, daß Argumente beider Typen nicht notwendig Antagonisten sind, sondern durchaus auch auf ein und dasselbe Ziel zusteuern können.

Mein Grund, die Unterscheidung zwischen bedürfnis-orientierten und ideal-orientierten moralischen Argumenten (statt andere mögliche Unterscheidungen) zum Ausgangspunkt zu nehmen, ist der, daß es Plausibilitätsüberlegungen gibt, den ersteren eine gewisse *Priorität* vor den letzteren zuzuerkennen, d. h. moralischen Argumenten, die sich auf die Bedürfnisse bewußtseinsfähiger Wesen beziehen, Vorrang zu geben vor Argumenten, die sich auf andersartige Werte, Prinzipien und Ideale beziehen. Diese Plausibilitätsüberlegung besteht darin, daß bedürfnis-orientierte Argumente in höherem Maße *verallgemeinerbar* erscheinen als ideal-orientierte, und zwar in einem Sinn von „verallgemeinerbar", der mit dem Anspruch auf intersubjektive Gültigkeit und universale Zustimmung zusammenhängt, der für moralische im Unterschied zu anderen sozialen Normen (wie Rechtsnormen, religiösen Normen oder Normen der Etikette) kennzeichnend ist. Nur dann vermag eine Norm, gleich welchen Inhalts, als moralische Norm zu gelten, wenn sie nicht nur die zufälligen Präferenzen und Überzeugungen bestimmter Individuen und Gruppen ausdrückt, sondern von einem überpersönlichen Standpunkt aus formuliert ist und den Anspruch erhebt, für alle denk- und urteilsfähigen Wesen einsehbar und akzeptierbar zu sein. Bedürfnis-orientierte moralische Argumente genügen dieser Bedingung eher als ideal-orientierte, insofern sie sich auf Vorstellungen von außermoralischem Wert (nämlich den Wert der Bedürfnisbefriedigung) berufen, von denen bedeutend problemloser angenommen werden kann, daß sie von jedermann nachvollzogen und akzeptiert werden. Sie vermögen damit den Allgemeingültigkeitsanspruch, den moralische Argumente erheben, in erster Näherung einzulösen – jedenfalls eher einzulösen als ideal-orientierte Argumentationen. Über die moralische Relevanz der Bedürfnisbefriedigung bewußtseinsfähiger Wesen (einschließlich der bewußtseinsfähigen Tiere) besteht ein weitaus unproblematischerer Konsens als über die moralische Relevanz anderweitiger Werte. Der *ideale Anspruch* auf Allgemeingültigkeit wird durch einen *faktischen Konsens* erfüllt. Während normative Menschenbilder, Tugendkataloge und Vorstellungen bedürfnisunabhängiger Werte von historisch und interkulturell stark variierenden Wertvoraussetzungen abhängen, sind Argumente, die auf die Bedürfnisse – zumindest die grundlegenden, noch nicht kulturell überformten und ausdifferenzierten Bedürfnisse – bewußtseinsfähiger Wesen verweisen, unmittelbar und ohne weitere Voraussetzungen nachvollziehbar.

Nehmen wir an, diese „Prioritätsthese" würde akzeptiert und ideal-orientierte Argumente nur nachgeordnet berücksichtigt: Was ergibt sich daraus für die Frage des Embryonenschutzes? Zunächst eine gewisse Distanzierung der ethischen Beurteilung von der bisher vorherrschenden rechtlichen Beurteilung, die an der prinzipiellen Schutzwürdigkeit menschlichen Lebens von der befruchteten Eizelle an – oder zumindest von der Einnistung an – orientiert ist. Diese – durch die Grundgesetzauslegung des Bundesverfassunggerichts im Abtreibungsurteil von 1975 beförderte – Sichtweise läßt sich aus ethischer Sicht nicht ohne weiteres unterstützen. Da man menschlichen Embryonen in dem Stadium, um das es in dieser Debatte geht, d. h. Embryonen bis zu einem Entwicklungsstadium von 14 Tagen, mangels Gehirnfunktionen nach bestem Wissen kein Bewußtsein, keine irgendwie geartete Subjektivität und deshalb auch keine subjektiven Bedürfnisse in dem hier relevanten Sinne zusprechen kann, kann es keine bedürfnis-orientierten moralischen Argumente gegen die Embryonenforschung geben, die sich auf etwaige *Bedürfnisse des frühen Embryos selbst* beziehen. In diesem Punkt ist der utilitaristischen Argumentation von Richard Hare zuzustimmen: Solange sichergestellt ist, daß der Embryo das Stadium nicht erreicht, in dem er zu einem Subjekt von Bewußtsein und von Bedürfnissen wird, ist es, soweit seine eigenen etwaigen Bedürfnisse betroffen sind, gleichgültig, ob er natürlich oder künstlich erzeugt ist und ob er, einmal erzeugt, sofort abstirbt oder vorher zum Gegenstand von Experimenten gemacht wird (vgl. Hare 1989, 133 ff.). In diesem frühen Stadium kann von „Bedürfnissen des Embryos" nicht die Rede sein. Aus diesem Grund scheint mir auch die Redeweise (etwa der Richtlinien der Bundesärztekammer im Kommentar zu § 2.3) unglücklich zu sein, wir könnten *dem frühen Embryo gegenüber* irgendwelche Pflichten haben. Pflichten können wir – aus rein logischen Gründen – immer nur *gegenüber* Wesen haben, die zumindest ein Minimum an Subjektivität besitzen – es sei denn, „gegenüber" hieße lediglich „in Bezug auf" oder – in Kantischer Redeweise – „in Ansehung von". So hat Kant moralische Pflichten *gegenüber* der vernunftlosen Natur, etwa Tieren und Pflanzen, verworfen, was ihn jedoch nicht daran hinderte, moralische Pflichten *in Ansehung der* vernunftlosen Natur zu postulieren, etwa eine Pflicht zur Unterlassung von Vandalismus und Tierquälerei (vgl. Kant 1797, 443).

Nun handelt es sich bei menschlichen Embryonen, so könnte man an dieser Stelle einwenden wollen, aber eben nicht um bloße „Natur", sondern um *menschliches* Leben, d. h. Leben, das daraufhin angelegt ist, zu einem späteren Zeitpunkt nicht nur Bewußtsein und Bedürfnisse zu entwickeln, sondern darüber hinaus auch Selbstbewußtsein und die Fähigkeit zu einer an Werten und Idealen orientierten reflektiven Steuerung von Bedürfnissen. Menschliche Embryonen im frühen Stadium sind zwar noch keine aktuellen Bedürfnissubjekte, sie sind aber potentielle Bedürfnissubjekte in dem Sinne, daß sie sich unter normalen Bedingungen zu Bedürfnissubjekten entwickeln. Müssen ihnen deshalb nicht auch schon in einem früheren Entwicklungsstadium dieselben Schutzrechte zukommen, die ihnen als voll entwickelte Bedürfnissubjekte zukommen?

Darauf ist zweierlei zu antworten. Eine erste, relativ oberflächliche Antwort kann auf die Tatsache verweisen, daß es sich bei den Embryonen, an denen Experimente vorgenommen werden, durchweg um solche handelt, von denen zum Zeitpunkt der Experimente bereits feststeht, daß sie entweder ohnehin nicht transferiert oder später abgetrieben würden, und zwar zu einem Zeitpunkt vor der Ausbildung einer auch nur rudimentären Subjektivität. Von den jeweils betroffenen *individuellen* Embryonen wird man also nicht sagen können, daß es sich bei ihnen um potentielle zukünftige Bedürfnissubjekte handelt. Sie sind potentielle Bedürfnissubjekte lediglich in dem schwächeren Sinn, daß sie zur späteren Ausbildung von Bewußtsein im Prinzip – abgesehen von den konkreten Umständen – befähigt sind. Man wird die fraglichen Embryonen jedenfalls nicht in demselben Sinne als „werdende" Bedürfnissubjekte bezeichnen können, in dem man einen zum Transfer vorgesehen menschlichen Embryo als „werdenden“ Menschen bezeichnen kann.

Die zweite Antwort ist grundsätzlicher und betrifft die Übertragung von deskriptiven und normativen Eigenschaften aktualer Subjekte auf potentielle Subjekte generell: Im allgemeinen ist man nicht berechtigt, die Eigenschaften aktualer Wesen auch ihren Vorstufen als potentielle Wesen zuzuschreiben. Ein Buchensetzling hat andere Eigenschaften als die voll entwickelte Buche. Diese hat wiederum andere Eigenschaften als der vermodernde Stamm, der sich in gasförmiges Kohlendioxid auflöst, oder die Möbel, zu denen er verarbeitet wird. Selbstverständlich bleibt bei der Buche ein gewisser Kern an Eigenschaften konstant, etwa die genetische Information. Aber das braucht bei nicht-biologischen Gegenständen schon nicht mehr der Fall zu sein, etwa wenn ein radioaktives Stück Materie nach und nach zerstrahlt. Entsprechendes gilt für normative Eigenschaften wie Schutzrechte. Diese sind zum Teil mit konstanten, zum Teil jedoch auch mit zeitlich wechselnden deskriptiven Eigenschaften verknüpft: Die Rechte und Pflichten eines 25jährigen sind andere als die eines 5jährigen. Ähnliches gilt für die Buche, die z. B. ab einem bestimmten, schematisch festgelegten Entwicklungsstadium von ihren Eigentümern nicht mehr ohne behördliche Erlaubnis gefällt werden darf. Wie man einem menschlichen Embryo die deskriptiven Eigenschaften, die er – unter bestimmten Bedingungen – später besitzen wird, nicht ohne weiteres bereits im Frühstadium zuschreiben kann, kann man ihm auch nicht ohne weiteres die normativen Eigenschaften, etwa die Schutzrechte, zuschreiben, die diese deskriptiven Eigenschaften voraussetzen (in Bezug auf sie „supervenient“ sind). Um eine derartige Übertragung von Rechten der späteren aktualen auf die gegenwärtige potentielle Person zu begründen, bedürfte es vielmehr eines eigenen normativen Prinzips, eines „Potentialitätsprinzips“. Ein solches Prinzip wäre jedoch offenkundig kein bedürfnis-orientiertes, sondern ein ideal-orientiertes Prinzip.

Selbstverständlich kann es auch für einen Vertreter der Priorität bedürfnis-orientierter moralischer Argumente gute Gründe geben, nicht-bewußtseinsfähige Wesen zu schützen. Solche Gründe wird es insbesondere in zwei Fällen geben: Erstens dann, wenn anzunehmen ist, daß ein nicht-bewußtseinsfähiges Wesen zu einem *späteren* Zeitpunkt Bewußtsein ausbilden wird und sein späteres Bewußtseinsleben durch ein gegenwärtiges Verhalten positiv oder negativ beeinflußt werden kann. Diese Bedingung ist im Normalfall nicht nur bei menschlichen, sondern auch bei tierischen Embryonen im Frühstadium erfüllt. Die Norm, Verhaltensweisen zu unterlassen, die den Embryo schädigen oder schädigen können (bzw. Maßnahmen zu treffen, die vorhandene Schäden beheben oder lindern oder mögliche hinzukommende Schäden verhindern), ist immer dann durch rein bedürfnis-orientierte Argumente begründbar, wenn vorausgesetzt werden kann, daß sich die im Embryonalstadium zugefügten oder zugelassenen Schädigungen bzw. die unterlassenen Hilfeleistungen auf die spätere bewußte Existenz auswirken. Bedürfnisorientierte Argumente dieser Art sind für Experimente an menschlichen Embryonen also immer dann von Bedeutung, wenn diese die Experimente überleben. Einschlägig sind sie insbesondere für die heute technisch noch nicht durchführbaren, stark umstrittenen Versuche einer gentechnischen Manipulation an der menschlichen Keimbahn, bei der der an die Nachkommen weitergegebene Genbestand verändert wird, etwa indem ein für eine Erbkrankheit verantwortliches Gen durch ein normales Gen ersetzt wird. Bei diesen Versuchen müßte eventuell nicht nur die Entwicklung der manipulierten Zygote bis zu einem bestimmten Stadium der Embryonalentwicklung, sondern eventuell auch bis zum Reifestadium untersucht werden, um die Zuverlässigkeit der Methode zu überprüfen. Ich persönlich halte diese Eventualität für einen starken Grund, die Keimbahntherapie am Menschen grundsätzlich abzulehnen (vgl. Birnbacher 1989, 222). Andere Autoren meinen allerdings, daß es möglicherweise gelingt, das Verfahren in Tierversuchen so weit abzusichern, daß es nicht als Experiment, sondern als Therapieversuch mit einer substantiellen Heilungschance gelten kann und Bedenken dieser Art entfallen (vgl. z. B. Rehmann-Sutter 1991, 5).

Derartige am *zukünftigen Wohl* des Embryos orientierte Argumente sind jedoch auf die verbrauchende Embryonenforschung, um die es in der gegenwärtigen Debatte geht, ebensowenig anwendbar wie auf die Frage der Abtreibung. Daß diese Embryonenforschung „verbrauchend" ist, besagt ja gerade, daß diese Embryonen die Experimente *nicht* überleben, sondern vor dem Erreichen des Reifestadiums absterben oder abgetötet werden. In diesem Fall gibt es niemanden, der durch das, was mit ihm im pränatalen Stadium getan oder nicht getan worden ist, geschädigt sein kann.

Zweitens wird es immer dann gute bedürfnis-orientierte Gründe geben, auch nicht-bewußtseinsfähige Wesen zu schützen, wenn andernfalls negative Auswirkungen auf *andere* bewußtseinsfähige Wesen zu erwarten sind. Im Gegensatz zu Argumenten, die sich auf die Bedürfnisse der unmittelbar Betroffenen beziehen, kann man hier von *indirekten* bedürfnis-orientierten Gründen sprechen. Ein indirekter Schutzgrund könnte etwa dann bestehen, wenn *andere* eine starkes Interesse an diesem Schutz haben. Die Interessen anderer können dann zwar (in der Sprache Kants) keine Pflichten *gegenüber* den jeweiligen Lebewesen begründen, aber doch Pflichten *in Ansehung* dieser Lebewesen. So kann es zwar weder für den ethischen Kantianer noch für den ethischen Utilitaristen eine Pflicht zum Schutz etwa eines Naturdenkmals geben, die *gegenüber* diesem Naturdenkmal besteht. Beide werden aber vielfach eine Schutzpflicht *in Ansehung* des Naturdenkmals begründen können, der Kantianer etwa mit Bezug auf die Pflicht gegen sich selbst, destruktiven Tendenzen gleich welcher Art keinen Raum zu geben, der Utilitarist mit Bezug auf den Erlebnis- und Bildungswert des Naturdenkmals für die gegenwärtige und spätere Generationen.

Die aktuelle Diskussion vermittelt nun häufig den Eindruck, bedürfnis-orientierte Argumente könnten stets nur *gegen* den Schutz von frühen menschlichen Embryonen ins Feld geführt werden. In diesem Punkt sind sich sogar die zwei Protagonisten in der ethischen Debatte um die Embryonenforschung, Richard Hare auf utilitaristischer und Mary Warnock auf antiutilitaristischer Seite bemerkenswertig einig. Hare zieht aus der Überzeugung, daß ausschließlich bedürfnis-orientierte Argumente Geltung beanspruchen können, die Konsequenz, die Schutzwürdigkeit von menschlichen Embryonen generell zu leugnen, während Mary Warnock das andere Horn des Dilemmas ergreift und den – problematischen – Versuch unternimmt, die Schutzwürdigkeit des Embryos durch den direkten Rekurs auf verbreitete gefühlsmäßige Einstellungen zu begründen.

Gibt es aber nicht auch indirekte bedürfnis-orientierte Argumente *für* den Schutz früher menschlicher Embryonen? Oder sind diese so schwach, daß sie gegen die ihnen gegenüberstehenden Chancen der Embryonenforschung (mögliche Verbesserungen in der In-vitro-Fertilisation und in der Früherkennung von Fehlentwicklungen) einfach nicht ins Gewicht fallen?

IV. Indirekte bedürfnis-orientierte Argumente für den Embryonenschutz

Ein Typus von indirekten bedürfnis-orientierten Argumenten für den Schutz von Embryonen und gegen die Zulässigkeit der Embryonenforschung ist der Typus des *empirischen Dammbrucharguments.* Gewöhnlich unterscheidet man in der Angewandten Ethik zwischen *logischen* und *empirischen* Dammbruchargumenten. *Logische* Dammbruchargumente kritisieren eine moralische oder rechtliche Grenzziehung damit, daß die Begriffe, durch die sie erfolgt, zu unbestimmt und interpretierbar sind, um moralisch unakzeptable Fälle mit Sicherheit auszuschließen (vgl. Feinberg 1985, 92). *Empirische* Dammbruchargumente dagegen verweisen auf das Risiko, daß eine liberale Grenzziehung auf die Dauer nicht zu halten ist, eine einmal etablierte Praxis ausufern könnte, weshalb es sich empfiehlt, die Grenze von vornherein enger zu ziehen (vgl. Williams 1985,

1987, Lamb 1988). Die Devise empirischer Dammbruchargumente lautet: „Principiis obsta. Wehret den Anfängen".

Die Überzeugungskraft empirischer Dammbruchargumente hängt wesentlich von der Güte der in sie eingehenden empirischen Annahmen ab – Annahmen der Art etwa, daß eine liberale Grenzziehung die Differenzierungsfähigkeit des Normalbürgers überfordert, oder daß das, was zunächst als gerade noch zulässiger Extremfall gilt, schließlich zum Präzedenzfall für noch weitergehendere Extremfälle wird. Diese Abhängigkeit von empirischen Annahmen macht viele Dammbruchargumente verwundbar. Skeptisch macht insbesondere die Tatsache, daß es in der Vergangenheit nur wenige moralisch umstrittene technische Innovationen gegeben hat, bei denen nicht von der einen oder anderen Seite Dammbruchargumente vorgetragen worden sind. Um die Aussagekraft solcher Argumente einschätzen zu können, wäre es vordringlich, ihre prognostische Potenz retrospektiv zu überprüfen, ähnlich wie das für die Prognoseverfahren der Zukunftsforschung, der Technologiefolgenabschätzung und das Delphi-Verfahren in Ansätzen versucht worden ist. Ein solcher Versuch ist für Dammbruchargumente meines Wissens bisher noch nicht unternommen worden.

Verwundbar sind empirische Dammbruchargumente weiterhin auch insofern, als sie voraussetzen müssen, daß der Zustand nach dem befürchteten Dammbruch moralisch unakzeptabel ist. Die Begründung dafür, daß dies wirklich der Fall ist, unterbleibt jedoch bemerkenswert oft. Oder es wird schlicht von der positiv-rechtlichen Unzulässigkeit der befürchteten Praxis auf ihre moralische Unannehmbarkeit geschlossen, so als ließen sich Gesetze aufgrund verbesserter moralischer Einsicht oder geänderter Gesinnungen nicht im Prinzip auch ändern. Wer heute z. B. davor warnt, daß die Entwicklung in der Reproduktionsmedizin und der perinatalen Medizin auf die vollständige Ektogenese, die Ersetzung des Uterus durch eine entsprechende Maschine, zusteuern könnte, muß erklären, warum die Talsohle des „slippery slope", die damit erreicht wäre, tatsächlich, wie er unterstellt, moralisch unakzeptabel ist. Es erscheint mir z. B.

nicht unplausibel anzunehmen, daß sich im Zuge einer eventuellen Einführung der Ektogenese auch die moralischen Anschauungen in Richtung einer Akzeptanz dieser Technik ändern könnten. Eine bedürfnis-orientierte Sichtweise müßte dann das Interesse zahlreicher gegenwärtig Lebender, daß es zu dieser Entwicklung nicht kommen möge, abwägen gegen das mögliche Interesse der Späteren, diese Technik zu nutzen. Die möglichen Interessen der Späteren dürfen nicht einfach deshalb, weil sie aus gegenwärtig vorherrschender Sicht moralisch unakzeptabel scheinen, unter den Tisch fallen.

Darüber hinaus muß man sich fragen, ob die Metapher des „Dammbruchs" (bzw. der „schiefen Ebene") nicht zumindest insofern irreführend ist, als sie nahelegt, ein mögliches Abgleiten in eine eindeutig nicht mehr vertretbare Praxis sei schlechthin unumkehrbar, der einmal eingebrochene Damm irreparabel. Das ist keineswegs notwendig so. Sollte sich etwa herausstellen, daß eine liberale Praxis tatsächlich dazu führt, daß Sicherungen mißachtet und die Grenzen des Akzeptablen überschritten werden, dürften sich die Grenzen durch entsprechende gesetzliche Vorkehrungen auch wieder enger ziehen lassen.

Sind Dammbruchargumente im Zusammenhang mit der Embryonenforschung überhaupt relevant? Ich wage das zu bezweifeln. Vielfach wird die Befürchtung geäußert, eine Funktionalisierung von *menschlichem Leben*, in wie immer begrenztem Ausmaß und zu wie immer löblichen Zwecken, sei ein weiterer Schritt hin auf eine umfassende Funktionalisierung des *Menschen*, wie sie von niemandem gewollt wird. Ich teile die Befürchtungen vor einer weitergehenden Funktionalisierung von Menschen, wie sie heute bereits in vielen Lebensbereichen unserer Gesellschaft anzutreffen ist. Ich glaube aber nicht, daß diese Tendenz gerade durch die Embryonenforschung verstärkt wird. Ebensowenig wie man sagen kann, daß eine in bestimmten Grenzen etablierte und gebilligte Praxis der Abtreibung die Bereitschaft zur Tötung geborener Menschen erhöht, kann man annehmen, daß eine begrenzte und kontrollierte Praxis der Embryonenforschung die Bereitschaft zu kriminellen Menschenversuchen erhöht. Gegenüber der übermächtigen Tendenz zur

Funktionalisierung des Menschen, der in unserer Gesellschaft vom Wirtschaftssystem und ganz allgemein von der Dominanz ökonomischer, effizienzorientierter Denkweisen ausgehen, fallen die möglichen Auswirkungen einer begrenzten Praxis der Embryonenforschung einfach nicht ins Gewicht.

Gewichtiger – und bisher unzureichend gewürdigt – scheint mir jedoch ein anderes indirektes bedürfnis-orientiertes Argument: dasjenige, das auf die Bedenken, Ängste und Verunsicherungen verweist, die nicht erst in einer unsicheren Zukunft, sondern bereits heute durch die Embryonenforschung hervorgerufen werden. Auf die elementare, quasi instinktive Qualität der Abwehr, die sich in der verbreiteten Ablehnung dieser Praxis manifestiert, hat insbesondere Mary Warnock aufmerksam gemacht, wohl nicht zuletzt aufgrund der Erfahrungen in der von ihr geleiteten englischen Regierungskommission (vgl. Warnock 1985a, 61f.). Derartige Gefühle sind ernstzunehmen, nicht allerdings als *Gründe* der moralischen Verurteilung der entsprechenden Praktiken, wie es Mary Warnock tut, sondern als eine bedeutsame psychologische Dimension der *Folgen* dieser Praktiken. Die negativen psychischen Folgen dieser Praktiken müssen auch in einer rein bedürfnis-orientierten Argumentation berücksichtigt und gegen die möglichen positiven Folgen abgewogen werden.

Die negative psychische Betroffenheit durch die Existenz der Praxis der Embryonenforschung reicht von kaum merklichen Regungen des Befremdens und Unbehagens bis zu massiven Gefühlen von Verunsicherung, Scham und moralischer Empörung. Auch wenn diese Gefühlslagen vielleicht nur in wenigen Fällen reflektiert und auf Begriffe gebracht werden, lassen sie doch eine Struktur, eine innere Logik erkennen.

Erfassen läßt sich die gefühlsmäßige Ablehnung der Embryonenforschung am ehesten durch den Begriff der *menschlichen Würde* in seiner Anwendung auf die Gattung des Menschen als ganze (vgl. Birnbacher 1987). Dieser Begriff einer generischen Würde, die auch den vorpersonalen und vorbewußten Stadien menschlichen Lebens zugesprochen werden kann, verbietet es, nicht nur *Menschen*, sondern auch *menschliches Leben* als bloßes Mittel zu behandeln. Dieser Begriff ist seinem Wesen nach „speziesistisch“: Zugesprochen wird er den frühen Formen menschlichen Lebens lediglich aufgrund ihrer Gattungszugehörigkeit. Viele, deren Einstellungen durch diesen Begriff beschrieben werden können, werden Versuchsreihen an ausgewachsenen leidensfähigen Tieren für eher akzeptabel halten als entsprechende Versuchsreihen an nicht leidensfähigen menschlichen Embryonen (so offenbar auch § 3.3.4 der Richtlinien der Bundesärztekammer, vgl. Wissenschaftlicher Beirat 1985). Dieser Begriff macht auch verständlich, daß eine Manipulation vorpersonalen menschlichen Lebens zu experimentellen Zwecken vielfach als anstößiger empfunden wird als die Abtreibung. Denn immerhin kann man in der Manipulation eine ausgeprägtere Form von Instrumentalisierung sehen als in der Tötung. Wer die Embryonenforschung in toto ablehnt, die Abtreibung jedoch unter bestimmten Bedingungen für erlaubt hält, ist unter diesem Gesichtspunkt nicht eo ipso inkonsistent oder unglaubwürdig. Weiterhin charakteristisch für die empfundene Anstößigkeit der Embryonenforschung ist, daß sie mit dem Entwicklungsstadium des Embryos zunimmt. Würde und Schutzwürdigkeit des Embryos werden als *abgestuft* wahrgenommen. In diesem Punkt werden die vorherrschenden Intuitionen weder durch ein Potentialitätsprinzip (der Embryo als potentielle Person) noch durch ein Individualitätsprinzip (der Embryo als Individuum) oder ein Identitätsprinzip (der Embryo als identisch mit der späteren Person) zureichend erfaßt. Alle drei Prinzipien treffen auf alle Stadien der Embryonalentwicklung gleichermaßen zu und können deshalb nicht erklären, warum die Schutzwürdigkeit des Embryos nach dem Entwicklungsstand abgestuft werden darf. (Diese Abstufung ist auch im geltenden Strafrecht offenkundig. Nach § 219d StGB gelten etwa Abtreibungen vor der Einnistung des Embryos rechtlich nicht als Abtreibungen im Sinne des § 218 und sind deshalb straffrei.)

Dieses Bild von der „inneren Logik“ der Abwehr- und Akzeptanzstrukturen stimmt freilich nur ungefähr. Im einzelnen finden sich zahlreiche Abweichungen. Viele Autoren, die dem

Begriff einer generischen Würde menschlichen Lebens nicht von vornherein skeptisch gegenüberstehen, akzeptieren Experimente an menschlichen Embryonen immer noch eher als entsprechende Experimente an ausgereiften tierischen Individuen, da man sich mit einem leidenden Tier leichter identifizieren könne als mit einem frühen menschlichen Embryo (so Lockwood 1985, 168). Ein anderer Autor meint, menschlichen Embryonen gebühre allenfalls derselbe Respekt wie menschlichen Leichen und menschlichen Organen, also eine Art Pietät (Lamb 1987, 113). Auch den in verschiedenen Ländern sehr unterschiedlichen Richtlinien scheinen unterschiedliche Wertabstufungen zugrundezuliegen. Während in Deutschland das Embryonenschutzgesetz jegliche Forschung an menschlichen Embryonen verbietet, hat der englische Forschungsrat in Übereinstimmung mit der Empfehlung der Warnock-Kommission die Embryonenforschung unter der Bedingung erlaubt, daß die Zielsetzung für die klinische Forschung relevant ist, die Zustimmung des Zellspenders vorliegt und die befruchtete Eizelle höchstens 14 Tage in vitro kultiviert wird (vgl. Lenk 1989, 41). Ein entsprechendes Gesetz ist vom englischen Unter- und Oberhaus inzwischen mit jeweils eindeutigen Mehrheiten verabschiedet worden (vgl. Singer 1991, 41). Nach einer Umfrage unter französischen Ärzten befürworten 44,5 % der Ärzte Experimente an Embryonen bis zu einem Entwicklungsstand von 14 Tagen, 26,5 % sogar darüber hinaus (Helminger 1991, 155).

Gegen meine These, daß die heute verbreiteten Abwehrreaktionen und Anstößigkeitsgefühle als Folgendimension der Embryonenforschung ernstgenommen werden müssen, könnte der folgende Einwand erhoben werden: Moralische Gefühle wie Entrüstung, Empörung und gerechter Zorn sind dadurch definiert, daß sie bestimmte moralische Wertungen implizieren. Eine gefühlsmäßige Reaktion kann z. B. nur dann als „Entrüstung" qualifiziert werden, wenn zur kognitiven Komponente dieses Gefühls die Überzeugung gehört, daß sein Gegenstand moralisch verwerflich ist. Berechtigt kann das Gefühl also nur dann sein, wenn die betreffende Handlungsweise tatsächlich verwerflich ist. Deshalb – so das Argument – kann die moralische Verwerflichkeit einer Handlungsweise nicht ihrerseits aus der Existenz der moralischen Ablehnungsgefühle erwiesen werden.

Dieser Einwand beruht auf einem Mißverständnis. Es geht nicht um die *Berechtigung* der Entrüstung, sondern um ihr schlichtes *Vorhandensein.* Es wäre in der Tat zirkulär, wollte man die Verwerflichkeit der Handlungsweise aus der Berechtigung der durch sie ausgelösten Entrüstung ableiten. Aber auf diese kommt es für einen primär bedürfnis-orientierten Ansatz gar nicht an. Für diesen kommt es lediglich darauf an, daß die entsprechenden moralischen Gefühle existieren, und zwar relativ stabil existieren, d. h. sich nicht etwa bloßen Informationsdefiziten oder leicht aufklärbaren Mißverständnissen verdanken. Wer diese Gefühle für *unberechtigt* hält, darf sie deshalb dennoch nicht als *unbeachtlich* abtun.

Die entscheidenden moralischen Argumente gegen die Embryonenforschung liegen nach dem hier vorgeschlagenen Ansatz also weder in irgendwelchen vorgegebenen „Rechten" des menschlichen Embryos noch in einer uneingeschränkten Schutzwürdigkeit vorpersonalen menschlichen Lebens um seiner selbst willen, sondern schlicht in der Nicht-Akzeptanz dieser Art von Forschung aufgrund starker und ersichtlich stabiler Gefühle von Abwehr und Angst. Aus dieser – wie ich gestehe: für viele sicher befremdlichen und schwer zu akzeptierenden – These ergeben sich zwei wichtige Folgerungen:

Erstens müssen die Interessen, die durch diese Art von Forschung verletzt werden, abgewogen werden gegen die gegenwärtigen und zukünftigen Interessen an der Durchführung dieser Forschung und ihren möglichen Ergebnissen. Soweit ich die hier relevanten Sachfragen überblicke, scheinen mir diese letzteren Interessen zumindest aus gegenwärtiger Sicht nicht so erheblich zu sein, daß sie die virulenten Ablehnungsinteressen überwiegen. Insoweit komme ich zu dem Ergebnis, daß die Embryonenfoschung bis auf weiteres als moralisch unzulässig gelten muß. Für eine begründete Abwägung bedürfte es allerdings gründlicherer Kenntnisse über die tatsächlichen Betroffenheiten. Hier besteht ein akuter sozialwissenschaftlicher Forschungsbedarf. Wir müssen wissen, wer welche Gefühle und welche Überzeugungen aus welchen Gründen hat. Das ist wohl nicht aus bloßen Umfragen zu erfahren, sondern bedarf des Einsatzes tiefergehender und entsprechend aufwendigerer Erhebungstechniken.

Zweitens hat diese Art der Argumentation unverkennbar relativistische Implikationen. Was in der einen Gesellschaft zulässig ist, kann in der anderen unzulässig sein, je nachdem, in welche Richtung die jeweils vorherrschenden, durch kulturelle Traditionen und historische Erfahrungen geprägten Interessen tendieren. In einem solchen Relativismus wird gewöhnlich ein Nachteil gesehen. Ich sehe in ihm eher einen Vorzug. Wenn sich die Vermutung bestätigen sollte, daß die Einstellungen zur Embryonenforschung in Deutschland deutlich ablehnender sind als im übrigen Westeuropa und den USA (u. a. aufgrund einer historisch bedingten Sensibilisierung für Belange des Lebensschutzes und einer weniger ausgeprägten liberalen Tradition), wäre aus meiner Sicht nichts dagegen zu haben, wenn in unserem Land mit der Erteilung von Erlaubnissen für diese Art von Forschung vergleichsweise restriktiv umgegangen würde.

Damit ist allerdings eine Frage berührt, die für den praktischen Umgang mit der Embryonenforschung noch unmittelbarer bedeutsam sein dürfte als die Frage nach der moralischen Bewertung der Embryonenforschung selbst: die Frage, inwieweit es unter *rechtsethischen* Gesichtspunkten vertretbar scheint, eine von vielen als moralisch anstößig erlebte Praxis wie die Embryonenforschung mit strafrechtlichen Mitteln staatlich zu verbieten oder einzuschränken. Diese Frage verdient eine genauere Prüfung.

V. Rechtsethische Wendung: Darf eine als unmoralisch empfundene Embryonenforschung strafrechtlich verfolgt werden?

Die allgemeine oder mehrheitliche moralische Ablehnung einer Handlungsweise ist im allgemeinen kein hinreichender Grund, die betreffende Handlungsweise unter Strafe zu stellen. Wäre unsere Gesellschaft überwiegend der Auffassung, daß Homosexualität unter Erwachsenen moralisch verwerflich ist (wie sie es noch vor nicht allzulanger Zeit war), hieße das nicht automatisch, daß sie berechtigt wäre, Strafbestimmungen gegen Homosexualität zu erlassen oder Homosexualität auf andere Weise rechtlich zu mißbilligen. Einschränkungen der persönlichen Handlungsfreiheit und Lebensplanung, die im übrigen nicht nur in Bestrafung und Strafandrohung, sondern auch bereits in anderen Formen rechtlicher Mißbilligung, z. B. in zivil- oder sozialrechtlichen Benachteiligungen bestehen können, bedürfen weitergehender Begründungen, etwa der, daß die inkriminierte Handlungsweise andere spürbar schädigt oder ihrerseits in ihrer Handlungsfreiheit einschränkt. Dies gilt besonders dann, wenn die strafrechtlichen Bestimmungen, wie etwa bei der Homosexualität unter Erwachsenen, unmittelbar die Privatsphäre berühren und damit in Bereiche eingreifen, aus denen sich der Staat schon der Verfassung wegen herauszuhalten hat. Mit der Bedingung der *Sozialschädlichkeit*, nach dem ein Verhalten nur dann unter Strafe gestellt werden darf, wenn es andere – oder die Gesellschaft als ganze – spürbar schädigt, bekennt sich seit der Heinemannschen Strafrechtsreform von 1969 auch unser gegenwärtiges Rechtssystem zu dem liberalen Grundsatz, die Moral der Mehrheit immer nur dort mit strafrechtlichen Mitteln durchzusetzen, wo die Unmoral einiger das Wohl anderer in erheblicher und nicht zu vernachlässigender Weise tangiert.

Unter rechtsethischen Gesichtspunkten stellt sich damit die Frage: Ist die Embryonenforschung, angenommen, sie sei moralisch nicht zu rechtfertigen, ein sozialschädliches Verhalten, das auch nach einer liberalen Strafrechtsauffassung strafrechtlich sanktioniert werden darf? Handelt es bei der Embryonenforschung etwa schon deshalb um ein sozialschädliches Verhalten, weil sie von anderen als anstößig empfunden wird? In anderen Worten: Gibt es so etwas wie „morality-dependent harms", wie sie Ted Honderich genannt hat (Honderich 1982, vgl. Lockwood 1985, 169), d. h. „moralabhängige" Schadenszufügungen, die in dem bloßen *Wissen* bestehen, daß andere etwas moralisch Unakzeptables tun?

Man kann hier zwischen zwei verschieden starken liberalen rechtsethischen Positionen unterscheiden, einer starken liberalen und einer schwachen liberalen Position: Der Vertreter der *starken liberalen Position* ist dadurch definiert, daß er grundsätzlich nicht bereit ist, „bare-knowledge offenses" als Schädigung gelten zu lassen. Für ihn ist das bloße Wissen, daß andere etwas moralisch Verwerfliches tun, in keinem Fall ein hinreichender Grund für die Anwendung oder auch nur Androhung strafrechtlicher Sanktionen. Dieser Standpunkt wird von dem bekannten amerikanischen Rechtsphilosophen und Ethiker Joel Feinberg eingenommen. In seinem Buch „Offense to others" (1985) schildert er mit großer Anschaulichkeit eine Reihe fiktiver Fälle, in denen wir in der Tat dazu neigen, das bloße Wissen, daß jemand etwas moralisch Anstößiges tut, als so unerträglich zu empfinden, daß wir versucht sind, dem schlimmen Treiben mithilfe von Strafsanktionen ein Ende zu setzen. Einer von diesen Fällen ist der des „einsamen Kannibalen", der rechtmäßig erworbenes Menschenfleisch verspeist und andere zu seinen Mahlzeiten einlädt, dabei aber niemanden zur Teilnahme zwingt oder auch nur drängt (Feinberg 1985, 70). In bewußter Distanzierung von den eigenen gefühlsmäßigen Reaktionen auf derartige Fälle erklärt sich Feinberg dezidiert für die strikt liberale Position, nach der der Staat kein Recht hat, derartige „bare-knowledge offenses" unter Strafe zu stellen: Das bloße Wissen um die moralischen Abscheulichkeiten, die andere privatim begehen, könne niemals so schwer wiegen, daß es moralisch einer Schädigung gleichzustellen ist (Feinberg 1985, 69, 94).

Demgegenüber wäre eine *schwache liberale Position* dadurch definiert, daß sie „bare-knowledge-offenses" in begrenztem Umfang als Schädigungen anerkennt, und zwar immer dann, wenn sehr tiefliegende moralische Werte und Prinzipien tangiert sind und wenn das Interesse der Beteiligten an der für andere moralisch anstößigen Aktivität im Verhältnis zu der Verbreitung und der Intensität der gefühlmäßigen Betroffenheit anderer gering wiegt.

Eine Pönalisierung der Embryonenforschung ist allenfalls aus der Sicht der schwach liberalen Position akzeptabel. Aus der Sicht der von Feinberg vertretenen stark liberalen Position (der sich dabei insbesondere auf John Stuart Mill beruft) würde das allerdings bedeuten, wesentliche Errungenschaften eines liberalen Rechtsverständnisses aufzugeben. Der im starken Sinne Liberale muß hier einen Dammbruch ganz neuer Art befürchten: eine Aushöhlung der persönlichen Freiheit durch das Eindringen des Strafrechts in Bereiche moralisch umstrittenen, aber nicht eindeutig schädigenden Verhaltens, etwa im Bereich des Sexual- und Reproduktionsverhaltens. Nicht zufällig wird in der angelsächsischen Diskussion an dieser Stelle regelmäßig auf das Beispiel Homosexualität verwiesen.

Hier muß man freilich fragen, inwieweit die Fälle „Homosexualität" und „Embryonenforschung" vergleichbar sind und ob es nicht Faktoren gibt, die die Durchsetzung der moralischen Anschauungen der Mehrheit in dem einen Fall vertretbar, in dem anderen aber entschieden unvertretbar erscheinen lassen. Mary Warnock hat in diesem Zusammenhang die These aufgestellt, daß die gesellschaftliche Ablehnung von Embryonenforschung und Leihmutterschaft schon deshalb mit der früheren Ablehnung der Homosexualität nicht vergleichbar sei, weil diese weitgehend auf „uneducated opinion", also auf Vorurteilen beruht habe (Warnock 1985, 154). Aber wer kann, frage ich, so ohne weiteres behaupten, daß die Ablehnung von Embryonenforschung und Leihmutterschaft weniger voreingenommen ist?

Wenig vergleichbar sind die Fälle Homosexualität und Embryonenforschung allerdings insofern, als es sich bei dem einen um ein wesentlich privates, bei dem anderen um ein wesentlich öffentliches Verhalten handelt. Homosexuelle Handlungen finden in der Regel im privaten Raum statt und erregen deshalb nicht nur kein Ärgernis, sondern fallen unter den besonderen Schutz der Privatsphäre, einer allseits anerkannten Bedeutungskomponente des Begriffs der individuellen menschlichen Würde. Auch ein von der Mehrheit moralisch abgelehntes privates Verhalten wäre also durch eine grundlegende Verfassungsnorm vor Verfolgung geschützt. Embryonenforschung dagegen ist nicht nur Teil der öffentlichen Institution Wissenschaft, sondern wird weitgehend auch in staatlichen, d. h. von der Gemeinschaft finanzierten Einrichtungen betrieben. Sie könnte sich, um sich dem Druck moralischer Kritik zu entziehen, allenfalls auf die Freiheit der Wissenschaft zurückziehen – ein Grundsatz, von dem allerdings zweifelhaft ist, ob er in der Lage ist, den verlangten Schutz zu gewähren.

M. E. unterstützt die Prioritätsthese eher die schwache als die starke liberale rechtsethische Position. Nach der Prioritätsthese sind für die moralische Beurteilung eines Verhaltens primär die Auswirkungen dieses Verhaltens auf die Bedürfnisbefriedigung der von ihr Betroffenen relevant. Zu diesen Bedürfnissen gehört aber auch das Bedürfnis, in einer Gesellschaft zu leben, die bestimmte grundlegende moralische Normen respektiert, und zwar gleichgültig, ob diese Normen ihrerseits einen „bedürfnis-orientierten" Charakter haben. Angenommen, die moralische Anstößigkeit eines bestimmten Verhaltens werde von sehr vielen sehr intensiv empfunden, müßte die schwache liberale rechtsethische Position im Grenzfall auch eine strafrechtliche Sanktionierung dieses Verhaltens für ethisch zulässig halten. Handelt es sich bei der Embryonenforschung um einen solchen Grenzfall?

Zweifellos ist die moralische Ablehnung der Embryonenforschung sowohl weitverbreitet als auch intensiv. Auf der anderen Seite ist jedoch nicht zu übersehen, daß von einer strafrechtlichen Sanktionierung von Verhalten, von dem *lediglich* „morality-dependent harms" ausgehen, für die Aufrechterhaltung einer liberalen Rechtskultur beträchtliche Gefahren drohen. Immerhin muß es bedenklich stimmen, wenn bei der heute verbreiteten moralischen Ablehnung von Praktiken wie heterologer Insemination, Leihmutterschaft und Geschlechtsselektion die Interessen derer, die sich dieser Praktiken bedienen wollen, von praktisch keiner der an der Debatte beteiligten Seiten berücksichtigt werden (vgl. Patzig 1991, 137). Daß durch rigorose strafrechtliche Verbote auf diesem Gebiet auch Freiheiten beschränkt werden, scheint kaum der Rede wert zu sein. Bedenklich stimmen müssen vor allem die Tendenzen innerhalb der Rechtsprechung, das Prinzip der Menschenwürde statt als Prinzip eines individuellen Abwehr- und Anspruchsrechts inflationär als objektives Wertprinzip aufzufassen und in dessen Namen straf- und andere rechtliche Beschränkungen der Freiheit der Lebensgestaltung zuzulassen oder sogar zu fordern, bei denen von einer „Schädigung" anderer allenfalls in einem symbolischen Sinne die Rede sein kann (vgl. Birnbacher 1995). Selbst aus der *schwachen* liberalen rechtsethischen Position heraus wird man deshalb – um der Gefahren für die Freiheit willen – die durch das deutsche Embryonenschutzgesetz vorgenommene *strafrechtliche* Sanktionierung der Embryonenforschung ablehnen müssen.

Literatur

Barry, Brian: Political argument. London 1965.

Birnbacher, Dieter: Gefährdet die moderne Reproduktionsmedizin die menschliche Würde? In: Volkmar Braun/Dietmar Mieth/Klaus Steigleder (Hrsg.): Ethische und rechtliche Fragen der Gentechnologie und der Reproduktionsmedizin. München 1987, 77-88. Wiederabgedruckt in: Anton Leist (Hrsg.): Um Leben und Tod. Frankfurt/M. 1990, 266-281.

Birnbacher, Dieter: Genomanalyse und Gentherapie. In: Hans-Martin Sass (Hrsg.): Medizin und Ethik. Stuttgart 1989, 212-231.

Birnbacher, Dieter: Mehrdeutigkeiten im Begriff der Menschenwürde. Aufklärung und Kritik Sonderheft 1/1995, 4-13.

Brazier, Margaret: The challenge to Parliament: a critique of the White Paper on Human Fertilisation and Embryology. In *Dyson/Harris 1990*, 127-141.

Buchborn, E.: Hochrangige Forschung – wann kann am Embryo geforscht werden, wann nicht? In *Fuchs 1990*, 127-138.

Dyson, Anthony/John Harris (Hrsg.): Experiments on embryos. London/New York 1990.

Feinberg, Joel: Offense to others. New York 1985 (The moral limits of the criminal law, 2).

Fuchs, Christoph (Hrsg.):, Möglichkeiten und Grenzen der Forschung an Embryonen. Stuttgart 1990.

Hare, R. M.: Embryonenforschung: Argumente in der politischen Ethik. In: Hans-Martin Sass (Hrsg.): Medizin und Ethik. Stuttgart 1989, 118-138.

Helminger, Anne-Therese: 3. Internationaler Kongreß zur ärztlichen Ethik Paris 1991. Ethik in der Medizin 3 (1991), 154-155.

Honderich, Ted: „On liberty" and morality-dependent harms. Political Studies 30 (1982), 504-514.

Hume, David: Enquiry concerning the principles of morals (1751). In: Enquiries, ed. Selby-Bigge, Oxford 1902.

Jonas, Hans: Technik, Medizin und Ethik. Frankfurt/M. 1985.

Kant, Immanuel: Grundlegung zur Metaphysik der Sitten (1785). Akademie-Ausgabe Bd. 4, Berlin 1903/1911, 383-464.

Kant, Immanuel: Metaphysik der Sitten (1797). Akademie-Ausgabe Bd. 6, Berlin 1907/1914, 203-494.

Keller, Rolf u. a.: Embryonenschutzgesetz. Kommentar. Stuttgart 1992.

Lamb, David: Down the slippery slope. Arguing in applied ethics. London 1988.

Lenk, Hans: Zur Frage einer genetischen Manipulation des Menschen. Überlegungen zu einer Gen-Ethik. Forum für interdisziplinäre Forschung 2 (1989), Heft 1, 40-45.

Lockwood, Michael (Hrsg.): Moral dilemmas in modern medicine. Oxford/New York 1985.

Lockwood, Michael: The Warnock report: a philosophical appraisal. In *Lockwood 1985*, 155-186

Patzig, Günther: Korreferat zu Bretschneider. Ethik in der Medizin 3 (1991), 132-138.

Rehmann-Sutter, Christoph: Gentherapie in der menschlichen Keimbahn? Ethik in der Medizin 3 (1991), 3-12.

Singer, Peter u. a. (Hrsg.): Embryo experimentation. Cambridge 1990.

Singer, Peter: On being silenced in Germany. New York Review of Books, 15. 8. 1991, 36-42.

Trounson, Alan: Why do research on human pre-embryos? In *Singer u. a. 1990*, 14-25.

Warnock, Mary: The artificial family. In *Lockwood 1985*, 138-154.

Warnock, Mary: A question of life. The Warnock report on human fertilisation and embryology. Oxford 1985a.

Williams, Bernard: Which slopes are slippery? In *Lockwood 1985*, 126-137.

Williams, Bernard: Types of moral argument against embryo research. In: Ruth Chadwick (Hrsg.): Ethics, reproduction and genetic control. London 1987, 185-194.

Wissenschaftlicher Beirat der Bundesärztekammer: Richtlinien zur Forschung an frühen menschlichen Embryonen. Deutsches Ärzteblatt 82 (1985), 3757-3764.

Günter Rager

Embryo – Mensch – Person: Zur Frage nach dem Beginn des personalen Lebens[1]

Im Artikel 1 der „Allgemeinen Erklärung der Menschenrechte" der Vereinten Nationen (10.12.1948) heißt es: „Alle sind frei und gleich an Würde und Rechten geboren. Sie sind mit Vernunft und Gewissen begabt und sollen einander im Geiste der Brüderlichkeit begegnen". In Artikel 3 heißt es: „Jedermann hat das Recht auf Leben, Freiheit und Sicherheit der Person". Diesen Erklärungen liegt die Erkenntnis zu Grunde, daß die Mitglieder der menschlichen Familie allesamt Personen sind. Aus dem Personsein folgen die unantastbare Würde und die unveräußerlichen Rechte jedes Einzelnen.

Das Wort Person leitet sich wahrscheinlich aus dem griechischen πρόσωπον her und bedeutet ursprünglich „Gesicht" oder „Maske". Der Begriff Person fand aber erst im Zusammenhang mit der frühchristlichen Trinitätstheologie seine Entfaltung. In der Trinität mußte zwischen der umfassenden einen Wesenheit des Göttlichen (οὐσία) und den drei existierenden individuellen Wesen (ὑπόστασις) unterschieden werden. Diese individuell existierenden Wesen des Göttlichen wurden als Personen bezeichnet und von einander durch die Besonderheit ihrer Beziehungen zueinander unterschieden (Augustinus, De trinitate). Bei der christologischen Debatte trat das Problem des

---

1 Teile dieses Beitrages haben inzwischen Eingang gefunden in: G. Rager, Menschsein zwischen Lebensanfang und Lebensende. Grundzüge einer medizinischen Anthropologie. In: L. Honnefelder/G. Rager (Hg.), Ärztliches Urteilen und Handeln. Zur Grundlegung einer medizinischen Ethik. Frankfurt 1994, 53-103.

Verhältnisses eines allgemeinen Wesens, einer Natur (φύσις) zu einem individuell Seienden, einer Person, erneut auf und führte schließlich zu der bekannten Definition von Person durch *Boethius*: „Person ist die individuelle Substanz einer vernunftbegabten Natur“[2]. Gemäß dieser Definition läßt sich der Begriff Person weder auf die unbelebte noch auf die belebte, aber vernunftlose Natur anwenden, sondern lediglich auf das vernunftbegabte Wesen Mensch, und natürlich auch auf Gott.

In der mittelalterlichen Philosophie wurde der Personbegriff weiter entfaltet und vertieft. Nach *Thomas von Aquin* ist die Person dadurch ausgezeichnet, daß sie aus und durch sich existiert (per se existere) und damit alle nicht-personalen Wesen an Würde übertrifft. In ihrer besonderen Existenzweise ist die Person Herr ihrer inneren Akte, insbesondere des Erkennens und Wollens[3]. Sie ist frei, wobei ihre Freiheit wiederum in ihrer Vernunft wurzelt. Zu den wesentlichen Eigenschaften der Person gehören das Vermögen des Selbstbewußtseins oder der Selbstreflexion[4]. Obgleich Person eine selbständige Einheit ist, kann sie doch nicht für sich allein existieren; sie bedarf anderer Personen, um ihr Personsein zu entfalten. Dies wird besonders deutlich in der Dreiheit der göttlichen Personen.

Das Dasein in der Beziehung zu anderen Personen, die Interpersonalität, wurde vor allem in der Transzendentalphilosophie unseres Jahrhunderts (K. Rahner, H. Krings), in der christlichen Existenzphilosophie (M. Müller, B. Welte) und in der Dialogphilosophie (M.Buber, F. Rosenzweig, G. Marcel) weiter entfaltet. Im Zusammenhang mit unserer Betrachtung muß jedoch noch auf einen anderen Schwerpunkt der Personphilosophie hingewiesen werden, der vor allem von *Kant* herausgearbeitet wurde. Person ist Freiheit. Als Freiheit vermag die Person nach dem von der eigenen Vernunft gegebenen Gesetz zu handeln,

2 „persona est naturae rationabilis individua substantia“, Contra Eutychen et Nestorium 1-3.

3 „habent dominium sui actus, et non solum aguntur, sicut alia, sed per se agunt“, S. theol. I,29,1c.

4 reditio completa ad seipsum

folglich sich selbst zu bestimmen. Dieses Vermögen der Selbstbestimmung oder der Autonomie dient wiederum als Grundlage für die Aussage, daß Person ein Zweck an sich, ein Selbstzweck ist. Person ist ein Dasein an sich selbst, das einen absoluten Wert hat. „Die Wesen, deren Dasein zwar nicht auf unserem Willen, sondern der Natur beruht, haben dennoch, wenn sie vernunftlose Wesen sind, nur einen relativen Wert, als Mittel, und heißen daher Sachen, dagegen vernünftige Wesen Personen genannt werden, weil ihre Natur sie schon als Zwecke an sich selbst, d.i. als etwas, das nicht bloß als Mittel gebraucht werden darf, auszeichnet, mithin so fern alle Willkür einschränkt (und ein Gegenstand der Achtung ist)“[5]. Dementsprechend läßt sich der kategorische Imperativ auch so formulieren: „Handle so, daß du die Menschheit sowohl in deiner Person, als in der Person eines jeden anderen jederzeit zugleich als Zweck, niemals bloß als Mittel brauchst“[6].

Der Mensch ist also Person. Als Person ist er niemals Mittel zum Zweck, sondern Selbstzweck. Er ist in seiner Würde unantastbar und unverfügbar. Diese Grundaussagen haben nicht bloß eine theoretische, sondern auch eine eminent praktische Relevanz, die uns sofort deutlich wird, wenn wir an den KSZE-Prozeß und an die ungeheuren Umwälzungen in Osteuropa denken. Wie verhält es sich aber mit dem ungeborenen menschlichen Leben? Hat es den gleichen Anspruch wie wir? Gilt auch von ihm, daß es ein Wert an sich und als solcher unantastbar ist? Ist die befruchtete Eizelle ihrem Wesen nach ein Mensch? Ist sie gar Person? Und wenn ja, in welchem Sinne? Ließen sich diese Fragen mit einem einfachen Ja beantworten, dann wären auch die ethischen Konsequenzen sofort evident; Konsequenzen allerdings, die uns zurückschrecken lassen. Nicht von ungefähr wird deshalb immer wieder bei der Medizin, speziell bei der Embryologie angefragt, ob es nicht doch Gründe gebe anzunehmen, daß das menschliche, und insbesondere das persona-

5 Grundlegung zur Metaphysik der Sitten, Akademie Ausgabe, p.428
6 Grundlegung zur Metaphysik der Sitten, p.429f

le Leben noch nicht bei der Befruchtung, sondern irgendwann später erst beginne.

So wollen wir uns zuerst bei der Embryologie nach dem Beginn des menschlichen Lebens erkundigen und sehen, ob sich auf die embryologischen Befunde allgemeine Grundsätze anwenden lassen. Im zweiten Teil unserer Überlegungen wollen wir uns mit jenen Theorien auseinandersetzen, die behaupten, das menschliche Leben beginne nicht schon bei der Befruchtung, sondern erst später als Folge von zusätzlichen Ereignissen. Sollten aber solche Ereignisse nicht ausfindig gemacht werden können, dann verbliebe die Frage, ob denn die befruchtete Eizelle schon als menschliches Wesen oder gar als Person anzusehen sei und, wenn ja, in welchem Sinne. Diese Reflexion soll im dritten Teil vollzogen werden.

I. Der menschliche Embryo während der ersten 8 Wochen

Der Embryo entsteht mit der Fertilisation. Die Fertilisation ist ein Prozeß, der mit dem Eindringen eines Spermiums in die Ovozyte (Imprägnation) beginnt und mit der Fusion der Zellkerne endet. Der männliche und der weibliche Vorkern verdoppeln ihre Chromosomensätze, nähern sich einander und lösen ihre Kernmembranen auf. Die beiden Chromosomensätze werden vereinigt und in einer gemeinsamen Teilungsspindel angeordnet. Die erste Furchungsteilung beginnt. Dieses Entwicklungsstadium wird als *Zygote* bezeichnet (O'Rahilly & Müller 1987). *Damit ist das für diesen Embryo bestimmte humane Genom*[7] *etabliert.* Kein ernsthafter Embryologe würde heute bezweifeln, daß es sich um einen menschlichen Embryo handelt. Die Fertilisation selbst erfolgt als kontinuierliche Abfolge von Ereignissen, wobei das eine Ereignis Voraussetzung für das folgende Ereignis ist. Die Aufzählung der Einzelereignisse wird

---

7 Unter Genom wird die gesamte genetische Information verstanden, die in den Chromosomen eines Organismus gespeichert ist.

lediglich von unserer Beobachtungsgenauigkeit bestimmt. Wegen des stufenartigen Erscheinungsbildes aufeinander folgender Reaktionen hat man den ganzen Vorgang auch als „Befruchtungskaskade“ (Beier, 1992) bezeichnet.

In der Folge teilen sich die Zellen, ohne daß sich zunächst das Volumen der Ovozyte änderte. Es entsteht das *Blastomerenstadium*[8]. Für die ersten beiden Zellteilungen genügt die normale DNA-Synthese. Für die anlaufende Proteinsynthese reichen noch die Reserven an mütterlicher Boten-RNA (Messenger-RNA, mRNA[9]), an Ribosomen, Transfer-RNA (tRNA[10]) und Vorläuferproteinen, welche die Ovozyte vor der Befruchtungskaskade angereichert hat. Unter ihnen befinden sich spezielle mRNA-Moleküle, die den Code für die wichtigsten Proteine enthalten, welche die ersten Blastomerenfunktionen steuern (Beier, 1992). Diese Befunde legen nahe, daß bis zum Erreichen des 4-Zell-Stadiums die Transkription der embryonalen DNA noch nicht beansprucht wird, d.h. die Embryogenese noch auf einer post-transkriptionellen Ebene reguliert wird. Die Aktivierung des embryonalen Genoms erfolgt erst zwischen dem 4- und 8-Zellstadium; sie ist wesentlich sowohl für die Proteinsyn-

---

8 Stadium 2 nach O'Rahilly & Müller, 1987. Häufig wird dieses Stadium auch als Morula bezeichnet. Unter Morula wird eine solide Masse von 12 oder mehr Zellen verstanden. Die Blastomeren rufen Erhebungen an der Oberfläche der Eizelle hervor, weshalb man die Eizelle mit einer Maulbeere vergleicht. Dieses Stadium reicht bis zur Entstehung der Blastozysthöhle (Stadium 3). Es wird vorgeschlagen, den Ausdruck Morula fallen zu lassen, weil bei Amphibien daraus nur embryonales Gewebe entsteht, während bei Mammaliern (Placentarier) auch nicht-embryonale Gewebe (Amnion und Chorion) sich daraus entwickeln. Zur Diskussion des Begriffs Morula siehe O'Rahilly & Müller, 1987, p.13.

9 mRNA-Moleküle entstehen durch DNA-Transcription, dh. durch Kopie kleiner Abschnitte der DNA-Sequenz in eine RNA-Sequenz. Die mRNA-Moleküle gelangen vom Zellkern in das Zytoplasma und lenken die Synthese von Proteinmolekülen.

10 Die tRNA-Moleküle übersetzen Nukleotidsequenzen in Proteinsequenzen, indem sie dazu beitragen, daß Aminosäuren entsprechend der Nukleotidsequenz in der mRNA aneinandergereiht werden.

these als auch für den Fortgang der Zellteilungen (Braude et al., 1988).

Der neu entstandene Organismus agiert bereits als eine Einheit. Er sendet an den mütterlichen Organismus wichtige Signale, die den *embryo-maternalen Dialog* einleiten und zur Steuerung (Synchronisierung) und Feinabstimmung des embryonalen und des mütterlichen Systems beitragen. Eines dieser Signale, das schon wenige Stunden nach der Fertilisation von der Zygote ausgeschieden wird, verhindert, daß der Embryo bei der Einnistung als Fremdkörper abgestoßen wird[11]. Andere embryonale Signale wie etwa das humane Choriongonadotropin (HCG) führen zur Erhöhung der Progesteronproduktion bei der Mutter, wodurch die Aufrechterhaltung der Schwangerschaft gewährleistet wird. Der mütterliche Organismus stellt sich auf Grund dieses Dialogs auf Schwangerschaft um. Trotz der beginnenden Differenzierung bleiben die Tochterzellen bis zum Achtzellstadium *totipotent*, d.h. jede einzelne von ihnen kann sich zu einem vollständigen Embryo entwickeln, wenn sie aus dem Zellverband gelöst wird.

Zwischen dem Acht- und Sechzehnzellstadium festigen die Zellen ihren Zusammenhalt auch in morphologisch erkennbarer Form und rücken enger zusammen („compaction" oder Konsolidierung). Es entstehen spezialisierte Verbindungen zwischen den außen liegenden Zellen (tight junctions, Zonulae occludentes), wodurch die inneren Zellen von dem äußeren Milieu abgeschirmt werden und sich in ihrem eigenen Milieu differenzieren. Die äußeren Zellen erscheinen morphologisch polarisiert, indem sie an der äußeren Oberfläche sehr feine zottenartige Fortsätze (Mikrovilli) ausbilden, an den seitlichen Flächen die genannten Kontakte herstellen und im Inneren eine asymmetrische Verteilung der Zellorganellen aufweisen. Zellteilungen können radiär (senkrecht zur gemeinsamen Oberfläche der Blastomere) oder tangential (parallel zu dieser Oberfläche) erfolgen. Bei radiär eingestellten Teilungen

11 Es handelt sich um den Early Pregnancy Factor (EPF), der Immuntoleranz bewirkt.

entstehen zwei polar organisierte Tochterzellen, die an der Oberfläche bleiben. Bei tangentialer Teilungsebene entsteht eine polare oberflächliche Zelle und eine unpolare innere Tochterzelle, die in dem inneren Stoffwechselmilieu einen anderen Differenzierungsweg einschlägt.

Ab etwa 32 Zellen entstehen Flüssigkeitsräume zwischen den Zellen, die allmählich zu einer einzigen Höhle zusammenfließen. Wir sprechen jetzt von einer *Blastozyste* (Stadium 3), die aus einem Mantel von Zellen (Trophoblast) besteht, welcher sowohl die Blastozysthöhle als auch die „innere Zellmasse", den Embryoblasten, umhüllt. Die Zellen des Embryoblasten liegen konzentriert an einem Pol der Blastozyste, die Blastozysthöhle bildet den anderen Pol des inneren Bereichs, wodurch sich wieder eine polare Differenzierung ergibt. Die Blastozyste lagert sich mit dem Pol, an welchem der Embryoblast liegt, der Wand des Uterus an (Adplantation, Stadium 4), „frißt" sich in die Uterusschleimhaut hinein und ist schließlich am Ende der *ersten Woche* völlig in die Uterusschleimhaut eingenistet (Implantation, Stadium 5).

Am Übergang zur *zweiten Entwicklungswoche* bildet der Embryo auf seiner der Blastozysthöhle zugewandten oder ventralen Seite das Nabelbläschen aus. Auf der dem Trophoblasten zugewandten oder dorsalen Seite entsteht ein Spaltraum, die Amnionhöhle, die vom Amnion umhüllt wird. Der Embryo selbst wird zweischichtig; die dorsale, dicke Schicht wird zum Ektoblast, die ventrale, dünne Schicht wird zum Entoblast. In einem Bereich, den wir später als den unteren oder kaudalen Pol des Embryos bezeichnen, entsteht aus dem Ektoblast das extraembryonale Mesoderm, welches die Blastozysthöhle auskleidet (Hinrichsen 1990, p.112f). Den so mit Mesoderm überzogenen Trophoblasten bezeichnet man als Chorion und die von ihm umgebene Höhle als Chorionhöhle.

Zu Beginn der *dritten Entwicklungswoche* breitet sich die Zone der Mesodermentstehung in der Medianebene nach kranial aus, wodurch der *Primitivstreifen* entsteht (Stadium 6). Im Bereich des Primitivstreifens kommt es zu einer starken Proliferation von Zellen im Ektoblast. Die Basalmembran löst sich auf. Die neugebildeten Zellen verlassen den Zellverband des Ektoblasten und breiten sich als drittes Keimblatt oder *Mesoderm* zwischen Ektoblast (jetzt *Ektoderm* genannt) und Entoblast (jetzt *Entoderm* genannt) aus. Am kranialen Ende des Primitivstreifens kommt es zu einer zylinderförmigen Einstülpung ektodermaler Zellen, es entsteht der *Axialfortsatz*. Nach weiteren Entwicklungsschritten entsteht daraus die Chorda dorsalis, die man auch als frühe Körperachse ansehen kann. Das dorsal vom Axialfortsatz gelegene Ektoderm wird zur Neuralplatte spezifiziert (Embryonaltag 16, Stadium 7), aus welcher das Zentralnervensystem entsteht. Während der nächsten Tage sinkt die Neuralplatte in der Medianebene zur Neuralrinne ein (Stadien 8 und 9). Die Neuralrinne schließt sich zum Neuralrohr und löst sich vom Verband des Ektoderm, welches sich als Oberflächenektoderm über das Neuralrohr ausbreitet und eine einheitliche Schicht bildet (Stadium 10). Lediglich am kranialen und am kaudalen Pol des Embryos bleibt das Neuralrohr noch eine Weile offen. Diese Öffnungen werden als Neuroporus cranialis und Neuroporus caudalis bezeichnet.

In der *vierten Entwicklungswoche* schließt sich das Neuralrohr oben und unten (Neuroporus cranialis im Stadium 11, Neuroporus caudalis im Stadium 12). Von jetzt an dominiert das Nervensystem das Wachstum des Embryos. Das Gehirn wächst rasch über die Begrenzungen des Nabelbläschens hinaus und beugt sich nach vorn oder ventral. Dabei entstehen Falten, die Pharyngealbögen. Es entstehen ferner das Augen- und Ohrenbläschen und die vier Gliedmaßenknospen.

In der *fünften Entwicklungswoche* wird die Beugung des Kopfes so stark, daß die Stirn auf dem Nabel zu liegen kommt. Die Hirnabschnitte sind schon weit fortgeschritten in ihrer Differenzierung. Im Stadium 15 sind bereits die Hemisphärenblasen sichtbar.

Im Verlaufe der *sechsten Entwicklungswoche* wird der Kopf fast ebenso groß wie der ganze Rumpf. Die Differenzierung der Gliedmaßen ist weit fortgeschritten. In der Handplatte sind bereits die Fingerstrahlen erkennbar (Stadium 17). Der Entwicklung des äußeren Erscheinungsbildes entspricht eine rasch fortschreitende Differenzierung der Organsysteme im Inneren des Embryonalkörpers, für deren Darstellung auf die Lehrbücher der Humanembryologie verwiesen werden muß[12].

Als Folge der Ausbildung der Wirbelsäule richtet sich der Embryo in der *7. und 8. Entwicklungswoche* allmählich auf, Finger und Zehen werden fein ausgebildet, das Gesicht wird zu dem geformt, was auch der nicht embryologisch Geschulte als typisch menschliches Antlitz bezeichnen würde. Betrachtet man mehrere verschiedene Gesichter am Ende der Embryonalzeit (Ende der 8. Woche), dann wird man jedem dieser Gesichter eine individuelle Besonderung zusprechen müssen. Der Embryo ist zu dieser Zeit gerade 30 mm groß.

Obgleich hier nur die wichtigsten Daten der Embryonalentwicklung dargestellt werden konnten, ergeben sich bereits aus diesen Beobachtungen wichtige Erkenntnisse und Schlüsse, die umso stärker unterstützt werden, je genauer wir die Vorgänge kennen.

1. Die *Zygote* besitzt bereits ein humanspezifisches Genom. Sie ist in der Lage, sich unter geeigneten Bedingungen (Bedingungen der Möglichkeit) zu einem erwachsenen Menschen zu entwickeln. Es muß nichts Wesentliches mehr hinzugefügt werden (*Potenz zur vollständigen menschlichen Entwicklung*).
2. Auf Grund des spezifisch menschlichen Genoms ist in jedem Moment der Entwicklung ein menschlicher Embryo zu erkennen. Bei aller Ähnlichkeit mit den Entwicklungsabläufen bei Tieren sind doch immer wieder spezifische Unterschiede festzustellen, und zwar von der molekularbiologischen Ebene bis zur äußeren Körperform *(Humanspezifische Entwicklung).*
3. Jedes Entwicklungsstadium geht kontinuierlich in das folgende über. Es gibt keinen Moment in der Entwicklung, an

12 Hamilton & Mossman 1972: Blechschmidt 1973; Hinrichsen 1990; O'Rahilly & Müller 1992.

dem man sagen könnte, hier werde der Embryo zum Menschen *(Kontinuität der Entwicklung)*[13].

4. Am *Ende des 2. Embryonalmonats* ist der Embryo gerade 3 cm groß. Er hat schon alle Merkmale entwickelt, die auch für den normalen Beobachter als menschliche Merkmale erscheinen.

Somit folgt aus der embryologischen Betrachtung der menschlichen Entwicklung, daß der Embryo von der Befruchtung an menschliches Leben darstellt und die Möglichkeit besitzt, dieses menschliche Leben voll zu entfalten, wenn ihm die dafür nötigen Umgebungsbedingungen geboten werden.

II. Einwände gegen die Aussage „Mensch von Anfang an“

Wenn der Embryo von Anfang an Mensch ist, dann kommt ihm menschliche Würde zu; dann darf er niemals Mittel zum Zweck sein. Da die ethischen und politisch-rechtlichen Konsequenzen dieses Sachverhaltes bedeutend sind, wird immer wieder der Versuch unternommen, die medizinisch-biologische Basis für das ethische Urteil in Zweifel zu ziehen. Die Aussage „Mensch von Anfang an“ wird mit verschiedenen Begründungen in Frage gestellt.

II.1 Das Biogenetische Grundgesetz

Eine der wichtigsten Antithesen behauptet, der Embryo sei nicht von Anfang an Mensch, sondern werde es erst im Laufe seiner Entwicklung. Diese Antithese stützt sich auf das soge-

13 Es ist immer wieder versucht worden, das Menschsein mit der Reifung des Gehirns beginnen zu lassen. Die Differenzierung des Nervensystems ist aber eines der besten Beispiele dafür, daß sich kein Punkt festlegen läßt, an welchem sprunghaft etwas Neues entsteht. Auch die Synaptogenese ist ein kontinuierlicher Prozeß.

nannte „Biogenetische Grundgesetz", wonach in jeder Individualentwicklung (Ontogenese) die Stammesentwicklung (Phylogenese) rekapituliert wird. Der Embryo durchläuft gemäß dieser Theorie während seiner Entwicklung die verschiedenen unter ihm stehenden Stufen niedrigerer Tierformen, ehe er zu seinem eigentlichen menschlichen Dasein kommt. Das „Biogenetische Grundgesetz" hat seinen Vorläufer in der „Theorie der Rekapitulation", die von verschiedenen Gelehrten des vorigen Jahrhunderts vertreten, aber von anderen bedeutenden Embryologen wie z.B. *Karl Ernst von Baer* angezweifelt wurde[14]. *Ernst Haeckel* (1834-1919) war es, der diese Theorie wieder aufgriff, sie mit allem ideologischen Nachdruck durchzusetzen versuchte und sie schließlich in der 9. Auflage seiner „Natürlichen Schöpfungsgeschichte" von der Theorie zum Gesetz erhob (Haeckel 1866, 1868).

Um das biogenetische Grundgesetz zu „beweisen", bildete Haeckel die Eier von Mensch, Affe und Hund ab (Figuren 5, 6, 7 in „Natürliche Schöpfungsgeschichte"); die Eier sahen völlig gleich aus. Dann zeigte er auf drei nebeneinanderstehenden Tafeln embryonale Stadien von Hund, Huhn und Schildkröte (Figuren 9, 10 und 11). Wieder sahen die drei Embryonen völlig gleich aus. Schließlich verglich er auch ältere Embryonalstadien, nämlich einen Hunde- und einen Menschenembryo, beide aus der 4. Entwicklungswoche. Diese beiden Embryonen sahen zwar nicht völlig gleich, aber doch sehr ähnlich aus (zur Dokumentation siehe Rager 1986). Wenn Embryonen verschiedener Tierarten einander so glichen, dann müsse geschlossen werden, daß die höheren Tierarten und der Mensch in ihrer Ontogenese zuerst die Entwicklungsstadien der niedrigeren Arten durchlaufen, bevor sie gleichsam zu sich selbst kommen, d.h. sie rekapitulieren die Phylogenese in ihrer Ontogenese.

Der Zoologe *Ludwig Rütimeyer* hatte 1868 die „Natürliche Schöpfungsgeschichte" zu besprechen. Er stellte fest, daß die Eier und Embryonen nicht nur gleich aussahen, sondern identisch waren. In jeder der Abbildungen waren die Anzahl und die

14 Zur Diskussion siehe Meyer 1935.

Art der Striche identisch. Haeckel mußte also für die drei verschiedenen Tierarten jeweils denselben Druckstock verwendet und nur verschiedene Unterschriften gewählt haben. Bei dem Bild von den älteren Embryonen war zwar nicht der Druckstock identisch, aber die Vorlagen, die Rütimeyer kannte, waren stark verändert: Der Stirnteil des Kopfes war beim Hund verlängert, beim Menschen verkürzt und durch das Vorrücken des Auges verschmälert. Das untere Ende des Rumpfes war beim menschlichen Embryo auf das Doppelte verlängert, um es mehr dem Schwanz des Hundeembryos anzugleichen. So war der Schluß zwingend, daß es sich hier nicht um Versehen oder Verwechslungen handelte, sondern um *bewußte Fälschungen.* Rütimeyer hielt dies in seiner Besprechung fest. Haeckel gab zwar die Fälschungen zu, rechtfertigte seine Fälschungen aber damit, daß sie im Dienste der Propagierung der neuen Weltanschauung stünden. Trotz der bekannt gewordenen Fälschungen entfernte er diese Abbildungen aus den nächsten Auflagen seines Buches nicht[15].

Nicht nur die Fälschungen bei der Einführung des sogenannten Biogenetischen Grundgesetzes müssen jeden seriösen Wissenschaftler hinsichtlich der Geltung dieses Gesetzes nachdenklich stimmen. Es sind heute auch eine Reihe von Entwicklungsvorgängen bekannt, die diesem „Grundgesetz" widersprechen, weshalb es höchstens noch als heuristisches Prinzip verstanden werden kann (Hamilton & Mossman, 1972; Rager 1986). Dem mit diesem „Gesetz" verbundenen Dogmatismus ist es zuzuschreiben, daß Elemente in die Humanembryologie eingeführt wurden, die eigentlich nur in der Entwicklung bestimmter Tierformen ihre Geltung und Bedeutung haben. So gehörte es lange Zeit zum Standard, auch in der Humanembryologie von Kiemenbögen zu reden, obwohl dort keine Kiemen auftreten. Für den Bauchraum unterhalb des Nabels wurde immer wieder ein ventrales Mesenterium beschrieben, obwohl es beim Menschen nicht beobachtet wird. Dieses

15 Eine eindrucksvolle Darstellung dieser Vorgänge findet sich bei dem Humanembryologen Wilhelm His 1874.

Mesenterium wurde wahrscheinlich über die Embryologie des Amphioxus in die Humanembryologie eingeschleust. Es gibt noch weitere Beispiele dieser Art, die erst allmählich wieder aus der Humanembryologie eliminiert werden können.

Nachdem mangels Beweises das Biogenetische Grundgesetz nicht das zu leisten vermag, was es gemäß Haeckel eigentlich leisten sollte, und dieses Gesetz auch kein kausales Modell für die Entwicklungsabläufe liefert, wie es unserem heutigen naturwissenschaftlichen Denken entspräche, bedürfen wir eines anderen Erklärungsmodells, das die Mannigfaltigkeit der Entwicklungsvorgänge einheitlich verstehen läßt. Ein solches Erklärungsmodell müßte in der Ontogenese beginnen, weil dort wirkliche Kausalzusammenhänge erforscht werden können. Dies sei am Beispiel der Entwicklung der Pharyngealbögen erläutert. Wenn das Neuralrohr sich bildet, wird das Nervensystem in den verschiedenen Tierarten zum Wachstumsmotor. Das Gehirn wächst über die Begrenzung der Keimscheibe hinaus. Dies führt zur Beugung des Kopfes nach vorne. Bei dieser Beugung entstehen im Bereich des Schlundes (Pharynx) Falten, die wir aus Gründen vorurteilsfreier Beschreibung einfach Pharyngealbögen nennen. Entsprechend der jeweiligen genetischen Information und den spezifischen Umgebungsbedingungen entstehen aus den Pharyngealbögen beim Fisch die Kiemenbögen, beim Menschen die Strukturen des Halses und des Schlundes wie z.B. der Gehörgang und die Paukenhöhle (Cavitas tympanica). So beruht die Ähnlichkeit der Embryonalentwicklung verschiedener Spezies auf der Ähnlichkeit der Entwicklungsbedingungen. Da die genetischen Programme aber artspezifisch verschieden sind, entwickeln sich in den verschiedenen Arten unterschiedliche Formen und Strukturen.

Wir könnten dieses Erklärungsmodell als *„Regel der Ontogenese“* bezeichnen. Es besagt, daß die *Bedingungen für Wachstum und Reifung ausschließlich in der Ontogenese* anzutreffen sind. Die Phylogenese ergibt sich aus den Ereignissen, die während der Ontogenese stattfinden (Rager 1986).

Der menschliche Embryo ist der Möglichkeit nach immer schon Mensch. Während der Ontogenese werden niemals Zwischenstadien oder Organisationsstufen erreicht, die niedrigeren Lebensformen anderer Spezies entsprächen und in sich lebensfähig und sinnhaltig wären. Die menschliche Entwicklung strebt immer auf ihre Endgestalt hin und erfüllt sich erst, wenn die Endgestalt erreicht ist. Darum ist das Haeckelsche Stufenmodell zur Beschreibung der menschlichen Entwicklung inadäquat, sofern damit mögliche dauernde Haltepunkte (Niveaus) der Entwicklung gemeint sind. Wenn wir zur Beschreibung der menschlichen Ontogenese Stadien benutzen, dann hat diese Einteilung in Entwicklungsstadien einen ganz anderen Sinn. Damit sollen lediglich Parameter der Reifungsvorgänge festgelegt werden, um eine Eindeutigkeit der Beschreibung zu erreichen. Es wird damit nicht unterstellt, es gebe diskrete Stufen der Entwicklung.

II.2 Das Problem der Individuation

Wenn man bis zum 8-Zell-Stadium einzelne Zellen aus dem Verband herauslöst, haben diese Zellen die Fähigkeit, sich zu einem ganzen Embryo zu entwickeln. Etwas Ähnliches geschieht, wenn spontan eineiige Zwillinge entstehen. In dieser frühen Phase der Entwicklung sind die einzelnen Zellen des Embryos noch *totipotent.* Erst mit der Ausbildung des Primitivstreifens geht die Fähigkeit zur Mehrlingsbildung aus einer Eizelle verloren. Die Möglichkeit der Entstehung eineiiger Zwillinge war einer der Gründe, warum vor allem im angelsächsischen Sprachbereich einige Autoren für die ersten 14 Lebenstage des Embryos den Begriff *Prae-Embryo* eingeführt haben[16]. Der Begriff Prae-Embryo unterstellt die Idee, es gebe in der Frühentwicklung des Menschen eine Phase, in welcher ein menschli-

16 Als weiterer Grund wurde angeführt, daß in den frühesten Entwicklungsstadien vorwiegend der nicht-embryonale Trophoblast gebildet werde (McCormick 1991). Dies trifft jedoch nicht zu. Trophoblast und Embryoblast entwickeln sich in gegenseitiger Abhängigkeit und stellen eine funktionelle Einheit dar.

cher Embryo noch nicht vorhanden sei. Dies steht nicht nur im Widerspruch zu der Erkenntnis, daß das menschliche und individuell bestimmte Genom mit der Fertilisation festliegt, sondern führt auch zu ganz bestimmten Handlungsmöglichkeiten. Wenn Prae-Embryonen keine Personen sind, dann ist an ihnen das „Wegwerfen, Einfrieren, Forschen und die Praeimplantationsgenetik" (Robertson 1991) erlaubt. Eine Verteidigung der Würde dieses Wesens ist dann kaum noch möglich. Der Begriff Prae-Embryo sollte wieder aus dem embryologischen Vokabular gestrichen werden, weil er sich sachlich nicht begründen läßt, weil er falsche Vorstellungen über den Status des Embryos während der ersten zwei Lebenswochen suggeriert und weil es bereits wohl definierte Entwicklungsstadien gibt.

Es ist aber einzuräumen, daß die Möglichkeit der Entstehung eineiiger Zwillinge wenigstens im ersten Hinblick begriffliche Schwierigkeiten bereitet. Bedeutet dies nun, daß der Embryo vor der Ausbildung des Primitivstreifens kein Individuum ist, weil er sich noch in mehrere Individuen teilen kann? Eine befriedigende Antwort auf diese Frage bedarf gründlicher Reflexion. Im folgenden seien einige Anhaltspunkte dafür gegeben:

1. Im Mehrzellstadium liegen die Zellen nicht einfach als unabhängige Gebilde nebeneinander. Bereits ab der ersten Zellteilung sind Regelungs- und Steuerungsmechanismen vorhanden, die aus dem Zellverband ein organisches System machen. Ein organisches System ist gerade dadurch gekennzeichnet, daß das Ganze mehr ist als die Summe seiner Teile. Der so geregelte Zellverband ist eine Funktionseinheit und verdient deshalb die Bezeichnung Individuum (vgl. Suarez 1989).
2. Bei jeder Zellteilung entstehen aus einer Mutterzelle zwei Tochterzellen. Dennoch sind Mutter- wie Tochterzellen funktionelle Einheiten. Ein Organismus, der aus mehreren Zellen besteht und eine strukturelle und funktionelle Einheit darstellt, läßt aus sich in analoger Weise einen zweiten Organismus hervorgehen. Beide sind je für sich wieder ein Ganzes, bilden eine in sich geschlossene und zu einheitlicher Lei-

stung befähigte Gestalt. Was für die Lebensvorgänge selbst ein normales Geschehen ist, bereitet uns für den begrifflichen Nachvollzug Schwierigkeiten. Hier muß noch einiges an Reflexionsarbeit geleistet werden.

3. Unter dem Begriff Individuum wird üblicherweise und dem direkten Wortsinn entsprechend Unteilbarkeit verstanden. Wenn Boethius zur Definition der Person den Begriff „Individuum"[17] benutzt, dann steht für ihn nicht die Unteilbarkeit, sondern das Ungeteiltsein im Vordergrund[18]. Bereits in der Hochscholastik liegt der Akzent auf der Einheitsfunktion. Die Seele als die einzige Form des Körpers garantiert die Einheit eines lebenden Wesens, in ganz besonderem Maße die Einheit der Person. Die Einheit der Person wird vor allem durch die Fähigkeit des Selbstbewußtseins und der Selbstreflexion[19] zum Ausdruck gebracht. Diese Einheit ist nicht als etwas Stabil-Starres gedacht, sondern als ein dynamischer Prozeß des Subsistierens[20]. Bei Kant und in der Transzendentalphilosophie wird der dynamische Aspekt der Einheit dadurch nochmal verstärkt, daß der Akzent auf die Freiheit gelegt wird, wobei Freiheit nur insoweit Freiheit ist, als sie sich jeweils selbst verwirklicht. Wenn das lebende Individuum nicht primär als etwas Unteilbares, sondern als ein Wesen verstanden wird, das ständig seine Einheit dynamisch herstellt, dann verursacht die Entstehung von eineiigen Zwilllingen keinen Widerspruch zu unserem Begriff

17 „Persona est naturae rationabilis individua substantia", Contra Eutychen et Nestorium 1-3.

18 Dies war auch die gängige Auffassung des Hochmittelalters. So heißt es z.B. bei Thomas von Aquin: „Individuum autem est quod est in se indistinctum, ab aliis vero distinctum" (Summa theol. I, q.29, a.4). Ähnliche Aussagen finden sich bei Bonaventura (III. Sent. 5, 1, 2 arg.2), Heinrich von Gent (Sum. Quaest. 2, a.53, q.2 [Paris 1520] fol. 62r) und Duns Scotus (Quaest. Met. 7, 13, 17).

19 „Reditio completa" bei Thomas v. Aquin, De ver. q.1, a. 9.

20 „Conceptus personae pertinet non ad essentiam sive naturam, sed ad subsistentiam essentiae". Thomas v. Aquin, S. Th. I., q. 39, a. 1.

von Individuum und Person. Eine positive Bewältigung dieser begrifflichen Schwierigkeit steht jedoch noch aus.

II.3 Die Reifung des Nervensystems als Kriterium für personales Leben?

Die eben angedeuteten Definitionen von Person sprechen von einer vernunftbegabten Natur, von dem Vermögen der Selbstreflexion und von der Fähigkeit zum Dialog und zur freien Willensentscheidung. Diese Eigenschaften setzen ein funktionierendes Nervensystem voraus. Nun wissen wir aber aus der Embryologie, daß die ersten Spuren des Nervensystems nicht vor Embryonaltag 16 (Spezifizierung der Neuralplatte) auszumachen sind. Daraus wird verständlich, daß verschiedentlich versucht wurde, das Personsein des Menschen, seine Würde und Unverletzlichkeit an die Hirnentwicklung zu koppeln[21]. Ebenso wie es für das Ende des menschlichen Lebens ein eindeutiges und von allen anerkanntes Kriterium, nämlich den Hirntod, gebe, so solle auch für den Beginn des menschlichen Lebens der Beginn des Hirnlebens herangezogen werden. Werde der Hirntod durch das Aufhören der Hirnströme angezeigt (EEG), so solle auch der Beginn des Hirnlebens durch das Auftreten ableitbarer Hirnströme als Zeichen neuronaler Aktivität festgestellt werden. Sass (1989) orientiert sich an wenig zuverlässigen Daten über die Entwicklung der Synapsen, baut dann noch ein „zusätzliches ethisches Sicherheitsnetz" (l.c. 173) ein und kommt damit auf den 57. Tag nach der Befruchtung, ab welchem er „dem werdenden menschlichen Leben den vollen rechtlichen Schutz und die volle ethische Solidarität und Achtung" (l.c. 173) zusprechen will.

Diese Position enthält eine Reihe von Punkten, die zur Kritik herausfordern:

---

21 Sass 1989; Lockwood 1990.

1. Der Bezug auf die Synapsenentwicklung müßte eigentlich zu Schlußfolgerungen führen, die den gezogenen genau entgegengesetzt sind. Die Reifung der Neurone, der Verbindungen der Neurone und der Synapsen sind ein Musterbeispiel für die Kontinuität in der Entwicklung. Die Reifung der Neurone erfolgt zudem nicht gleichzeitig im ganzen Nervensystem, sondern in Abhängigkeit vom Ort. Der gesamte Reifungsprozeß erstreckt sich über eine sehr lange Zeit. Es wäre höchst willkürlich, in diesem langdauernden Prozeß einen bestimmten Zeitpunkt festlegen zu wollen. Die Reifung des Nervensystems ist auch mit der Geburt noch längst nicht abgeschlossen.
2. Sass versucht eine Symmetrie zwischen dem „Nicht mehr" des Hirntodes und dem „Noch nicht" des Hirnlebens (l.c.172) herzustellen. Diese Symmetrie besteht jedoch nicht, weil der Hirntod unwiderruflich ist, während das Hirnleben mit Sicherheit kommt, wenn man den Embryo nur wachsen läßt. Mit dem Hirntod erlischt jede körperliche Potentialität, während die Phase vor dem Beginn des Hirnlebens nicht dem Tod gleicht, sondern gerade durch die in ihr vorhandenen Möglichkeiten des Lebens charakterisiert ist.
3. Wenn die Kommunikationsfähigkeit als Kriterium für das Personsein genommen wird, dann ist auch der 57. Embryonaltag bei weitem zu früh angesetzt. Auch der Fetus ist noch nicht zur Kommunikation fähig, obwohl die Entwicklung des Nervensystems schon weit fortgeschritten ist. Sass gerät damit in Widerspruch mit sich selbst. Die Festlegung des 57. Embryonaltags muß deshalb als willkürlich erscheinen.

II.4 Mensch erst bei der Geburt?

Daß vor allem in der Rechtsprechung die Geburt, der erste Schrei, als Zeichen der Menschwerdung gegolten hat, braucht nicht länger erörtert zu werden. Insbesondere der Mainzer Rechtsphilosoph Norbert Hoerster (1989) will die Geburt als Beginn des Lebensrechts ansetzen, weil nur diese Grenze hinreichend eindeutig sei. Dies gilt jedoch nicht mehr für die moderne Medizin. Heute ist die Zeit der Geburt keine eindeutige Grenze mehr. Wollte man dennoch an der Geburt als einer Grenze festhalten, dann würde dies „bedeuten, daß eine Frühgeburt ... geschützt ist, während andere Kinder noch mit neun Monaten getötet werden dürfen" (Spaemann 1990, p.52).

Es wäre müßig, noch weitere Gegenpositionen aufzuzählen, die eine zeitliche Grenze festlegen, nach welcher erst das personale Leben beginnen soll. Die wichtigsten Meinungen sind genannt und diskutiert. Die Betrachtung der Embryonalentwicklung zeigt unzweifelhaft, daß mit der Verschmelzung der Gameten eine für dieses Individuum einheitliche und vollständige genetische Information entstanden ist. Die Expression der genetischen Information erfolgt im Zusammenspiel mit äußeren Reizen. Die Entwicklung des Embryos als eines organischen Systems wird einheitlich gesteuert. Der mütterliche Organismus liefert dafür lediglich die geeigneten Umgebungsbedingungen und die notwendige Nahrung. Während der Entwicklung werden normalerweise keine Mutationen oder Sprünge beobachtet. Daraus folgt, daß die Entwicklung von der Zygote (befruchtete Ovozyte) bis zum Neugeborenen kontinuierlich verläuft. Darüber besteht weitgehend Konsens unter den Humanembryologen. Wenn aber die Zygote in kontinuierlicher Weise sich zum Neugeborenen und zum erwachsenen Menschen entwickelt, dann bleibt die Identität dieses Lebewesens erhalten.

III. Möglichkeit und Wirklichkeit personalen Daseins

Heißt dies zugleich, der Embryo sei auch Person? Auch diese Frage wird unterschiedlich beantwortet. Es gibt Autoren, die das Personsein des menschlichen Embryos heftig ablehnen (Engelhardt 1986), andere, welche dem Embryo Personsein ab einer bestimmten Entwicklungsstufe zuerkennen (Thomas von

Aquin[22]; Maritain 1967; Bedate & Cefalo 1989; McCormick 1991) und eine dritte Gruppe, nach welcher das Personsein wesentlich mit dem Menschsein verbunden ist, also auch dem Embryo zukommt (Blechschmidt 1982; Crosby 1989; Suarez 1989; Spaemann 1990). Die Vertreter der dritten Gruppe behaupten in der Regel das Personsein der Möglichkeit nach. Es gibt aber auch die Meinung, daß „ein einzelliger menschlicher Keim ... nicht potentiell ..., sondern aktuell" eine Person sei (Blechschmidt 1982, p.177).

Mit den Auffassungen der Vertreter der beiden ersten Gruppen haben wir uns implizit bereits auseinandergesetzt. Bleibt also die Frage, ob der Embryo potentiell oder aktuell Person sei. Niemand wird behaupten wollen, daß der Embryo aktuell Selbstbewußtsein oder Freiheit realisiere. Jeder würde aber wohl zustimmen, daß der Embryo einmal zu dieser Realisation fähig sein wird, wenn er sich entsprechend weiter entwickelt. Lassen sich diese beiden Standpunkte in irgendeiner Form miteinander versöhnen? Auch hier gilt der bewährte Grundsatz: Philosophieren heißt Unterscheiden.

Sass hat zu Recht an die alte Unterscheidung zweier Formen der Potentialität erinnert, nämlich (l.c.175): „eine *aktive Potentialität*, die derzeit nicht realisiert ist, wie z.B. das potentielle Tätigsein eines im Moment schlafenden Menschen, und eine *passive Potentialität*, zu deren Realisierung noch etwas Zusätzliches hinzukommen muß". Wir können aber nicht mehr zustimmen, wenn Sass diese Unterscheidung anwendet und sagt: „Wir haben sicherlich die Pflicht, einen schlafenden Mitbürger davor zu schützen, im Schlaf einer Gefahr ausgesetzt zu sein, aber wir werden wohl keine Pflicht begründen können, alle Formen passiver Potentialität menschlichen Lebens inklusive der Potentialität von Samen, Eiern und frühen Embryonen zu schützen" (l.c. 175). Hier werden embryologisch sehr verschiedene Begriffe unterschiedslos zusammengefaßt. Spermium und Ovozyte sind zwar menschliche Zellen, sie haben aber ledig-

22 40. Tag nach der Befruchtung für Jungen, 80. Tag nach der Befruchtung für Mädchen.

lich eine passive Potentialität, einen Menschen hervorzubringen. Erst wenn noch etwas Wesentliches hinzukommt, nämlich die Verschmelzung von beiden in der Fertilisation, entsteht der Embryo. Der Embryo hingegen besitzt die aktive Potentialität zur menschlichen und personalen Existenz. Er braucht nur noch die geeigneten Umgebungsbedingungen, um sich zum personalen Dasein zu entfalten.

Entwicklung heißt Übergang von der Möglichkeit zur Wirklichkeit, von der Potenz in den Akt. Das Mögliche entfaltet sich zum Wirklichen, es verwirklicht sich. In dieser Hinsicht ist der Embryo mit dem Neugeborenen und mit dem Erwachsenen grundsätzlich gleichgestellt. Auch wir leben unser Personsein nicht ständig im Akt. Es gibt zahlreiche Zustände, wo wir hinter unseren Möglichkeiten zurückbleiben wie etwa im Schlaf, in der Narkose, bei Krankheit, Massenpsychosen, Alkohol, Drogen, Abhängigkeit von Emotionen und Einschränkung der Freiheit durch raffinierte Werbung. Nur selten entscheiden wir uns frei, nur selten realisieren wir das, was sein soll.

Singer (1989), Hoerster (1989) und andere wollen jedoch dieses Argument nicht gelten lassen. Nach ihnen genügt das Menschsein nicht, um Schutz vor Gewalt zu genießen. Es wird verlangt, daß die Person *aktuell* über Ich-Bewußtsein, Vernunft und freien Willen verfügt. „Denn bei jedem fairen Vergleich moralisch relevanter Eigenschaften wie Rationalität, Selbstbewußtsein, ... Autonomie, Lust- und Schmerzempfindung haben das Kalb, das Schwein und das viel verspottete Huhn einen guten Vorsprung vor dem Fötus in jedem Stadium der Schwangerschaft" (Singer, l.c.155). Dieser Standpunkt ist unhaltbar. Damit wären alle Menschen, die nicht den Singer-Kriterien entsprechen, prinzipiell zur Tötung freigegeben.

Das Argument von Singer ließe sich ohne weiteres auch auf bestimmte Lebenszustände des Erwachsenen anwenden wie Rausch, Koma nach einem schweren Unfall, Narkose oder degenerative Hirnprozesse (z.B. die Alzheimer Krankheit). In diesen Fällen ist auch der Erwachsene nur potentiell Person. In Fortsetzung der Singerschen Argumentationslinie wäre nur der vollbewußte Mensch Person und hätte damit Recht auf Leben.

Alle anderen wären der Willkür der Herrschenden ausgesetzt. Die Feststellung, der Mensch sei in seiner pränatalen Lebenszeit potentiell Person, ist deshalb keine leere Aussage, sondern spricht diesem Dasein grundsätzlich die gleiche Würde und damit die gleichen Lebensrechte zu wie sie die aktuell sich realisierende Person besitzt.

IV. Das Leben ist Entwicklung, auch nach der Geburt

Der Übergang von der Potenz in den Akt ist nicht auf die vorgeburtliche Lebensphase beschränkt. Auch nach der Geburt ist das menschliche Leben durch die ständig sich fortsetzende Realisierung der in ihm vorhandenen Möglichkeiten gekennzeichnet. Nach den Untersuchungen von Piaget[23] erwerben Kinder erst mit 11-14 Jahren die Fähigkeit, logische Operationen mit abstrakten Objekten durchzuführen. Parallel mit dieser kognitiven Reifungsphase erreicht die mit dem Elektroenzephalogramm (EEG) abgeleitete Hirnaktivität erst in diesem Alter das Muster des Erwachsenen. Obwohl die moralischen Entwicklungsstufen (System von Kolberg 1981) weit weniger streng an ein bestimmtes Alter gebunden sind als die kognitiven, ist auch hier ein Fortschreiten der Entwicklung festzustellen. Für das moralische Urteil ist eine bestimmte Reife erforderlich. Damit aber nicht genug. Es gibt gute Gründe anzunehmen, daß wir zu weiteren Entwicklungsschritten fähig sind. Dies ist der Anspruch der christlichen Botschaft ebenso wie der geistigen Tradition Indiens und anderer Hochreligionen. Hinter diesem Anspruch fallen die meisten von uns weit zurück. Eines aber wird klar: Die Entwicklung ist nicht mit der Geburt beendet. Sie erstreckt sich über das ganze Leben bis hin zur Weisheit des Alters. Das Leben selbst ist nichts anderes als Entwicklung bis hin zu seiner natürlichen Grenze. Es wäre ein verhängnisvolles Fehlurteil zu glauben, man selbst habe schon die Gren-

23 Vgl. Willi & Heim 1986.

zen seiner Möglichkeiten erreicht, verfüge jetzt über das volle Recht der personalen Existenz und könne Macht über alle jene ausüben, die vermeintlich das Niveau dieses „engeren Kreises" noch nicht erreicht haben.

Die wichtigsten Ergebnisse unserer Untersuchung lassen sich in folgender Weise zusammenfassen. Der menschliche Embryo verfügt von der Fertilisation an über den vollen human- und individualspezifischen Gensatz. Er entwickelt sich von da an kontinuierlich; Entwicklungssprünge können nicht beobachtet werden. Er besitzt die aktive Potentialität zu personalem Dasein, vorausgesetzt es werden ihm die notwendigen Entwicklungsbedingungen gewährt. Die Entwicklung endet nicht mit der Geburt, sondern erstreckt sich über das ganze Leben. Auch in der nachgeburtlichen Periode ist der Mensch auf eine geeignete Entwicklungsumgebung angewiesen, ohne welche er nicht zu seiner vollen Entfaltung kommt. Die aktive Möglichkeit zum personalen Dasein genügt für jeden Menschen, also auch für den Embryo, um die Menschenrechte für sich in Anspruch zu nehmen. Aus dem ersten Satz von Artikel 1 der Menschenrechte müßte folglich nur das Wort „geboren" getilgt werden. Der Satz würde dann lauten: „Alle Menschen sind frei und gleich an Würde und Rechten". In dieser Form würde er auch für den ungeborenen Menschen gelten.

Literatur

Bedate, C.A. & Cefalo, R.C. 1989 The zygote: to be or not be a person. Journal of Medicine and Philosophy *14*, 641-645.

Beier, H.M. 1992 Die molekulare Biologie der Befruchtungskaskade und der beginnenden Embryonalentwicklung. Annals of Anatomy *174*, 491-508.

Blechschmidt, E. 1973 Die pränatalen Organsysteme des Menschen. Stuttgart: Hippokrates.

Blechschmidt, E. 1982 Zur Personalität des Menschen. Internat. Kathol. Z. *11*, 171-181.

Braude, P., Bolton, V., and Moore, S. 1988 Human gene expression first occurs between the four- and eight-cell stages of preimplantation development. Nature *331*, 459-461.

Crosby, J.F. 1989 Der Embryo: Art-spezifisches Leben ohne Personalität? In: Der Status des Embryo. Eine interdisziplinäre Auseinandersetzung mit dem Beginn des menschlichen Lebens. S. 81-91. Wien: Fassbaender.

Engelhardt, H.T. 1986 The foundations of bioethics. Oxford.

Haeckel, E. 1866 Generelle Morphologie der Organismen: Allgemeine Grundzüge der organischen Formenwissenschaft, mechanisch begründet durch die von Charles Darwin reformierte Deszendenztheorie. 2 Bde. Berlin: Reiner.

Haeckel, E. 1868 Natürliche Schöpfungsgeschichte. Berlin: Reiner (9. Aufl. 1898).

Hamilton, W.J. & Mossman, H.W. 1972 Hamilton, Boyd and Mossman's Human Embryology. Cambridge: Heffer & Sons Ltd.

Hinrichsen, K.V. (Hrsg.) 1990 Humanembryologie. Berlin: Springer.

His, W. 1874 Unsere Körperform und das physiologische Problem ihrer Entstehung. Leipzig: Vogel.

Hoerster, N. 1989 Ein Lebensrecht für die menschliche Leibesfrucht? Juristische Schulung *29*, 172ff.

Kolberg, L. 1981 Essays on moral development. San Francisco.

Lockwood, M. 1990 Der Warnock-Bericht: eine philosophische Kritik. In: Anton Leist (Hrsg.) Um Leben und Tod, pp. 235-265. Frankfurt: Suhrkamp.

Maritain, J. 1967 Vers une idée thomiste de l'évolution. Nova et Vetera 87-136.

McCormick, R. 1991 Who or what is the preembryo? Kennedy Institute of Ethics Journal *1*, 1-15.

Meyer, A.W. 1935 Some historical aspects of the recapitulation idea. Quart. Rev. Biol. *10*, 379-396.

O'Rahilly, R. & Müller, F. 1987 Developmental stages in human embryos. Carnegie Institution of Washington. Publication 637.

O'Rahilly, R. & Müller, F. 1992 Human embryology and teratology. New York: Wiley-Liss.

Rager, G. 1986 Human embryology and the law of biogenesis. Riv. Biol. – B. Forum *79*, 449-465.

Robertson, J.A. 1991 What we may do with preembryos: A response to Richard A. McCormick. Kennedy Institute of Ethics Journal *1*, 293-305.

Rütimeyer, L. 1868 Besprechung von Haeckel's Natürliche Schöpfungsgeschichte. Arch. Anthropol. *3*, 301-302.

Sass, H.-M. 1989a Hirntod und Hirnleben. In: ders., Medizin und Ethik, pp.160-183. Stuttgart.

Sass, H.-M. 1989b Brain life and brain death: a proposal for a normative agreement. J. Med. Philos. *14*, 45-59.

Singer, P. 1989 Schwangerschaftsabbruch und ethische Güterabwägung. In: H.-M. Sass (Hrsg.) Medizin und Ethik, pp. 139-159. Stuttgart.

Spaemann, R. 1990 Sind alle Menschen Personen? In: R. Löw (Hrsg.) Bioethik: philosophisch-theologische Beiträge zu einem brisanten Thema. Köln: Communio.

Suarez, A. 1989 Der menschliche Embryo, eine Person. Ein Beweis. In: Der Status des Embryo. Eine interdisziplinäre Auseinandersetzung mit dem Beginn des menschlichen Lebens. pp.55-80. Wien: Fassbaender.
Willi, J. & Heim, E. 1986 Psychosoziale Medizin. Berlin: Springer.

Jan P. Beckmann

Über die Bedeutung des Person-Begriffs im Hinblick auf aktuelle medizin-ethische Probleme

I.

Die Fundamentalität der medizin-ethischen Bedeutung des Person-Begriffs wird unmittelbar evident, wenn man sich die beiden folgenden Bestimmungen vor Augen führt: (1) *Mit dem Augenblick der Geburt wird der Mensch zur Person* (so die juristische Sachlage). Und: (2) *Mit dem Organtod des Gehirns sind die für jedes personale menschliche Leben unabdingbaren Voraussetzungen ... endgültig erloschen* (so die Feststellung der Bundesärztekammer). Personalität ist offenbar eine Bestimmung des Menschen, die ihm vom Beginn seiner selbständigen Existenz an bis zu seinem Tod zukommt. Doch was heißt das? Ist der werdende Mensch im Mutterleib noch nicht Person? Wieso ist – wenn die Geburt den Beginn des Personseins markiert – das mit sieben Monaten zu früh Geborene, das außerhalb des Mutterleibes im Brutkasten zur Reife gelangt, bereits Person, der vollausgereifte, kurz vor der Geburt stehende Fetus hingegen (noch) nicht? – Und wie steht es mit dem Hirntoten, bei dem sowohl Großhirnrinde wie Hirnstamm irreversibel zerstört sind (totale Decerebration), dessen Vitalfunktionen (Atmung und Kreislauf) aber durch Maschinen aufrecht erhalten werden: Ist er noch Person?

Die naheliegende Antwort auf diese und ähnliche Fragen lautet: Das hängt davon ab, was unter ‚Person' verstanden wird. Die schwierigere Antwort auf Fragen wie die oben gestellten lautet: Was immer man im einzelnen unter ‚Person' versteht: dieser Begriff ist so zu fassen, daß er in gleichen oder zumindest vergleichbaren Lebenssituationen des Menschen nicht zu widersprüchlichen Ergebnissen führt. Wenn das sieben Monate alte Frühgeborene im Brutkasten bereits Person, der neun Monate alte, kurz vor der Geburt stehende Fetus im Mutterleib hingegen noch nicht Person ist, dann stellt sich die Frage nach der Konsistenz des Person-Begriffs bzw. seiner Verwendung. Man könnte einwenden, die Aussage, der Mensch werde erst im Augenblick der Geburt zur Person, gebe eben lediglich die *juristische* Verwendung dieses Begriffs wieder, während die Feststellung, mit dem Hirntod seien die Voraussetzungen für personales menschliches Dasein unwiederbringlich entfallen, „nur" die *medizinische* Verwendung dieses Begriffes darstelle. Doch man mache es sich nicht zu leicht. Die juristische Auffassung der Person besagt, daß der Mensch im Augenblick seiner Geburt zum Träger bestimmter Rechte wird, des Rechtes etwa auf einen eigenen Namen, auf einen eigenen Lebensentwurf, etc. Fragt man, warum erst dem Neugeborenen diese und ähnliche Rechte zugesprochen werden, wird man auf die Erkenntnis stoßen, daß es sich hierbei nicht um solche Rechte handelt, die ihm aufgrund seiner biologischen Natur, d.h. aufgrund seiner Zugehörigkeit zur Spezies ‚Mensch' zukommen, sondern aufgrund seiner *individuellen, unverwechselbaren* Existenz. So hat jeder Mensch ein Recht auf Leben, Nahrung, Kleidung, Behausung, Erhaltung seiner Gesundheit, unbedingten Schutz vor Gewalt, etc.; dies sind Rechte, die ihm ungeachtet seiner Individualität aufgrund seiner Zugehörigkeit zur Spezies ‚Mensch' zustehen und die ihm in entsprechender Form bereits vorgeburtlich zukommen. Von anderer Art aber ist das Recht auf einen eigenen Namen, auf einen eigenen Lebensentwurf, etc.: Diese Rechte stehen dem Menschen nicht schon aufgrund seiner biologischen Zugehörigkeit zur Spezies ‚Mensch' zu, sondern aufgrund seiner unverwechselbaren Individualität. Zwar bilden auch *biologische* Gegebenheiten wie der genetische Code bereits Individualität aus, doch handelt es sich hierbei, wie der Fall eineiiger Zwillinge zeigt, um eine andere Weise von Individualität als die hier genannte *personale* Individualität. So macht das Namenrecht den einzelnen zu einem Menschen, der im Gesamt der Menschheit identifizierbar ist, und das Recht auf einen eigenen Lebensentwurf verhilft dem einzelnen zu einer jeweils besonders gearteten Ausübung seiner Autonomie. Eben dies nun – *unverwechselbare Individualität* und *Autonomie* - verbindet den juristischen Person-Begriff mit der medizinischen Aussage über den irreversiblen Fortfall der Voraussetzungen personalen menschlichen Daseins. Beiden ist, bei aller Verschiedenheit der Bedeutung, eines gemeinsam: die Funktion einer Grenzziehung. Der juristische Person-Begriff gibt die Grenze an, jenseits derer über die biologischen Rechte des Menschen hinaus ganz bestimmte, mit dem Individuum untrennbar verbundene Rechte greifen; der medizinische Person-Begriff gibt die Grenze an, jenseits derer die Voraussetzungen personaler Existenz unwiderruflich entfallen sind.

Keineswegs besagt der juristische Personbegriff, daß der Mensch erst mit dem Augenblick Mensch wird, an dem er im juristischen Sinne zur Person wird. Soll man nun also zwischen den Begriffen ‚Mensch' und ‚Person' unterscheiden in dem Sinne, daß ersterer jenes zweifüßige, aufrechtgehende Lebewesen aus der Gattung der Säuger bezeichnet, welches im Unterschied zu den übrigen Angehörigen dieser Gattung eine alle anderen übertreffende zerebrale Ausstattung besitzt? In diesem Falle würde der Terminus ‚Mensch' im rein biologischen Sinne verwendet, er bezeichnet die Gattungsnatur des Menschen incl. ihrer spezifischen Differenz. Im Unterschied hierzu würde der Ausdruck ‚Person' die Besonderheit des biologischen Lebewesens ‚Mensch' nennen, welche in seiner Geistigkeit, Vernunfthaftigkeit, Selbstbewußtheit o.ä. besteht. Die Problematik einer solchen Identifikation von ‚Mensch' mit rein biologischen und ‚Person' mit rein geistigen Charakteristika ist unmittelbar einsichtig: Hier wird vereinzelt, isoliert, was nur als *Einheit* existiert und existieren kann. Der Mensch ist nicht ein biologisches Wesen plus Personalität, sondern er ist als solcher und als ganzer Person. Folge: Der Begriff ‚Mensch' kann nicht auf Biologisches reduziert werden noch kann der Begriff ‚Person' lediglich Ich-Bewußtsein o.ä. meinen; beide Begriffe müssen sich vielmehr auf die individuelle Einheit von Leiblichkeit und Geistigkeit des Menschen beziehen. Sind beide Begriffe damit bedeutungsidentisch? Wäre dies der Fall, so könnte man auf einen der beiden verzichten. Faktisch ist dies schon vielfach der Fall. So sprechen wir von der Würde des Menschen und meinen damit selbstredend nicht nur die Würde des individuellen Angehörigen einer biologischen Spezies, sondern zugleich die Würde des Menschen als Person. Die Ausdrücke ‚Würde des Menschen' und ‚Würde der Person' sind insoweit bedeutungsidentisch.

Aus pragmatischen Gründen, mehr aber noch infolge der Schwierigkeiten einer näheren Bestimmung des Person-Begriffs fehlt es nicht an Versuchen, den Person-Begriff ganz zu vermeiden[1] und statt seiner den bedeutungsidentischen Begriff des Menschen zu verwenden. Dies führt jedoch in gravierende Schwierigkeiten. Da ist erstens das Phänomen der *Individualität*, welches mit dem Begriff des Menschen nicht adäquat erfaßt werden kann, es sei denn, man würde diesen Begriff eben derjenigen Bedeutung berauben, die er besitzt und besitzen muß: der absoluten Ununterscheidbarkeit nämlich zwischen dem Mensch-Sein des einen und dem Mensch-Sein des anderen. Jeder Mensch ist hinsichtlich seines Mensch-Seins ununterscheidbar von den übrigen Menschen. Andererseits ist jeder Mensch ein Individuum. Die Erfassung der Individualität und damit der Differenz zwischen Mensch und Mensch macht gerade deswegen, weil man den Ausdruck ‚Mensch' für alle Menschen ohne Ausnahme in identischer Bedeutung verwenden muß, einen weiteren Terminus erforderlich. Ein solcher Terminus ist jedoch nicht nur um der Erfassung der Individualität notwendig, er ist es darüber hinaus zwecks angemessener Erfassung der *Sozialität* des Menschen. Seine Einheit von Leiblichkeit und Geistigkeit verdankt der Mensch nicht den Mitmenschen; sie ist ihm, wie allen anderen auch, wesenseigentümlich. Anders seine Individualität: Hiervon zu sprechen wird erst sinnvoll im Blick auf seine Sozialität. *Mensch-Sein ist wesentlich ein Selbstsein, Person-Sein ein Bezogensein.* Derartige Unterscheidungen bedürfen der begrifflichen Erfassung. Das so Begriffene rekurriert auf die Unterscheidung zweier

---

1 Vgl. M. Warnock, Haben menschliche Zellen Rechte? In: A. Leist (Hg.), Um Leben und Tod. Frankfurt/M. 1990, 215-234.

Aspekte, nicht auf eine ontologische Verschiedenheit in der Existenz des Menschen. Entsprechend ist die Unterscheidung zwischen den Begriffen ‚Mensch' und ‚Person' eine funktionale, keine ontologische und schon gar nicht eine moralische oder wertbezogene. Jeder Mensch ist Person und jede Person Mensch, nur ist die gemeinsame Extension beider Begriffe nicht mit Bedeutungsidentität verbunden.

Wenn im folgenden an der Notwendigkeit der Unterscheidung beider Begriffe festgehalten wird, so *nicht* in der Annahme, ‚Mensch' bezeichne lediglich Biologisch-Körperliches und ‚Person' ausschließlich Geistiges, sondern im Sinne der These, daß beide Begriffe ein und dasselbe Phänomen der menschlichen Einheit von Leib und Geist in der Doppelheit der Aspekte des Selbst- und des Mit-Seins zum Gegenstand haben. Die Leiblichkeit gehört damit ebenso zum Personsein wie die Geistigkeit zum Menschsein. Doch wie sieht der Begriff der Person des genaueren aus? Ist er geeignet, sowohl die übliche Weise menschlicher Existenz zwischen Geburt und Tod als auch diejenigen Situationen adäquat zu erfassen, die infolge der Schnelligkeit und des Folgenreichtums neuer Entwicklungen in der Embryologie, in der Intensiv- und Transplantationsmedizin entstanden sind?

Diese Doppelfrage gilt es im folgenden zu beantworten. Das soll in drei Schritten geschehen: (1) Es werden zunächst zwei grundlegende Auffassungen von Person, wie sie in der Tradition der abendländischen Philosophie entwickelt worden sind, vorgestellt. (2) Im Anschluß daran werden beide Auffassungen auf ihre Leistungsfähigkeit hin überprüft. (3) Angesichts der dabei auftretenden Unzulänglichkeiten wird dann versucht, in Anlehnung an die gegenwärtige Diskussion einen Person-Begriff im Ansatz zu explizieren, der den ethischen Problemen, die sich infolge der Entwicklungen der heutigen Medizin auf den Feldern der Embryologie, der Intensiv- und Transplantationsmedizin ergeben, eher gerecht zu werden verspricht. Unnötig zu betonen, daß die Philosophie hierzu lediglich einen Beitrag leisten kann, sie kann nicht die ebenfalls erforderlichen medizinischen, psychologischen, soziologischen und juristischen Implikationen beiseite schieben oder gar ersetzen wollen.

II.

Daß der Mensch über seine biologische Zugehörigkeit zur Spezies ‚homo sapiens sapiens' hinaus ein je einmaliges, unverwechselbares und unwiederholbares Individuum ist, ist in der Philosophie seit je her weitgehend akzeptiert. Desungeachtet ist der hierzu traditionell verwendete Begriff der Person sowohl in der Geschichte der Philosophie als auch in der gegenwärtigen philosophischen Diskussion uneindeutig, vielschichtig und umstritten. Verwirrend ist bereits die Wortgeschichte[2]: ‚persona', griech: ‚πρόσωπον', bedeutet ursprünglich Maske, Rolle, Charakter. *Dramatis personae* heißen die in einem Theaterstück auftretenden Figuren. Schon hier zeigt sich Vielschichtigkeit: Die Maske verdeckt die Individualität des Schauspielers, der sie trägt; ihm ist eine Rolle zugewiesen. Er hat nicht er selbst zu sein, sondern eine bestimmte, von ihm selbst mehr oder weniger verschiedene Rolle zu verkörpern. Und doch wird er erst zum Charakter, wenn es ihm gelingt, die ihm zugewiesene Rolle so darzustellen, daß sie gleichsam mit seiner eigenen Individualität verschmilzt. Der spätantike Autor Macrobius spricht davon, daß man eine Maske auf- und absetzen, will sagen: eine bestimmte Person sein oder nicht sein kann (*personam induere/detrahere*); bei Plinius ist gar vom Verändern der Person die Rede (*personam mutare*). Cicero spricht davon, jemand habe die Rolle der Philosophie übernommen (*induit personam philosophiae*). In der Forschung ist umstritten, ob dieser aus der Welt des Theaters stammende Person-Begriff zum Vorbild für die philosophische Verwendung geworden ist. Die Funktion der Maske, durch die der Schauspieler gleichsam hindurchtönt (latein. *per-sonare*), spricht eher gegen die Annahme einer philoso-

2 Belege vgl. K.E. Georges, Ausführl. lateinisch-deutsches Handwörterbuch. Leipzig 1880, Bd. II, Sp. 1459/60.

phischen Übernahme dieses Bühnenbegriffs; die entsprechende Etymologie von Person aus latein. *per-sonare* ist überdies umstritten, wenn nicht abwegig (vgl. sónus, aber persōna). Der Philosophie näher hingegen ist die Bedeutung von persona als Rolle: Wenn Cicero z.B. fragt: „Welche Person wollen wir darstellen?“ (*quam personam gerere volumus*), so spricht er damit ziemlich genau dasjenige an, was wir heute mit der Redeweise „Er oder sie spielt diese oder jene Rolle“ meinen. An anderer Stelle spricht Cicero davon, daß man „die Person des Ersten im Staat zu schützen habe“. Doch auch wenn hier der Begriff der Person dem philosophischen Wortgebrauch schon näher ist als der der Maske, so weist doch die Bedeutung von Person = Rolle oder Stellung noch einen wesentlichen Mangel auf: Sie ist nicht einmalig, sie kann von verschiedenen Individuen ausgefüllt und sie kann jederzeit abgelegt werden. Der Gedanke, daß Person etwas Einmaliges impliziert, kommt erst in der Bedeutung von *persona* = Charakter zum Ausdruck. Der Charakter eines Menschen ist dasjenige an ihm, was zwar in einzelnen Zügen auch bei anderen zu finden ist, was aber in der bestimmten Kombination nur ihn auszeichnet.

II.1

Damit wird erstmalig etwas deutlich, das in der philosophischen Diskussion seither zum Begriff der Person zu gehören scheint: das Einmalige und sich unverändert Durchhaltende; mit einem Wort: das Substanzhafte. Die Person ist Substanz oder gehört jedenfalls zur Substanz des Menschen. Diese anthropologische Bestimmung findet sich erstmals explizit bei Boethius, dem römischen Staatsbeamten und vom Christentum beeinflußten Philosophen des ausgehenden 5. nachchristlichen Jahrhunderts. Von ihm stammt die berühmte Definition der Person als „individuelle Substanz einer vernunftbegabten Natur“ (*persona est naturae rationabilis individua substan-*

tia[3]). Person ist eine Substanz, d.h. sie ist – das ist das Wesen aller Substanz – eine selbst unverändert bleibende Trägerin von Eigenschaften. Während Akzidentien wechseln können, bleibt die Substanz, was sie ist. Boethius steht ganz in der Tradition dieses auf Aristoteles zurückgehenden Substanz-Verständnisses, und doch sagt er zugleich etwas völlig Neues: Während nämlich Aristoteles den Menschen als ein „vernunftbesitzendes Lebewesen" (ζῷον λόγον ἔχων) bezeichnet und damit den biologischen und rationalen Charakter hervorhebt, der jedem Menschen unterschiedslos zueigen ist, fügt Boethius durch den Zusatz „Person ist die *individuelle* Substanz einer vernunftbegabten Natur" den zentralen Aspekt der Einmaligkeit hinzu. Zwar bleiben auch bei ihm mit den Merkmalen der *Rationalität* und der *Naturhaftigkeit* die beiden überindividuellen, allen Menschen unterschiedslos gemeinsamen Merkmale erhalten, doch ist darüber hinaus der Substanzcharakter der Person – das ist das Neue – durch Individualität gekennzeichnet.

Der unbestrittene Vorzug dieses *substantialistischen* Person-Begriffs liegt darin, daß mit ihm der Selbststand, das Unveränderliche und Bleibende des Menschen erfaßt wird: Der Mensch *hat* nicht etwa diesen oder jenen personalen Charakter, er *ist* diese ganz bestimmte Person. Und noch ein Zweites leistet der substantialistische Person-Begriff: Indem er besagt, daß jeder Mensch eine individuelle Person ist, konnotiert er zugleich, daß jeder als Person von jedem anderen als Person verschieden ist. *Unveränderlichkeit* und *Distinktheit* und damit sichere Identifizierbarkeit machen den substantialistischen Person-Begriff so interessant für die Erfassung der Individualität und Sozialität des Menschen. Denn weder im Hinblick auf ihre Animalität noch hinsichtlich ihrer Rationalität unterscheiden sich die Menschen prinzipiell voneinander: Sie alle sind per definitionem unterschiedslos Lebewesen, die mit Vernunft begabt sind: *animalia rationalia*. Das Merkmal der Distinktheit jedoch weist auf einen neuen Aspekt hin, der freilich geeignet ist,

3 A.M.S. Boethius, Contra Eutychen et Nestorium 1-3; dt. in: Ders., Die theologischen Traktate. Hamburg 1988, 74.

die substantialistische Auffassung von Person nicht unwesentlich zu modifizieren. Denn Distinktheit ist allemal ein relationaler Begriff, Distinktheit setzt Zweiheit oder Mehrheit voraus. Auf das Person-Verständnis übertragen heißt dies: Von Person kann man sinnvoll nur sprechen, wenn es mindestens eine weitere Person gibt, dergegenüber Distinktheit herrscht. Nun ist es aber gerade der relationale Charakter des Person-Begriffs, der Zweifel an der ausschließlich substantialistischen Auffassung aufkommen läßt. Denn wenn Person-Sein wesentlich durch Beziehungen konstituiert ist, dann kann es nicht reinen Substanzcharakter besitzen, denn die Substanz ist ja gerade dadurch gekennzeichnet, daß sie in sich selbst Bestand hat und nicht von etwas anderem, wie z.B. Beziehungen, abhängig ist. Wenn – um ein Beispiel aus der Bibel zu wählen – Adam erst in dem Augenblick zur Person geworden ist, als Eva erschaffen wurde, dann können sein Substanz- und sein Personsein nicht miteinander identisch sein.

Die Frage, wie Substantialität und Personalität bei allem Unterschied dennoch als eine Einheit zu denken sind, hat die Philosophen des Mittelalters nachhaltig beschäftigt, und zwar im Kontext des trinitarischen Dogmas von der Einheit Gottes und der Dreiheit der innergöttlichen Personen. Gott-Vater, Gottes Sohn und Heiliger Geist sind nach Aussage des Glaubens drei Personen, und doch gibt es nur *eine* göttliche Substanz, nur *einen* Gott. Es geht hier nicht um die Auslegung dieses Dogmas, sondern um seine formale Struktur: Hier wird ein und dieselbe Substanz infolge des Umstandes, daß sie in unterschiedlichen Beziehungen (nämlich Vaterschaft und Sohnschaft) steht, personal ausgelegt. Im Blick auf die Diskussion des substantialistischen Person-Begriffs heißt dies: Person ist man zwar *an sich*, aber nicht *für sich*, sondern in bezug auf andere. Das würde bedeuten: Person ist der Mensch nicht infolge eines unveränderlichen Selbststandes, sondern aufgrund seiner mannigfachen Beziehungen zu anderen Menschen: als Sohn bzw. Tochter der Eltern, als Vater bzw. Mutter von Kindern, als Bürger bzw. Bürgerin eines Staates, als Mitglied religiöser, politischer oder gesellschaftlicher Gruppen, etc. Man sieht, wie die mittelalterliche Diskussion das substantialistische Personverständnis variiert und die Konzeption eines relationalen (nicht relativen!) Person-Begriffs vorbereitet. Auch wird hier eine gewisse Nähe zum eingangs genannten juristischen Person-Begriff deutlich, der sich im sog. Personenstandsregister ja nicht nur durch das Recht auf einen eigenen Namen, sondern auch durch die Angabe von Vater und Mutter und möglicherweise später von Kindern manifestiert.

Der entscheidende Nachteil des substantialistischen Person-Begriffs besteht darin, daß wesentliche Merkmale individuellen Menschseins, wie die vielfältigen Beziehungen, in denen der einzelne steht, sich mit ihm nicht angemessen erfassen lassen. Was speziell medizinethische Probleme angeht, so macht der substantialistische Person-Begriff die Frage, wann werdendes Leben personalen Charakter erhält und wann derselbe im Zusammenhang mit dem Tod entfällt, einseitig von biologischen Gegebenheiten abhängig. Wenn Person-Sein wesentlich in unveränderlichem, substanzhaftem Selbststand besteht, dann ist bereits der zwei Wochen alte Embryo nicht nur werdende oder potentielle, sondern im vollen Sinne aktuale Person, ja es ist konsequenterweise bereits die befruchtete Eizelle Person, ungeachtet der Möglichkeit, daß sie sich noch einmal teilen und damit zur Entwicklung von Mehrlingen führen kann. Ähnliches würde im Hinblick auf das Hirntodkonzept folgen: Der Hirntod könnte nicht als irreversible Aufhebung der Einheit von Leiblichkeit und Geistigkeit und damit als das Ende von Mensch und Person gelten, sondern müßte als ein – wenn auch entscheidender – Moment in der Auflösung der noch resthaft vorhandenen menschlichen Substanz angesehen werden.

II.2

Konsequenzen dieser Art vermeidet ein anders gearteter Person-Begriff der philosophischen Tradition, der *empiristische* Person-Begriff. Hier wird das Person-Sein nicht an biologische Voraussetzungen geknüpft, sondern von bestimmten psychischen Gegebenheiten abhängig gemacht. In der klassischen Ausformulierung des empiristischen Person-Begriffs bei John Locke ist dies das Verständnis von Person als Bewußtseinskontinuität. Das Person-Sein besteht danach in der fortlaufenden Selbstwahrnehmung im Medium von Raum und Zeit bzw. in der Identität des Selbstbewußtseins, welches nicht nur weiß, was zu einem gegebenen Augenblick und an einem bestimmten Ort der Fall ist, sondern das zugleich die vorhergegangenen Bewußtseinsmomente kontinuierlich vergegenwärtigt. Die Kontinuität des Bewußtseins ist mit personaler Identität untrennbar verknüpft. „Personale Identität", so Locke, besteht im „Identisch-Sein eines rationalen Seienden"[4]. Locke ist daran gelegen, die Auffassung zurückzuweisen, die hier erforderliche Identität sei die einer Substanz, wie dies Descartes vertreten hat, der den Menschen hinsichtlich seiner geistigen Identität zur *res cogitans*, zum denkenden, aber ausdehnungslosen Ding, und hinsichtlich seiner physischen Existenz zur *res extensa*, zum ausgedehnten, aber nicht-denkenden Ding erklärt hat. Locke will den damit heraufbeschworenen Dualismus von Körper und Geist, der der Etablierung menschlicher Identität im Wege steht, vermeiden. Er bestimmt daher die Person ausdrücklich nicht über die Identität als Substanz, sondern über diejenige des Selbstbewußtseins: „Personal identity consists not in the identity of substance, but in the identity of consciousness"[5]. „Ohne Selbstbewußtsein", so Locke emphatisch, „gibt es keine Person"[6]. Folge: Das Person-Sein reicht so weit, wie das Bewußtsein sich in der Zeit ausdehnen kann; Person-Sein ist kein Ist-Stand, sondern ein Prozeß. Dabei wird unter Selbstbewußtsein nicht nur das augenblickhafte Gewahrsein seiner selbst verstanden, sondern darüber hinaus auch das in der Erinnerung gespeicherte Wissen darum, daß man derselbe zuvor gewesen

---

4 „Personal identity, i.e. sameness of a rational being." John Locke, An Essay Concerning Human Understanding, II, 27, § 16. London 1690. Dt. Übers.: Versuch über den menschlichen Verstand. 2 Bde. Hamburg [4]1921.

5 l.c. § 19.

6 „Without consciousness there is no person." l.c. § 23.

ist, und die in der Erwartung verankerte Perspektive, daß man in Zukunft derselbe sein und bleiben wird.

Sieht man sich dieses Konzept der Person genauer an, so erkennt man unschwer, daß damit nicht nur das Person-Sein an Bewußtseinskontinuität gebunden, sondern daß damit zugleich eine harte Identitätsforderung verknüpft wird. Denn wenn, wie die Empiristen seit Locke bis heute behaupten, Person in der Kontinuität des Bewußtseins besteht, und Bewußtsein notwendig jemandes Bewußtsein ist, dann muß es eine raum-zeitliche Identität des Trägers dieses Bewußtseins geben. Damit ist das Problem der Person auf das engste mit dem Problem der personalen Identität verknüpft. Personale Identität besagt, daß der Träger des Bewußtseins, dessen Kontinuität die Person ausmacht, stets derselbe bleibt. Damit ist deutlich, daß Bewußtsein und Gedächtnis nicht, wie Locke meint, die Identität der Person ausmachen, *sondern Identität allererst voraussetzen*[7].

Der unbestreitbare Vorzug des empiristischen Person-Begriffs, wie ihn paradigmatisch Locke entwickelt hat, besteht darin, daß mit seiner Hilfe die Theorie, um derentwillen die Philosophie der Neuzeit – historisch übrigens zu Unrecht – soviel auf sich hält, nämlich daß alles Denken des Menschen vom Bewußtsein, zu denken, ständig begleitet ist, salviert werden kann, ohne den Preis des cartesischen Dualismus von *res cogitans* und *res extensa* zu zahlen. Der Mensch denkt sich nicht nur als ein identisches Wesen, er erfährt sich zugleich als jemand, der um sein Denken kontinuierlich weiß. Zu den Schwierigkeiten des empiristischen Person-Begriffs aber zählt nicht nur das schon genannte Problem, daß mit ihm personale Identität nicht konstituiert, sondern vorausgesetzt wird, sondern auch die Problematik der Reduzierung der Person auf die Kontinuität eines Selbstbewußtseins und damit der Aufhebung des Zusammenhangs von Personalität und körperlicher Konstitution des Menschen. Die Schwierigkeit des empiristischen Person-Begriffs besteht darüber hinaus und

---

7 Hierauf hat bereits Joseph Butler im Anhang zu seinem Werk ‚The Analogy of Religion'. London 1736, S. 301f hingewiesen.

vor allem darin, daß von diesem Standpunkt aus eine Reihe gravierender medizinethischer Probleme nicht bzw. nicht adäquat gelöst werden können. Denn wenn die Person in der Kontinuität von Bewußtsein und Gedächtnis besteht, dann ist z.B. der komatöse oder der narkotisierte Patient für die Dauer seiner Bewußtlosigkeit keine Person – eine offensichtlich absurde Konsequenz. Dubios wären auch die Folgen für das Person-Sein von Geisteskranken oder von Patienten im Endstadium der Alzheimer-Krankheit, bei denen das Selbstbewußtsein bzw. zumindest die Kontinuität desselben infolge somatischer Defekte nachhaltig gestört sein könnte, so daß sie aus der Sicht des empiristischen Person-Begriffes entweder keine Personen mehr sind oder nur in reduzierter Form noch als Personen gelten können – eine offensichtlich ebenfalls unhaltbare Position.[8]

II.3

Um der skizzierten Problematik sowohl des substantialistischen als auch des empiristischen Person-Verständnisses Herr zu werden, hat man in der Philosophie des 20. Jahrhunderts den schon früh aufgetretenen Gedanken eines *relationalen* Person-Begriffs wieder aufgenommen. Person-Sein meint danach wesentlich ein Hingeordnetsein, und zwar auf den Mitmenschen. Person ist man nicht nur für sich, sondern wesentlich *in bezug auf andere.*[9] Der Vorzug des relationalen gegenüber sowohl dem substantialistischen wie dem empiristischen Person-Begriff wird unmittelbar einsichtig, wenn man sich vor Augen

8 Locke sind diese Konsequenzen nicht entgangen. Doch statt sein Person-Verständnis entsprechend zu ändern, nimmt er zu Hilfskonstruktionen Zuflucht: etwa derjenigen, daß Menschen mit zeitlich oder dauerhaft gestörtem Bewußtsein gleichwohl Schutzrechte genießen, weil sie Gott gehören. Vgl. Essay IV, 4.

9 Zur Relationalität gehört auch der für die Person als konstitutiv begriffene Bezug zur Umwelt. Vgl. E. Husserl, Ideen 2, §§ 49-51: „Als Person bin ich, was ich bin, ... als Subjekt einer Umwelt“. Husserliana 4, 185.

hält, daß die beiden klassischen Manifestationen von Personalität, nämlich Autonomie und Freiheit, ebenfalls Beziehungscharakter besitzen: Die Autonomie des Individuums findet ihre Grenzen in der Autonomie der anderen, so wie die Freiheit des einen durch die Freiheit des anderen terminiert ist. Doch so wichtig der relationale Person-Begriff ist, so unvollständig ist er. Er erfaßt nicht den für den Begriff der Person zentralen Bezug zum Handeln bzw. Handeln-Können. Dies hat in unserem Jahrhundert u.a. Max Scheler – in Auseinandersetzung mit Husserl – herausgestellt, wenn er die Person als „die konkrete, selbst wesenhafte Seinseinheit von Akten" bezeichnet[10]. Scheler wollte damit nicht nur die Einseitigkeit der Ausrichtung des Person-Begriffs auf die Rationalität hin vermeiden, er wollte zugleich jeden Substantialismus ausschließen. Freilich: Wenn die Person wesentlich als Ausgangspunkt intentionaler Akte begriffen wird, dann besteht die Gefahr, daß derjenige, der solcher Akte – aus welchen kontingenten Gründen auch immer – nicht fähig ist, vom Person-Sein ausgeschlossen wird.

Bemerkenswerte Beiträge zur Behebung dieser Schwierigkeit finden sich in der Analytischen Philosophie der letzten Jahrzehnte. Im Mittelpunkt steht das schon aus dem empiristischen Person-Begriff bekannte Problem der ‚personalen Identität', d.h. die Frage, wie man ein und demselben Träger sowohl körperliche Eigenschaften als auch Bewußtseinszustände kontinuierlich zuschreiben kann. In der neueren Diskussion wird im Unterschied zur empiristischen Tradition die Person nicht mit Bewußtseinszuständen identifiziert; auch wird neben dem mentalen das leibliche Dasein wieder miteinbezogen. Mit anderen Worten: Man macht wieder ernst mit der Tatsache, daß Person-Sein und Leib-Sein nicht voneinander zu trennen sind. Wegweisend ist hier der Ansatz von Peter F. Strawson, der unter ‚Person' den „Begriff eines Typs von Entitäten von der Art (versteht), daß ein und demselben Individuum dieses Typs sowohl Bewußtseinszustände als auch leibliche Eigenschaften ...

10 Max Scheler, Der Formalismus in der Ethik und die materiale Wertethik. Werke II, 393ff.

zugeschrieben werden können"[11]. Der Begriff der Person wird damit ein logisch-fundamentaler, und zwar insofern, als er einen Typ von Entitäten bezeichnet, auf den man sowohl Prädikate anwenden kann, die geistige, als auch Prädikate, die leibliche Eigenschaften zur Sprache bringen. Strawson nennt erstere P-Prädikate, letztere M-Prädikate. Personen unterscheiden sich insofern von allem anderen Seienden, als nur von ihnen sowohl P- als auch M-Prädikate ausgesagt werden können.

Überblickt man das bisher Gesagte, so zeigen sich deutlich die Anforderungen, die ein Person-Begriff erfüllen muß. Er muß erstens die *Einmaligkeit* des Individuums ebenso erfassen wie den Charakter seiner *Bezüglichkeit* zur Mitwelt. Er muß zweitens den Menschen sowohl in seiner *Vernunfthaftigkeit*, seiner Autonomie und seiner Freiheit wie in seiner *Leiblichkeit* mit ihrem Werden und Vergehen berücksichtigen. Und er muß drittens den *Prozeßcharakter* menschlicher Existenz unterstreichen, ohne damit personales und biologisches Dasein voneinander zu dissoziieren. Der ersten Forderung mit ihrer Betonung der Beständigkeit und Selbstzugehörigkeit kommt in besonderer Weise der substantialistische Person-Begriff entgegen: Der Mensch *ist* Person, er gehört sich selbst und niemand anderem. Es bleibt jedoch offen, wie in diesem Fall seine Bezüglichkeit, seine Sozialität zu denken ist, d.h. wie die mannigfachen Beziehungen des Menschen zu seinen Mitmenschen, zur Umwelt, zur Gesellschaft, etc. als person-konstitutiv zu begreifen sind. Diesbezüglich bereitet der substantialistische Person-Begriff große Schwierigkeiten. – Die Forderungen nach Vernunfthaftigkeit, Autonomie, Freiheit unterstreicht der empiristische Person-Begriff: Person ist das seiner selbst kontinuierlich bewußte Ich, das sich als ein autonomes und freies Subjekt erfährt und das in allem Denken und Handeln seiner selbst kontinuierlich bewußt ist. Doch wie aus dieser Perspektive die Tatsache angemessen zu erfassen ist, daß der Mensch auch dann er selbst bleibt, wenn sein Bewußtsein infolge einer Krankheit, ei-

11 P.F. Strawson, Individuals. London 1959 97/98; dt. Übers.: Einzelding und logisches Subjekt. Stuttgart (Reclam 9410-14) 1972, 130.

nes Unfalls, eines operativen Eingriffs o.ä. temporär oder dauerhaft getrübt ist, vermag der empiristische Person-Begriff nicht zu sagen. Wie aber müßte ein Person-Begriff aussehen, der Individualität wie Sozialität, Rationalität wie Leiblichkeit und Identität wie Prozessualität gleichermaßen gerecht wird? Wir wollen uns dieser Frage im dritten und abschließenden Teil zuwenden.

III.

Angesichts der genannten Erfordernisse, die ein angemessener Person-Begriff erfüllen muß, hat es den Anschein, als sei es aussichtslos, den Menschen im Prozeß seines Werdens und Vergehens eindeutig als Person bestimmen zu können. Dies gilt in der Tat dann, wenn man den Person-Begriff weiterhin substantialistisch oder empiristisch auslegt, d.h., wenn man behauptet, Person-Sein sei etwas unveränderlich in sich selbst Stehendes oder Person-Sein manifestiere sich in der Kontinuität von Bewußtseinsakten. Es läßt sich aber ein anders geartetes Person-Verständnis denken, mit dessen Hilfe sich die Schwierigkeiten und Unzulänglichkeiten des substantialistischen wie auch des empiristischen Person-Begriffs vermeiden lassen, ohne daß neue Schwierigkeiten oder Unzulänglichkeiten auftreten. Dieses andersgeartete Person-Verständnis ist durch zwei Merkmale charakterisiert: Es begreift erstens Person weder als Substanz noch als Bewußtseinskontinuität, sondern als einen kontinuierlich verlaufenden psycho-somatischen *Prozeß*, und es sieht zweitens das Person-Sein nicht als gleichsam dem Menschen biologisch mitgegeben, sondern als Verwirklichung eines unbedingten Rechtsanspruchs an. Dieser Person-Begriff entnimmt der philosophischen Tradition das Konzept der Einmaligkeit, Unverwechselbarkeit und Nichtwiederholbarkeit, inkl. der daraus sich ergebenden Konsequenzen: *Weil* jede Person einmalig ist, ist auch die Ausübung ihrer Rechte und die Verwirklichung ihrer Autonomie eine je einmalige. *Daß* jeder Autonomie, Freiheit, Rechte etc. besitzt, ist allen Menschen gleichermaßen gemeinsam. Doch *wie* der einzelne diese seine Ausstattung nutzt bzw. nutzen kann, ist von Mensch zu Mensch verschieden. Nicht als Gattungswesen, das den Naturgesetzen unterliegt, ist der Mensch autonom; er ist es als Person. Als Person nimmt der Mensch die Selbstbestimmung seines freien Willens aus Einsicht und Vernunft vor. Doch *wie* er bzw. sie dies ausführt, beansprucht etc., ist je verschieden.

Von entscheidender Bedeutung ist hier der Begriff der Autonomie. Der *philosophische* Autonomiebegriff geht auf Kant zurück[12]. Kant versteht darunter die Selbstbestimmung des Menschen als Vernunftwesen in Freiheit. Autonomie bildet insoweit die Grundlage aller Sittlichkeit. Autonomie hat in einer doppelten Weise mit dem Menschen zu tun: zum einen, insofern dieser ein Vernunftwesen ist, d.h. ein solches Wesen, das nicht nur Erkenntnisse besitzt, sondern darüber hinaus auch die Prinzipien und Voraussetzungen seiner Erkenntnisfähigkeit reflektierend erfassen kann; und zum anderen, insofern der Mensch ein aus Freiheit handelndes Wesen ist, d.h. ein solches, das Entscheidungen über sein Tun und Lassen prinzipiell selbst treffen kann. Autonomie ist insoweit sowohl eine Angelegenheit der *reinen* als auch der *praktischen* Vernunft: ersteres deswegen, weil sie Kritik der Vernunft an allen Autoritätsbehauptungen, letzteres, weil sie die selbstkritische Einordnung des Willens unter ein Gesetz impliziert. Hinter dieser zweifachen Manifestation von Autonomie steht deren traditionelle Doppelbedeutung von *Unabhängigkeit* und *Selbstgesetzlichkeit*: Die Autonomie des Menschen als Vernunftwesen zeigt sich (a) in der Unabhängigkeit der Vernunft, welche im Vollzug ihrer Selbstkritik nicht von einer übergeordneten Instanz noch von irgendeiner Autorität abhängig ist, außer von den Gesetzen der Vernunft selbst. Zu diesen Gesetzen der Vernunft gehört – und dies leitet (b) zur zweiten Bedeutung von Autonomie, zur Selbstgesetzlichkeit über –, daß man die Entscheidungen des eigenen Willens stets so auszurichten hat, daß die Maxime der eigenen Wahl zugleich als ein allgemeines Gesetz gelten kann. Kant hat dies

12 vgl. I. Kant, Grundlegung zur Metaphysik der Sitten (1785). Akademie-Ausgabe Bd. VI. Berlin 1907 (ND 1968).

in seinem kategorischen Imperativ zusammengefaßt: „Handle so, daß die Maxime deines Willens jederzeit zugleich als Prinzip einer allgemeinen Gesetzgebung gelten könnte"[13]. Der kategorische Imperativ ist insoweit Prinzip der Autonomie. Kant bestimmt sie auch als die „Eigenschaft des Willens, sich selbst ein Gesetz zu sein"[14].

Das kantische Autonomieverständnis ist deswegen bedeutsam, weil es den Menschen ausdrücklich über den Status reiner Naturhaftigkeit, wie sie das Tier kennzeichnet, heraushebt, und weil es in das Zentrum des Autonomiekonzepts den Gedanken der Selbstbestimmung aus Freiheit stellt. Die Selbstbestimmung aus Freiheit ist freilich keine solche subjektiver Willkür. Davor bewahrt sie die Forderung des kategorischen Imperativs, wonach die Inanspruchnahme von Autonomie im Sinne freier Willensentscheidung streng am Maßstab der Verallgemeinerbarkeit, Allgemeingültigkeit und potentiellen Gesetzlichkeit zu orientieren ist. Der Mensch ist nach Kant eben nicht nur ein Sinnenwesen. Wäre er dies, dann wären seine Handlungen „gänzlich im Naturgesetz der Begierden und Neigungen, mithin der Heteronomie der Natur" verankert[15]. Davor bewahrt den Menschen seine Bestimmung als Vernunftwesen, welches in der Lage ist, sich selbst in Freiheit Gesetze zu geben. Autonomie und Freiheit sind insofern „Wechselbegriffe"[16]. Zugleich wird deutlich, daß der Begriff der Autonomie, jedenfalls bei Kant, keineswegs auf die Ethik im engeren Sinne eingeschränkt ist. Er ist vielmehr ein Grundbegriff menschlicher Vernunft, ja im gewissen Sinne läßt sich mit Kant sagen, daß „alle Philosophie ... Autonomie ist"[17]. Gleichwohl dient der Begriff der Autonomie in besonderer Weise in der Ethik als Grundbegriff, und dies im engen Zusammenhang mit dem Begriff der Person. Person-

13 I. Kant, Kritik der praktischen Vernunft A 54. Vgl. Grundlegung zur Metaphysik der Sitten B 17 u.ö.

14 Grundlegung zur Metaphysik der Sitten, 3. Abschnitt; Ak.-Ausg. Bd. VI, 440.

15 op. cit. 453.

16 op. cit. 450.

17 I. Kant, Opus postumum. Ak.-Ausg. Bd. XXI, 106.

Sein heißt ein aus Vernunft und Freiheit heraus handelndes Subjekt sein, das sich seine Handlungen zuschreiben lassen kann.[18] Insofern aber Autonomie *jedem* Menschen zu eigen ist, ist ihre Beanspruchung mit der Verpflichtung zum Respekt vor dem anderen unauflöslich verknüpft. Damit tritt zu den beiden genannten Merkmalen der Autonomie, dem der Unabhängigkeit und dem der Selbstgesetzlichkeit, ein drittes Wesensmerkmal hinzu, das der (Selbst-) Verantwortung.

Man könnte an dieser Stelle einwenden, daß gerade die hier vorgenommene enge Verbindung von Person und Autonomie die Gefahr birgt, daß bestimmte Formen menschlicher Existenz aus dem Person-Verständnis herausfallen könnten. Denn es hat den Anschein, als seien Fetus, Säugling und Kleinkind in diesem Sinne ebenso wenig autonom wie geistig Schwerstbehinderte oder Alzheimerkranke im fortgeschrittenen Stadium. – Hierauf ist zu antworten: Autonomie bedeutet nicht notwendig faktische Unabhängigkeit und Selbstgesetzlichkeit, sondern sie besteht bereits in der entsprechenden potentiellen Verfaßtheit. Der Mensch ist in allen Phasen seiner Existenz autonom in dem Sinne, daß ihm selbst dann, wenn ihn Entwicklungen oder Krankheiten an der Manifestation seiner Autonomie hindern, das Angelegtsein auf Autonomie nicht abgesprochen werden kann. Zum besseren Verständnis ist hier eine Unterscheidung erforderlich, die ich terminologisch als *essentielle* und *funktionale* Autonomie festlegen möchte. Essentiell nenne ich Autonomie, insofern es sich um eine Wesensausstattung des Menschen handelt, die jedem unabhängig von Alter und Umständen zueigen ist; funktional hingegen nenne ich Autonomie, insofern es sich um eine Handlungsbefähigung des Menschen handelt, die vom einzelnen in einer je konkreten eigenen Weise realisiert wird. Diese Unterscheidung ist nicht so zu verstehen, als gäbe es zwei verschiedene Autonomien; sie dient vielmehr der Unterscheidung zwischen Besitz und Inanspruchnahme von Autonomie. Hinsichtlich des Besitzes von Autonomie sind alle Menschen gleich, hinsichtlich der Fähigkeit der Inanspruchnahme

18 vgl. Die Metaphysik der Sitten. Ak.-Ausg. VI, 223.

hingegen sind sie es nicht bzw. nicht zu jeder Zeit. Es ist dem Menschen eigentümlich, nicht nur rational, d.h. begründet und in der Begründung für die anderen einsehbar und überprüfbar handeln zu können, sondern darüber hinaus auch die Prinzipien des eigenen Handelns daraufhin zu überprüfen, ob sie zu jeder Zeit und für jedermann Gültigkeit beanspruchen können. Daß diese Form von Vernunfteinsicht bei kleinen Kindern noch nicht und im Alter infolge cerebraler Veränderungen möglicherweise nicht mehr oder nicht mehr vollständig vorhanden ist, ändert nichts an der Essentialität menschlicher Befähigung zur Vernunfteinsicht. Der Mensch *hat* nicht Autonomie, er *ist* autonom. Dies ist mit seinem Person-Sein untrennbar verbunden.

Im Unterschied zum substantialistischen und auch zum empiristischen Person-Verständnis besteht nach dem hier vorgetragenen Konzept die Identität der Person nicht darin, daß der Mensch vom Anfang bis zum Ende seines Lebens *dieselbe* Person im Sinne von Unveränderlichkeit oder Bewußtseinskontinuität ist. Diese Art der personalen Identitätsauffassung ist nicht geeignet, dem Umstand Rechnung zu tragen, daß jedes menschliche Individuum im Verlauf seines Lebens bei allem Wissen um seine Identität tatsächlich in einer entweder kontinuierlichen oder aber in Schüben verlaufenden Entwicklung und Veränderung seiner Person begriffen ist; etwa dann, wenn er vom Säugling zum Kleinkind und von diesem zum Jugendlichen und schließlich zum Erwachsenen wird. Dies alles sind entscheidend in das personale Dasein eingreifende Veränderungen, die das Person-Sein als solches betreffen und es einer ständigen Änderung und Restitution unterwerfen. Das menschliche Individuum, so läßt sich in Anlehnung an Parfit[19] u.a. festhalten, ist nicht – zumindest nicht notwendig – zeitlebens *ein und dieselbe* Person, sondern eine zeitliche *Abfolge von Personen*. Der Plural ‚Personen' meint wohlgemerkt nicht, daß das Individuum im pathologischen Sinne ‚gespalten' wäre. Es ist ja nicht *zugleich* mehrere Personen, sondern es ist stets *eine*, nur

19 vgl. D. Parfit, Reasons and Persons. Oxford. 1984.

eben nicht substanzhaft oder bewußtseinskontinuierlich stets *dieselbe* Person. Auch dies bedarf noch der Differenzierung. Daß der Mensch im Verlauf seines Lebens Veränderungen im Kern seiner personalen Existenz erfährt, impliziert nicht, er besitze keine Identität. Die Identität des Ichs bleibt selbstverständlich erhalten. Nur ist die Identität des Ichs nicht dasselbe wie die Person. In einer solchen Identifikation besteht ja einer der grundlegenden Fehler des empiristischen Person-Begriffs. Identität ist nicht schon Person, sie kann es gar nicht sein, denn sie stellt allererst die *Voraussetzung* für Person-Sein dar. Wann diese Voraussetzung in der Entwicklung menschlichen Lebens gegeben ist, ist eine Frage medizinisch-wissenschaftlicher Erkenntnis und des diese aufnehmenden gesellschaftlichen Konsenses. Sind die Voraussetzungen jedoch gegeben – und dies ist spätestens mit dem Augenblick der Geburt der Fall –, dann kann diese Zuschreibung unter keinen Umständen verweigert, noch kann sie, einmal gegeben, jemals zurückgenommen werden.

Zur Kennzeichnung seiner beiden herausragenden Merkmale nenne ich dieses Person-Verständnis den *prozessualen Anspruchsbegriff* der Person. Hierzu einige Erläuterungen. Logik und Semantik des Prozeßbegriffs scheinen ein Etwas vorauszusetzen, an dem der Prozeß abläuft. Aristoteles hat als erster diesen Gedanken in den Mittelpunkt gestellt[20]: Jeder Prozeß bedarf eines Trägers, an dem er stattfindet. Überträgt man dies auf die vorliegende Diskussion, so müßte man fordern, daß Person nur dann als Prozeß verstanden werden kann, wenn es einen identischen Träger dieses Prozesses gibt. Es hat den Anschein, als lägen die bereits diskutierten Probleme erneut auf dem Tisch, als drehte man sich im Kreise. Zur Erinnerung: Das entscheidende Argument gegen den empiristischen Person-Begriff besteht darin, daß Person nicht selbst Identität ist, sondern Identität zur Voraussetzung hat. Gilt nicht das Nämliche auch von der Prozessualität des Person-Seins?

20 vgl. Aristoteles, Physik Buch I.

Die Antwort hierauf setzt einen gründlichen Blick auf die Semantik des Prozeß-Begriffs voraus. Die aristotelische Vorstellung, wonach Prozesse Phänomene sind, die an etwas Zugrundeliegendem ablaufen, ist durch die aufkommenden Naturwissenschaften der Neuzeit widerlegt worden. Wenn die Bäume im Spätherbst ihre Blätter abwerfen, so handelt es sich nicht um Substanzen, die ihre Akzidentien verlieren; es handelt sich nicht um Prozesse, die *an* Bäumen stattfinden; *vielmehr sind die Bäume selbst der Prozeß* (der im übrigen nicht nur darin besteht, daß die Blätter zu Boden fallen, sondern in einer umfassenden Umorganisation seiner bio-physischen Struktur). Es ist nicht der Baum, der im Winter keine, im Frühjahr und Sommer grüne und im Herbst gelbe Blätter „hat", sondern es ist der Baum als kontinuierlicher naturaler Prozeß in unterschiedlichen Erscheinungsweisen, der sich den Blicken des Beobachters jeweils anders darbietet. Ähnlich steht es mit dem Charakter der Prozessualität der Person: Sie setzt nicht etwas Unveränderliches, Statisches, substanzhaft Identisches voraus, „an dem" Person-Sein statthat; vielmehr ist das Person-Sein selbst Kontinuität und Prozeß. Nur bilden die Stadien dieses Person-Seins nicht voneinander exakt abgrenzbare Phasen, nach deren Ablauf jeweils ein völliger Neuanfang der Person stünde. Vielmehr verlaufen die einzelnen Phasen des Person-Seins relativ kontinuierlich, so daß bei jedem Phasenübergang sowohl Identitäten sich durchhalten als auch neue Manifestationen des Person-Seins auftreten. Jedermann kennt dieses Phänomen deutlich vom Übergang des Kindes zum Jugendlichen oder vom Jugendlichen zum Erwachsenen: stets sind dabei im Hinblick auf das Person-Sein sowohl Identitäten als auch Veränderungen zu beobachten. Wer behaupten wollte, nur das sich Durchhaltende, Identische sei Bestandteil der Person, würde Wesentliches ausgrenzen. Doch auch umgekehrt gilt: Wer nur das Neue, sich Verändernde als Kennzeichen der Person ansähe, würde nicht weniger Wesentliches ausgrenzen. *Person-Sein ist eben nicht Prozeß an jemandem, sondern es ist jemandes Prozeß.*

Dieser personale Prozeß hat unbestritten naturgegebene Voraussetzungen. So spricht man, darauf ist schon mehrfach hingewiesen worden, im juristischen Sinne von ‚Person' erst vom Augenblick der Geburt an. Und doch zeigt gerade diese Tatsache, daß das Person-Sein nicht ein Existenz-, sondern ein Rechtsanspruchsphänomen ist: *Spätestens* mit dem Augenblick seiner Geburt schreiben wir dem Neugeborenen pflichtgemäß Person-Sein zu. ‚Zuschreiben', lat. attribuere, heißt, einen ontologischen Grundbestand konstatieren. Attribute sind keine Akzidenzien, die kommen und gehen können, sondern Bezeichnungen für Wesenseigenschaften. *Die Zuschreibung des Person-Seins spätestens mit dem Augenblick der Geburt ist pflichtgemäß und unbedingt geschuldet, und sie kann unter keinen Umständen wieder rückgängig gemacht werden.* Aus förmlichen Gründen bedarf es der rechtspflichtigen Attribuierung, um deutlich zu machen, daß der einzelne nicht nur Angehöriger der biologischen Spezies ‚Mensch' ist, sondern ein unwiederholbares, einmaliges Einzelwesen ist. Die Attribuierung der Person ist insoweit ein Rechtsakt, der jedem Menschen ohne Unterschied seitens der Gemeinschaft der Mitmenschen zusteht. Auf diesem Wege soll zum Ausdruck kommen, daß Person-Sein ein relationaler Begriff ist und mit fundamentalen Rechten und Pflichten verbunden ist.

Als Person besitzt der Mensch nicht nur eine Reihe von fundamentalen Rechten, er verpflichtet sich zugleich, die entsprechenden Rechte der anderen anzuerkennen. Person-Sein – dies zeigt der Zuschreibungscharakter besonders deutlich – stellt nicht nur einen bestimmten ontologischen Sachverhalt dar, es ist mit ihm zugleich ein ethischer Anspruch verbunden. Kant hat diesen Anspruch im Zusammenhang mit seinem ‚kategorischen Imperativ' auf die Formel gebracht: „Handle so, daß du die Menschheit, sowohl in deiner Person als in der Person eines jeden anderen, jederzeit zugleich als Zweck, niemals bloß als Mittel brauchest"[21]. Es ist die *Selbstzweckhaftigkeit*, welche Personen und Dinge voneinander unterscheidet. Dinge können als Mittel, Personen dagegen niemals als Mittel angesehen wer-

21 Immanuel Kant, Grundlegung zur Metaphysik der Sitten. B 66f. Ak.-Ausg. IV, 429.

den. Konkret: Durch die ihm geschuldete pflichtgemäße Zuschreibung des Person-Seins erhält der Mensch ein Recht und übernimmt zugleich gegenüber allen anderen Menschen eine Pflicht: das Recht, stets und ausschließlich nur um seiner selbst willen und niemals als Mittel zu etwas anderem angesehen zu werden, und die Pflicht, niemals eine andere Person zu instrumentalisieren.

Der prozessuale Anspruchsbegriff der Person setzt radikaler an als der substantialistische oder der empiristische Person-Begriff: Person ist nicht erst derjenige, der Selbstbewußtsein besitzt, der Handlungen, Absichten, Autonomieansprüche de facto etc. ausübt. Personhaft sind bereits diejenigen Stadien menschlicher Entwicklung, in denen nach Maßgabe geltender medizinischer Erkenntnis und eines darauf sich gründenden gesellschaftlichen Konsenses die prinzipielle Möglichkeit und Anlage zur Ausübung von Autonomie zugesprochen werden kann. Zweck des hier vertretenen Personverständnisses ist ein *einheitlicher* Person-Begriff, der auch diejenigen Weisen menschlicher Existenz als unbestreitbar personal begreift, die über Selbstbewußtsein und Rationalität entweder *noch nicht* (der Mensch in seiner perinatalen Phase) oder *nicht mehr* (der Alzheimer-Kranke im stark fortgeschrittenen Stadium) oder *temporär nicht* (der Bewußtlose) oder möglicherweise *kaum je* (der hochgradig Geistesgestörte) verfügen.

Was der hier entwickelte Person-Begriff als Einheit zu begreifen sucht, wird in der modernen Diskussion, besonders im angelsächischen Bereich, gelegentlich in zwei Person-Begriffe ausdifferenziert[22]. Da ist einmal die Person im sozialen Sinne, die alle Weisen menschlichen Lebens im Kontext der Gesellschaft umfaßt, und sodann der (engere) Begriff der Person im moralischen Sinne, der die im vollen Besitz ihrer Subjekthaftigkeit, Urteilsfähigkeit und Handlungsbereitschaft befindlichen Menschen bezeichnet. Eine solche Differenzierung scheint mir jedoch deswegen mißlich, weil sie dazu einladen

22 vgl. z.B. H.T. Engelhardt in: T.L. Beauchamp/L. Walters (Hg.), Contemporary Issues in Bioethics. Belmont ^{2}1982, 93-101.

könnte, Schutzrechte in unterschiedlicher Weise zu garantieren. Da aber Person-Sein pflichtgemäß zugesprochen werden muß und prinzipiell nicht wieder abgesprochen werden kann, umfaßt das hier entwickelte Personverständnis ausnahmslos alle Weisen menschlicher Existenz, einschließlich – und das ist besonders wichtig – der Respektierung von postmortalen Rechten, etwa dem von Entscheidungen über den eigenen Körper, die jemand vor seinem Hirntod getroffen hat.

Wie jedes Person-Verständnis, so hat auch das prozessuale unmittelbar Konsequenzen für aktuelle und medizin-ethische Fragen. So muß die ethische Zulässigkeit des Embryotransfers bereits deswegen als stark eingeschränkt angesehen werden, weil es zu ihrer Ermöglichung personaler Entscheidungen der Spender bedarf. Entscheidend für die ethische Beurteilung ist die Antwort auf die Frage, ob mit Hilfe eines solchen Transfers die Elternschaft der Spender ermöglicht oder ob damit apersonale medizinische Forschung betrieben werden soll. Im ersten Fall bestehen keine, im zweiten Fall erhebliche ethische Bedenken. Ähnliches gilt von der Explantation von Organen aus dem Körper von Hirntoten. Liegt eine ausdrückliche vorherige Einwilligung des Hirntoten vor oder ist eine solche durch eindeutige Aussagen aus seiner Lebenszeit durch den Lebenspartner, seine Kinder oder sonstwie Nahestehende zweifelsfrei bezeugt, dann ist eine Organentnahme einschließlich der dazu erforderlichen, zeitlich begrenzten Erhaltungsmaßnahmen der Vitalfunktionen am Hirntoten ethisch unbedenklich, *weil in seinem autonomen personalen Willen gründend.* Liegen derartige Willensbekundungen hingegen nicht vor, so muß eine Explantation, ja bereits die maschinelle Aufrechterhaltung der Vitalfunktionen des Körpers des Hirntoten, als ethisch unzulässig angesehen werden. In Fällen dieser Art, so ist deutlich geworden, muß die Entscheidung über die ethische Zulässigkeit oder Unzulässigkeit von Gegebenheiten abhängig gemacht werden, die dem Menschen qua Individuum bzw. qua Person zueigen sind. Es ist nicht die Person, die ihren Leib zur Verfügung stellt; solches ist gar nicht möglich angesichts der unauflösbaren Einheit von Geistigkeit und Leiblichkeit in der Person des Menschen. Vielmehr ist das Recht des Menschen, als autonome Person nach dem Hirntod Organexplantationen zu gestatten, identisch mit dem Recht, seinen Körper, der nicht mehr Leib ist, zur Explantation freizugeben.

Der Hirntod ist nicht etwa nur das Ende der Geistigkeit des Menschen, er ist das Ende der Personalität, und das heißt: der Einheit von Geistigkeit und Leiblichkeit. Was bleibt, ist der Körper, den der Mensch zuvor *besaß*, nicht sein Leib, der er *war*. Der Körper geht binnen kürzester Frist in den Zustand der Leiche über. Hält man diesen natürlichen Vorgang zum Zwecke der Vorbereitung einer Organexplantation künstlich kurzfristig auf, macht das den Körper nicht wieder zu einem Leib; dies ist dewegen nicht möglich, weil die für Leiblichkeit konstitutive Vernetzung mit Geistigkeit infolge des Hirntods unmöglich geworden ist. Gleichwohl ist das Aufrechterhalten der Vitalfunktionen unter dem hier entwickelten Personverständnis ethisch dann zulässig, wenn eine eindeutige Verfügung des Hirntoten vorliegt. Einzig der Mensch als Person vermag zu Lebzeiten, d.h. in der Zeit leiblich-geistiger Einheit, in Ausübung der Autonomie und Freiheit verfügen, wie nach dem Ende der Einheit von Geist und Leib mit dem zur Sache mutierten Körper umzugehen ist. Es ist insoweit nicht der Hirntod, welcher eine mögliche Explantation von Organen ethisch erlaubt, sondern es ist die freie Verfügung des Menschen vor seinem Hirntod, welche allein Basis für die ethische Zulässigkeit von Explantationen ist. Doch ohne fundamentalen Selbstwiderspruch kann der Mensch über das, was er *ist*, nämlich eine Einheit von Geist und Leib, nicht verfügen, wohl aber über das, was er bis zur irreversiblen Auflösung seiner leiblich-geistigen Einheit *besessen* hat, den Körper. Grundlage hierfür ist des Menschen prozessualer Charakter als Person.

Quellen und Literaturhinweise

1. Quellen

Boethius, A.M.S.: Contra Eutychen et Nestorium, 1-3; dt. in: Ders., Die theologischen Traktate (lat.-dt. von M. Elsässer). Hamburg 1988, 65-114, bes. 73-81 (Phil. Bibl. 397).

Locke, John: Essay Concerning Human Understanding II, 27 § 16; dt.: Versuch über den menschlichen Verstand. Bd. I: Buch II, Kap. 27. Hamburg 1981 (Phil. Bibl. 75).

Strawson, P.F.: Individuals. London 1959; dt. Übers.: Einzelding und logisches Subjekt. Stuttgart 1972, 111-149 (Reclam 9410-14).

Kant, I.: Metaphysik der Sitten. Königsberg 1797.

Kant, I.: Kritik der reinen Vernunft. Königsberg 1781.

Kant, I.: Kritk der praktischen Vernunft. Königsberg 1788.

Butler, J.: Of Personal Identity. In: Ders., The Analogy of Religion. London 1736, 301-308.

2. Literatur

Beauchamp, T.L./Walters, L. (Hg.): Contemporary Issues in Bioethics. Belmont [2]1982 (bes. S. 87-101, 250-260).

Beckmann, J.P.: Über Können und Dürfen. Die Herausforderung der Ethik am Beispiel des Person-Begriffs. In: Jahrbuch der Gesellschaft der Freunde der FernUniversität 1992. Hagen 1992, 42-63 (frühere Fassung des Beitrags im vorliegenden Band).

Berlinger, R.: Das Individuum in Gestalt der Person. Die Verschiebung der Frage nach dem Menschen. In: Perspektiven der Philosophie 8 (1982) 101-114.

Doran, K.: What is a Person? The Concept and the Implications for Ethics. (Problems in Contemporary Philosophy 22). Leviston, N.Y. 1989.

Falk, H.-P.: Person und Subjekt. In: Neue H. Philosophie 27/28 (1988) 81-122.

Fetz, R.L.: Personbegriff und Identitätstheorie. In: Freiburger Zeitschrift für Philosophie und Theologie 35 (1988) 69-106.

Honnefelder, L.: Person und Menschenwürde. In: G. Mertens/W. Kluxen/P. Mikat (Hg.), Markierungen der Humanität. Paderborn/Wien/Zürich 1992, 29-46.

Lion, A.: On Remaining the Same Person. In: Philosophy 55 (1980) 167-82.

Parfit, B.: Reasons and Persons. Oxford 1984.

Peacocke, A./Gillett, G. (Hg.): Persons and Personality. A Contemporary Inquiry. Oxford 1987.

Runggaldier, E.: Zur empiristischen Deutung der Identität von Personen als Kontinuität. In: Theologie und Philosophie 63 (1988) 242-251.

Ders.: Personen und diachrone Identität. In: Philos. Jahrbuch 99 (1992) 262-286.
Schrader, W.: Die Dringlichkeit der Frage nach dem Individuum. Ein Problemaufriß. In: Perspektiven der Philosophie 8 (1982) 29-100.
Shalom, A.: L'identité personnelle et la source des concepts. In: Revue de Metaphysique et morale 96 (1991) 233-260.
Siep, L. (Hg.): Identität der Person. München 1983.
Ders.: Personbegriff und praktische Philosophie bei Locke, Kant und Hegel. In: Ders., Praktische Philosophie im Deutschen Idealismus. Frankfurt 1992.

III.
Gentechnologie, Humangenetik, Transplantationsmedizin

Ludwig Siep

Ethische Probleme der Gentechnologie[1]

Kaum eine wissenschaftliche Entwicklung dieses Jahrhunderts ist von Anfang an von so viel öffentlicher Aufmerksamkeit begleitet, mit so viel Befürchtungen bekämpft und mit so viel Hoffnungen propagiert worden, wie die Gentechnologie. Ist das alles ein Mißverständnis, oder handelt es sich wirklich um eine Umwälzung, die die Zukunft der Menschheit gefährden oder retten könnte?

Für die Einschätzung der Chancen, mithilfe gentechnisch verbesserter Pflanzen die Welternährungsprobleme zu lösen, oder der Gefahren der Freisetzung veränderter Organismen ist der Philosoph kein Fachmann. Er kann sich nur, wie jeder Laie, darüber von Fall zu Fall ein Urteil bilden. Die meisten Genetiker scheinen die Kontrollen durch Gesetz und Genehmigungsverfahren in Deutschland eher für zu streng und im internationalen Wettbewerb hinderlich zu halten. Auf der anderen Seite zeigen von Genetikern selbst betriebene Forschungen zu den Sicherheitsproblemen gentechnischer Forschung und Freisetzung, wie schwer eine Abschätzung ökologischer Wechselwirkungen veränderter Organismen im voraus durchzuführen ist.

Im öffentlichen Streit über die Gentechnologie wird aber auch eine andere Art von Krise sichtbar: eine solche unserer ethischen Bewertungsmaßstäbe. Wir wissen nicht, wieweit wir unsere gentechnisch erweiterten Handlungsspielräume auch nutzen dürfen, oder zumindest: nach gemeinsam akzeptierten

1 Inzwischen auch in: J.S. Ach/H.A. Gaidt (Hg.), Herausforderung der Bioethik. Stuttgart (Frommann) 1994.

und begründbaren Prinzipien nutzen *wollen*. Denn natürlich kann man das alles auch Prozessen der „Akzeptanz" überlassen. Aber zum einen verzichten wir schon damit auf eine Form von Autonomie, die seit den Griechen als spezifisch menschlich bzw. vernünftig gilt: die Fähigkeit nämlich, gemeinsam und öffentlich über die Prinzipien und Regeln des Guten und Gerechten in einem Gemeinwesen zu streiten und zu entscheiden. Und zum anderen zeigt gerade die Debatte um die Gentechnologie, daß mit einem widerstandslosen Nachgeben der Opponenten, selbst wenn sie die Minderheit ausmachen sollten, nicht zu rechnen ist. Nicht nur, weil tiefsitzende Ängste vor Verseuchungen und Menschenzüchtungen ausgelöst worden sind, die sicher nicht alle eine rationale Basis haben; sondern auch, weil die Gentechnologie bzw. die sie benutzende Genetik wirklich eine Krise unseres Selbstverständnisses im Verhältnis wissenschaftlich-technischer Möglichkeiten und ethischer Maßstäbe offenbart.

Im folgenden soll dies zuerst an einigen philosophie- und wissenschaftsgeschichtlichen Überlegungen verdeutlicht werden (1). Dann soll ein Ausweg, eine Grenzziehung für gentechnische Veränderung der Natur mindestens angedeutet werden (2). Im dritten Teil wird dann auf einige besondere ethische Probleme bei der gegenwärtigen Anwendung der Gentechnologie eingegangen (3).

I. Wissenschaftsgeschichtliche Überlegungen

Der Aufstieg der neuzeitlichen Naturwissenschaften wurde vielfach von einem religiösen und philosophischen Bewußtsein getragen, dem die Welt nicht mehr als ewig-vollkommene Ordnung oder als perfekte Schöpfung galt, sondern als unvollendetes, von Gott dem Menschen zur Verbesserung überlassenes Werk. Die Entwicklung der Experimentalwissenschaften im England des 17. Jahrhunderts ist, wie ein Blick auf Francis Bacon, die Royal Society und den Begründer des englischen Empirismus, John Locke, zeigt, ebensosehr von solchen Denkweisen beeinflußt wie die Wissenschafts- und Sozialphilosophie der französischen und deutschen Aufklärung. Die Royal Society, die erste Gesellschaft zur planmäßigen Förderung experimenteller Forschung, orientierte sich an dem „Haus Salomons" in Francis Bacons Utopie „Nova Atlantis". Dieser Kreis sittlich und religiös hervorragender Weiser sollte sich nicht nur der „Erforschung und Betrachtung der Werke und Geschöpfe Gottes" widmen, sondern vor allem einer Fülle von Forschungen und technischen Entwicklungen, darunter auch gewissermaßen „biotechnischen": „Wir bringen auch größere Bäume und Pflanzen hervor, als natürlich ist ..., so wie wir auch Pflanzen aus einer Art in eine andere umwandeln ... Wir machen an ... Tieren Versuche mit allen Giften und Gegengiften und anderen Heilmitteln ..., wir machen die einen künstlich größer und länger als sie von Natur sind, andere wieder umgekehrt zwergenhaft klein und nehmen ihnen ihre natürliche Gestalt."[2] Nicht an solchen konkreten „Versuchsanweisungen", aber an der Synthese von Experimentalwissenschaft, technischer Innovation sowie zivilisatorischer und moralischer Verbesserung hat sich die Royal Society orientiert, der Robert Boyle, Isaac Newton und Christopher Wren angehört, William Harvey und John Locke zumindest nahegestanden haben.[3] Bei John Locke wird die Verbindung von Empirismus und calvinistisch inspirierter Moral- und Gesellschaftsreform besonders deutlich. Für ihn zeigt sich in der Unvollkommenheit und Verbesserungsfähigkeit der Natur sowie des menschlichen Wissens und Handelns der göttliche Auftrag an den Menschen, die Schöpfung zu vollenden. Durch Arbeit an der Natur, seinem Wissen, seiner Sprache und seinen Handlungsgrundsätzen soll der Mensch sein irdisches Glück fördern und das endgültige vom Schöpfer verdie-

2 Vgl. Francis Bacon, Neu-Atlantis. In: Der utopische Staat. Hrsg. v. K.J. Heinisch. Hamburg 1960. 207f.

3 Vgl. zur Geschichte der Royal Society jetzt die §§ 18-20 in Band 3/2 des „Neuen Überweg": Die Philosophie des 17. Jahrhunderts. Band 3. England. Hrsg. v. J.-P. Schobinger. Basel 1988 (Bearbeiter der Paragraphen: Michael Hunter, Paul B. Wood, Bernhard Fabian). Zur Orientierung an Bacons „Haus Salomon" ebd. 388.

nen. Der ständige Ärger über unser Unwissen, über die Unbequemlichkeit des Daseins,[4] die Fehlerhaftigkeit unserer technischen und kommunikativen Mittel ist – nach Locke, der gleichzeitig ein bedeutender Arzt, Ökonom und Philosoph war – zugleich das Zeichen des göttlichen Auftrags und der Stachel, ihn auszuführen. „Das sollte für uns eine ständige Mahnung sein, daß wir die Tage unserer Erdenwanderschaft fleißig und sorgfältig dazu nutzen, den Weg aufzusuchen und zu verfolgen, der uns zu einem Zustand größerer Vollkommenheit führen kann. Denn es entspricht in hohem Maße der Vernunft, anzunehmen – selbst wenn die Offenbarung in diesem Punkte schwiege –, daß, je nachdem die Menschen die ihnen von Gott verliehenen Gaben hier verwenden, sie am Abend des Tages, wenn die Sonne untergeht und die Nacht ihrer Arbeit ein Ende setzt, ihren Lohn erhalten werden" (II, 340f.). Zunahme des Wissens über die Natur, Bearbeitung und damit Steigerung ihrer Fruchtbarkeit, Belohnung der Arbeit durch gesichertes Eigentum und staatlichen Rechtsschutz – das alles ergänzt sich zur Steigerung des Wohlergehens, Erfüllung moralischer Pflichten und Erweiterung des gemeinsamen und individuellen Handlungsspielraums.[5] Das calvinistische Arbeitsethos, so könnte man sagen, war nicht nur für den Aufstieg des europäischen Kapitalismus', sondern auch der technisch anwendbaren Experimentalwissenschaften von Bedeutung. Die Beherrschung natürlicher Prozesse – allerdings nie der Natur als ganzer – wird als Erfüllung des göttlichen Willens zur Verbesserung von Schöpfung und Mensch verstanden.

Diese „praestabilierte Harmonie" von Erweiterung unseres Wissens, Verbesserung der natürlichen Ressourcen und Stärkung der individuellen Autonomie blieb für die neuzeitliche Wissenschaft und Philosophie auch maßgebend, als die

---

4 Vgl. John Locke, Über den menschlichen Verstand. Übers. v. C. Winckler. Hamburg 1976 (3. Aufl.). I, 302f.

5 John Locke, Zweite Abhandlung über die Regierung, §§ 26, 34. In: ders., Zwei Abhandlungen über die Regierung. Übers. v. H.J. Hoffmann, hrsg. v. W. Euchner, Frankfurt/Wien 1967.

Aufklärung die religiös-reformatorische Legitimation weitgehend durch die Imperative der Vernunft ersetzte: Auch hier galt die Erweiterung des Wissens und die Bezähmung der Natur ebenso als elementares Interesse wie als sittliche Pflicht des Menschen, der dadurch zugleich an seiner moralischen Verbesserung zu arbeiten hat. Ich zitiere einen deutschen „Spätaufklärer", Johann Gottlieb Fichte: „Alle jene Ausbrüche der rohen Gewalt, vor welchen die menschliche Macht in Nichts verschwindet, jene verwüstenden Orkane, jene Erdbeben, jene Vulkane können nichts Anderes sein, denn das letzte Sträuben der wilden Masse gegen den gesetzmäßig fortschreitenden, belebenden und zweckmäßigen Gang, zu welchem sie ihrem eigenen Triebe zuwider gezwungen wird – nichts, denn die letzten erschütternden Streiche der sich erst vollendenden Ausbildung unseres Erdballes. Jener Widerstand muß allmählich schwächer und endlich erschöpft werden ... jene Ausbildung muß endlich vollendet und das uns bestimmte Wohnhaus fertig werden... Angebaute Länder sollen den trägen und feindseligen Dunstkreis der ewigen Wälder, der Wüsteneien, der Sümpfe beleben und mildern; geordneter und mannigfaltiger Anbau soll rund um sich her neuen Lebens- und Befruchtungs-Trieb in die Lüfte verbreiten, und die Sonne soll ihre belebendsten Strahlen in diejenige Atmosphäre ausströmen, in welcher ein gesundes, arbeitsames und kunstreiches Volk atmet."[6] Über die nachaufklärerischen wissenschaftlichen Weltanschauungen des Sozialismus oder des Positivismus sind diese Vorstellungen bis gegen Ende unseres Jahrhunderts wirksam geblieben. Wohl gibt es seit der Mitte des 18. Jahrhunderts bereits die Gegenthese, daß die zivilisatorische Vervollkommnung des Menschen die paradiesische Fruchtbarkeit der Natur zerstören müsse. J.-J. Rousseau, der diese These am wirkmächtigsten verkündete, sieht durch Wissenschaft, Technik, Arbeitsteilung und Leistungskonkurrenz auch die Autonomie des Individuums, seine moralische Aufrichtigkeit und das Glück eines einfachen Lebens erfüllba-

6 J.G. Fichte, Die Bestimmung des Menschen (1800). In: Werke, hrsg. v. I. H. Fichte, II, 267f.

rer Bedürfnisse ruiniert.[7] Im 20. Jahrhundert wurde seine Kritik an der Luxus- und Konkurrenzzivilisation aber erneut mit den wissenschaftlichen und sozialtechnischen Fortschrittsideen verknüpft. Sowohl im Sowjetkommunismus wie im Faschismus entstanden sozialrevolutionäre Weltanschauungen, deren gewaltsame Experimente der Vervollkommnung von Mensch und Gesellschaft unsere Erfahrungen am Ende dieses Jahrhunderts prägen. Gewiß war der Versuch der Züchtung eines „gesunden Volkes" durch Eugenik und Euthanasie von heute aus gesehen nicht nur unrechtlich, sondern auch unwissenschaftlich – und ähnliches gilt in weniger drastischer Weise für die stalinistische Ökonomie und Sozialtechnik. Trotz eines gewandelten Wissenschaftsverständnisses geben solche Erfahrungen aber den Befürchtungen vor genetischen Veränderungen der menschlichen Natur eine historische Plausibilität. Das bestätigen auch die Stellungnahmen von Kommissionen und Parlamenten der letzten Jahre, die allen Ansätzen staatlich geförderter Eugenik in der Entwicklung der Genetik und Gentechnologie wehren wollen – Ansätzen, wie sie z.B. im ersten EG-Programm zur prädiktiven Medizin (27. 7. 88) noch erkennbar waren.[8] Auch der wissenschaftlich und rechtlich *einwandfreie* Umgang mit neuen Technologien hat in den letzten Jahrzehnten Katastrophen nicht verhindern können, die das Vertrauen auf die Harmonie von Wissenserweiterung, Naturbeherrschung und menschlicher Autonomie zerstört haben. Doch wohin geht der Weg, wenn das Ziel der vollkommenen „Wohnlichkeit" einer gezähmten Natur für den „gesunden" und moralisch vervollkommneten Menschen aufgegeben ist? In einer solchen Situation „verunsichern" uns qualitative Sprünge in der

7 Vgl. vor allem den „Diskurs über die Ungleichheit": J.-J. Rousseau, Diskurs über die Ungleichheit/Discours sur l'inégalité. Hrsg. v. H. Meier, Paderborn etc. 1984 (2. Aufl.).

8 Hingegen nicht mehr in der Entschließung des europäischen Parlamentes vom 15.2. 1989, in der eine „eugenisch orientierte Gesundheitspolitik" ausdrücklich abgelehnt wurde. Vgl. Die Erforschung des menschlichen Genoms. Hg. v. Bundesminister für Forschung und Technologie. Frankfurt/New York 1991, 12, 243.

Naturbeherrschung, wie die Gentechnologie zweifellos einen darstellt, um so mehr.

Aus der traditionellen Vervollkommnungs-Perspektive stellt die Gentechnologie zweifellos einen entscheidenden Schritt dar. Sie versetzt den Menschen in die Lage, den Bauplan von Organismen und Lebewesen zu verändern, ohne daß er dabei an Artgrenzen halten müßte. Egal wie viel an Möglichkeiten sich wird realisieren lassen: Das bewußte Verändern der organischen Natur hat ein solches Maß erreicht, daß sich die Frage nach den Formen und Grenzen einer zukünftigen Bezähmung oder „Humanisierung" der Natur nicht mehr umgehen läßt. Zugleich zeigt sich, daß der Zuwachs an Wissen und Veränderungsmöglichkeit sowohl für Gesellschaften wie für Individuen eine Zunahme an Belastung und Verantwortung darstellt – und nicht mehr eine quasi-automatische Erweiterung seiner freien Selbstbestimmung. Wenn man verändern kann, muß schon das Unterlassen verantwortet werden. Um einige Beispiele zu nennen: Ist eine Regierung nicht verpflichtet, möglichst ausgedehnte und intensive Landwirtschaft zu fördern, solange ein Teil ihrer Bevölkerung unterernährt ist? Darf man genetische „Defekte", Anlagen zu Erbkrankheiten, noch an seine Nachkommen weitergeben? Wieviel Freiheit verschafft mir selber mein Wissen über meine Erbanlagen?

Die Störung der Harmonie zwischen Wissen, Naturverbesserung und Autonomie kommt in den öffentlichen Diskussionen deutlich zum Ausdruck, wenn Juristen ein Recht auf Nichtwissen fordern – nämlich über seine eigenen Erbanlagen – ja sogar ein „Recht auf Unvollkommenheit" hinsichtlich der eigenen und der Anlagen des Nachwuchses (Bericht der „Benda-Kommission").[9] Und was das Verhältnis zur äußeren Natur angeht, so fordert eine neuere Denkschrift der evange-

9 In-vitro-Fertilisation, Genomanalyse und Gentherapie. Hrsg. v. Bundesminister für Forschung und Technologie. München 1985 (Reihe „Gentechnologie" im Verlag J. Schweitzer, Band 6). Die sog. „Benda-Kommission" war die gemeinsame Expertengruppe des Bundesministers für Forschung und Technologie und des Bundesministers der Justiz zu Fragen der In-vitro-Fertilisation, Genomanalyse und Gentherapie unter Leitung des

lischen Kirche Deutschlands ein neues Naturverhältnis, ein „Ja zur Schöpfung" mit ihren Unvollkommenheiten.[10] Auf die gentechnologische Bekämpfung von Krankheiten will aber auch sie nicht verzichten. Wir können eine Technik, die soviel Veränderungsmöglichkeiten bereitstellt und für die möglicherweise einmal die gesamte organische Natur zum Baukasten für Neukombinationen wird, aber nur dann auf die Bekämpfung unstrittiger Leiden einschränken, wenn wir dafür gut begründete ethische Kriterien bereitstellen. Das aber muß der gegenwärtigen Ethik aus historischen Gründen besonders schwerfallen.

Die philosophische Ethik kann, anders als die theologische, nicht auf einen Offenbarungsglauben zurückgreifen, und einen philosophischen Beweis für die göttliche Schöpfung halten heute nur noch wenige für möglich. Was die Philosophie seit den Griechen getan hat, ist die Überprüfung der verbreiteten moralischen Überzeugungen und Werte an dem jeweils besten Wissen über die Natur und den Menschen, als biologisches, kulturelles und vernunftbegabtes Wesen. Dabei hat sie die Gebundenheit der Werte und Pflichten an eine bestimmte Religion und Kultur immer mehr gelöst zugunsten einer Moral für alle Menschen. Die europäisch-neuzeitliche Ethik hatte seit der Glaubensspaltung und den religiösen Bürgerkriegen des 16. und 17. Jahrhunderts die Aufgabe, eine für alle Konfessionen und Weltanschauungen akzeptable und zugleich absolut begründete und verbindliche Pflichtenlehre zu entwickeln. Aus zwei Gründen hat sie sich dabei von den Wissenschaften der Natur, einschließlich der menschlichen Natur, zunehmend entfernt: zum einen, weil der Determinismus der klassischen Mechanik, der an die Stelle göttlicher Vorherbestimmung trat, der Freiheit moralisch zurechenbarer Entscheidungen keinen Raum mehr ließ. Die

---

Präsidenten des Bundesverfassungsgerichtes a.D. Prof. Dr. Ernst Benda (Mai 1984 bis November 1985).

10 Einverständnis mit der Schöpfung. Ein Beitrag zur ethischen Urteilsbildung im Blick auf die Gentechnik. Vorgelegt von einer Arbeitsgruppe der Evangelischen Kirche in Deutschland. Gütersloh 1991. Vgl. etwa S.64: „Die Vorstellung von einer Perfektionierung der Welt oder des menschlichen Lebens bleibt ein Wahn."

Ethik wurde daher auf den Bereich von Bewußtseinstatsachen oder einer nicht-sinnlichen Kausalität (Kants Kausalität aus Freiheit) verwiesen. Zum anderen erfolgte diese Trennung, weil der Typus empirischen, ständig korrigierbaren Wissens nicht zu einer verbindlichen Regelbegründung taugte. Während die neuzeitliche Naturwissenschaft von theologischen und moralischen Fragen entlastet und zum nützlichen, aber korrigierbaren Erfahrungswissen wurde, mußte die Ethik ein zweifelsfreies Fundament für die Regeln gewaltfreien Umgangs der Menschen als gleichrangiger Vernunftwesen suchen. Grob gesprochen, hat sie dies in aller Regel im Selbstbewußtsein oder in unbezweifelbaren Selbsterfahrungen gefunden: in der Vernunft als einem Vermögen der Selbstgesetzgebung (Autonomie), wie in der kantischen Ethik, oder in der Erfahrung der Schmerzvermeidung und der Glückssuche, die der utilitaristischen Tradition zugrundeliegt. Die Anthropologie, die Betrachtung des Menschen gleichsam „von außen" als biologisches und kulturelles Wesen, galt dagegen als empirisch und korrigierbar wie die Naturwissenschaften und damit als Fundament unbedingter Pflichten ungeeignet. Damit wurde freilich die Ethik im Unterschied zur Naturwissenschaft immer „anthropozentrischer". Während in der Naturwissenschaft von den Eigenschaften des menschlichen Betrachters zunehmend abstrahiert wurde – bis zu den Anstrengungen der modernen Physik, die Anthropomorphismen der normalen Raum-Zeitanschauung zu überwinden –, ging die Ethik immer mehr auf das zurück, was einem jeden menschlich Fühlenden, selbstbewußt Handelnden und vernünftig Denkenden einleuchten muß. Das menschliche Handeln muß so eingerichtet werden, daß die Zwecksetzungen freier Handelnder miteinander im Ganzen vereinbar sind. In diesem Rahmen können sie ihrer vernünftigen Glückssuche folgen. Zu den natürlichen Bedingungen konfliktfreien Handelns zählen möglichst wenig Knappheit und schicksalhafte Unberechenbarkeit sowie schmerz- und mühefreie Selbsterhaltung. Die Natur kommt primär als Behinderung oder Beförderung solchen Handelns in den Blick. Die Entmoralisierung der Natur, die Voraussetzung der modernen Naturwissenschaft, und die Subjektivierung der Moral, ihre Rückführung auf das Selbstbewußtsein des Menschen und seine Zwecksetzungen, bedingen sich wechselseitig. Die neuzeitliche Ethik hat an die Stelle des göttlichen Willens zu einer bestimmten Naturordnung den menschlichen Willen zur Selbstbestimmung, Gleichheit und konfliktfreien Glückssuche gerückt. Von unbedingtem Wert und Selbstzweck ist nur das sich selber wollende Wesen, der Mensch.

Damit aber verfügt die neuzeitliche Ethik über kein Maß, die Verbesserung der Natur für menschliche Zwecke einzuschränken. Seit dem 19. Jahrhundert ist daher eine Re-Theologisierung und eine Ästhetisierung der Natur zu beobachten, die sich in der gegenwärtigen Debatte um die Gentechnologie verstärkt. Die Natur wird entweder wieder als Ausdruck des göttlichen Willens oder selber als ein Subjekt begriffen, das den Menschen hervorbringt, umfaßt und ihm kindliche oder brüderliche Pflichten auferlegt. Oder aber der Mensch verlangt das Recht auf ein anderes als das wissenschaftlich-technische Naturverhältnis – ein solches, in dem er sein ästhetisches Gefallen oder seine mystische Einheitserfahrung realisieren kann. Aber die Ästhetik ist der modernen Subjektivierung noch mehr anheimgefallen als die Moral. In ihrem gegenwärtigen Zustand kann sie keine Grundlage allgemeingültiger Grenzen der Naturveränderung sein. Und der Rückgriff auf Schöpfungs- oder Naturtheologie ist der philosophischen Ethik verwehrt, solange sie an der Idee einer Begründung oder zumindest Überprüfung von Handlungsregeln an einem möglichst allgemeingültigen Wissen und Erfahren des Menschen orientiert bleibt.

II. Zur Grenzziehung gentechnischer Veränderungen der Natur

Welche Entwicklung sollte die Ethik nehmen, um unserem Verlangen nach Maßen für eine gentechnische Veränderung der organischen Natur Rechnung zu tragen? Wie kann sie wenigstens das Gebot einer Erhaltung der Natürlichkeit der Natur überhaupt, d.h. ihrer nicht bloß auf menschliche Bedürfnisse zugerichteten Entwicklung, begründen? Statt einer neuen Vergeistigung der Natur könnte, so scheint mir, eine Objektivierung oder Ent-Anthropozentrierung der Ethik ein Ausweg sein. Die „Außenansicht" des Menschen als eines unter vielen Lebewesen in der Welt, mit Eigenschaften, die es mit anderen teilt und solchen, die es unterscheiden, sollte wieder, wie schon bei Aristoteles, von Gewicht für die Ethik werden. Nicht als Quelle von Normen, die *als solche* nicht aus Fakten abzuleiten sind. Aber als Prüfstein, mit dem rationale ethische Prinzipien übereinstimmen müssen. Dazu gehört heute sicher die Evolutionstheorie und die biologische Verhaltensforschung. Die Evolutionstheorie zeigt den Menschen als spätes Produkt teilweise zufälliger Entwicklungen, nicht als deren Endzweck oder einziges für sich wertvolles Lebewesen. Freilich als bisher einziges, das diese ganze Entwicklung begreifen und in ihre Mechanismen eingreifen kann. Soll er dieses Wissen benutzen, um sich zum Endzweck der Natur, der er offensichtlich nicht ist, nun zunehmend zu machen? Oder soll er sein Wissen von der Natur und ihrer Geschichte, seine „objektive" Sicht der Dinge, dazu benutzen, ein mit anderen teilender „Mitspieler" zu sein? Soll er von dem für ihn subjektiv Guten ausgehen oder von dem, was für alle natürlichen Mitspieler, für diesen Weltlauf als ganzen, gut ist? Es ist sehr schwer, hier rationale Entscheidungsgründe zu finden. Überleben, sich selbst als Gattung erhalten, könnte der Mensch vielleicht auch in einer weitgehend de-naturierten Welt und mit einem weitgehend veränderten Leib. Wenn das Wachstum der Menschheit anhält, könnte dies sogar die einzige Option werden.

Die andere Option ist die, sich als Mitspieler in die Natur einzupassen und ihre Natürlichkeit zu erhalten. Für diese Option spricht zumindest dreierlei: Erstens, daß in ihr die Selbstdistanzierung des Menschen, seine Fähigkeit, von seinen Perspektiven und Interessen zu abstrahieren, weiterentwickelt wird, anstatt endgültig dem anthropozentrischen Interesse der Selbsterhaltung, Genußsteigerung oder auch der Autonomie zu dienen.

Zweitens, daß eine natürliche, sich zumindest teilweise vom Menschen unabhängig entwickelnde und differenzierende Natur auch zur bisherigen natürlichen Ausstattung des Menschen am besten zu passen scheint. Und drittens, daß es das Zusammenleben autonomer Individuen gerade erleichtert, auf der Basis einer natürlichen, nicht selber zu verantwortenden körperlichen Ausstattung miteinander umzugehen.

Dazu einige Erläuterungen. Zum ersten ist zu sagen, daß gerade die Lösung der Ethik von der Auffassung des Menschen als Endzweck der Natur seinen spezifischen Fähigkeiten als vernünftiges Naturwesen entspricht. Was ihn grundsätzlich von anderen Lebewesen unterscheidet, ist die Fähigkeit, sich von seinem subjektiven Standpunkt zu distanzieren und die Welt gewissermaßen ohne perspektivisches Zentrum zu betrachten, wie der amerikanische Philosoph Thomas Nagel das genannt hat.[11] Daß der Mensch das kann, hat ihn zur Entwicklung immer „objektiverer" Wissenschaft befähigt. Wenn das theoretische Wissen eine möglichst von menschlichen Vorstellungsweisen unabhängige Richtigkeit anstrebt, warum nicht auch das Handeln Zwecke, die nicht nur vom menschlichen Standpunkt aus gut sind? Daß er sich diese Zwecke dann immer noch selber setzt bzw. aneignet, macht sie nicht anthropozentrisch, so wenig wie einen der Wunsch, ein Altruist zu sein, egoistisch macht, nur weil es der eigene ist. Von dem bloß für mich, meine Gruppe, meinen Stamm, meine Nation Richtigen ist in der Entwicklung der Ethik ohnehin zunehmend abstrahiert worden. Der Mensch verändert durch sein Handeln die Lebens- und Entfaltungsmöglichkeiten der gesamten Natur – warum sollte man nicht nach der „Richtigkeit", dem „Passen" dieses Veränderns in den Weltlauf als ganzes fragen können? Dabei braucht der Mensch seine Teilnehmerperspektive nicht *gänzlich* aufzugeben und darauf verzichten, ein Mitspieler des natürlichen Wettstreits der Arten zu sein, der seine Nische erweitern und seine Feinde beherrschen will. Diese Bevorzugung seiner Art *ganz* zu

11 Vgl. Th. Nagel, The View From Nowhere. New York/Oxford 1986. Dt. Übers. v. M. Gebauer, Frankfurt 1992.

überwinden, ist vermutlich eine Überforderung der menschlichen Natur. Aber er kann dieser Bevorzugung aus seiner Fähigkeit zur Selbstdistanz Grenzen ziehen.

Das zweite Argument ist das folgende: Es scheint, daß die Wahrung der Natürlichkeit der Natur auch den objektiv erkennbaren menschlichen Fähigkeiten am ehesten gerecht wird. Was den Menschen anscheinend noch von seinen nächsten biologischen Verwandten unterscheidet, ist zumindest dreierlei: ein höheres Differenzierungsvermögen, wenn man alle Sinne sowie die Verarbeitung und symbolische Repräsentation ihrer Daten zusammenfaßt; ein langfristiges Zeitbewußtsein, das Vergangenes genauer erinnern und Zukünftiges in der Einbildungskraft vorwegnehmen kann; und schließlich eine größere Fähigkeit der Selbstobjektivierung, des Bewußtseins seiner Identität und der Distanzierung von seinen „Nahinteressen". Ein solches Wesen paßt gewissermaßen objektiv besser in eine Welt der größtmöglichen Mannigfaltigkeit erkennbarer Muster als in eine der Monotonie und Serialität. Es paßt besser in eine Welt der Abwechslung und Überraschung bei der Ausübung seiner Wahrnehmungsfähigkeit und seiner theoretischen Neugier. Und es paßt in eine Welt, in der es stabile, aber wandelbare Rollen mit unabhängigen Partnern spielen kann. Das setzt ein Aufschieben von Bedürfnisbefriedigung sowie reziproken Altruismus und gerechtes Teilen voraus – Fähigkeiten, die sich schon bei sozial lebenden Primaten finden.[12] Dem Menschen ist es in Ansätzen gelungen, diese Fähigkeiten des Gruppenverhaltens auf seine gesamte Art als „Gruppe" auszudehnen. Dabei sind die Beziehungen zu Kleingruppen sicher von ganz anderer Qualität als die zu Großgruppen oder der gesamten Menschheit. Die Individualisierung, die Lebensführung nach eigenen Plänen hat ein im Tierreich unerreichtes Maß angenommen. Das Individuum aber sieht die Menschheit als ganze, auch die zukünftigen Generationen, als eine Art selbständigen Partner, der Ansprüche an einen hat und gegenüber dem man sich Beschränkungen auferlegen muß. Liegt es nicht in dieser Ent-

12 Vgl. R.L. Trivers, Social Evolution. Menlo Park 1985.

wicklung, ein solches „Sozialverhalten" auch auf die gesamte Natur als die gewissermaßen umfassendste Gruppe auszudehnen? Daß nur vernünftige oder menschenähnlich empfindende Wesen Ansprüche auf Selbstbeschränkung des Menschen haben können, ist aus einer entwickelten objektiven Perspektive nicht einsichtig.

Wenn diese Argumente überzeugten, dann hätten wir immerhin gute Gründe dafür, Natur im ganzen und natürliche Wesen im besonderen als solche zu behandeln, die vom Menschen unabhängig bleiben sollen, die weiterhin natürlicher Evolution unterliegen sollen, die sich Lebensräume teilen usw. Und solche Maßstäbe brauchen wir, wenn wir unseren Möglichkeiten, in die Baupläne natürlicher Lebewesen einzugreifen, Grenzen setzen wollen. *Wenn* wir das wollen, so offenbar nicht aus Gründen der Selbsterhaltung, der Bewahrung von Autonomie und der Vermeidung von Schmerz. Denn das alles ist offenbar in einer hochtechnisierten, gewissermaßen stromlinienförmig auf menschliche Zwecksetzungen eingerichteten Natur auch möglich. Wenn wir es nicht aufgrund des Schöpfungsglaubens oder eines „romantischen" Geschmacks wollen, dann weil wir es aufgrund der Entwicklung unserer ethischen Überzeugungen *und* unserer Naturanschauung für „objektiv" richtig halten.

Die dritte Argumentation für eine solche Selbstbeschränkung geht von den Regeln des menschlichen Zusammenlebens selber aus. Zumindest was die Verbesserung unserer eigenen natürlichen Ausstattung über die Grenzen der Krankheitsbekämpfung hinaus angeht, so gefährdet sie die Autonomie durch deren „Überdehnung". Stellen wir uns einmal vor, gentechnische Eingriffe seien nicht nur zur Beseitigung von Erbkrankheiten möglich, sondern zur Geschlechtswahl, zur Verbesserung sportlicher, intellektueller und musischer Anlagen etc. Wenn so etwas möglich und erlaubt wäre, dann müßten sich Eltern vor ihren Kindern für deren natürliche Ausstattung verantworten. Die bisherigen „Umgangsformen" autonomer Personen setzen nicht nur wechselseitige freie Zustimmung voraus, sondern in vielen Fällen auch deren mögliche Antizipation. Wie soll ich aber wissen, ob meine Nachkommen die Ausstattung akzeptieren, die ich nach *meinen* Lebenserfahrungen für wünschenswert halte? Noch schwieriger als eine solche Veränderung der Körper anderer Menschen sind aber Verbesserungen des eigenen Körpers zu beurteilen bzw. einzuschränken. Was würden wir der autonomen Forderung eines Individuums entgegensetzen, das seinen Körper nicht nur heilen, sondern zugunsten spezieller Leistungen gentechnisch verbessern lassen möchte, wie es heute auf biochemischer Basis – etwa beim Doping – schon möglich ist? Natürlich werden auch Partner, Konkurrenten, Nahestehende durch eine autonome Selbstveränderung betroffen. Wird die Gemeinschaft dann nicht nur *schicksalhafte* Be*nach*teiligungen, sondern auch autonom herbeigeführte *natürliche Vor*teile kompensieren müssen? Man sieht, daß der Zuwachs an individueller Autonomie durch Veränderung des eigenen Körpers die sozialen Beziehungen autonomer Personen erheblich belastet. Braucht man außer einem „Recht auf Unvollkommenheit" vielleicht auch eine „Pflicht zur Unvollkommenheit", d.h. zum Verzicht auf einmal technisch mögliche Verbesserungen des eigenen Körpers, wie wir ihn jetzt schon von Sportlern verlangen?

Solche Gedankenspiele mögen als weit hergeholt erscheinen. Es geht in ihnen aber um dasselbe Problem: Wo liegen die Grenzen einer gentechnologisch möglichen Veränderung der Natur, hier der „inneren", des menschlichen Körpers, evtl. sogar des eigenen? Auch hier reicht das Prinzip der Autonomie nur dann aus, wenn man sieht, daß zu seiner „Entlastung" der autonomen Veränderung der Natur Grenzen gezogen werden sollten – nämlich da, wo die Bekämpfung unbestritten schweren Leidens aufhört. Daß dies bei unserem ebenfalls subjektiv und sozial wandelbar gewordenen Begriff von Leid und Krankheit schwierig genug ist, sei hier schon eingeräumt. Wenn aber Menschen ein Recht auf natürliche Unvollkommenheit gegenüber anderen haben, so spricht vieles dafür, auch die Unvollkommenheit der äußeren Natur nur soweit zu „verbessern", wie es die Bekämpfung und Vermeidung von Leiden oder vom Menschen verursachter Schäden erforderlich macht. Daß der Leidensdruck bei weiter wachsender Weltbevölkerung und Ressourcenverschwendung erheblich steigen kann, ist unbestritten. Aber ein grenzenloser Umbau der Natur zu Zwecken menschlicher Bequemlichkeit und Genußsteigerung ist dadurch nicht legitimiert. Nach meinen Überlegungen sollte sie an der Natürlichkeit der Natur und der „gerechten" Teilung unter den Lebewesen eine Grenze haben. Die Unvollkommenheit der Natur in bezug auf menschliche Bedürfnisse ist ein wesentlicher Bestandteil ihrer Natürlichkeit, ihrer Unabhängigkeit vom Menschen. Die Unabhängigkeit natürlicher Entwicklungen, der ungesteuerten Evolutionen, Selbst-Differenzierungen und Selbst-Balancierungen, ist ein mit der menschlichen Lebenserleichterung konkurrierendes Gut und eine Grenze der Veränderungen. Wo sie im Einzelfall genau liegt, ist damit noch nicht ausgemacht. Zwischen Selbsterhaltung und Leidensbekämpfung, Naturerhaltung und gewissermaßen harmloser Vergrößerung der menschlichen „Nische" muß abgewogen werden. Aber auf Schöpferverantwortung hinsichtlich einer nicht mehr bloß zu vollendenden, sondern radikal „umzubauenden" Schöpfung sollten wir verzichten – sowohl aus Gründen nicht-anthropozentrischer Richtigkeit wie der Entlastung von Autonomie in den sozialen Beziehungen.

III. Ethische Probleme bei der gegenwärtigen Anwendung der Gentechnologie

Ich habe in den bisherigen Überlegungen vor allem nach dem Maß und der Grenze einer gentechnischen – aber nicht nur gentechnischen – Umgestaltung der Natur gefragt. Ob und wann solche Umgestaltungen möglich werden, kann der Philosoph nicht beantworten. Ethische Probleme bringt die Gentechnologie aber auch in ihrem heutigen Entwicklungs- und Anwendungsstand schon mit sich. Es fragt sich, nach welchen Kriterien wir mit diesen Problemen umgehen und ob die bisher erörterten Maße auch dabei eine Rolle spielen. Ich möchte auf einige dieser Probleme aus den Bereichen (1) Humanmedizin, (2) Tier- und Pflanzenzucht und (3) Forschung eingehen.

1.) In der Humanmedizin findet die Gentechnologie bekanntlich Anwendung bei der Produktion von Arzneimitteln, Impfstoffen und anderen den Körper unterstützenden Substanzen (Proteine, Peptide), ferner bei der Erkennung von Erbkrankheiten und ihrer Bekämpfung durch Hinzufügung „normaler“ oder den Austausch defekter Gene. Die Arzneimittelproduktion ist dabei am weitesten fortgeschritten und scheint erfolgreich, vor allem im Bereich des blutbildenden Systems. Die Risiken sind hier offenbar nicht größer als in der normalen Arzneimittelforschung und Produktion. Seit der Contergan-Affäre wissen wir, wie groß sie dort sind. Aber die gesetzliche Regelung dieser Forschung und ihre Überwachung durch Behörden und Ethik-Kommissionen hat uns seitdem vor ähnlichen Katastrophen bewahrt. Besondere Probleme bei gentechnisch hergestellten Arzneimitteln gibt es offensichtlich nicht.

Schwieriger sind die Eingriffe ins menschliche Genom, um eine Erbkrankheit zu verhüten oder zu bekämpfen. Verschiedene Verfahren der Hinzufügung intakter oder des Austausches defekter Gene werden versucht. Auf die medizinischen Schwierigkeiten will ich hier nicht eingehen. In dem Bericht einer Arbeitsgruppe des Bundesforschungsministeriums heißt es dazu: „Nach Überwindung der methodischen Schwierigkeiten und Minimierung der Risiken könnte die Gentherapie an somatischen Zellen bei monogenen Erbkrankheiten eine vertretbare Therapieform sein“.[13] Ethisch vertretbar wäre sie unter diesen Voraussetzungen gewiß, denn die Leiden, deren Beseitigung möglich erscheint, die Erbkrankheiten oder Mißbildungen, die Fehlsteuerungen des Zellwachstums oder der Immunreaktion, sind so unbestreitbar schwer, daß vorsichtige Forschung und Therapie sicher gerechtfertigt sind. Es erscheint mir auch nicht als durchschlagender Einwand, daß dadurch unsere Fähigkeit zum humanen Umgang mit Behinderten beeinträchtigt würde. Der geduldige und liebevolle Umgang mit solchen Menschen gehört zweifellos zu den bewundernswürdigen Haltungen. Aber wer sich dies nicht zutraut oder wer sei-

13 Die Erforschung des menschlichen Genoms, a.a.O. (o. Anm.8), 182.

nen Kindern ein behindertes Leben ersparen will, kann nicht zum Verzicht auf erprobte Therapien – wenn sie einmal zur Verfügung stehen – gezwungen werden, damit wir alle öfter in die Lage kommen, einen solchen Umgang zu lernen.

Ein wichtiges ethisches Problem ist aber, die Grenzen zwischen der Bekämpfung schweren Leidens und den Verbesserungen der menschlichen Erbausstattung zu ziehen, zu deren Überschreitung künftige Gentechnologie verleiten könnte. Schon jetzt gibt es, etwa im Bereich der Kleinwüchsigkeitstherapie oder der künstlichen Befruchtung, Probleme, die Grenzen zwischen normal oder gesund und krankhaft zu ziehen. Hier stellen sich Fragen nicht nur der Abwägung, sondern auch der Kriterien der Normalität, Gesundheit und Natürlichkeit. Alle diese Begriffe haben eine soziale und subjektive Komponente: Was hier schon als krankhaft gilt, ist es dort noch nicht, und worunter der eine leidet, das stört den anderen noch nicht. Wenn nach der Definiton der Weltgesundheitsorganisation Gesundheit als „Zustand des vollkommenen biologischen, sozialen und physischen Wohlbefindens“ [14] zu kennzeichnen ist, kann man dann nicht alles an der körperlichen Verfassung und Ausstattung, worunter jemand leiden mag, auch verändern? Zwar darf niemand gegen seinen Willen manipuliert werden, das widerspricht der Autonomie des Individuums. Es liegt uns auch an der Erhaltung der bislang natürlichen Ausstattung des Menschen. Das zeigt die Ablehnung der Keimbahntherapie, also der „Reparatur“ *vererbbarer* Defekte. Aber wie *begründen* wir sie, wenn nicht durch die vorhin vorgeschlagenen Argumente für die Erhaltung der „unvollkommenen“ menschlichen Physis und der „Unvollkommenheit“ der Natur überhaupt?

In ganz andere ethische Probleme führt uns die Vorstufe der Gentherapie, die Analyse des menschlichen Genoms, die Entzifferung und „Kartierung“ genetischer Defekte und die dadurch mögliche genetische Diagnose und Voraussage. Hier zeigt sich, daß die Autonomie des Individuums, die durch Fort-

---

14 Zitiert nach: Die Erforschung des menschlichen Genoms, a.a.O. (o. Anm. 8), S. 75.

schritte in Wissenschaft und Medizin doch bislang nur zu profitieren schien, durch ein Zuviel an Wissen über sich selbst (und andere) auch gefährdet oder eingeschränkt werden kann. Bedeutet es wirklich eine Steigerung meiner Selbstbestimmung und eine Erweiterung der Möglichkeiten meiner Lebensplanung, wenn ich weiß, mit wieviel Wahrscheinlichkeit in Zukunft eine schwere Erbkrankheit bei mir ausbrechen wird? Jedenfalls kann es den einen ungeheuer belasten, während der andere damit leben und vielleicht sogar zu größerer Reife und Gelassenheit kommen kann. Nicht immer weiß ein jeder selber, was er besser verkraften wird, das Wissen oder das Nichtwissen. Auf beides sollte er nach dem Prinzip der Autonomie ein Recht haben. Autonomie heißt dann, über die Informationen, die man seiner Entscheidung zugrundelegen will, selbst zu bestimmen – es heißt nicht, unter optimaler Information zu entscheiden. Zur Autonomie gehört, daß niemand unter Zwang oder Druck steht, sich über seine genetischen Defekte aufklären zu lassen. Gerade das aber ist schwierig angesichts der Tatsache, daß ein diagnostisches Angebot leicht zur sozialen Pflicht wird – „man" tut so etwas. Es ist klar, daß hier eine Fülle schwieriger Aufgaben auf die genetischen Berater zukommt. Im Bericht der Arbeitsgruppe „Erforschung des menschlichen Genoms" heißt es dazu: „Wie können Ärzte, Wissenschaftler und Politiker sowie andere für das Gesundheitssystem Verantwortliche gewährleisten, daß genetische Beratung weiterhin freiwillig in Anspruch genommen wird? Denn je mehr Tests zur Verfügung stehen, um so größer wird der gesellschaftliche, gesundheitspolitische Druck, der institutionelle Zwang. Schließlich kommt durch die Faktizität der Beratungsmöglichkeit ein Sog auf, sich der genetischen Beratung zu stellen, ohne zu wissen, wie man mit den Ergebnissen leben kann. Wie gewährleisten die Verantwortlichen, daß Optionen für das Verhalten gegenüber Risiken offenbleiben, auch mit der Konsequenz, beispielsweise ein behindertes Kind auszutragen oder Kinder zu bekommen trotz hohen Risikos für schwere Erkrankungen?"[15].

15 s. Anm. 8, S. 188

Mit anderen Worten: genetische Beratung muß verhindern, daß die Beratenen sich selber überfordern oder sich einem sozialen Druck zur Eugenik ausgesetzt fühlen.

Auch für die Arbeitsmedizin gelten ähnliche Gefahren, die in der Öffentlichkeit schon breit diskutiert worden sind. Die genetische Untersuchung als Bedingung des Arbeitsvertrags schränkt die Fähigkeit, einen Arbeitsplatz zu finden, zweifellos ein und verlagert das Risiko von Berufskrankheit oder -unfähigkeit ganz auf den Arbeitnehmer. Auch hier ist der Autonomie das volle Wissen und die entsprechende Infomation des Vertragspartners offenbar im Wege. Ungewißheit und Schicksalhaftigkeit dagegen erhöhen die Handlungsfreiheit.

Nun sind die Gefahren eines „Sogs" oder eines rutschigen Abhanges, des sog. „slippery slope", kein Grund für ethische Verbote. Sie sind vielmehr Anlaß zu Wachsamkeit und gemeinsamen Anstrengungen von Genetik und Medizin, Ethik und Politik. Was die ethischen Probleme der gentechnologischen Humanmedizin aber deutlich machen, ist ein neues Verständnis und eine Insuffizienz der Kriterien von Autonomie und Wohlergehen; ein neues Verständnis, insofern Unsicherheit und Unwissen offenbar die individuelle Autonomie gerade fördern können und nicht hindern; eine Insuffizienz, insofern Autonomie *und* Wohlergehen nicht ausschließen können, daß Menschen eines Tages ihre Physis verändern und sich selbst und vielleicht auch noch ihre Nachkommen genetisch „verbessern" könnten. Begrenzung der Autonomie aus Gründen des Zusammenlebens autonomer Personen und aus Gründen der Erhaltung der Natürlichkeit erweist sich auch hier als notwendig.

2.) Auch für die Gentechnik in der Tier- und Pflanzenzucht sind diese Probleme der Grenzen des Veränderbaren unter ethischen Gesichtspunkten von großer Bedeutung – vielleicht noch mehr als die in der Öffentlichkeit im Vordergrund stehenden Probleme der Sicherheit. Sicherheitsprobleme sind teils technische Probleme, teils solche schwieriger Abwägungen von Risiken. Wie groß ist die Notwendigkeit, die Fruchtbarkeit oder Resistenz von Pflanzen zu verbessern, abgewogen gegen die Gefahr, ökologische Gleichgewichte zu zerstören und Monokulturen zu provozieren? Wie groß sind die objektiven Risiken und wie groß die subjektiven Bereitschaften der von Experimenten oder Züchtungen betroffenen Menschen (Mitarbeiter, Anwohner, Konsumenten), Risiken auf sich zu nehmen? Ob ein Risiko tragbar ist, hängt nicht nur von der Wahrscheinlichkeit eintretender Schäden, sondern auch der Bereitschaft ab, eine bestimmte Schadenswahrscheinlichkeit in Kauf zu nehmen bzw. zu „riskieren". Solche Probleme müssen in rationalen, interdisziplinären und auch öffentlichen Diskussionen bewältigt werden – gewiß nicht ohne „Restrisiko".

Schwieriger noch ist die Frage, wie weit man genetisch Tiere und Pflanzen für den Nutzen des Menschen manipulieren darf, denn sie offenbart unseren Mangel an Kriterien. Orientieren wir uns am Ideal einer Natur, die der Handlungsfreiheit des Menschen nicht weniger Hindernisse entgegenstellt als ein durchtrainierter Körper einem „Willensbefehl" – eine Utopie, die schon im 18. Jahrhundert entworfen wurde? Müßten dann Tiere und Pflanzen sich immer mehr der Gestalt technischer Produkte annähern, deren Funktionalität optimal ist, die jedoch austauschbar, seriell, in Massenproduktion herstellbar und reparierbar sind?[16] Es läßt sich leicht ausmalen, wieweit eine zukünftige Agrarindustrie mithilfe der Gentechnologie auf diesem Weg noch fortschreiten kann. Nur wenn es uns gelingt, wie im ersten Teil skizziert, Kriterien der Natürlichkeit der Natur und ihrer sachangemessenen Behandlung zu entwickeln, die nicht bloß „Geschmackssache" sind, kann die Ethik hier Grenzen des richtigen und falschen Umgangs der Gentechnik mit Tieren und Pflanzen aufstellen. Arten- oder Sortenvielfalt, Ausprägung der Art in unverwechselbaren Individuen, Fähigkeit zur Weiterentwicklung durch vom Menschen unabhängige Mutationen, Erhaltung natürlicher Gleichgewichte usw. erscheinen wahrscheinlich den meisten von uns als wünschenswert. Dafür

---

16 Vgl. L. Siep, Gesteuerte Evolution? Philosophische Probleme der Gentechnologie? In: U. Steger (Hg.), Die Herstellung der Natur. Chancen und Risiken der Gentechnologie. Bonn 1984.

eine ethische Begründung ohne theologische oder naturspekulative Voraussetzungen zu finden, ist aber keineswegs leicht.

3.) Damit komme ich zum Schluß auf die ethischen Probleme der Forschung selber. Gentechnologische Forschung ist teuer. Sie kommt nicht durch das kostenlose Tüfteln von Einzelgängern, sondern durch Großlabore und weltweiten Informationsaustausch voran. Dafür braucht sie Geld, dessen Verwendung begründet und verantwortet werden muß.[17] Sie weiß sich von starken Interessen der Industrie, der Forschungs- und Industriepolitik, des Gesundheitswesens etc. unterstützt. Natürlich nicht nur von finsteren „Profitinteressen", sondern von legitimen Leidensbekämpfungs- und Vorsorgeinteressen, auch von Innovations-, Vermarktungs- und Arbeitsbeschaffungsinteressen. Die beteiligten Forscher wissen von den zahlreichen Befürchtungen rationaler und emotionaler Art, die ihre Forschungen begleiten. Sie können sich nicht auf reine theoretische Neugier oder Forschungsfreiheit zurückziehen und auch nicht auf die Arbeitsteilung zwischen Forschung und technischer Anwendung. Denn die Forschung kommt hier ohne Technik und Industrie nicht weiter, und das Geld, das sie braucht, wird anderen Forschungsrichtungen entzogen. Forschung dieser Art muß sich vor der Öffentlichkeit rechtfertigen und muß die Widerstände ernstnehmen. Jeder an ihr Beteiligte muß die Sicherheitsprobleme, die Folgen der medizinischen Anwendung für die Autonomie der Patienten oder Beratenen und schließlich die grundsätzlichen Folgen für unser Naturverhältnis selbst bedenken und dazu Stellung nehmen. Zu behaupten, Forschung könne sich ohnehin nicht selbst beschränken, sich nicht zu gemeinsamen Tempo- und Richtungsregelungen entschließen und sie könne auch von gesetzlichen Regelungen nicht „weltweit" beeinflußt werden, würde bedeuten, Forschung und alle ihre Anwendungsfolgen zu einem

17 Vgl. L. Siep, Ethische Kriterien für die Förderung der Genomananlyse in Forschung und Anwendung. In: B. Schöne-Seifert, L. Krüger (Hrsg.), Humangenetik – Ethische Probleme der Beratung, Diagnostik und Forschung. Medizin-Ethik 4. Stuttgart/Jena/New York 1993. S. 223-234.

schicksalhaften Prozeß zu machen, dem wir uns nur noch anpassen könnten. Dann wäre aus einer Harmonie ein diametraler Gegensatz von Wissenserweiterung und Autonomie geworden. Die Autonomie des Menschen könnte dann verlangen, von der Naturbeherrschung zur Wissenschaftsbeherrschung überzugehen.

Ludger Honnefelder

Ethische Probleme der Humangenetik[1]

Ein vermehrter Bedarf an ethischer Diskussion kann unterschiedlichen Ursachen entspringen: Veränderung in den Handlungsbedingungen, Erweiterung der Handlungsmöglichkeiten, Wandel in den moralischen Wertüberzeugungen, Wechsel in den dahinterstehenden Sinnkonzepten. Dringlich wird der ethische Diskurs, wenn – wie in den biomedizinischen Wissenschaften der letzten Jahrzehnte – alle vier Ursachen *zugleich* wirksam werden. Besonders deutlich zeigt sich dies im Hinblick auf die Entwicklung der Humangenetik und deren Anwendung in der Medizin: In kaum einer anderen medizinischen Disziplin haben naturwissenschaftliche Erkenntnis und medizinische Handlungsmöglichkeit so rasch und unter gleichzeitiger Veränderung der Handlungsbedingungen eine Erweiterung erfahren. In kaum einer anderen Disziplin ist aber auch zugleich so heftig um die ethische Bewertung und Einordnung der neuen Möglichkeiten gestritten worden. Im Nachfolgenden soll daher nach einer kurzen Skizzierung der neuen Handlungsmöglichkeiten und der mit ihnen verbundenen ethischen Probleme den Fragen nachgegangen werden, (I.) auf welche ethischen Prinzipien nach eingetretenem Wertewandel bei der Lösung dieser Probleme zurückgegriffen werden kann, (II.) welche Bedeutung dabei dem Prinzip der Menschenwürde

1 Vorabveröffentlicht unter der Überschrift ‚Humangenetik und Menschenwürde' in: L. Honnefelder/G. Rager (Hg.), Ärztliches Urteilen und Handeln. Zur Grundlegung einer medizinischen Ethik. Frankfurt 1994, 214-236.

zukommt, (III.) auf welche weiteren Kriterien und Normen zurückgegriffen werden muß und (IV.) welche Rolle dabei der Veränderung in den das Handeln und seine Normierung leitenden Sinnentwürfen zukommt.

I.

Daß kaum eine andere naturwissenschaftliche Entdeckung unseres Jahrhunderts außer der der Kernphysik so heftige Diskussionen ausgelöst hat wie die Genetik und ihre Anwendung auf den Menschen, hat mehr als nur sachliche Gründe. Beide Disziplinen sind in Bereiche vorgestoßen, die dem Menschen seit je als Geheimnisse galten, nämlich den Bereich der Materie und den des Lebens. Seit den frühen Anfängen der Kulturgeschichte haben die beiden Geheimnisse das Tiefenbewußtsein des Menschen ebenso sehr mit Träumen wie mit Befürchtungen und Ängsten besetzt. Denken wir nur an die uralten Träume der Alchimisten, die Konstanz der Elemente durchbrechen und aus anderen Elementen Gold herstellen zu können, oder an die Ängste der Menschen, die eigene Gattungs- oder Artnatur verlieren zu können, wie sie uns vom Märchen vom Froschkönig bis hin zu Kafkas Erzählung „Die Verwandlung" begegnen. In beiden Disziplinen, Kernphysik wie Molekulargenetik, folgte der Einsicht in die naturalen Zusammenhänge unmittelbar die Möglichkeit, in diese auch eingreifen zu können: Seit man 1944 entdeckte, daß der lange gesuchte materielle Träger der von Generation zu Generation weitergegebenen Erbinformation in der Desoxyribonukleinsäure (engl. DNA), einem langkettigen Molekül aus nur zwei bestimmten Basenpaaren, besteht und *Watson* und *Crick* 1953 am berühmt gewordenen Doppelhelixmodell die molekulare Struktur der DNA und mit ihr den Vorgang der Vererbung durch Replikation, d.h. durch Verdoppelung identischer DNA vor der Zellteilung, und durch Transkription, d.h. durch Übersetzung des DNA-Codes in RNA-Moleküle, erklären konnten, bedurfte es nur noch der 1961 erfolgten Entschlüsselung des genetischen Codes selbst und eines Verfahrens, das es erlaubte, mit Hilfe bestimmter Restriktionsenzyme aus Bakterien die DNA an bestimmten Stellen der Basensequenz aufzuschneiden, um nicht nur die Sequenz der DNA näher erforschen, sondern auch um bestimmte Gene in Form von DNA-Stücken isolieren und sie im Reagenzglas mit anderen Stücken auch aus verschiedenen Organismen rekombinieren zu können.

Beide Möglichkeiten – Genomanalyse und Gentherapie – erwiesen sich freilich de facto als mit erheblichen Problemen verbunden[2]: Zwar sind, so zeigt die Genomanalyse, unter den 3 Milliarden Bausteinen des menschlichen Genoms, wie sie sich in Form einer „6 Fuß" langen, enggewickelten molekularen Reihenfolge von Kohlenstoff-, Wasserstoff-, Sauerstoff-, Stickstoff- und Phosphor-Atomen im Kern jeder Zelle befinden, nur – soweit wir bislang wissen – etwa 50 – 100.000 Erbanlagen, doch stellt auch deren Erforschung eine Aufgabe von erheblichem Aufwand dar. Sie ist nur lösbar in Form internationaler Kooperation wie der 1988 gegründeten „Human Genome Organization" (HUGO), von der man für etwa 2004 eine erste Kartierung und Sequenzierung des Genoms der menschlichen Spezies erwartet, wobei bislang erst ca. 2300 menschliche Gene kartiert, d.h. bestimmten Positionen auf einem Chromosom zugeordnet worden sind. Auch wenn die gesamte Analyse fertiggestellt ist, wird man erst grobe Ansatzpunkte haben, um den Genotyp bestimmen zu können, der zusammen mit dem komplexen Geflecht unzähliger Milieu- und Umweltfaktoren den Phänotyp, d.h. das jeweilige Erscheinungsbild prägt, das dann den unverwechselbaren einzelnen Menschen ausmacht. Sicher wird dies nicht ohne Auswirkung auf die nähere Bestimmung des seit je umstrittenen Zusammenhangs zwischen dem Genom des Einzelnen und seiner individuellen Persönlichkeit bleiben, doch zeichnet sich schon jetzt die Gewißheit ab, daß das Resul-

2 Vgl. dazu und zum folgenden: Bundesminister für Forschung und Technologie (Hg.)/F. Böckle (Red. Bearb.), Die Erforschung des menschlichen Genoms. Ethische und soziale Aspekte (= Gentechnologie. Chancen und Risiken, Bd. 26), Frankfurt 1991.

tat nicht in einem größeren genetischen Determinismus bestehen wird.

Ungeachtet der skizzierten Schwierigkeiten und Grenzen sind aber die verbleibenden Möglichkeiten der Analyse erheblich genug: Von den ca. 3-5000 monogenen Merkmalen und Krankheiten – sie machen etwa 2-3% aller Krankheiten bei Kindern aus –, von denen man sicher ist, daß sie ihre Ursache in Veränderungen bestimmter Gene haben, kennt man für 150 Krankheiten – von denen etwa 1% der Neugeborenen betroffen sind – die tragenden Gene bereits so gut, daß sie mit Hilfe einer DNA-Analyse schon im Rahmen der pränatalen, ja der präimplantiven Diagnose festgestellt werden können. Auch bestimmte, genetisch bedingte Dispositionen zu Krebserkrankungen und anderen, vor allem chronischen Krankheiten, sowie Gefährdungen durch bestimmte Risikofaktoren wird man – wenn auch aufgrund ihrer Verbindung mit der Wirkung anderer Gene und der jeweiligen Umweltfaktoren nur mit einer bestimmten Wahrscheinlichkeit – feststellen können, so daß der Einsatz in der Gesundheitsprävention, aber auch in der Bestimmung des Versicherungsrisikos, in der Auswahl des Arbeitsplatzes und der forensischen Identitätsfeststellung naheliegt. Die Anwendbarkeit in der Prävention hat die Kommission der Europäischen Gemeinschaft 1988 zum Anlaß genommen, ein Forschungsprogramm zur Genomanalyse unter den Titel der „prädiktiven Medizin“ zu stellen, wobei jedoch – und damit deuten sich bereits die ethischen Probleme an – gerade diese Begründung auf einen solchen Widerstand bei verschiedenen Mitgliedsstaaten stieß, daß die Kommission das Projekt zurückzog, um es erst 1990, stärker auf Grundlagenforschung bezogen, wieder vorlegen und verabschieden zu lassen.

Noch erheblichere wissenschaftliche und technische Probleme zeigten sich bei der *Gentherapie*. Die in die Zelle eingeschleusten Gene müssen an die richtige Stelle treten, um keine ungewünschten Wirkungen zu erzeugen, die als Vektoren eingesetzten Viren dürfen keine unkontrollierbaren Nebenwirkungen auslösen, und bei der Keimbahntherapie müßte, soll sie überhaupt den gewünschten therapeutischen Erfolg haben, der

Eingriff bereits beim Zweizeller erfolgen. Das aber ist nicht ohne ‚Verbrauch' von anderen zur Vorbereitung oder zur Kontrolle ‚benutzten' Embryonen möglich. Andererseits scheinen die Schwierigkeiten, zumindest bei der Therapie durch gentechnischen Eingriff in Körperzellen, nicht so unüberwindbar, daß man nicht bereits im vergangenen Jahr in den USA ein an einer unheilbaren Immunmangelkrankheit leidendes vierjähriges Mädchen erfolgreich einer somatischen Gentherapie hätte unterziehen können.

Die *ethischen Fragen*, die mit den neuen Handlungsmöglichkeiten in Genomanalyse und Gentherapie verbunden sind, liegen auf der Hand: Ist eine genetische Untersuchung auf Erbkrankheiten, so ließe sich die Liste der Fragen für die *Genomanalyse* beginnen, erlaubt oder geboten, auch wenn die betreffenden Krankheiten gar nicht behandelbar sind? Kann ihr Einsatz vor der Geburt vertreten werden, auch wenn die einzige Handlungsalternative im Abbruch der Schwangerschaft besteht? Welche Folgen hat es überhaupt, wenn sich der Mensch genetisch gleichsam durchsichtig wird? Gibt es ein Recht auf Wissen, oder umgekehrt, ein Recht auf Unwissen? Was bedeutet es für den Betroffenen, wenn seine Behinderung oder Belastung nicht mehr als Schicksal, sondern als Resultat einer vermeidbaren genetischen Disposition erscheinen? Was sind die Grenzen, die der Schutz persönlicher Daten für den Einsatz der Genomanalyse setzt? Und nicht zuletzt: Wie sind die immensen Kosten einzuschätzen, die ein so ehrgeiziges Projekt wie die Analyse des gesamten menschlichen Genoms erfordert?

Gravierender noch sind die Fragen für die *Gentherapie*, vor allem für die Keimbahntherapie: Darf das genetische Potential des Menschen aufgrund der engen Verbindung von Genom und Person überhaupt angetastet werden? Gilt dies auch für die somatische Gentherapie oder ist sie, moralisch gesehen, ähnlich legitimierbar wie eine Organtransplantation, oder sind ihre Risiken so hoch, daß für sie eher die Kriterien gelten, die für Versuche an Menschen gefordert werden müssen? Ist die Keimbahntherapie nicht die Möglichkeit zu einem bislang so nicht gekannten Einstieg in die sog. Eugenik, d.h. in ein Verfahren, das darauf abzielt, nicht den Einzelnen zu heilen, sondern den Genpool des Kollektivs zu verbessern? Wie steht es mit dem Argument vom Dammbruch, verbietet es nicht bereits die somatische Gentherapie? Wie verhalten sich überhaupt individuelles Genom und personale Identität zueinander, und was folgt aus der neuen Humangenetik für das hinter den ethischen Überzeugungen jeweils stehende Menschenbild?

II.

Hält man sich vor Augen, daß sich mit der neuen Genetik für den Menschen zum ersten Mal Einblick und Eingriff nicht nur in das Geheimnis des Lebens der Gattung, sondern auch in das des eigenen individuellen Lebens eröffnet, dann wird begreiflich, warum bereits in den 60er Jahren noch vorweg zu aller technischen Realisierbarkeit eine intensive Diskussion der damit verbundenen ethischen Fragen einsetzte. Was diese Diskussion bis heute kennzeichnet, ist nicht nur die Unterschiedlichkeit in der Einschätzung der neuen Erkenntisse und Techniken, sondern mehr noch die Verschiedenheit in der Wahl der zu ihrer Bewertung geeigneten ethischen Prinzipien und Kriterien. Wie soll man den neuen Erkenntnis- und Handlungsmöglichkeiten begegnen? Eine einfache Antwort durch Rückgriff auf das ärztliche Berufs- und Standesethos ist nicht zu erwarten.[3] Die neuen Erkenntnisse sind primär naturwissenschaftlicher Art, erst ihre Anwendung fällt unter den Rahmen, aus dem das ärztliche Standesethos seine Verhaltensmuster gewinnt, nämlich unter die vom Ziel des Heilens bzw. der Leidensminderung bestimmte Beziehung von Arzt und Patient. Zudem ist das Standesethos wie jedes Ethos ein geschichtlich langsam wachsendes Muster von Haltungen, Einstellungen und Handlungsüblichkeiten, das sich in der Auseinandersetzung mit bestimmten

3 Vgl. dazu ausführlicher L. Honnefelder, Medizin und Ethik. Herausforderungen und Neuansätze der biomedizinischen Ethik der Gegenwart, in: Arzt und Christ 36 (1990), 67-77.

Handlungsweisen bewährt hat und das auf radikal neue Handlungsmöglichkeiten nur höchst begrenzt anwendbar ist. Um sie zu normieren, bedarf es des Rückgriffs auf Kriterien und Prinzipien höherer, allgemeinerer Stufe. Aus ihnen können aber allgemein verbindliche Normen nur gewonnen werden, wenn über sie selbst unter den Beteiligten ungeachtet der sonstigen Unterschiede Konsens besteht. Konsens aber besteht in der modernen pluralistischen Gesellschaft nur für eine ebenso schmale wie prinzipielle Zone. Denkt man darüber hinaus an die schon erwähnte Nähe von Genom und Person, verwundert es daher nicht, daß in der ethischen Debatte um die Humangenetik von Beginn an dasjenige Prinzip eine besondere Rolle gespielt hat und spielt, dem ethisch so etwas wie der Charakter eines Fundamentalprinzips zukommt und das auch in Art. 1 des Grundgesetzes der Bundesrepublik Deutschland zugleich den Rang einer verfassungsrechtlichen Grundnorm erhalten hat, nämlich die Achtung vor der Menschenwürde.

Was aber kann dem Prinzip der zu achtenden *Menschenwürde* für die genannten ethischen Fragen im einzelnen tatsächlich entnommen werden? Eine Antwort auf diese Frage ist nicht möglich ohne eine genauere Bestimmung dessen, was unter Achtung der Menschenwürde verstanden werden soll. Achtung kann nämlich derjenigen Würde entgegengebracht werden, die jedem Menschen als einem Individuum zukommt, sie kann sich aber auch auf die Würde beziehen, die der Natur der Gattung Mensch eigen ist, und sie kann sich schließlich darauf beziehen, was wir meinen, wenn wir von einem menschenwürdigen Leben sprechen. Im ersten Fall bezieht sich die Würde auf das *individuelle Subjekt*, im zweiten Fall auf die ihm eigene *Gattungsnatur*, im dritten Fall auf das *gelungene Leben*, in dem diese Natur zu ihrer Erfüllung kommt.

Im erstgenannten Sinn kommt Würde jedem Menschen zu, insofern er ein individuelles sittliches Subjekt, d.h. ein in Freiheit durch Vernunft sich zum Handeln bestimmendes Wesen ist. Ist nämlich die freie Selbstverantwortlichkeit für das eigene Handeln der Ursprung aller moralischen Verbindlichkeit, dann muß in der Selbstverantwortlichkeit, d.h. im Subjektsein selbst, der Zweck bestehen, der allen anderen moralischen Zwecken voraufgeht und zugrundeliegt und der selbst als Zweck an sich selbst betrachtet werden muß. „Was die Bedingung ausmacht, unter der allein etwas Zweck an sich selbst sein kann, hat nicht bloß einen relativen Wert, d.i. einen Preis, sondern einen inneren Wert, d.i. Würde".[4] In diesem Sinn ist die Achtung vor der Menschenwürde nichts anderes als die Anwendung des obersten Prinzips allen sittlichen Handelns auf den Menschen selbst. Denn wenn dieses Prinzip vorschreibt, das und nur das zu tun, was vor dem eigenen Gewissen als zu tun erkannt und anerkannt wird, dann besteht im Handeln nach bestem Wissen und Gewissen das eigentliche Selbstsein des Menschen, dessen Anerkennung er nur um den Preis eines praktischen Selbstwiderspruchs, also einer Selbstaufhebung als sittliches Subjekt, zu bestreiten vermag.[5]

Versteht man unter Achtung vor der Menschenwürde diese Grundanerkenntnis des sittlichen Subjektseins, die moralische Verantwortlichkeit allererst zustandekommen läßt, dann muß sie zweierlei einschließen: jeden anderen in gleicher Weise anzuerkennen, dem solche Subjekthaftigkeit zukommt, und diese Anerkennung unabhängig von dem aktuellen Vorhandensein bestimmter Eigenschaften und der persönlichen Leistung des jeweils Betroffenen zu gewähren. Wie der Ausdruck der „Menschen-Würde" deutlich machen will, geht es ja gerade um die Würde, die dem Menschen unabhängig von Geschlecht, Rasse, Religion und gesellschaftlichem Status allein aufgrund dessen zukommt, daß er Mensch ist. Deshalb muß sie als etwas betrachtet werden, das jedem gleichermaßen eigen ist, der als Mensch gilt, und das bedeutet, der die Anlage zum Subjektsein hat. Die Achtung konstituiert diese Würde nicht, sondern konstatiert und konfirmiert sie; sie ist Anerkenntnis, nicht Zuerkenntnis. Eben dies bleibt sie aber nur, wenn sie über die Uni-

4 I. Kant, Grundlegung zur Metaphysik der Sitten, Akad.-Ausg. Bd. IV, 435.

5 Vgl. dazu ausführlicher L. Honnefelder, Praktische Vernunft und Gewissen, in: A. Hertz – W. Korff – T. Rendtorff – H. Ringeling (Hgg.), Handbuch der christlichen Ethik, Bd. 1, Freiburg-München 1978, 19-45.

versalität ihrer Anwendung nicht selbst entscheidet, sondern im Zweifelsfall jeden einbezieht, der vom Menschen abstammt, wobei es nach dem Gesagten nicht das Leben ist, das die Würde begründet, sondern die Tatsache, daß dieses Leben die „Entwicklungsform eines Subjekts“[6] besitzt.

Was aber kann der Würde des individuellen Subjekts normativ entnommen werden? Soll Achtung vor der Würde die Grundnorm sein, muß der Anwendungsbereich, der sich *unmittelbar* aus ihr *für jeden* ergibt, eng gehalten werden. Jede Ausweitung, mag sie in noch so guter Absicht geschehen, würde durch die mit ihr verbundene inhaltliche Interpretation gerade das einschränken, was dem Prinzip seine unverwechselbare Funktion gibt, nämlich Geltungsgrund diesseits des Streits der Interpretationen zu sein. Nicht ohne Grund ist deshalb der Inhalt aller obersten Moralprinzipien wie etwa der der Goldenen Regel, des aristotelischen Vernunftprinzips oder des Kategorischen Imperativs Kants nichts anderes als die in ihnen festgehaltene Form. Das oberste Moralprinzip stellt nicht die Quelle aller anderen Normen dar, sondern hält deren Verbindlichkeitsgrund fest. Was ihm schlechthin universal und unabdingbar zu entnehmen ist, sind daher weniger Gebote als Verbote. Auf das Prinzip der Achtung vor der individuellen Menschenwürde bezogen, bezieht sich das aus ihm folgende Verbot nur darauf, den Menschen – um Kants Formulierung zu benutzen – „niemals bloß als Mittel“[7] zu gebrauchen. Nicht ohne Grund hat daher auch das Bundesverfassungsgericht die Menschenwürde als das „höchste Rechtsgut“[8] der Verfassung mit Hilfe der Kantschen Objektformel ausgelegt und in dem Versuch, den Menschen „einer Behandlung auszusetzen, die seine Subjektqualität prinzipi-

6 W. Graf Vitzthum, Gentechnologie und Menschenwürdeargument, in: Zeitschrift für Rechtspolitik 20 (1987), 33; vgl. auch L. Honnefelder, Person und Menschenwürde. Zum Verhältnis von Metaphysik und Ethik bei der Begründung der sittlichen Werte, in: W. Pöldinger – W. Wagner (Hgg.), Ethik in der Psychiatrie. Wertebegründung – Wertedurchsetzung, Berlin 1991, 22-39.

7 I. Kant, Grundlegung (Anm. 3), 429.

8 BVerfGE 5,85; vgl. auch 35,202; 48,127.

ell in Frage stellt"[9], die entscheidende Verletzung dieses Rechtsguts gesehen.

Was aber stellt im Bereich von Genomanalyse und Gentherapie die Subjektqualität des Menschen prinzipiell in Frage? Geht man von der *Selbstzwecklichkeit* des individuellen Subjekts aus, muß jede ausschließliche Unterwerfung des Menschen unter heterogene Zwecke als prinzipielle Verletzung seiner Würde betrachtet werden. Das aber ist offenkundig der Fall, wenn man das Individuum im Rahmen einer entsprechenden Eugenik in den Dienst einer Verbesserung des Genpools stellt oder aus anderen Gründen zur Herstellung und Züchtung eines bestimmten Menschentyps mißbraucht. Bezieht man die Würde auf die *Individualität* und *Identität* des Subjekts, muß jede Aufhebung dieser Individualität, wie sie in der Klonierung des Genoms, d.h. in der Herstellung eines oder mehrerer genetisch vollständig identischer Exemplare eines Individuums geschähe, zugleich als prinzipieller Verstoß gegen die Würde betrachtet werden. Betrachtet man neben der Individualität des Trägers die *Gleichheit* in der Würde als unverzichtbar, muß jede Diskriminierung, die sich auf bestimmte genetische Eigenschaften bezieht, zugleich als Verletzung der Würde gewertet werden. Und hebt man schließlich auf die zum Subjektsein unabdingbar gehörende *Selbstbestimmung* ab, muß alles das als ein prinzipieller Verstoß gegen die Würde beurteilt werden, was diese Selbstbestimmung außer Kraft setzt. Dazu aber gehört ohne Zweifel die Analyse des individuellen Genoms ohne Zustimmung seines Trägers, ferner die gegen das jedem eigene Recht auf genetisches Nichtwissen verstoßende Zwangsaufklärung und schließlich die Verletzung des Schutzes, die den persönlichen Daten jedes Menschen zukommt. Erst recht sind dazu auch die Verstöße gegen die Selbstbestimmung im gentherapeutischen Bereich zu zählen.

9 BVerfGE 27,1 (16); vgl. auch 30,1 (26); 50,166 (175); 64,274. Vgl. dazu W. Graf Vitzthum, Gentechnologie (Anm. 5), 34.

III.

Eine zweite Gruppe von Kriterien, die für die Beurteilung der genannten Fragen wichtig ist, ergibt sich nicht unmittelbar aus dem Subjektsein selbst, sondern aus der *Natur* des Lebewesens, das Träger dieses Subjektseins ist. Was damit ins Spiel kommt, ist die conditio humana in Form jener fundamentalen anthropologischen Strukturgesetzlichkeiten, die als die unabdingbaren Rahmenbedingungen des Menschseins betrachtet werden müssen. Will man ihre ethische Relevanz nicht objektivistisch oder naturalistisch fehleinschätzen, muß freilich ihr Status genau beachtet werden. Zur besonderen Struktur des Menschen gehört es ja, daß das erkennende und handelnde Ich dem Organismus weder einfach verfügend gegenübersteht noch mit ihm unterschiedslos zusammenfällt. Ein psychophysischer Dualismus muß deshalb die Einheit von Ich und Organismus ebenso verfehlen wie ein biologischer Monismus. Anders als das höher organisierte Tier, das sein Körper ist und ihn zugleich hat als Leib, ist der Mensch sein Leib und hat ihn als Körper. Er ist, wie H. Plessner es ausdrückt, „*als* Leib *im* Körper".[10] Als das mit seinem Organismus identische und ihm zugleich „exzentrisch" gegenüberstehende Ich muß der Mensch in seinem Handeln den Ausgleich von Körpersein und Körperhaben selbst vollziehen. Für ein Wesen von solcher „exzentrischer Positionalität"[11] erscheint deshalb der eigene Organismus stets in einem Doppelaspekt: als der mit dem Ich eine unlösliche Einheit bildende Leib und als der dem Ich gegenüberstehende als Gegenstand betrachtbare und als Werkzeug benutzbare Körper. Dieser Doppelaspekt ist es, der es dem Menschen erlaubt, den eigenen Organismus zum Gegenstand der naturwissenschaft-

---

10 H. Plessner, Lachen und Weinen. Eine Untersuchung der Grundlagen menschlichen Verhaltens (1941), in: Gesammelte Schriften Bd. VII, Frankfurt 1982, 238.

11 H. Plessner, Die Stufen des Organischen und der Mensch, Einleitung in die philosophische Anthropologie (^{1}1928, ^{2}1966, ^{3}1975), in: Gesammelte Schriften Bd. IV, Frankfurt 1981, 360-365.

lichen Forschung zu machen, ihn der medizinischen Diagnose zu unterziehen und therapeutisch in ihn einzugreifen, und der ihm zugleich abverlangt, die Integrität des Organismus aufgrund seiner Einheit mit der Person in besonderer Weise zu respektieren. Mit Recht gibt es daher in bezug auf den leiblichen Organismus des Menschen weder eine absolute Unantastbarkeit noch eine schrankenlose Verfügbarkeit. Wie der sog. Gewissensfall deutlich macht, in dem der Mensch eher bereit ist, den Tod des organischen Systems in Kauf zu nehmen als seine personale Identität preiszugeben, ist deshalb auch nicht das organische Leben in bezug auf den Menschen als das höchste zu respektierende Gut zu betrachten, sondern die Identität der Person.

Der menschlichen Natur kommt daher für die sittliche Normierung des Handelns in dem Maß Bedeutung zu, als sie sich als der unbeliebig-entwurfsoffene Rahmen für die Entfaltung der Person erweist.[12] Je fundamentaler und unabdingbarer sich bestimmte zu dieser Natur gehörige Antriebsstrukturen für Vollzug und Entfaltung der Person erweisen, um so mehr nimmt die Möglichkeit ihrer Realisierung an dem Schutz teil, der der Würde der Person gilt. In diesem Sinn kann man auch von einer Würde sprechen, die der Gattungsnatur des Menschen zukommt, und in den Menschenrechten eine Positivierung dieser Würde erblicken. Insbesondere gilt dies für die Menschenrechte, die die Integrität von Leib und Leben und den Schutz von Ehe und Familie betreffen und die fundamentale, vitale Basis der Menschenwürde sicherstellen.[13]

Für die ethische Beurteilung der neuen humangenetischen Handlungsmöglichkeiten kommt den aus der Gattungsnatur erwachsenden Ansprüchen besondere Bedeutung zu. Dies gilt

---

12 Vgl. ausführlicher L. Honnefelder, Güterabwägung und Folgenabschätzung in der Ethik, in: H. M. Sass – H. Viefhues (Hgg.), Güterabwägung in der Medizin. Ethische und ärztliche Probleme, Berlin 1991, 44-61, 50ff.

13 Vgl. dazu W. Graf Vitzthum, Menschenwürde und Humangenetik, in: Universitas 41 (1986), 816.

zunächst für den Grundwert des Lebens selbst. Ist er die unverzichtbare Basis personalen Vollzugs, muß jede *von Dritten* erfolgende *Bewertung eines Lebens als ‚lebenswert‘ oder ‚lebensunwert‘* und jede daraufhin erfolgende *Selektion* als Verstoß gegen die Würde der Person selbst betrachtet werden. Ein solches Urteil erfolgt aber nicht nur mit jedem dezidiert eugenischen Handeln, sondern auch schon dann, wenn eine genetisch verankerte Behinderung als Grund für einen Schwangerschaftsabbruch betrachtet wird. Nicht ohne Grund kennt der geltende § 218 StGB deshalb als Strafausschließungsgrund nur die Unzumutbarkeit für die Mutter, nicht die für das Kind.[14] Denn im Blick auf das Kind liefe die durch einen genetischen Defekt begründete Entscheidung für einen Schwangerschaftsabbruch auf den Versuch hinaus, „den kranken Feten zu töten, um seine ‚Krankheit‘ zu verhindern“ (T. Schroeder-Kurth)[15]. Die Diagnose einer genetisch bedingten Krankheit, die nicht behandelt wird, verstieße zudem gegen den medizinethischen Grundsatz, „diagnostisch nicht mehr aufzudecken, als prognostisch und therapeutisch bewältigt werden kann“.[16] Sieht man im Vermögen zur Selbstbestimmung das hinreichende Fundament für den Anspruch auf Achtung der Menschenwürde, dann ist auch ‚verbrauchende‘ Embryonenforschung im Dienst der Gentherapie als ein Verstoß gegen die der Gattungsnatur zukommende Würde zu betrachten.

Neben dem Recht auf Leben werden im Bereich der uns interessierenden Fragen aber auch andere Rechte berührt wie etwa das *Recht auf Fortpflanzung*. Kann ein genetischer Defekt, und wenn ja, von welcher Schwere, einen Eingriff in das Recht auf Nachkommenschaft, z.B. in Form einer Zwangssterilisation, begründen? Diese schwierige Frage macht deutlich,

14 Vgl. dazu W. Graf Vitzthum (Anm. 12), 819; A. Laufs, Pränatale Diagnostik und Lebensschutz aus arztrechtlicher Sicht, in: Medizinalrecht 8 (1990), 231-237, bes. 235.

15 T. Schroeder-Kurth, Ethische Überlegungen zur pränatalen Diagnostik, in: Gynäkologe 21 (1988), 168.

16 Bundesminister für Forschung und Technologie (Anm. 1), 80.

daß es sich hier – wie zuvor schon beim Recht auf Leben – nicht wie im Fall der individuellen Menschenwürde um ein jeder Abwägung prinzipiell entzogenes Gut handeln kann. Nur in dem Maß kann und muß dem Recht Rechnung getragen werden, als es von fundamentaler Bedeutung für die Person ist und ihm gleichwertige oder höherwertige Rechte anderer Personen nicht entgegenstehen.

Ähnliches gilt auch bezüglich dessen, was man das *Recht des Menschen auf die „Naturwüchsigkeit seines Ursprungs"* bzw. auf die genetische Kontingenz genannt hat.[17] Gemeint ist die bislang selbstverständliche Tatsache, daß sich das individuelle Genom keinem anderen Ursprung als der Verschmelzung der beiden elterlichen Genome verdankt. Ist ein *Eingriff in die menschliche Keimbahn*, wie dies bei einer Manipulation des Genoms im Zweizeller-Stadium der Zygote der Fall wäre, ethisch deshalb abzulehnen, weil sie gegen ein solches natürliches Recht verstößt? Ist sie illegitim, weil sie die Freiheit des werdenden Menschen verletzt? Genügt schon die unlösliche Einheit von Genom und Person, um jeden solchen Eingriff abzulehnen, oder worin sonst ist das Kriterium für die ethische Beurteilung einer solchen Keimbahntherapie zu erblicken?

Ohne Zweifel geht unser intuitives Urteil dahin, den Eingriff in die Keimbahn als eine durch nichts zu rechtfertigende Manipulation zu betrachten. Und dieser Meinung entspricht es, daß die Keimbahntherapie bis heute weitgehend in medizinischer Sicht als nicht indiziert und ethisch betrachtet als illegitim gilt. Doch was sind die Gründe für dieses Urteil? Abwegig wäre es, die Illegitimität mit der besonderen ontologischen Qualität der Gene selbst zu begründen.[18] Gene sind Lebensbausteine, von denen der Mensch beispielsweise 99,5% mit dem Schimpansen teilt. Was den Menschen vom Schimpansen und den einen Menschen vom anderen unterscheidet und die

---

17 Dt. Bundestag (Hg.), Chancen und Risiken der Gentechnologie, Bonn 1987, 187.

18 Vgl. dazu K. Bayertz, Gentherapie am Menschen. Tendenzen der aktuellen ethischen Diskussion, Bad Oeynhausen 1990, 24f.

artspezifische oder individuelle Besonderheit des Genoms ausmacht, sind nicht die Bausteine selbst, sondern ihre Kombination zu dieser hier und jetzt vorliegenden Verbindung. Auch die Einmaligkeit dieser Verbindung ist noch nicht identisch mit der Einmaligkeit der Person. Sonst könnten eineiige Zwillinge nicht zwei unverwechselbare Personen sein. Das individuelle Genom gibt zwar die naturalen Entfaltungspotentiale des einzelnen Subjekts vor, doch sind nur wenige Merkmale dadurch eindeutig und unveränderbar festgelegt. Sie können wie im Fall monogener Erbkrankheiten das individuelle Leben schicksalhaft bestimmen, doch sind auch sie ‚Potential' in dem Sinn, daß erst das Subjekt das handelnd oder leidend herausbildet, was die unverwechselbare Identität der Person ausmacht. Gerade an der Funktion des Genoms wird deutlich, daß die organische Natur dem Menschen Grenzen zieht und so den Rahmen bestimmt, jedoch innerhalb dieses Rahmens durch eine hohe Plastizität gekennzeichnet ist, die der Ausgestaltung durch das in Auseinandersetzung mit der Umwelt geschehende Handeln bedarf.[19] Die hohe Dignität, die dem individuellen Genom zukommt, verdankt sich also nicht der einmaligen ontologischen Qualität der Bausteine, sondern der Tatsache, daß ihre einmalige Verbindung das Dispositionsfeld des handelnden Subjekts darstellt. Die Qualität der Bausteine als solche würde ebensowenig einen Austausch verbieten, wie dies bei anderen Lebensbausteinen der Fall ist.

Auch die Tatsache, daß der Ursprung des individuellen Genoms in dem Sinn naturwüchsig und kontingent, d.h. zufällig ist, daß er sich keiner anderen Ursache verdankt als der mehr oder weniger zufälligen Wahl der an der Zeugung beteiligten Partner, ist nicht deshalb ein ethisches Argument gegen den Eingriff, weil dem „natürlichen Werden"[20] als solchem besondere Dignität zukäme, sondern weil die Alternative zu diesem natürlichen Werden in einem von außen erfolgenden geplanten Eingriff, d.h. in einer Manipulation besteht. Im Vergleich

19 Vgl. Anm. 17.
20 Vgl. Anm. 16.

mit der Heteronomie eines solchen ‚Machens' muß das natürliche, kontingente Werden als die Möglichkeit erscheinen, die in höherem Maß die Unantastbarkeit der Würde der Person sichert. Das Interesse, das dem sittlichen Subjekt unterstellt werden kann, ist ein Interesse an dieser Unantastbarkeit, nicht ein Interesse am genetischen Zufall als solchem; denn sonst müßte in der Tat auch ein Interesse an genetischen Defekten unterstellt werden, wie sie unweigerlich zu diesem Zufall gehören. Nur weil ‚Zufall' die der sittlichen Autonomie zukommende Würde in ihrer Unantastbarkeit in höherem Maß sichert als ‚Herstellen', kann – wie dies die Parlamentarische Versammlung des Europarates in einer Empfehlung 1982 getan hat – vom „Recht auf Zufall" gesprochen werden im Sinn eines Rechts „auf ein genetisches Erbe, in das nicht künstlich eingegriffen worden ist".[21] Und nur weil Naturwüchsigkeit die Unantastbarkeit des naturalen Bauplans sichert, der so eng mit der Person verbunden ist, und ihn der Gefahr entzieht, als bloße Sache betrachtet zu werden, ist der Schutz dieser Naturwüchsigkeit – wie es im Bericht der Enquete-Kommission des Bundestages zu „Chancen und Risiken der Gentechnologie" geschieht[22] – als unmittelbar mit dem Schutz der Personwürde verbunden zu betrachten.

Weit schwieriger wird die ethische Beurteilung, wenn es nicht um eine Manipulation des gesamten Genoms geht – ein gentechnisch ohnehin schwer denkbarer Vorgang –, sondern um einen partiellen Eingriff, der – unterstellt, dies wäre ohne gravierende Nebenfolgen möglich, – auf den Austausch eines *bestimmten* krankmachenden Gens abzielt. Sofern hier eine klare Grenzen ziehende therapeutische Indikation vorliegt, wird man nicht von einer als solcher schon bedenklichen Manipulation sprechen können. Was gegen ein solches Eingreifen angeführt werden kann, ist das Argument vom drohenden Dammbruch, das es verbietet, angesichts eines so hohen zu schützenden Gutes und einer so schwierigen Unterscheidbarkeit zwi-

21 Empfehlung 934 (1982) der Parlamentarischen Versammlung des Europarats, 4e.

22 Vgl. Anm. 16.

schen der zu rechtfertigenden Ausnahme und dem zu verurteilenden Rest von dem Rekurs auf den begrenzten Ausnahmefall Gebrauch zu machen. Freilich ist der drohende Dammbruch ein Argument, das nur sehr differenziert und vorsichtig verwendet werden darf, soll es nicht alle Handlungserweiterung, auch die positive, verhindern.

Ist es aber die spezifische Nähe von Genom und Person, die das prinzipielle Verbot der Keimbahntherapie begründet, kann Gleiches von der Möglichkeit *gentherapeutischer Eingriffe in Körperzellen* nicht gesagt werden, es sei denn, man weitet das Dammbruchargument noch einmal aus und sieht, nicht zuletzt wegen der Schwierigkeit der Grenzziehung zwischen somatischer Gentherapie und Keimbahntherapie, auch die Eingriffe in das Genom von Körperzellen bereits als Einbruch in die Unantastbarkeit der Personwürde an. Gegen eine solche Ausweitung spricht, daß wir auch auf anderen Sektoren wie etwa der Organtransplantation in der Identität von Person und Körper keinen Grund sehen, *jeden* Eingriff in die Integrität des Körpers – vorausgesetzt er ist als Therapie vom Betroffenen auch gewollt – auch als Verletzung des Würdeanspruchs der Person betrachten. Was ethisch gefordert werden muß, ist freilich wie bei jedem Eingriff in die leibliche Integrität die Abwägung der in Konkurrenz stehenden Güter und die Abschätzung nicht nur der Folgen, sondern auch der Nebenfolgen. Solange unkalkulierbare Risiken eine solche Abwägung nicht möglich erscheinen lassen, wie dies bei der somatischen Gentherapie weitgehend noch der Fall ist, müssen die ethischen Bedingungen für Humanexperimente gelten, also strenge Sicherung der Freiwilligkeit, volle Aufklärung über alle möglichen Folgen und Nebenfolgen und nicht zuletzt Einbeziehung aller denkbaren Konsequenzen, auch der langfristigen.

IV.

Überblickt man die Prinzipien, die wir bisher zur ethischen Beurteilung der neuen humangenetischen Handlungsmöglichkeiten herangezogen haben, ergibt sich ein bestimmter Zusammenhang: Fundament aller moralischen Verbindlichkeit ist die Achtung vor der Würde, die dem Menschen als sittlichem Subjekt zukommt. Unmittelbar normativ ist dieser Anspruch jedoch nur in Form des Verbots, niemand bloß als Objekt oder Mittel zu gebrauchen, der die Anlage zu solchem Subjektsein besitzt. Da das Subjektsein aber unlöslich in einer bestimmten organischen Natur gründet, bezieht sich der Achtungsanspruch auch auf das Dispositionsfeld dieser Natur, und zwar in dem Maß, in dem es um Potentiale geht, die sich für den Vollzug und die Entfaltung des personalen Subjekts als unabdingbar erweisen. Im ersten Fall können wir von der Würde sprechen, die unmittelbar der individuellen Vernunftnatur des Menschen zukommt, im zweiten Fall von der Würde, die mittelbar der organischen Gattungsnatur des Menschen eignet.

Auch die Normen, die sich für die uns interessierenden Fragen aus der Würde der Gattungsnatur ergeben, haben allgemeinen und eher negativen Charakter, da sie nur Bedingungen der Möglichkeit des menschlichen Subjekt- und Personseins sichern. Eine darüber hinaus gehende ethische Orientierung ergibt sich erst, wenn wir auf das Menschsein blicken, wie es sein müßte, wenn wir von einem gelungenen, geglückten oder glückenden Leben, d.h. einem im qualitativ-positiven Sinn *menschenwürdigen Leben* sprechen sollen. Da es zur Natur des Menschen gehört, in einer Mehrheit von Entwürfen solchen gelingenden Lebens seine Erfüllung zu finden, können alle Normen, die sich aus einem solchen Entwurf und dem in ihm eingeschlossenen *Ethos* ergeben, allgemeine Verbindlichkeit nur im eingeschränkten Sinn beanspruchen, nämlich nur für diejenigen, die das in ihnen zum Ausdruck kommende Menschenbild als maßgeblich betrachten.[23]

Aus dem für unseren Kulturkreis bis jetzt maßgeblichen *Ethos* folgen für den Umgang mit der neuen Humangenetik wichtige Konsequenzen. Dies betrifft zunächst die durch die Entwicklung der Genetik in einer bis dahin nicht bekannten

---

23 Vgl. dazu ausführlicher L. Honnefelder, Güterabwägung (Anm. 11), 53ff.

Weise sichtbar werdende *genetische Kontingenz* des Menschen: Wenn es nämlich, wie die neuere Humangenetik immer deutlicher werden läßt, den genetisch normalen Menschen gar nicht gibt, sondern allenfalls den der statistischen Häufigkeitsnorm mehr oder weniger entsprechenden, wenn bestimmte Merkmale, Behinderungen oder Krankheiten zufälligen genetischen Ursachen entspringen und unser Lebensschicksal in hohem Maß durch die Interaktion von Genom und Umwelt bestimmt ist, bedarf es des Umgangs mit einer neuen, veränderten Qualität menschlicher Begrenztheit und Kontingenz. Defizite, Belastungen und Leiderfahrungen können nicht als solche akzeptiert werden, denn das hieße, das Negative zu wollen, sondern nur im Zusammenhang eines umfassenderen Sinnkonzepts gedeutet und angenommen werden. Zu jeder gehaltvollen und vollständigen Gestalt des gelungenen Lebens gehört deshalb ein solches Sinnkonzept, und erst aus ihm sind die Handlungsmuster zu gewinnen, die eine positive Integration der genetischen Kontingenz ermöglichen. Fehlen solche Sinnkonzepte, liegt unter den Bedingungen entsprechender technischer Verfügbarkeit der Traum vom gentechnisch zu vervollkommnenden Menschen nahe. Zu einem im Blick auf die Humangenetik orientierenden Ethos gehört daher ein über das naturwissenschaftliche Naturverständnis hinausgehendes *praktisches Verständnis der menschlichen Natur*.

Ein solches Verständnis begegnet in jeder Kultur in Form des jeweiligen *Verständnisses von Gesundheit und Krankheit.* Der Begriff der Krankheit und der ihm zugehörige Begriff der Gesundheit sind ja keine deskriptiven naturwissenschaftlichen Begriffe, sondern aus der Beziehung von Arzt und Patient hervorgegangene, auf das Ziel der Heilung bezogene und vom „Selbstbild einer Gesellschaft“[24] geprägte normativ-praktische Vorstellungen. Durch ihre Zwischenstellung zwischen Naturwissenschaft und Medizin steht aber

24 M. Honecker, Individualberatung und Grundlagenforschung – Sozialethische Überlegungen zur Genomanalyse, in: Arzt und Christ 37 (1991), 86-96, hier: 91.

gerade die Humangenetik in Gefahr, der Tendenz Vorschub zu leisten, das klassische praktische Selbstverständnis der Medizin durch ein naturwissenschaftlich-technisches und den praktisch-normativen Gesundheitsbegriff durch den deskriptiv-statistischen Begriff der genetischen Normalität zu ersetzen. Im Falle einer solchen Verschiebung erscheint Krankheit nicht mehr als das zu Heilende und ansonsten zu Ertragende, sondern als das von vornherein Verhinderbare und deshalb um jeden Preis zu Vermeidende. Nur wenn man an einem normativen Begriff von Krankheit/Gesundheit und am Leitfaden des Heilungsziels festhält, gibt es eine sinnvolle Einschränkung sowohl der Genomanalyse auf das durch ärztliche Indikation Gebotene als auch der Gentherapie auf den zur Heilung notwendigen somatischen Eingriff. Können beide Handlungsmöglichkeiten nicht mehr auf die Normen ärztlichen Handelns zurückbezogen werden, droht die Gefahr, sie ethisch nicht mehr beherrschen zu können, und das bedeutet in der Konsequenz, sie entweder gänzlich verbieten oder aber völlig freigeben zu müssen. Aus der Genomanalyse würde die jederzeit abrufbare, kommerzialisierte Serviceleistung, aus der Gentherapie die zu beliebigen Zwecken einsetzbare Gentechnik. Die Vorstellung vom genetisch perfektiblen Menschen verbände sich mit der vom genetisch durchsichtigen Menschen zu den bekannten Schreckensvorstellungen.

Gravierende Konsequenzen hätte eine Entlassung der Humangenetik aus dem Ethos des ärztlichen Handelns auch für den Begriff der *Behinderung* und deren Bewertung. Ersetzt man nämlich den normativen Begriff der Krankheit durch den deskriptiven der genetischen Normalität, muß jede Behinderung, die genetische Ursachen hat, als ‚Krankheit' erscheinen, und zwar als eine solche, die verhinderbar gewesen wäre. Behinderung in dieser Perspektive ist nicht mehr so etwas wie eine andere Form der Gesundheit, sondern eine chronische Form der Krankheit. Aus dem unentschuldbaren Schicksal wird die in ihrem Ursprung vermeidbare und deshalb dauerhaft begründungspflichtige Abweichung. Wird dann diese Verschiebung im Verständnis von Gesundheit, Krankheit und Behinderung von der Gesamtgesellschaft geteilt, ist der soziale Druck unvermeidlich, dem sich jedes Elternpaar gegenübersieht, das ein behindertes Kind zur Welt bringen möchte oder gebracht hat. Da die Gefahr der skizzierten Verschiebung nicht nur die medizinische Anwendung der Humangenetik betrifft, stellt nicht ein generelles Verbot von Genomanalyse und Gentherapie, sondern allein die Rückbindung an ein von einem praktischen Begriff der menschlichen Natur getragenes Gesundheits- und Krankheitsverständnis eine Lösung dar.

Ähnliches gilt für die durch die neue Genetik eröffnete *Möglichkeit des Wissens* überhaupt. Noch nie hat sich die Möglichkeit der Selbstaufklärung des Menschen dauerhaft durch ein Verbot verhindern oder begrenzen lassen. Dies widerspricht nicht nur der zur Natur des Menschen gehörenden Neugier, dem Wissen-Wollen, was zu wissen wichtig ist; es ist erst recht nicht vereinbar mit einem Ethos, das wie das unsere die Rationalität des Selbstverhältnisses zu ihren wesentlichen Komponenten zählt. So wie seit langem anatomische Atlanten werden in Zukunft auch Genomkartierungen zu den selbstverständlichen Informationsmitteln gehören. Dem mit dem Wissen gewachsenen Risiko seines Mißbrauchs kann nur durch ein gesteigertes ethisches Bewußtsein und eine daraus erwachsende Selbstnormierung begegnet werden, wobei auch die Expansion der wissenschaftlichen Forschung und der für sie erforderliche Aufwand Gegenstand der Verantwortung sein müssen. Auch die Erforschung und Interpretation der eigenen Natur und ihre Rückwirkung auf das praktische Selbstverhältnis wird in zunehmendem Maß in die ethische Reflexion einzubeziehen sein.

Überblickt man die angestellten Überlegungen, so wird deutlich, daß die medizinische Anwendung der durch die neue Humangenetik eröffneten Erkenntnis- und Handlungsmöglichkeiten ein besonders charakteristisches Feld moderner angewandter Ethik darstellt. Vergleicht man sie mit der ethischen Einschätzung der Kerntechnik, so ist sie zugleich problemloser und schwieriger. Denn anders als bei der Kerntechnik, die es in Form der dabei auftretenden Strahlungen mit realen, empirisch jederzeit feststellbaren Gefahren zu tun hat, geht es bei der Gentechnik um für möglich gehaltene, empirisch bislang jedoch noch nicht konstatierte Gefahren. Doch während sich die möglicherweise problematischen Folgen der Kerntechnik allein auf das organische Substrat der Person beziehen – wenn auch mit realen Gefahren, die die ganze Gattung bedrohen können –, beziehen sich die möglichen Folgen der Genomanalyse und Gentherapie über das organische Substrat auf die Person selbst – mit der realen Gefahr, deren Selbstverständnis gravierend zu verändern. Während sich deshalb im ersten Fall der ethische Diskurs auf die Folgenabschätzung beschränken kann, muß er im zweiten Fall in den ethischen Diskurs auch das normative Bild einbeziehen, das der Mensch von sich selbst entwirft.

Literatur

Bayertz, K.: Drei Typen ethischer Argumentation. In: H.M. Sass (Hg.), Genomanalyse und Gentherapie. Ethische Herausforderungen in der Humanmedizin. Berlin/Heidelberg 1991.

Bundesminister für Forschung und Technologie (Hg.)/F. Böckle (red. Bearb.), Die Erforschung des menschlichen Genoms. Ethische und soziale Aspekte (= Gentechnologie. Chancen und Risiken, Bd. 26). Frankfurt 1991.

Empfehlung 934 der Parlamentarischen Versammlung des Europarats. 1982.

Enquete-Kommission des Deutschen Bundestages/W.M. Catenhusen/H. Neumeister, Chancen und Risiken der Gentechnologie. Dokumentation des Berichts an den 10. Deutschen Bundestag (= Gentechnologie. Chancen und Risiken, Bd. 12). 2. Auflage Frankfurt 1990.

Honecker, M.: Individualberatung und Grundlagenforschung – Sozialethische Überlegungen zur Genomanalyse. In: Arzt und Christ 37 (1991).

Honnefelder, L.: Praktische Vernunft und Gewissen. In: A. Hertz/W. Korff/T. Rendtorff/H. Ringeling (Hg.), Handbuch der christlichen Ethik. Bd. 1. Freiburg/München 1978.

Honnefelder, L.: Medizin und Ethik. Herausforderungen und Neuansätze der biomedizinischen Ethik der Gegenwart. In: Arzt und Christ 36 (1990).

Honnefelder, L.: Person und Menschenwürde. Zum Verhältnis von Metaphysik und Ethik bei der Begründung der sittlichen Werte. In: W. Pöldinger/W. Wagner (Hg.), Ethik in der Psychiatrie. Wertebegründung – Wertedurchsetzung. Berlin 1991.

Honnefelder, L.: Güterabwägung und Folgenabschätzung in der Ethik. In: H.M. Sass/H. Viefhues (Hg.), Güterabwägung in der Medizin. Ethische und ärztliche Probleme. Berlin 1991.

Kant, I.: Grundlegung zur Metaphysik der Sitten. Akad.-Ausg. Bd. IV.

Laufs, A.: Pränatale Diagnostik und Lebensschutz aus arztrechtlicher Sicht. In: Medizinalrecht 8 (1990).

Plessner, H.: Die Stufen des Organischen und der Mensch. Einleitung in die philosophische Anthropologie ([1]1928, [2]1966, [3]1975). In: Gesammelte Schriften, Bd. IV. Frankfurt 1981.

Plessner, H.: Lachen und Weinen. Eine Untersuchung der Grundlagen menschlichen Verhaltens (1941). In: Gesammelte Schriften, Bd. VII. Frankfurt 1982.

Schroeder-Kurth, T.: Ethische Überlegungen zur pränatalen Diagnostik. In: Gynäkologe 21 (1988).

Vitzthum Graf, W.: Menschenwürde und Humangenetik. In: Universitas 41 (1986).

Vitzthum Graf, W.: Gentechnologie und Menschenwürdeargument. In: Zeitschrift für Rechtspolitik 20 (1987).

Oswald Schwemmer

Ethische Probleme der Transplantationsmedizin*

I. Zur allgemeinen Situation der Transplantationsmedizin

Die Transplantationsmedizin gehört zu den technischen Neuerungen, die in unserer Gesellschaft nicht nur das höchste Aufsehen erregt haben – insbesondere durch die erste gelungene Herztransplantation 1967 – , sondern auch eine immer größere Wirkung entfalten. Seit diesen ersten Transplantationen (die erste Nierentransplantation fand 1954 statt) hat sich der medizinische Wissensstand und der Erfolg der Eingriffe erheblich verbessert. Dies verdankt sich unter anderem der Entwicklung und dem Einsatz von Medikamenten zur Immunsuppression, d.i. zur Unterdrückung der Abstoßungsreaktionen des Körpers gegen das körperfremde transplantierte Gewebe. Man kann heute nahezu alle Teile des menschlichen Körpers transplantieren. Allgemein wird anerkannt, daß in vielen Fällen durch eine Transplantation das Leben eines potentiellen Empfängers erhalten, seine Gesundheit verbessert und sein Leid vermindert werden kann.

Zur Organtransplantation im engeren Sinne rechnet man die Übertragung von Leber, Lunge, Bauchspeicheldrüse, Niere, Herz und Knochenmark, zur Gewebetransplantation die von Hornhaut, Gehörknöchelchen, Hypophyse (Hirnanhang). Nach der Organtransplantation ist zwar vielfach noch eine lebenslange medikamentöse Weiterbehandlung notwendig, um Abstoßungsreaktionen gegen das körperfremde Gewebe zu unterbinden; in manchen Fällen wie der Knochenmarktransplantation aber ist nach einer begrenzten, auf einige Monate be-

* Für ihre Mitarbeit danke ich Rolf J. Lachmann, Frank Thiel und Mirjana Vrhunc.

schränkten medikamentösen Behandlung ein normales Leben möglich.

Organtransplantationen unterscheiden sich erheblich in ihrer Bedeutung. Einige Transplantationen stellen einen medizinisch eher unbedeutenden und mit sehr geringen operativen wie postoperativen Risiken behafteten Eingriff dar (Augenhornhaut, Gehörknöchelchen). Andere haben für den Spender, soweit es sich um das entnommene Transplantat selbst handelt, geringe Risiken, dann nämlich, wenn es sich um ein nachwachsendes Organ wie das Knochenmark handelt. (Hier gibt es für den Spender im wesentlichen nur ein Narkoserisiko.) Wieder andere bergen sowohl für den (Lebend-) Spender als auch für den Empfänger erhebliche Risiken und Folgeprobleme.

Da es in der Bundesrepublik Deutschland keine besondere rechtliche Regelung der Organtransplantation gibt, muß in der Rechtsprechung auf die vorhandenen allgemeinen gesetzlichen Bestimmungen zurückgegriffen werden. Ein auf dieser Grundlage basierender „Transplantationskodex“[1] enthält eine Zusammenfassung von medizinischen, ärztlichen und juristischen Grundsätzen bei Organtransplantationen, die nach Übereinkunft der in der Arbeitsgemeinschaft Organtransplantation zusammengefaßten Transplantationszentren der Bundesrepublik beachtet werden. Demzufolge wird eine Organentnahme grundsätzlich nur bei Einwilligung des Verstorbenen oder seiner Angehörigen vorgenommen, nachdem der Tod gemäß den Empfehlungen der Bundesärztekammer festgestellt wurde. Ein rechtfertigender Notstand berechtigt zur Organentnahme dann, wenn hierin die einzige Möglichkeit zur Abwendung einer akuten Lebensgefahr besteht und ein die Organspende ablehnender Wille des Verstorbenen nicht angenommen werden muß.[2] Ein fehlender Widerspruch rechtfertigt derzeit eine

1 s. Bibliographie präskriptiver Texte: 7. Berufsethische Empfehlungen; Richtlinien.

2 Die Notstandsregelung wendet unmittelbar § 34 StGB an, demzufolge ein Rechtsgut – Selbstbestimmungsrecht und postmortales Persönlichkeitsrecht des Verstorbenen – verletzt wird, um ein anderes gefährdetes Rechts-

Organentnahme nicht. Die Organtransplantation zwischen Lebenden wird nur bei Verwandten durchgeführt.[3]

II. Ethische Dimensionen der Organtransplantation

Die fehlenden gesetzlichen Regelungen bürden vor allem dem Arzt eine besondere Verantwortung auf. Er muß entscheiden, ob er eine Transplantation durchführt oder nicht. Dabei kann er sich doch außer auf seine medizinischen Erfahrungen auf wenig mehr berufen als auf seine eigenen moralischen Überzeugungen. In manchen besonderen Fällen steht ihm noch eine mehr oder weniger und im Durchschnitt wohl eher halbinformierte öffentliche Meinung gegenüber, in der sich Empörungen verschiedenster Art zu einem moralischen Gericht vermischen, das – ob er es will oder nicht – auch einen gewissen Druck auf seine eigene Haltung ausüben wird. Wenn da schon keine gesetzlichen Regelungen eine Stütze bieten, ist die Suche nach ethisch fundierten Orientierungen besonders dringlich. Eine der Hauptfragen für eine solche ethische Fundierung ist die, ob die besonderen Fragen der Transplantationsmedizin überhaupt eine grundlegende Neuorientierung verlangen oder doch eher als neue Anwendung der tradierten ethischen Konzeptionen betrachtet werden können. Um hier zu einer ersten Klärung zu kommen, müssen wir uns zunächst einmal einen Überblick über die besonderen ethischen Fragen der Transplantationsmedizin verschaffen.

Allgemein ist vorab festzuhalten, daß eine Transplantation, wenn auch in unterschiedlichem Grade, einen Eingriff darstellt, der die Betroffenen weit tiefer berührt als die meisten anderen medizinischen Eingriffe, die wir kennen. Ob jemandem ein

---

gut – Leben oder Gesundheit des Empfängers – zu schützten. Die Gefahr für dieses Rechtsgut muß gegenwärtig und der Eingriff in das beeinträchtigte das einzige Mittel zu ihrer Abwendung sein. Vor allem aber muß das geschützte Rechtsgut das durch den Eingriff beeinträchtigte wesentlich überwiegen (Schreiber/Wolfslast 1985).

3 s. Transplantationskodex 1987.

künstliches Hüftgelenk oder ein lebendes Organ eines anderen Menschen eingesetzt wird, macht für unser Gefühl schon einen großen Unterschied aus. Und selbst da, wo die Spender Verstorbene – meist Verunglückte – sind, entsteht zwischen den Empfängern und Verwandten, insbesondere wohl den Eltern oder Geschwistern der verstorbenen Spender, zumindest im Abstrakten eine besondere Beziehung, auf die die weltweit gelesene Zeitschrift „National Geographic“ (7/91) hinwies, als sie ihren Artikel über Organspender mit dem Titel „A new kind of kinship“ überschrieb.

Wir stehen damit vor der Frage nach der körperlichen Integrität und deren Einfluß auf die persönliche Identität zunächst des Empfängers, dann aber auch – und zwar vor allem dann, wenn es um eine Lebendspende geht – des Spenders. Das Organ eines Menschen wie unser Körper insgesamt scheint eben nicht ein Ding wie andere zu sein, über das wir alleine nach Zweckmäßigkeitserwägungen verfügen können: nicht ein bloßes Mittel zu einem Zweck, das im Prinzip austauschbar ist und seinen Wert nur durch die Hinordnung zum Zweck seiner Verwendung findet. Vielmehr scheint es uns gewöhnlich wohl eher so, daß menschliche Organe und in einem noch gesteigerten Maße dann auch der menschliche Körper als ganzer einen Eigenwert besitzen, der sie nicht zu bloßen Mitteln für Zwecke macht, auch nicht für solche Zwecke, die allgemein anerkannt sind und zu den obersten Zwecken unseres Lebens gerechnet werden wie die therapeutischen Zwecke der Transplantationsmedizin.

Um hier Klarheit zu gewinnen, müssen wir das Problemfeld durch einige Unterscheidungen aufteilen und eingrenzen. Eine erste und grundlegende Unterscheidung ist dabei die zwischen einem verstorbenen und einem lebenden Spender. Weitere Unterscheidungen wie die zwischen der Transplantation eines ganzen Organs und Organteilen oder auch nur einiger „Schlüsselzellen“ (key-cells), zwischen soliden Organen und Knochenmark oder auch Gewebe oder zwischen verschiedenen Arten von Organen – wobei für die Frage der Transplantierbarkeit vor allem dem Gehirn und den Keimbahnen des Menschen eine Sonderstellung zugewiesen worden ist – werden sich dann teilweise aus der Behandlung dieser ersten Unterscheidung ergeben oder auch eher beiläufig zu behandeln sein.

III. Hirntod und Todeszeitfeststellung

Allein die Tatsache, daß man die Unterscheidung zwischen verstorbenen und lebenden Spendern als solche für ethisch relevant hält, zwingt dazu, zunächst den Begriff des Todes zu klären und damit vor allem die Todeszeitfeststellung zu regeln. Nachdem Jahrhunderte einen Menschen dann als tot ansahen, wenn sein Herz nicht mehr schlug oder auch sein Atem nicht mehr ging, wurde in den USA der Todesbegriff 1968 medizinisch wie juristisch durch den Gehirntod umdefiniert. Dies wird heute auch in den meisten westlichen Ländern anerkannt. Dabei gibt es eine doppelte Interpretation des Hirntodes: In einem ersten Sinne ist es der Ausfall des Großhirns, der diesen Tod definiert. Hier kann der Hirnstamm noch eine zeitlang funktionieren ebenso wie das Herz und die Atmung (Dekortikation). In einem zweiten Sinne ist der Hirntod erst dann eingetreten, wenn nicht nur das Großhirn, sondern auch der Hirnstamm bleibend geschädigt sind und damit auch die spontanen Herz- und Atmungsfunktionen ausfallen (Dezerebration).

Die gegenwärtig allgemein vorherrschende Auffassung sieht in der Dezerebration oder dem Gesamthirntod den Todeszeitpunkt, mit dem die Voraussetzungen für jedes personale Leben und ebenso alle Steuerungsvorgänge für das eigenständige körperliche Leben erloschen sind. Dabei ist unterstellt, daß die künstliche Aufrechthaltung einer vegetativen Existenz medizinisch sinnlos ist und jedenfalls kein menschenwürdiges Leben mehr zuläßt. Wenn in der Transplantationsmedizin von einer Organentnahme bei Verstorbenen die Rede ist, meint man damit die Entnahme nach Eintritt des Hirntodes.

Auch die genaueste und bestbegründete Definition eines Begriffes sichert noch nicht ihre gerechtfertigte Anwendung. So ist denn über die Todesdefinition hinaus auch noch die Feststellung des Todes zu regeln. Hier hat die deutsche Bundesärztekammer diagnostische Kriterien aufgestellt, die von zwei dem Transplantationsteam nicht angehörigen Ärzten festgestellt und protokolliert werden müssen.

Einige der Probleme, die auch hier noch bleiben, seien nur erwähnt. So ist es fraglich, ob es gerechtfertigt werden kann, die Angiographie (die röntgenographische Darstellung der Blutgefäße nach Einspritzung von Kontrastmitteln in eine Vene oder Aterie) zur Hirntoddiagnose einzusetzen, da sie für den Sterbenden keine Heilbehandlung bedeutet, sondern allein im Hinblick auf eine mögliche Transplantation unternommen wird. Man könnte daher der Meinung sein, daß die Angiographie bereits einen Eingriff darstellt, der die Persönlichkeitsrechte des Spenders bzw. seiner Angehörigen betrifft. Aus verfassungsrechtlicher Sicht verstoßen alle Eingriffe bei Moribunden, die nicht erfolgen würden, wenn eine Transplantation nicht beabsichtigt wäre, gegen das Recht auf Leben und körperliche Unversehrtheit.

Ein weiteres Problem betrifft die Anenzephali (also die ohne Gehirn und Teile des Schädeldachs Geborenen). Nach geltendem Recht dürfen einem Neugeborenen Organe zu Transplantationszwecken nur entnommen werden, wenn der Hirntod festgestellt ist. Da jedoch die diagnostischen Verfahren der Hirntodfeststellung beim Neugeborenen und im besonderen beim Anenzephalus ausscheiden (Hirnströme lassen sich durch eine Angiographie praktisch nicht messen), kommen anenzephale Neugeborene gegenwärtig als Organspender kaum in Betracht. Die Organentnahme vom zwar noch atmenden, aber lebensunfähigen und in jeder Hinsicht empfindungsunfähigen Anenzephalen nur aus grundsätzlichen Erwägungen heraus nicht zuzulassen, wird als ethisch bedenklich angesehen. Denn aufgrund seiner Konstitution fehle hier ein individuelles Schutzbedürfnis, auf der anderen Seite aber könne (nur durch die Organtransplantation) todkranken Kindern das Leben gerettet werden. In diesem Zusammenhang wird, vor allem in den USA, eine Änderung der Hirntoddefinition diskutiert: Sterben setze voraus, daß ein Mensch gelebt habe. Menschliches Leben aber sei nur bewußtes, personales Leben, daher solle anstatt auf den Gesamthirntod auf den sog. Kortikal- oder Hirnteiltod abgestellt werden. Damit zusammen hängt auch die Frage, ob man einen sterbenden Menschen deshalb künstlich am Leben erhalten darf, um seine Organe für eine Transplantation zu erhalten. Aufgrund der angeführten Prämissen ist die Antwort ein eindeutiges Nein.

IV. Ethische Probleme der Todeszeitfeststellung

Die ethischen Fragen, die sich an die Todesdefinition und die Regelung der Todeszeitfeststellung anschließen, sind unterschiedlicher Art. Was die Todeszeitfeststellung angeht, so kann man davon ausgehen, daß dabei eher praktische als ethische Probleme auftreten. Denn im Bereich des Ethischen scheint die Regelung zumindest intuitiv klar zu sein:

(1) Es darf keine Organentnahme stattfinden, wenn nicht vorher der Gesamthirntod des potentiellen Spenders zweifelsfrei festgestellt worden ist.
(2) Es dürfen keinerlei Therapieversuche aus dem Grund unterlassen werden, um eine Organentnahme (eher) möglich zu machen. Oder mit anderen Worten: Die therapeutischen und im allgemeinen lebenserhaltenden Maßnahmen müssen völlig unabhängig von dem eventuellen Interesse an einer Organentnahme eingeleitet, durchgeführt und aufrechterhalten werden.
(3) Erst recht dürfen keine positiven Maßnahmen ergriffen werden, um die Möglichkeit der Organentnahme schneller oder sicherer herbeizuführen.

Dies sind intuitive Urteile, für die aber durchaus „klassische" ethische Prämissen angegeben werden können, durch die letztlich die Medizin insgesamt definiert ist: nämlich die Rettung menschlichen Lebens und die Erhaltung oder Wiederherstellung der Gesundheit, wo immer dies möglich ist. Natürlich gibt es hier Probleme der Abgrenzung: nämlich durch die Frage nach der Grenze zwischen einem menschenwürdigen Leben und einem bloßen Dahinvegetieren und auch nach der Grenze zwischen gesund und krank. Aber diese Probleme treten unabhängig von den genannten Entscheidungsregeln auf. Sie müssen ja bereits gelöst sein, wenn man sich überhaupt für eine Fortführung therapeutischer Maßnahmen entschieden hat. Und wenn eine solche Entscheidung im positiven Sinne getroffen ist, ist damit auch entschieden, daß man das Leben, das dadurch erhalten wird, für eine menschenwürdiges Leben hält. Diese Entscheidung ist ihrem Sinn nach unbedingt. Sie läßt nicht zu, daß man gleichzeitig mit Maßnahmen zur Vorbereitung einer Organentnahme beginnt.

Ohne dies hier näher erläutern zu können, kann man sogar so weit gehen zu behaupten, daß die Möglichkeit einer Ethik überhaupt – ob pflicht- oder folgenethisch, ob gesinnungs- oder verantwortungsethisch, ob prinzipien- und regel- oder identitätsethisch – darauf gründet, daß man, unter welchem Titel auch immer, der Erhaltung eines menschenwürdigen Lebens einen unbedingten Wert zumißt, der durch einen entsprechenden kategorischen Imperativ – der durchaus nicht die Kantische Formulierung zu übernehmen braucht – praktisch werden muß.

In der Praxis des medizinischen Alltags können allerdings trotzdem Probleme bleiben, die mit Interessen der Beteiligten, aber auch den Entscheidungs- und Verwaltungsroutinen in einer Klinik zu tun haben. Da mag denn auch die bloße Trennung der Entscheidungsbefugnis durch ihre Aufteilung auf verschiedene Personen, die durch ihre Aufgaben definiert sind und die ja wechseln können, nicht ausreichen, um das, was ethisch klar erscheint, auch praktisch wirksam werden zu lassen. Gleichwohl wird hier eine Grenze für die medizinethischen Überlegungen sichtbar, die nur in der täglichen Erfahrung und dem ebenfalls täglichen Kampf mit den Routinen des Betriebs überschritten werden können.

V. Ethische Probleme der Bewertung und Behandlung des Leichnams

Anders steht es mit der Bewertung und Behandlung des Leichnams und seiner Organe. Hier sehen wir uns Fragen gegenüber, die in der ethischen Tradition nicht vorgesehen sind und für deren Beantwortung sogar die Begrifflichkeit zu fehlen scheint. Die grundlegende Frage, mit deren Beantwortung man viele Anschlußprobleme entscheidet, ist die nach der Bewertung des Leichnams als einer Sache, die in sich keinen Wert besitzt und über die man daher frei verfügen kann, oder als ein Gegenstand (im logischen Sinne, der selbst Ereignisse, Personen und Gesellschaften einschließt), der in sich wertvoll ist und daher auch einer besonderen, uns in unseren Verfügungsmöglichkeiten einschränkenden Behandlung bedarf.

Dazu zunächst einige juristische Stimmen. Sie sehen den Leichnam in einem allgemeinen Sinne durchaus als Sache im Sinne des § 90 1 BGB, dem aber gewohnheitsrechtlich eine Sonderstellung zukommt. Diese Sonderstellung wird dann unterschiedlich interpretiert. In einer Perspektive zeigt sie sich darin, daß der tote Körper herrenlos und keiner Aneignung fähig sei. In einer anderen Perspektive wird der Unterschied zwischen dem Körper eines Verstorbenen und seinem Vermögensnachlaß hervorgehoben, der es verbiete, den Leichnam als Erbstück der Angehörigen zu betrachten, mit dem Geschäfte gemacht werden können. In einer dritten Perspektive schließlich wird betont, daß ein Toter eine besondere Zwischenstellung zwischen einem lebenden Menschen auf der einen und einem verendeten Tier, einem Auto oder einem Möbelstück auf der anderen Seite einnehme.

Die Frage, die sich an diese intuitiven Urteile anschließt, ist die nach den Gründen für eine solche Sonder- oder Zwischenstellung des Leichnams, nach Gründen, die dann auch für die Bewertung und Behandlung des menschlichen Körpers überhaupt relevant sein werden. Auch hier seien zunächst einige der tatsächlich vorgebrachten Argumente angeführt.

VI. Das postmortale Persönlichkeitsrecht

Da gibt es die juristische Formel vom postmortalen Persönlichkeitsrecht, das jedenfalls die Einhaltung der Verfügungen des Verstorbenen impliziere, darüber hinaus aber auch den pietätvollen, die Gefühle der Angehörigen respektierenden Umgang mit dem Leichnam.[4] Was hier allerdings pietätvoll heißt, wird durchaus unterschiedlich gesehen. Das reicht von der strikten Einhaltung der „Totenruhe" bis hin zu der selbst ohne Zustimmung der Angehörigen erlaubten oder – etwa im Falle der nur so möglichen Lebensrettung – sogar gebotenen Organentnahme, wenn sie nur in einer unsere Gefühle nicht verletzenden Form vollzogen wird. Dabei wird vielfach als Beispiel für eine unsere Gefühle verletztende Form die Multiorganentnahme angeführt,[5] die dann häufig auch – mit den entsprechenden Konnotationen – als „Ausschlachtung" des Leichnams oder „Ausweidung" dargestellt wird. In diesen Voten vermischen sich verschiedene Prämissen und Prinzipien, die wir auseinanderzulegen haben. Den Bezugspunkt der Bewertung liefert einmal der Wille oder die Gefühle des Verstorbenen, zum anderen der Wille oder die Gefühle der lebenden Angehörigen. Dieser Wille und diese Gefühle beziehen sich dann wiederum einmal auf die durch Sitten und Gebräuche kanonisierte Form des Eingriffs in den Leichnam, zum anderen aber auf den Zweck dieses Eingriffs.

Durch einen solchen Wechsel in den Bezugspunkten verschieben und vermischen sich die begrifflichen Prämissen der Argumentation, und zwar häufig in ein und derselben Argumentation. Aber auch die Prinzipien, die dann in Anspruch genommen werden, sind von unterschiedlicher Art, und dies übri-

4 Schreiber/Wolfslast 1985; Carstens 1978: Das postmortale Persönlichkeitsrecht betrifft nicht nur die Schutzrechte des Toten. Denn die freie Entfaltung der Persönlichkeit ist auch zu Lebzeiten nur dann ausreichend gewährleistet, wenn der Mensch auf den Schutz seiner Persönlichkeit gegen grobe Verletzungen nach dem Tode vertrauen und in dieser Erwartung leben kann.

5 Schreiber/Wolfslast 1985.

gens schon in der Rede von einem postmortalen Persönlichkeitsrecht. Einmal geht es dabei nämlich

- darum, eine Willensbekundung im Sinne der autonomen Verfügung über den eigenen Körper überhaupt anzuerkennen, dann
- darum, sie in einer veränderten Bedeutung – die sie ja nun für einen Leichnam besitzt, der nicht mehr der „eigene Körper" des autonom seinen Willen bekundenen Menschen ist – auch über den Tod hinaus für verbindlich anzusehen, und schließlich
- darum, dem Willen und den Gefühlen von Angehörigen oder auch nur Nahestehenden Rechnung zu tragen, insofern diese ein „gutes Andenken" an den Verstorbenen – im Sinne der Behandlung seines Leichnams nach bestimmten Traditionen, die ihrerseits mit bestimmten Interpretationen dieser Behandlung verbunden sind – sichern wollen.

Mit dieser Ausweitung bezieht man sich nicht mehr auf ein Autonomieprinzip, sondern auf die Autorität von Traditionen, deren genauere Bestimmung man dann allerdings wieder dem Willen der ebenfalls aufgrund dieser Traditionen autorisierten Personen überläßt – was dann eine autonome Verfügungsgewalt dieser so autorisierten Personen über den Leichnam des Verstorbenen bedeutet.

VII. Autonomie

Die Autonomie im ursprünglichen Kantischen Sinne ist auf doppelte Weise eingeschränkt. Hinsichtlich ihres Gegenstands bezieht sie sich lediglich auf unsere Gesinnung (die wir in den Maximen unseres Wollens bzw. Handelns artikulieren), weil diese nämlich das einzige ist, dessen Bildung tatsächlich in unserer Macht zu sein scheint und also auch durch reine Vernunft bestimmt werden kann. Hinsichtlich ihrer Bestimmungsgründe ist sie an das Vernünftige gebunden, an das, was alle wollen würden, wenn sie nur durch Vernunft (und nicht auch durch

Gefühle und sinnliche Antriebe) geleitet wären, und d.h. an das, was sich aus der Sache selbst wie etwa der Institution des Eigentums, der Partnerschaft, der Erziehung, aber auch des Miteinanderredens und -lebens – wie Kant es jeweils sieht – als notwendig ergibt.

Um diese normativ definierte Autonomie geht es bei der Frage nach der Verfügung über den eigenen Körper nicht. Hier geht es vielmehr um den faktischen Willen des Betroffenen, sei er nun (lebender) Spender oder Empfänger eines Organs. Bedingung für die Anerkennung einer solchen faktischen Autonomie – wie diese Form der Autonomie im Unterschied zur normativen Autonomie im Kantischen Sinne genannt werden soll – ist allerdings, daß der jeweils bekundete Willen selbständig, und d.h. in Kenntnis der Bedingungen und Folgen der jeweiligen Entscheidung und nicht unter Druck oder Zwang, gebildet worden ist. Faktisch ist diese Selbständigkeit natürlich eher als ein kontinuierlich sich änderndes Mehr oder Weniger zu sehen denn als ein scharf markierbarer Wesensunterschied. Gleichwohl besitzen wir im allgemeinen Anhaltspunkte dafür, ob jemand etwa durch seine Familie oder seine soziale Umgebung unter Druck gesetzt worden ist oder nicht, ob er seine Entscheidung überlegt und bewußt getroffen hat usw. Vor allem bei Minderjährigen und Behinderten ist hier sicher eine generelle Vorsichtsklausel anzufügen, die etwa das Bestehen auf einem glaubwürdigen Nachweis der Selbständigkeit einfordert.

Jedenfalls soll hier davon ausgegangen werden, daß die möglichst selbständige Entscheidung einer Person über ihren eigenen Körper im Sinne eines Prinzips der faktischen Autonomie respektiert werden muß und man eine entsprechende Handlung wie die Organentnahme oder -einpflanzung demgemäß unterlassen muß oder ausführen darf. (Die modale Asymmetrie dieser Formulierung ist durch die Asymmetrie in der Verbindlichkeit von Handlungsverboten und -erlaubnissen begründet.)

VIII. Körperliche Funktionseinheit und persönliche Interpretationseinheit

Die Begründung für die Anerkennung eines solchen Autonomie hinsichtlich der Verfügung über den eigenen Körper liegt in dem existentiellen Verhältnis unserer Körpers und damit auch unserer körperlichen Integrität zu unserer persönlichen Identität. Unser Körper ist der Ort unseres Weltverhältnisses, in dem alleine wir für uns selbst wie für andere eine artikulierte Existenzform finden, etwas erfassen und etwas ausdrücken können, in und mit dem wir uns bewegen, in Situationen geraten und in Verhältnisse zu unserer Umwelt eingebunden werden. Menschliche Existenz ist verkörperte Existenz, menschlicher Geist ist verkörperter Geist. Daraus folgt letztlich auch die generelle Autonomie des Menschen hinsichtlich seines Körpers. Dabei ist allerdings auch zu sehen, daß körperliche Integrität und persönliche Identität – wenn auch auf vielerlei Weisen miteinander verknüpft – doch durch unterschiedliche Prinzipien organisiert sind. Die körperliche Integrität kann als eine Funktionseinheit beschrieben werden, innerhalb derer bestimmte materielle Substrate – wie etwa einige Gelenke und Gewebe – mit gewissen Einschränkungen aufgrund ihrer funktionalen Äquivalenz füreinander substituiert werden können. Die persönliche Identität ist dagegen eine Interpretationseinheit, die sich aus einer Lebensgeschichte und deren innerer Verknüpfung durch verschiedene Selbstdeutungen ergibt, also aus historischen Individuen, die nicht substituierbar sind. Man kann einer Person keine andere Geschichte unterschieben, nicht einmal die kürzeste Episode, ohne sie grundlegend zu verändern.

Diese Unterschiedlichkeit in den Einheitsformen bedeutet, daß wir durchaus eine gewisse Freiheit der Disposition in Bezug auf unseren Körper besitzen, ohne unsere persönliche Identität zu gefährden. So ist denn auch die Verfügungsmöglichkeit über unseren Körper eine andere, wenn die Funktionseinheit insgesamt nicht oder nur geringfügig gestört ist, als in den Fällen, wo schwerwiegende Funktionseinbrüche zu erwarten sind. Aber selbst in solchen Fällen – bis hin zum Tod – scheint, solange die Selbständigkeit der Willensbildung – soweit wie möglich – gewährleistet ist, das Prinzip der faktischen Autonomie zu gelten: mit der Folge, daß auch eine Selbstverstümmelung, rein für sich betrachtet, moralisch nicht verworfen werden kann.

IX. Das Prinzip der Sinntreue

Wie steht es nun aber mit dem Leichnam eines Verstorbenen und dessen vorausgegangener Willensbekundung, falls eine solche überhaupt vorhanden ist? Offensichtlich fehlt das existentielle Verhältnis des Körpers zur persönlichen Identität, wo es keine Person mehr gibt und der Körper nurmehr ein Leichnam ist (im Englischen bleibt er übrigens ein „body"). Daher geht es denn hier auch nicht nur um Autonomie – die in der Willensbekundung selbst natürlich beansprucht worden ist –, sondern auch darum, daß das, was jemand sagt, entsprechend dem von ihm jeweils in Anspruch genommenen Sinn des Gesagten aufgefaßt werden soll. Man kann zwar in der Situation, in der jemand seinen Willen äußert, das Gewollte ablehnen oder versprechen. Aber man würde den Sinn des Gesagten – nämlich als einer an andere gerichteten und auf Erfüllung abzielenden Willensbekundung – verkehren, wenn man jetzt etwas verspricht und dieses Versprechen später nicht mehr beachtet. Daß dabei der Fall eintreten kann, daß die Umstände eine Einlösung des Versprechens nicht mehr zulassen oder wesentlich erschweren, spielt keine Rolle. Es geht hier nur um die – sicher interpretationsfähige – Beachtung des gegebenen Versprechens, nicht in jedem Falle auch um seine Erfüllung. Diese Verpflichtung zur „Sinntreue" ist ein eigenes Prinzip, mit dem zusammen alleine das Prinzip der Autonomie dazu führt, den früher bekundeten Willen des Verstorbenen hinsichtlich der Behandlung seines Leichnams zu befolgen.

X. Der symbolische Bezug des Leichnams

Ein weiterer Punkt kommt hier noch dazu, der die Sinntreue nicht mehr nur gegenüber irgendeiner Willensbekundung, sondern gegenüber der Willensbekundung hinsichtlich des eigenen Leichnams betrifft. Auch der Leichnam repräsentiert für unser Empfinden noch in einer gewissen, wenn auch deutlich eingeschränkten Weise, die ehemalige persönliche Identität des Verstorbenen. Dies ist kein realer Bezug. Denn zumindest in unserer Gesellschaft macht es da meist keinen Unterschied, ob der Leichnam noch die Formen des lebendigen Körpers zeigt oder unkenntlich geworden ist, sei es nun durch einen Unfall oder auch durch die rituelle Einäscherung. Es geht daher alleine um einen symbolischen Bezug, in dem der Leichnam einen gleichsam materiell befestigten Anlaß unseres Gedenkens an den Verstorbenen bietet.

Dieser symbolische Bezug hat eine emotional hohe und historisch tief verwurzelte Bedeutung. Hat er doch mit der emotionalen Bewältigung des Todes zu tun, und kann er doch historisch zurückverfolgt werden bis hin zu den frühesten Formen des Ahnenkultes. Gerade weil er aber ein symbolischer Bezug ist und kein realer, ist er auch ein Bezug nicht auf den unversehrten und womöglich noch einbalsamierten Leichnam – wenngleich es dies, wie wir wissen, auch in einigen Gesellschaften wie der ägyptischen gegeben hat –, sondern ein relativ abstrakter Bezug auf die historische Materialität des nun toten und ehemals lebendigen und persönlichkeitsgebundenen Körpers überhaupt.

Um dies zu stützen, genügt der kurze Hinweis auf verschiedene Begräbnisformen und auch auf den durch Unfall oder Krieg zerstörten Körper, der keine Minderung des symbolischen Bezugs im Andenken an den Verstorbenen bewirkt. Man kann sogar noch einen Schritt weiter gehen, wie dies der bereits erwähnte Artikel über Organspender in „National Geographic" tut, der davon spricht, daß die Tragödie einer Familie – wie sie durch den Tod ihres achtjährigen Sohnes aufgrund eines Autounfalls verursacht wurde – sich mit der Transplantation seiner Leber und seiner Nieren (es handelte sich hier also um eine Multiorganentnahme!) in ein Geschenk des Lebens für andere verwandelt. Und für den Fall, daß Wissenschaftler das Gewebe von Spendern für die Entwicklung von Zellkulturen zu Forschungszwecken verwenden, findet der Autor des Artikels die Formulierung: „donors achieve „immortality"", „Spender erreichen eine „Unsterblichkeit"".

XI. Pietät

Damit ist auch die Pietätsfrage im Prinzip beantwortet. Besteht die Pietät ja eben in der Aufrechterhaltung des Andenkens an den Verstorbenen und der Pflege des symbolischen Bezugs gemäß den jeweiligen Sitten und Gebräuchen. Tatsächlich mögen diese Sitten und Gebräuche im Einzelfall eine Organentnahme verbieten. Im allgemeinen gilt dies aber in unserem Kulturkreis nicht. Der symbolische Bezug als solcher wird durch eine Organentnahme nicht nur nicht verletzt, sondern kann im Bewußtsein der dadurch möglich gewordenen Rettung des Lebens anderer sogar verstärkt werden. Insbesondere kann auch die Multiorganentnahme nicht durch die Berufung auf Pietät abgelehnt werden. Denn jede der vorgetragenen Überlegungen trifft ja auf sie ebenso zu wie auf die einfache Organentnahme, wenn auch in einer womöglich gesteigerten emotionalen Bedeutung. Diese emotionale Steigerung verändert aber nicht die Entscheidungsgründe.

Was tatsächlich gegen eine Multiorganentnahme mißtrauisch macht, ist eher ein anderer Punkt, die Möglichkeit nämlich, mit solchen Organen einen kommerziellen Handel zu treiben. Dieses Problem hat aber zunächst noch nichts mit der Organentnahme und der Transplantation als solchen zu tun, wenn es auch zu einer Realität geworden ist. Seine Behandlung ist einem eigenen Punkt vorbehalten.

XII. Organbank

Einem häufig ähnlich sich artikulierenden Mißtrauen ist manchmal auch der Aufbau einer Organbank ausgesetzt, obwohl es dabei überhaupt nicht um Organhandel gehen muß, geht und gehen sollte. Wo der Grund für das Mißtrauen eine solche Unterstellung des Organhandels ist, kann man nur auf die tatsächlichen Zwecke und die Nutzung einer Organbank hinweisen und zudem natürlich auch auf kontrollierbaren Regelungen bestehen, die den Organhandel ausschließen (das moralische Verbot des Organhandels sei bereits hier vorwegnehmend unterstellt).

Wo dagegen das Mißtrauen sich allein auf die Einrichtung und Nutzung einer Organbank als solche richtet, scheint eine eher psychologische Schwierigkeit zu bestehen. Schon weil sich nämlich hier die kalkulierende und bürokratisch organisierte Verwaltungsroutine vor den Notfall stellt und in die existentielle Notsituation einmischt, erscheint vielen Menschen eine Organbank als eine Monstrosität. Es ist dies aber keine andere „Monstrosität" als die durchaus alltägliche Gleichzeitigkeit der existentiellen Not des Kranken, des persönlichen Einsatzes der Ärzte, Krankenschwestern und -pfleger und der Verwaltungsbürokratie des jeweiligen Krankenhauses, in dem dies alles stattfindet. Man kann diese Gleichzeitigkeit manchmal sogar in den Einstellungen der gleichen Personen finden, die uns als erfolgreiche Privatunternehmer und wohlausgerüstete Ärzte entgegentreten. Dies kann sicher zu Friktionen führen, muß es aber nicht.

Der entscheidende Punkt ist damit aber ohnehin nicht getroffen. Der besteht nämlich darin, daß wir ebenso, wie der Arzt seine technische Ausstattung – wenn auch möglicherweise weit weniger oft als er sie anwendet – benötigt, für die erfolgreiche Transplantation ein internationales System benötigen, das zu den passenden Organen oder Geweben führt – gleich ob dies nun durch eine Organbank zu realisieren ist oder nicht. Hier sind auch durch die Art der Transplantation Unterschiede geboten. Für ein im Prinzip so relativ problemlos zu entnehmendes Organ wie das Knochenmark, das als passendes Organ aber extrem schwierig zu finden ist, ist eine Datenbank typisierter spendebereiter Personen von entscheidender Bedeutung und weniger eine Organbank. Dies mag bei soliden Organen anders sein. Jedenfalls benötigen wir ein System von Informationen und Transplantationsmöglichkeiten, dessen Preis auch ein gewisses Ausmaß an Bürokratie sein wird.

XIII. Modelle der legitimen Organentnahme

Ein allgemeines Problem, das mit den bisherigen Überlegungen noch nicht geklärt ist, entsteht aus der Frage nach den Regelungen für eine legitime Organentnahme bei verstorbenen Spendern. Hier hat die Diskussion verschiedene Modelle der legitimen Organentnahme definiert. Die Kontroverse wird besonders deutlich durch eine Gegenüberstellung des Modells der Zustimmungs- oder Einwilligungslösung auf der einen und des Modells der Widerspruchslösung auf der anderen Seite.

Das Modell der Zustimmungs- oder Einwilligungslösung besagt folgendes: Die Organentnahme ist nur bei vorliegender ausdrücklicher Einwilligung des Verstorbenen oder der Verwandten zulässig. Bei dieser Lösung ist die Rechtslage zugunsten der Explantation dann eindeutig, wenn der Verstorbene zu Lebzeiten ausdrücklich in eine Organentnahme eingewilligt hat und diesen Willen zweifelsfrei (z.B. durch einen Organspenderausweis) dokumentiert hat. Liegt keine Willensbekundung vor, sollen die nächsten Angehörigen entscheiden.

Demgegenüber sieht das Modell der Widerspruchslösung vor, daß die Organentnahme immer dann gerechtfertigt ist, wenn kein ausdrückliches Veto des Verstorbenen vorliegt. Bei dieser Lösung wird also auf eine vorherige Befragung eines nahen Angehörigen verzichtet. Ist den Angehörigen kein ausdrücklicher Widerspruch bekannt, soll nicht ihr Wille an die Stelle des Verstorbenen treten. Entscheidend kommt es hier auf eine Erklärung des Spenders zu Lebzeiten an. Hat dieser keinen

Widerspruch artikuliert, soll die Organentnahme rechtmäßig sein.

Liegt eine einwilligende Erklärung des verstorbenen Spenders vor, so bestehen für kein Modell Schwierigkeiten. Das entsprechende gilt auch bei einem ausdrücklichen Widerspruch des verstorbenen Spenders.

Probleme zwischen den beiden Modellen entstehen dort, wo überhaupt keine Willenserklärung vom Spender vorliegt. In diesem Fall können wir uns auf die Überlegungen berufen, die oben zu der Frage nach der Verfügung über den Leichnam entwickelt worden sind: Für sich genommen bietet das Prinzip der Autonomie nur in Bezug auf den Körper einer lebenden Person eine hinreichende Begründung für die Entscheidung zur Organentnahme, im Falle des Leichnams tritt aber noch ein Prinzip der Sinntreue gegenüber früher Gesagtem und Versprochenem hinzu, und im übrigen besteht ein symbolischer Bezug zwischen dem Leichnam im allgemeinen und dem Andenken an den Verstorbenen. Da wir hier weder auf Gesagtes oder Versprochenes zurückgreifen können, bleibt nur der symbolische Bezug, der aber durch eine Organentnahme nicht verletzt wird.

Als Frage wäre dann allerdings noch anzufügen, mit welchem Aufwand – es geht hier vor allem um den Zeitaufwand – man gleichwohl versuchen soll, eine ausdrückliche Äußerung der Angehörigen zu erhalten. Es sei hier unterstellt, daß solche Versuche – nach der die Angehörigen in jedem möglichen Fall informiert werden und so auch widersprechen können – zu einer erweiterten Widerspruchslösung gehören könnten, auch wenn es schwerfallen mag, dies in eindeutige Regeln zu bringen. Folgt man den vorgetragenen Überlegungen, so ist zumindest das erweiterte Modell der Widerspruchslösung ethisch vertretbar. Daraus folgt wiederum, daß bei der Befolgung der Zustimmungslösung einige Transplantationen, bei deren Unterbleiben die Heilungschancen für den Patienten sinken – und zwar in den meisten Fällen wohl dramatisch sinken – würden, nicht durchgeführt werden können, obwohl sie ethisch vertretbar sind. Anders gesagt: Die Zustimmungslösung verhindert Heilung und Lebensrettung in einigen Fällen auch dort, wo sie ethisch gerechtfertigt ist. Das würde für die erweiterte Widerspruchslösung sprechen.

XIV. Die Lebendspende

Eine Lebendspende stellt da, wo sie überhaupt möglich ist, in jedem Falle eine deutlich nachgeordnete Möglichkeit gegenüber der Organentnahme vom verstorbenen Spender dar. Von einigen Ärzten und Autoren wird sie überhaupt abgelehnt. Eine Lebendspende, die den Tod des Spenders zur Folge hätte, wäre nach allgemeiner Ansicht auch bei völlig freiwilliger Einwilligung nicht zulässig. Eine Transplantation wird aber auch dann abgelehnt, wenn durch sie die Persönlichkeit, Individualität oder Identität des Empfängers verändert werden würde. Ausdrücklich wird dies für die Transplantation von Hirn und Keimdrüsen geltend gemacht.[6]

Im übrigen aber wird in der Diskussion hinsichtlich besonderer Organtransplantationen kaum weiter differenziert. Die vorherrschende Orientierung findet an der Nierentransplantation statt. Die übliche Unterscheidung hinsichtlich der Organe ist die zwischen paarigen und nichtpaarigen Organen, die praxisrelevant ist, weil nur bei ersteren eine Lebendspende überhaupt in Frage kommt. Die weitere Unterscheidung zwischen erneuerbaren und nichterneuerbaren Geweben spielt – überraschenderweise – keine nennenswerte Rolle.

Eine Reihe von Transplantationen sind medizinisch wie ethisch so unproblematisch und unbedenklich, daß sie in der Diskussion überhaupt nicht in Betracht gezogen werden (Hornhaut des Auges, Gehörknöchelchen).

Auf der anderen Seite kennen wir aber auch Transplantationen, denen noch ein gewisser Versuchscharakter zukommt. Denn obgleich einige Transplantationen heute zum festen therapeutischen Bestand der medizinischen Praxis gehören (so besonders die Nierentransplantation), haben andere Transplan-

6 DBK/EKD 1990.

tationen noch einen experimentellen oder semiexperimentellen Charakter. Experimente sind für die Erweiterung medizinischen Wissens zwar unabdingbar. Sie sind aber nur unter ganz bestimmten Voraussetzungen begründet. Ein allgemeiner Gesichtspunkt, der in diesem Zusammenhang ins Feld geführt wird, ist der, daß in äußerster Gefahr auch das Äußerste gewagt werden muß. Besitzt eine geplante Transplantation noch einen solchen experimentellen Charakter, so sind Spender wie Empfänger darauf hinzuweisen, wobei die Vorteile und die Gefahren, die Alternativen und die Gründe für den geplanten Neulandschritt klar hervortreten müssen.

In diesem Zusammenhang ist auch die Möglichkeit der Transplantation tierischer Organe und die Einsetzung künstlicher Organe zu erwähnen. Insofern die Einsetzung tierischer bzw. künstlicher Organe medizinisch erfolgversprechend ist und nicht eine Persönlichkeitsveränderung zur Folge hat, sollen diese, nach dem Grundsatz der Verhältnismäßigkeit der Mittel, Humantransplantaten vorgezogen werden, da sie auf der Spenderseite keine Eingriffe in menschliche Körper erfordern.

Für eine Bewertung der Lebendspende sind zunächst einige allgemeine Punkte festzuhalten. Als erstes ist festzustellen, daß sie kein Heileingriff ist, sondern eine Heilhilfe im Interesse eines Dritten, dem Empfänger. Für sich selbst betrachtet, ist die Explantation vom Spender unbestreitbar eine Körperverletzung und auch eine echte Gesundheitsschädigung. Sie setzt daher auf jeden Fall die freie Einwilligung des Spenders und seine umfassende Aufklärung über die Folgen durch den Arzt voraus, insbesondere über die möglichen Belastungen aufgrund der Organentnahme. Dabei ist die besondere Situation der Spender zu berücksichtigen, die die Einwilligungsfähigkeit u.U. - etwa aufgrund einer noch nicht hinreichend entwickelten Urteilsfähigkeit bei minderjährigen oder manchen behinderten Spendern – deutlich einschränken kann. Auch für sehr junge Menschen können sich hier besondere Probleme ergeben, die darin bestehen, daß sie dem – auch ungewollten – Druck ihrer Familie nicht gewachsen sind. Es wird daher von einigen Autoren empfohlen, eine Lebendspende nur dann für zulässig zu erklären, wenn der Spender mindestens 18 Jahre ist und persönlich seine Einwilligung erklärt. Weitere Einschränkungen werden für die Lebendspende von paarigen Organen diskutiert. Hier wird auf die Gefahr der Kommerzialisierung bei Nicht-Verwandten hingewiesen[7] und z.T. gefordert, sie in diese Fällen überhaupt nicht zuzulassen.

Die Probleme, die sich bei einer Organentnahme von einem verstorbenen Spender dadurch ergeben, daß keine eindeutige Willensbekundung des Spenders zu Lebzeiten vorliegt, bestehen bei einer Lebendspende nicht, da hier der Spender im Prinzip selbst seinen Willen äußern kann. Dafür gibt es die Probleme der Gesundheitsschädigung und des Entscheidungsdrucks, die bereits erwähnt wurden. Ein Problemfeld erscheint sowohl für lebende als auch für verstorbene Spender, nämlich das der Verfügung über den Körper und speziell das Problem des Organhandels und allgemein das Problem der kommerziellen Faktoren bei einer Organtransplantation.

XV. Kommerzialisierung und Organhandel

Wie immer man dies bewerten mag, wird man mit der Möglichkeit einer kommerziellen Organentnahme und -einpflanzung, also eines Organhandels, aber auch überhaupt einer kommerziellen Motivierung von Spendern oder eines solchen Motivationsversuchs der Spender von seiten der Empfänger oder ihrer Angehörigen rechnen müssen. Ausgeschlossen seien hier die Fälle krasser Kriminalität, wo Kinder von ihren Eltern für eine Organentnahme gegen Bezahlung freigegeben werden oder wo man Personen gegen deren Willen oder ohne deren Wissen Organe entnimmt. Für diese Fälle brauchen wir keine besonde-

---

7 Transplantationskodex 1987: Die Lebendspende von paarigen Organen sollte wegen der Gefahr der Kommerzialisierung bei Nicht-Verwandten nicht zulässig sein. Bei lebenden Verwandten kann sie – zur Verkürzung der Wartezeit auf ein Transplantat – aus pädiatrisch nephrologischer Sicht empfehlenswert sein.

ren ethischen Argumente. Sie sind einfach kriminell und moralisch schlechterdings verboten. Hier soll es nur darum gehen, in welcher Weise überhaupt finanzielle Forderungen und Angebote im Rahmen einer Organtransplantation ethisch vertretbar erscheinen, und ob der menschliche Körper oder Leichnam bzw. dessen Organe im Prinzip ein Gegenstand solcher Forderungen und Angebote sein können.

Der Gelderwerb durch den Handel mit Organen stellt nach ganz überwiegender Überzeugung einen Mißbrauch der Organspende dar. Dies könnte dazu führen, daß die Einwilligung zur Organentnahme wegen einer finanziellen Notlage nicht auf der freien Entscheidung beruht, daß vor allem in den armen Ländern die Explantation geradezu kriminelle Dimensionen erfahren könnte und sich die Therapiekriterien weniger nach der medizinischen Indikation richten als nach der finanziellen Potenz des Empfängers.

Faktisch wird, zumindest gegenwärtig, für die Bundesrepublik Deutschland eine Kommerzialisierung der Organtransplantation ausgeschlossen. Die Gründe dafür sind die folgenden:

(1) Alle chronisch nierenkranken Menschen können gegenwärtig durch Dialyse behandelt werden und daher auf das für sie optimale Transplantat warten.
(2) Die Patienten sind darüber informiert, daß den Ärzten die Herkunft des Transplantats bekannt sein muß, um den bestmöglichen Empfänger auszuwählen.
(3) Es werden fast nur Leichennieren verwendet. Ausnahmen kommen nur in Betracht, wenn es sich um enge Blutsverwandte handelt (Bundesregierung 1990).

Wird auch der Organhandel abgelehnt, so gibt es doch Stimmen, die das strikte Entgeldverbot in Frage stellen und auf dessen negative Konsequenzen hinweisen. So wird eine Organspende aus rein karitativen Beweggründen zwar unter Verwandten die Regel bleiben. Um ein solches Opfer aber auch zugunsten fremder, u.U. weit im Ausland lebender Empfänger zu fördern, erscheint einigen Autoren die Zulassung einer begrenzten Anerkennungssumme als ein geeignetes und vertretbares Mittel. Der Gedanke eines Vorteilsausgleichs spielt hier ebenso hinein wie die Erwägung, daß die Hingabe eines Organs einen Wert habe, den man auch mit einem Preis schätzen könne. Wenn die Kassen der Empfänger feste Beträge für die Organe zahlten, so würden sie die Entgeldhöhe steuern und zugleich dafür sorgen können, daß minderbemittelte Kranke nicht aus finanziellen Gründen auf eine Transplantation verzichten müssen. Die Anerkennungsprämien, so ein Vorschlag, dürfen nicht so hoch sein, daß sie allein Grund für eine Organspende geben, aber auch nicht zu gering ausfallen, so daß der Spender nicht verleitet wird, nebenher oder anstelle dessen vom Empfänger selbst größere Summen zu fordern.

Versucht man, diese Argumente abzuwägen, so wird man beides – den besonderen Status des Körpers (und seiner Organe) als auch die Bedingungen der Spendermotivation – zu berücksichtigen haben. Als Prinzip könnte man erwägen: Eine Kommerzialisierung ist moralisch verboten, und zwar sowohl wegen der Folgen als auch wegen der besonderen Zwischenstellung des Körpers zwischen Person und Sache. Möglich wären aber personenbezogene und nicht unmittelbar kommerzielle Anerkennungsleistungen wie ein bestimmter Versicherungsschutz für die Person des potentiellen Spenders oder die Mitgliedschaft in einem „Ring“ von Spendern mit Aufklärungsangeboten und anderen Leistungen auch für die Angehörigen.

XVI. Entscheidungs- und Auswahlkriterien

In der Transplantationsmedizin sind Entscheidungen unterschiedlicher Art zu treffen. Für den Arzt geht es vor allem um Entscheidungen darüber, welche Patienten für eine Transplantation ausgewählt werden. Auch eine solche Auswahlentscheidung hat wieder unterschiedliche Aspekte. So geht es dabei zunächst um die Aufnahme oder den Abbruch einer Therapie im allgemeinen und damit um die Festlegung von Rahmenkriterien. Darüber hinaus geht es um die Entscheidung im Einzelfall, die auch dann noch zu treffen ist, wenn die Rahmenkriterien erfüllt sind.

Während die Entscheidungen über die Rahmenkriterien Abwägungen von Nutzen und Schaden, Heilung und Gesundheitsgefährdung, Chancen und Risiken verlangen, scheint dies bei den persönlichen Einzelfallentscheidungen anders zu sein. Hier tritt der unbedingte Charakter der Verpflichtung zur Heilung sehr viel stärker in Erscheinung als bei den allgemeinen Rahmenerwägungen. Und doch ist auch hier eine Abwägung erforderlich. Man könnte diese Situation dadurch zu beschreiben versuchen, daß man in ihr einen Zwang zur Abwägung vor dem Hintergrund einer an sich unbedingten Verpflichtung sieht. Einen Rahmen für die konkrete Entscheidung über die Auswahl der Empfänger kann man in den allgemeinen Auswahlkriterien der Kompatibilität, Dringlichkeit (Vordringlichkeit bei Kindern) und Wartezeit (dann, wenn gleiche Kompatibilität gegeben ist) sehen, die von der Bundesregierung aufgeführt worden sind (Antwort der Bundesregierung: „Probleme der modernen Transplantationsmedizin I bis V": Bundestagsdrucksache 11/7980 vom 26.09.90, S.11).

Weiter zu berücksichtigende Faktoren bei der Auswahl von Patienten sind u.a. Gewebekompatibilität, Alter, Gesundheitszustand, Überlebenschance, die Bereitwilligkeit der Zusammenarbeit (compliance). Es sind neben verschiedenen Modellen der Gewichtung obiger Kriterien der Entscheidung auch unterschiedliche Formen der Entscheidungsfindung denkbar, etwa die Einbeziehung von Ethikkommissionen, die alleinige Entscheidung des Arztes, unpersönliche Entscheidungen aufgrund rein technischer Kriterien. Letztlich ist jede Entscheidung von dem behandelnden Arzt zu verantworten. Dabei ist auch zu sehen, daß die Auswahlkriterien, gerade wenn zukünftig durch verbesserte Immunsuppression kein eindeutiges medizinisches Kriterium (Kompatibilität) mehr gegeben ist, ein schwieriges juristisches Problem aufwerfen, für das Rechtsklarheit geschaffen werden muß.

Allgemein gilt aber, daß solche Kriterien sicher eine Entscheidungshilfe sind, alleine aber oft noch nicht die Entscheidung begründen, die im Einzelfall zu treffen ist. Für diese Einzelfallentscheidungen sind daher zusätzliche Überlegungen anzustellen, die insbesondere dem Arzt eine Orientierungs- und Begründungshilfe bieten und die seine besondere, auch existentiell bedeutsame Situation, in der er gegenüber bestimmten Personen seine Entscheidungen treffen muß, berücksichtigen. Die Berücksichtigung der konkreten Entscheidungssituation, in der der Arzt sich befindet, führt zu Fragen, die in der allgemeineren Problemstellung der Definition von Rahmenkriterien noch nicht auftauchen. Die eher „kalkulationsethischen" Definitionen von Maßstäben und Regeln zur Berechnung von Nutzen und Schaden, die eine Präferenzentscheidung rational machen sollen, reichen hier nicht aus. Vielmehr sind zusätzliche „identitätsethische" Überlegungen anzustellen, in denen die moralischen Grundüberzeugungen in einem Verständnis der menschlichen Identität als Person fundiert sind, das uns einige unbedingte Verpflichtungen auferlegt. In diesen Überlegungen geht es daher auch nicht um eine Fortführung und Verfeinerung entscheidungstheoretischer Konzeptionen (die im wesentlichen alle „kalkulationsethisch" fundiert sind), sondern um eine rationale Verknüpfung von präferenzbestimmendem Kalkül und kategorischer Verpflichtung, die durch eine besondere Art der Abwägung erreicht werden soll.

Während es nun für entscheidungstheoretische Präferenzbegründungen eine breite Literatur gibt, ist dies für die notwendigen Abwägungen in „identitätsethisch" verstandenen Situationen, in denen sich der entscheidende Arzt unbedingten Verpflichtungen gegenübersieht, nicht der Fall. Um hier eine Klärung zu erreichen, gilt es, sowohl an die tatsächliche Praxis ärztlicher Entscheidungsbildung anzuknüpfen als auch in anderen Feldern der praktischen Urteilsbildung nach ähnlichen Strukturen zu suchen.

Ein Beispiel für einen Aspekt der ärztlichen Entscheidungspraxis bietet die Anamnese, in der es mit der narrativen Rekonstruktion einer Lebensgeschichte um das Verständnis der besonderen Identität eines Menschen geht. Andere Beispiele finden sich in den bei ärztlichen Entscheidungen tatsächlich angewandten Kriterien, die fast immer „identitätsethischer" Natur sind und auf Prämissen beruhen, die z.B. die Wahrung der persönlichen Identität oder der Natürlichkeit der physischen und psychischen Lebensentwicklung als Wertrahmen benutzen. In diesen Formen der tatsächlichen Entscheidungspraxis finden wir eine praktisch zwar vielfach bewährte Verknüpfung von persönlicher Lebenserfahrung, ärztlich geschulter Urteilskraft und traditionsgestützten Wertüberzeugungen, die aber theoretisch nicht eingeholt ist.

Auf der anderen Seite verfügen wir durchaus über theoretische Reflexionen auf die Urteilsbildung in konkreten Situationen. Aber diese betreffen vorwiegend andere Gebiete, nämlich die der juristischen und ökonomischen Entscheidungen. Während dabei die ökonomischen Entscheidungen weitgehend Präferenzentscheidungen sind, die kalkulationstheoretische Überlegungen verlangen, zeigen die juristischen Entscheidungen in vielen Fällen eine ähnliche Struktur wie die Auswahlentscheidungen des Arztes. Denn auch in einer Rechtsentscheidung geht es um das Abwägen eines Einzelfalles im Rahmen von Verpflichtungen (und diesen gegenüberstehenden Rechtsansprüchen), die nicht nur auf ihren Nutzen oder Schaden in einem bestimmten gesellschaftlichen und kulturellen Umfeld hin relativiert werden. Insgesamt wird man aber sehen müssen, daß hier noch Untersuchungen ausstehen, die eine theoretisch reflektierte Klärung der praktischen Auswahl- und Entscheidungsfragen erst noch zu leisten haben.

XVII. Weitere unerledigte Fragen

Tatsächlich sind auch noch andere Problembereiche zu bearbeiten. Hier mögen lediglich vier Fragen, die an tatsächliche Fälle anschließen, auf verschiedene Dimensionen von besonderen Problemen hinweisen, die sich in einer modernen Gesellschaft gerade aufgrund ihrer technologischen Möglichkeiten mit Transplantationen verbinden können:

(1) Was ändert sich durch die Möglichkeit, nur noch key cells zu implantieren?
(2) Kann man eine Transplantation auch dann verantworten, wenn sie nur aus Lebenstilgründen erforderlich ist und der Lebenstil nicht aufgegeben wird? (Alkohol etc.)
(3) Darf ein Fötus ausgetragen werden nur zum Zweck der Organspende?
(4) Wem gehört die in der Forschung oder Industrie genutzte Zellkultur, die aus dem Gewebe eines Spenders oder eines Patienten entwickelt worden ist? (Vgl. den Fall John Moore aus Seattle, der seinen Ärzten die kommerzielle Nutzung seiner krebsbefallenen Milz vorwirft. Der Zellstamm aus seiner krebsbefallenen (1976 entnommenen) Milz produzierte große Mengen von Proteinen mit immunverstärkenden Eigenschaften, die man für neue Medikamente verwendet. Der oberste Gerichtshof der USA wies Moores Klage zurück mit der Begründung, daß er alle Eigentumsrechte vergeben hat in dem Augenblick, in dem die Zellen seinen Körper verlassen haben. Außerdem erfolgte der Hinweis auf den informed consent. Dies bildete den Grund für den Einspruch, er sei über die Nutzung seiner Zellen nicht informiert worden.)

Anhang
Bibliographie von deutschsprachigen Texten zur Organtransplantation*

A. *Lexikonartikel*

Pichlmayer, R.; Honecker, M.; Wolfslast, G.: Organtransplantation. In: Lexikon Medizin, Ethik, Recht. Hrsg. von Albin Eser, Markus von Lutterotti, Paul Sporken. Freiburg, Basel, Wien: Herder, 1989. S. 757-774.

Giesen, Dieter: Organverpflanzung. In: Staatslexikon. Recht, Wirtschaft, Gesellschaft. Hrsg. von der Görres-Gesellschaft. Freiburg, Basel, Wien: Herder, 1988. S. 208-211.

* Stand 6.8.1991

Pichlmayer, R.; Link, J.; Honecker, M.: Organtransplantation. In: Evangelisches Staatslexikon. Hrsg. von Roman Herzog. Stuttgart: Kreuz-Verlag, 1987. S. 2338-2351.
Link, J.; Neuhaus, G.A.; Honecker, M.: Organverpflanzung. In: Evangelisches Staatslexikon. Hrsg. von Roman Herzog. Stuttgart: Kreuz-Verlag, 1975. S. 1706-1711.
Egenter, R.: Transplantation. In: Lexikon für Theologie und Kirche. Hrsg. J. Höfer, K. Rahner. Freiburg: Verlag Herder, 1965. Band 10, S.309-311.
Zenker, R.; Sebening, E.; Struck, E.: Herztransplantation-Organtransplantation. Voraussetzungen und Problematik. In: Meyers Enzyklopädisches Lexikon. Mannheim, Wien, Zürich: Bibliographisches Institut, 1974. Band 11, S. 787-790.

B. Präskriptive Texte

1. Allgemeine Rechtsgrundlagen

1.1 Gesetzestexte

Vorbemerkung: In der Bundesrepublik Deutschland gibt es bisher keine besondere gesetzliche Regelung der Organtransplantation. Nachfolgend werden daher die allgemeinen gesetzlichen Bestimmungen genannt, die im juristischen Schriftum im Zusammenhang mit der Transplantationsproblematik diskutiert werden.

a) Verfassungsrecht

Grundgesetz für die Bundesrepublik Deutschland vom 23. 5. 1949 (BGBl. I S. 211)

Art. 1 [Menschenwürde und Menschenrechte]
Art. 2 [Persönlichkeitsrechte]
Art. 4 [Glaubens- und Gewissensfreiheit, Kriegsdienstverweigerung]
Art. 5 [Meinungs- und Pressefreiheit; Freiheit der Kunst und der Wissenschaft]

b) Strafrecht

Strafgesetzbuch in der Fassung vom 2. 1. 1975 (BGBl I S. 1)

§ 168. [Störung der Totenruhe]
§ 216. [Tötung auf Verlangen]

§ 222. [Fahrlässige Tötung]
§ 223a. [Gefährliche Körperverletzung]
§ 224. [Schwere Körperverletzung]
§ 226. [Körperverletzung mit Todesfolge]
§ 226a. [Einwilligung des Verletzten]
§ 303. [Sachbeschädigung]

c) Zivilrecht

Bürgerliches Gesetzbuch vom 18. 8. 1896 (BGBl I S. 195)
Zweiter Abschnitt. Sachen
§ 90. [Begriff]
Fünfundzwanzigster Titel. Unerlaubte Handlungen
§ 823. [Schadensersatzpflicht]

1.2 Präzedenzfälle

BGH, Urteil vom 20. 3 1968 – I ZR 44/66 (Hamburg). In: Neue Juristische Wochenschrift (1968): 1773-1779.
4. GG Art. 2, 5 (Persönlichkeitsschutz Verstorbener gegen eine Verfälschung ihres Lebensbildes – Mephisto)
Zur Frage des Persönlichkeitsschutzes Verstorbener gegen eine Verfälschung ihres Lebensbildes in einem zeitkritischen Roman

LG Bonn, Urteil vom 25. 2. 1970 – 7/O 230/69.
In: Juristenzeitung (1971): 56-62.
BGB §§ 839, 31, 89, 847; GG Art. 34; StGB § 168.
Fall „Gütgemann"; die Angehörigen klagten auf Schadensersatz, weil ohne ihre Einwilligung eine postmortale Explantation vorgenommen worden ist; vgl. dazu die Besprechung von Gert Geilen: Probleme der Organtransplantation. In: Juristenzeitung (1971): 41 ff.

BverfGE, Beschluß des Ersten Senats vom 24. Februar 1971 – 1 BvR 435/68 –
In: Entscheidungen des Bundesverfassungsgerichts. Bd. 30: 173-227 (194).
Art.5 Abs.3 Satz 1 GG; Art. 2 Abs. 1 Halbsatz 2 GG; Art. 1 Abs. 1 GG.
Zur Frage des Persönlichkeitsschutzes Verstorbener gegen eine Verfälschung ihres Lebensbildes in einem zeitkritischen Roman

BSG, Urteil vom 12.12. 1972 – 3 RK 4770 (SG Gelsenkirchen). In: Neue Juristische Wochenschrift (1973): 1432 f.
24. RVO §§ 182, 186 a. F. (Organtransplantation als Krankenhilfe für Organempfänger)
Die Übertragung von körpereigenem Gewebe auf einen Dritten („Organtransplantation" im weitesten Sinne) ist ein Teil der Krankenhilfe für den Organempfänger. Die Aufwendungen für die ambulante oder stationäre Behandlung des Organspenders sind daher jedenfalls dann, wenn die Organent-

nahme komplikationslos verläuft, als Nebenleistung zu der dem Empfänger zu gewährenden Krankenhilfe von dessen Krankenkasse zu tragen. Hierzu gehört auch die dem Organspender bei Arbeitsunfähigkeit infolge der Organentnahme zu gewährende Barleistung für seinen Verdienstausfall. Die Regelung über die Gewährung von Hausgeld (§ 186 Abs. 1 RVO a. F.) war in einem solchen Falle jedenfalls dann entsprechend anwendbar, wenn auch der Organspender gesetzlich krankenversichert war.

BGH, Urteil vom 4. 6. 1974 – VI ZR 68/73 (Hamburg). In: Neue Juristische Wochenschrift (1974): 1371.

BGB §§ 823, 847; GG Art. 1, 5 (Umfang des Persönlichkeitsschutzes eines Verstorbenen).

a) Zur Wahrung des Persönlichkeitsschutzes eines Verstorbenen gegen grobe Entstellung seines Lebensbildes kann seinen Angehörigen auch ein Widerrufsanspruch gegen den Verletzer zustehen (Ergänzung zu BGHZ 50, 133 = NJW 68, 1773- „Mephisto").

b) Dagegen können sie wegen solcher Eingriffe in das Ansehen des Verstorbenen vom Verletzer eine Geldentschädigung nicht fordern.

OLG Frankfurt a. M., Beschluß vom 29.11. 1974 – 2 Ws 239/74. In: Neue Juristische Wochenschrift (1975): 379-385.

StGB § 168; RVO § 1559 Abs. 2; StPO §§ 172 ff.

Der Auftrag des Leiters einer Berufsgenossenschaft an den zuständigen Amtsarzt, von einem tödlich verunglückten Mitglied eine Blutprobe zu entnehmen, um festzustellen, ob eine – die Zahlung einer Hinterbliebenenrente ausschließende – Trunkenheit am Steuer unfallursächlich war, erfüllt zwar objektiv den Tatbestand der Störung der Totenruhe, kann aber wegen übergesetzlichen Notstandes (jetzt: § 34 StGB n. F.) gerechtfertigt sein.

OLG München, Beschluß vom 31. 5. 1976 – Ws 1540/75. In: Neue Juristische Wochenschrift (1976): 1805 f.

StPO § 172; StGB 168 (Klinische Sektion).

Die ohne Einwilligung des Verstorbenen oder seiner totensorgeberechtigten Angehörigen vorgenommene klinische Sektion (innere Leichenschau) ist rechtswidrig; sie ist gleichwohl nicht strafbar, solange sich die Leiche noch in der Obhut allein der (die Sektion veranlassende) Klinik befindet.

2. *Studien, Aufsätze, Monographien und Sammelbände zu den rechtlichen Aspekten*

a) Verfassungsrecht

Bieler, Frank: Persönlichkeitsrecht, Organtransplantation und Totenfürsorge. In: Juristische Rundschau (1976): 224-229.

Buschmann, Arno: Zur Fortwirkung des Persönlichkeitsrechts nach dem Tode. In: Neue Juristische Wochenschrift (1970): 2081-2088.

Hubmann, Heinrich: Das Persönlichkeitsrecht. Köln, Graz: Böhlau [2]1967.
Kübler, Heidrun: Verfassungsrechtliche Aspekte der Organentnahme zu Transplantationszwecken. Schriften zum öffentlichen Recht, Bd. 327. Berlin: Duncker & Humblot, 1977.
Maunz-Dürig-Herzog-Scholz: Kommentar zu Art. 1, Abs. 1 , Rdn. 18, 23, 26, 28, 38, 40. In: Kommentar zum Grundgesetz [6. Aufl., Loseblattsammlung], München: Beck, 1990.
Maurer, Hartmut: Die medizinische Organspende in verfassungsrechtlicher Sicht. In: Die öffentliche Verwaltung 33 (1980): 7-15.
Westermann, H.P.: Das allgemeine Persönlichkeitsrecht nach dem Tode seines Trägers. In: Zeitschrift für das gesamte Familienrecht (1969): 561.

b) Strafrecht

Bubnoff, Eckhart v.: Rechtsfragen zur homologen Organtransplantation aus der Sicht des Strafrechts. In: Goltdammers Archiv für Strafrecht (1968): 65.
Dippel, Karlhans: Kommentar zu § 168, Rdn. 2 bis 5, 14 f., 30 ff. In: Strafgesetzbuch, Leipziger Kommentare [10. Aufl.] Berlin, New York: De Gruyter, 1988.
Heimann-Trosien, Georg: Kommentar zu § 168, Rdn. 9. In: Strafgesetzbuch, Leipziger Kommentare [9. Aufl.] Berlin, New York: De Gruyter, 1974.
Kallmann, Rainer: Rechtsprobleme bei der Organtransplantation, Straf- und Zivilrechtliche Erwägungen. In: Zeitschrift für das gesamte Familienrecht (1969): 572-579.
Langenberg, Hans: Organtransplantation und § 159 StPO. In: Neue juristische Wochenschrift (1972): 320-321.
Lenckner, Theodor: Kommentar zu § 168, Rdn. 3 und 6. In: Schönke-Schroeder, Strafgesetzbuch Kommentar. München, 1980.
Rieder, M.: Die strafrechtliche Beurteilung von Organtransplantationen de lege lata et ferenda. In: Österreichische Juristenzeitung (1978): 113.
Roxin, Claus: Zur Tatbestandsmäßigkeit und Rechtswidrigkeit der Entfernung von Leichenteilen (§ 168 StGB), insbesondere zum rechtfertigenden Notstand (§ 34 StGB). In: Juristische Schulung (1976): 505-511.
Rüping, Hinrich: Der Schutz der Pietät. In: Goltdammers Archiv für Strafrecht GA 1977: 299-305.
Rüping, Hinrich: Individual- und Gemeinschaftsinteressen im Recht der Organtransplantation. In: Archiv für Strafrecht (1978): 129-137.

c) Zivilrecht

Brenner, G.: Verstoßen Organspenden gegen die „guten Sitten"? In: Medizinische Monatsschrift 28 (1974): 368-370.

Forkel, Hans: Verfügung über Teile des Menschlichen Körpers. Ein Beitrag zur zivilrechtlichen Erfassung der Transplantation. In: Juristenzeitung (1974): 593-599.
Giesen, Dieter: Die zivilrechtliche Haftung des Arztes bei neuen Behandlungsmethoden und Experimenten. Bielefeld. Gieseking, 1976.
Heinrichs, Helmut: Überblick v. § 90, Anm. 4b. In: Palandt, Bürgerliches Gesetzbuch. München: Beck, 1986.
Kallmann, Rainer: Rechtsprobleme bei der Organtransplantation, Straf- und Zivilrechtliche Erwägungen. In: Zeitschrift für das gesamte Familienrecht (1969): 572-579.
Kohlhaas, Max: Zivilrechtliche Probleme der Transplantation von Leichenteilen. In: Deutsche Medizinische Wochenschrift (1969): 290.
Reimann, Wolfgang: Die postmortale Organentnahme als zivilrechtliches Problem. In: H. Hablitzel, M. Wollenschläger (Hrsg.): Recht und Staat. Festschrift für Günther Küchenhoff, Erster Halbband. Berlin: Duncker & Humblot, 1972: 341-349.
Strätz, Wolfgang: Zivilrechtliche Aspekte der Rechtsstellung des Toten unter besonderer Berücksichtigung der Transplantationen. Paderborn: Schöningh, 1971.
Tress, P.: Die Organtransplantation aus zivilrechtlicher Sicht. Dissertation jur. Mainz, 1977.

d) Legislatorische Aspekte

Becker, : Gesetzliche Lösung des Transplantationsproblems. In: Medizinische Klinik 71 (1976): 966.
Brendel, : Unsachliche Kritik am deutschen Transplantationsgesetz. In: Münchner Medizinischer Wochenschrift 120 (1978): 1368.
Bülow, D.v.: Rechtspolitische Probleme durch Fortschritte in der Medizin – Zur Haltung des Gesetzgebers. In: Medizin, Mensch, Gesellschaft 7 (1982): 168.
Deutsch, Erwin: Brauchen wir das Transplantationsgesetz? In: Chirurg 51 (1980): 349-354.
Kunert, Karl-Heinz: Die Organspende als legislatorisches Problem. In: Jura 1 (1979): 350-357.
Lilie, H.: Zur Verbindlichkeit eines Organspenderausweises nach dem Tode des Organspenders. In: Medizinrecht (1983): 132.
Linck, Joachim: Gesetzliche Regelung von Sektionen und Transplantationen. In: Juristenzeitung (1973): 759-765.
Linck, Joachim: Vorschläge für ein Transplantationsgesetz. In: Zeitschrift für Rechtspolitik (1975): 249-251.
Pichlmayer, Rudolf: Transplantationsgesetzgebung in chirurgischer Sicht. In: Chirurg 51 (1980): 344-348.

Rüping, Hinrich: Für ein Transplantationsgesetz. In: Medizin, Mensch, Gesellschaft 7 (1982): 77-84.
Samson, Erich: Der Referententwurf eines Transplantationsgesetzes. In: Deutsche Medizinische Wochenschrift 101 (1976): 125 f.
Samson, Erich: Legislatorische Erwägungen zur Rechtfertigung der Explantation von Leichenteilen. In: Neue Juristische Wochenschrift (1974): 2030-2034.
Samson/Heimsoth: Zum Transplantationsgesetz. In: Deutsche Medizinische Wochenschrift 100 (1975): 22.
Schreiber, Hans-Ludwig: Vorüberlegungen für ein künftiges Transplantationsgesetz. In: Festschrift für Ulrich Klug. Köln, 1983. S. 341- 358.
Sturm, Richard: Zum Regierungsentwurf eines Transplantationsgesetzes. In: Juristenzeitung (1979): 697-702.
Wimmer, August: Vorschläge für ein Transplantationsgesetz. In: Zeitschrift für Rechtspolitik (1976): 48.
Wolfslast, Gabriele: Gesetzliche Regelung wäre wünschenswert. In: Arzt im Krankenhaus (1982): 526-530.
Wolfslast, Gabriele: Transplantation ohne Gesetz? Zur rechtlichen Situation der Organspende. In: Münchener Medizinische Wochenschrift (1982): 105-109.

e) Sonstiges

Albrecht, Volker: Die rechtliche Zulässigkeit postmortaler Transplantatentnahmen. Marburg: Elwert, 1986.
Angstwurm, H.: Sichere Feststellung des Todes vor der Organspende. In: E. Dietrich (Hrsg.): Organspende-Organtransplantation: Indikationen, Technik, Resultate. Ein Report des Machbaren. Percha am Starnberger See: R.S. Schulz 1985.
Carstens, Thomas: Das Recht der Organtransplantation. Stand und Tendenzen des deutschen Rechts im Vergleich zu ausländischen Gesetzen, Bern, Las Vegas, Mainz: Lang, 1978.
Carstens, Thomas: Organtransplantation. In: Zeitschrift für Rechtspolitik (1979): 282-284.
Deutsch, Erwin: Aufklärungspflicht und Operationseinwilligung. In: Chirurg (1979): 193-197.
Deutsch, Erwin: Die rechtliche Seite der Transplantation. In: Zeitschrift für Rechtspolitik (1982): 174-177.
Eigler, F.W. : Organtransplantation in der gegenwärtigen juristischen Situation. In: Münchner Medizinischer Wochenschrift 122 (1980): 1117-1118.
Geilen, Gert: Probleme der Organtransplantation. In: Juristenzeitung (1971): 41-48.
Geilen, Gert: Rechtsfragen der Organtransplantation. In: Honecker, Martin (Hrsg.): Aspekte und Probleme der Organtransplantation. Grenzgespräche Bd. 4. Neukirchen: Neukirchener Verlag, 1973.

Gramer, Eugen: Das Recht der Organtransplantation. Dissertation jur. Würzburg, 1981.

Hanack, Ernst-Walter: Rechtsprobleme der Organtransplantation. In: Studium Generale 23 (1970): 428.

Heinemann, Wolfgang: Organtransplantation aus der Sicht der „Interessengemeinschaft Organspende e.V.“. In: J.G. Ziegler (Hrsg.): Organverpflanzung. Medizinische, rechtliche und ethische Probleme. Düsseldorf: Patmos 1977.

Hiersche, Hans-Dieter, G. Hirsch, T. Graf-Baumann (Hrsg.): Rechtliche Fragen der Organtransplantation. 3. Einbecker Workshop der dt. Ges. für Medizinrecht 25./26. Juni 1988. Berlin, Heidelberg, New York u.a.: Springer, 1990.

Isemer, F.E.; Lilie, H.: Rechtsprobleme bei Anencephalen. In: Medizinrecht (2/1988): 66.

Kirschbaum, E.: Rechtliche Zulässigkeit von Organverpflanzungen vom toten Spender auf einen Kranken. In: Medizinische Klinik 66 (1971): 1627-1632.

Klinner, Werner: Herztransplantationen – Medizinische, rechtliche und ethische Probleme des transplantierenden Arztes. In: J.G. Ziegler (Hrsg.): Organverpflanzung. Medizinische, rechtliche und ethische Probleme. Düsseldorf: Patmos, 1977.

Kohlhaas, Max: Neue Rechtsprobleme der Organtransplantation. In: Neue Juristische Wochenschrift (1971): 1870.

Kohlhaas, Max: Rechtsfolgen von Transplantationseingriffen. In: Neue Juristische Wochenschrift (1970): 1224.

Kohlhaas, Max: Rechtsfragen zur Transplantation von Körperorganen. In: Neue juristische Wochenschrift (1967):1489-1493.

Kopetzki, Christian; Brandtstetter, Wolfgang: Organtransplantationen. Medizinische und rechtliche Aspekte der Verwendung menschlicher Organe zu Heilszwecken. Wien: Facultas Univeritäts-Verlag 1987.

Kramer, Hans J.: Rechtsfragen der Organtransplantationen. München: Florentz, 1987.

Kress, Hans von; Heinitz, Ernst: Ärztliche Fragen der Organ-Transplantation – rechtliche Fragen der Organ-Transplantation. Berlin: De Gruyter 1970.

Lange, H.: Die geringe Transplantationsfrequenz – mutmaßliche Ursachen und mögliche Abhilfen. In: Medizinische Klinik (1978): 1675-1681.

Laufs, Adolf: Arztrecht. München, 1988.

Laufs, Adolf: Rechtsfragen der Organtransplantation. In: Hiersche, Hans-Dieter, G. Hirsch, T. Graf-Baumann (Hrsg.): op. cit., S.57-74

Murauer, Michael: Organtransplantation, Recht und Öffentlichkeit dargestellt an der Entwicklung in der Bundesrepublik Deutschland. Diss. TU München, 1982.

Penning, R.; Liebhardt, E.: Entnahme von Leichenteilen zu Transplantationszwecken – Straftat, ärztliche Pflicht oder beides? In: W. Eisenmenger, M. Schluck (Hrsg): Medizin und Recht. Festschrift für Wolfgang Spann. Berlin, Heidelberg, New York u.a.: Springer, 1986: 440-452.

Samson, Erich: Rechtliche Probleme der Organtransplantation. In: J.G. Ziegler (Hrsg.): Organverpflanzung: Medizinische, rechtliche und ethische Probleme. Düsseldorf: Patmos, 1977.
Schreiber, H. L. und Wolfslast, G.: Rechtsfragen der Transplantation. In: Dietrich, E.: Organspende/Organtransplantation: Indikation, Technik, Resultate. Percha am Starnberger See: R. S. Schulz, 1985. S.33-63.
Schreiber, Hans-Ludwig: Rechtliche Aspekte der Organtransplantation bei Kindern. In: H. Müller, H. Olbing (Hrsg.): Ethische Probleme in der Pädiatrie. München, Wien, Baltimore: Urban & Schwarzenberg, 1982. S. 225-231.
Schreiber, Hans-Ludwig: Rechtliche Fragen der Organentnahme auch der Lebendspende. In: Gesellschaft Gesundheit und Forschung e.V. (Hrsg.): Ethik und Organtransplantation. Beiträge zu einer allgemeinen Diskussion. Frankfurt a.M., 1989. S. 39-46.
Spann, Wolfgang: Organentnahme bei Leichen rechtswidrig? In: Münchner Medizinische Wochenschrift 125 (1983): 16.
Vogel, H. J.: Zustimmung oder Widerspruch. Bemerkungen zu einer Kernfrage der Organtransplantation. In: Neue Juristische Wochenschrift (1980): 625-629.
Wolfslast, Gabriele: Grenzen der Organgewinnung – Zur Frage einer Änderung der Hirntodkriterien. In: Medizinrecht 4 (1989): 163-168.
Wolfslast, Gabriele: Rechtliche Aspekte der Organtransplantation. In: Deutsche Krankenpflegezeitschrift (7/1988): 507-511.
Zenker, R.: Organtransplantationen, ethisch – rechtliche Probleme. In: Klinische Wochenschrift 47 (1969): 1040-1043.
Ziegler, Josef G. (Hrsg.): Organverpflanzung. Medizinische, rechtliche und ethische Probleme. Düsseldorf: Patmos, 1977.

3. Parlamentaria

a) Gesetzgeberische Initiativen und Entwürfe

Drucksache 6/948 des Berliner Abgeordnetenhauses: Entwurf eines Gesetzes über Sektionen und Transplantationen; vgl. dazu Linck, JZ 1971:759.
Bericht der Bund-Länder-Arbeitsgruppe zur Vorbereitung einer gesetzlichen Regelung der Transplantation und Sektion, Bonn 1976
BR-Drucksache 395/78 = BT-Drucksache 8/2681: Entwurf eines Gesetzes über Eingriffe an Verstorbenen zu Transplantationszwecken (Transplantationsgesetz)
BR-Drucksache 395/78 (Beschluß) = BT-Drucksache 8/2681, S.13 ff.

b) Antworten der Bundesregierung auf parlamentarische Anfragen von 1986 bis 1990

BT-Drucksache 10/6542 vom 24.11.86: Organentnahme bei Hirntoten zur Transplantation

BT-Drucksache 11/2803 vom 22.08.88: Knochenmarkspenden und Knochenmarktransplantation in der Bundesrepublik Deutschland

BT-Drucksache 11/3759 vom 19.12.88: Hirntodbestimmung und Organtransplantation bei Unfallopfern

BT-Drucksache 11/3993 vom 15.02.89: Organhandel, Persönlichkeitsrechte, Kinderhandel und kriminelle Organentnahme insbesondere bei Kindern in der dritten Welt.

BT-Drucksache 11/6145 vom 21.12.89: Verbesserung der Voraussetzungen für Organverpflanzungen.

BT-Drucksache 11/7980 vom 26.09.90: Probleme der modernen Transplantationsmedizin I bis V.

c) Entschließungen des Europarates

Resolution (78) 29
On Harmonisation of Legislation of Member States Relating to Removal, Gravting and Transplantation of Human Substances. (angenommen vom Ministerkommtiee am 11.5.1978 anläßlich der 278. Sitzung der Ministerdelegierten).

4. Statements der Bundesparteien

Die GRÜNEN im Bundestag: Organspende, Organklau, Organhandel (Faltblatt)

5. Statements der Gewerkschaften

– liegen nicht vor –

6. Religiöse Verlautbarungen

DBK, EKD: Organtransplantationen. Erklärung der Deutschen Bischofskonferenz und des Rates der Evangelischen Kirche in Deutschland. Bonn/Hannover, 1990

Levinson, N. P. : Der jüdische Standpunkt zur Organtransplantation. In: Studium Generale 23 (1970):460

7. Berufsethische Empfehlungen, Richtlinien

Arbeitsgemeinschaft der Transplantationszentren der Bundesrepublik Deutschland einschl. West-Berlin e.V. (Hrsg.): Transplantationskodex vom 7.11.1987.

Bundesärztekammer: Anfang und Ende menschlichen Lebens. Köln: Deutscher Ärzteverlag, 1988. [Darin: Resolution der Transplantationszentren zur „Organentnahme bei Anenzephalen" 1987. S. 151.]

Interessenverband der Dialysepatienten der Nierentransplantierten Deutschlands e.V.: Gesetz über die Entnahme und Transplantation von Organen (Transplantationsgesetz); beigef.: Begründung der einzelnen Paragraphen

8. Transplantationsrecht im internationalen Vergleich

Carstens, Thomas: Das Recht der Organtransplantation. S. unter *e) Sonstiges*

Carstens, Thomas: Organtransplantation in Frankreich und der DDR – ein Kodifikationsvergleich. In: ZRP (1978): 146-149.

Carstens, Thomas: Organtransplantation. S. unter *e) Sonstiges*

Händel, K.: Ausländische Regelungen des Transplantationsrechts. In: Medizinische Klinik 66 (1971): 399- 406.

Hiersche, Hans-Dieter, G. Hirsch, T. Graf-Baumann (Hrsg.): Rechtliche Fragen der Organtransplantation. S. unter *e) Sonstiges*

Hinderling, H.: Die Organtransplantation in der heutigen Sicht des Juristen. In: Schweizerische Juristenzeitung (1979): 37.

Kleiber, M: Organtransplantation in der Bundersrepublik Deutschland, der DDR und Ost-Europa. Vergleich der Rechtsgrundlagen. In: Beiträge zur gerichtlichen Medizin 37 (1979): 115-118.

Kopetzki, Christian; Brandtstetter, Wolfgang: Organtransplantationen. S. unter *e) Sonstiges*

Küpper, Eugen: Die arztrechtlichen Voraussetzungen in den EWG-Staaten zur Gewebs- und Organentnahme aus der Leiche, Diss. med. Kiel 1970.

Meister, E.: Rechtsfragen der Entnahme von Körperbestandteilen in ausländischen Rechtskreisen. In: Arztrecht 9 (1974):182.

Wolfslast, Gabriele: Transplantationsrecht im europäischen Vergleich. In: Zeitschrift für Transplantationsmedizin 1 (1989): 43-48.

C. *Ethisch-religiöse Studien*

Angstwurm, Heinz; Ketzker, Klaus: Möglichkeiten und Grenzen der Organtransplantation. Ergebnisse einer Untersuchung über die mögliche Zahl postmortaler Organspender. Neu-Isenburg: Kuratorium für Dialyse, 1989.

Beller, Fritz K.; Czaia, Kerstin: Hirnleben und Hirntod, erklärt am Beispiel des anenzephalen Feten. Bochum: Zentrum für medizinische Ethik Bochum, 1988.

Bender-Götze, Christine: Heilen als Belastung. Medizinische Probleme der Knochenmarkstransplantation. In: Helmut Piechowiak (Hrsg.): Ethische Probleme der modernen Medizin. Mainz: Matthias Gründewald-Verlag, 1985. S. 95-104.

Birnbacher, Dieter: Schopenhauers Idee einer rekonstruktiven Ethik (mit Anwendungen für die moderne Medizin-Ethik). In: Schopenhauer-Jahrbuch 71 (1990): 26-44.

Böckle, Franz: Ethische Aspekte der Organtransplantation beim Menschen. Studium Generale 23 (1970): 444.

Böckle, Franz: Moraltheologische Aspekte der Transplantationschirurgie. In: Medizinische Welt 32 (1981): 1783-86.

Brendel, W.: Organtransplantation, Sackgasse oder Ausweg. In: Grenzen der Medizin. Hrsg. von M. Steinhausen. Heidelberg: Hüthig, 1978.

Brenner, G.: Verstoßen Organtransplantationen gegen die „guten Sitten"? In: Medizinische Monatsschrift 28 (1974): 368-70.

Dietrich, Elke (Hrsg.): Organspende, Organtransplantation: Indikationen, Technik, Resultate. Ein Report des Machbaren. Percha am Starnberger See: R.S. Schulz, 1985.

Egenter, R.: Die Organtransplantation im Licht der bibl. Ethik: Moral zwischen Anspruch und Verantwortung. In: F. Böckle, F. Groner (Hrsg.): Moral zwischen Anspruch und Verantwortung. Festschrift für W. Schöllgen. Düsseldorf: Patmos 1964.

Egenter, R.: Die Verfügung des Menschen über seinen Leib im Licht des Totalitätsprinzips. In: Münchener theologische Zeitschrift 16 (1965): 167-78.

Eibach, U.: Mein Herz gehört mir. Ist Organspende eine sittliche Pflicht? In: Evangelische Kommentare 18 (1985): 21-24.

Eibach, U.: Medizin und Menschenwürde. Ethische Probleme in der Medizin. Wuppertal: Theologischer Verlag Brockhaus, 1976.

Eigler, F.W.: Transplantation (I). Medizinisch-wissenschaftliche Tagung des Verbandes der leitenden Krankenhausärzte Deutschlands auf dem 11. Deutschen Krankenhaustag in München am 20.5.1981. In: Arzt und Krankenhaus 6 (1981): 342-346.

Elsässer, A.: Organspende – selbstverständliche Christenpflicht? In: Theologisch Praktische Quartalschrift 128 (1980): 213-246.

Giesen, Wilhelm und Keienburg, Fritz Herrmann: Organtransplantation. Wann endet Leben? Stuttgart: Radius Verlag, 1969.

Grabensee, Bernd: Ethische Aspekte der Transplantation. In: H.R. Zielinski (Hrsg.): Prüfsteine medizinischer Ethik 1. Düsseldorf: Kath. Klinikseelsorge an den Medizinischen Einrichtungen der Universität Düsseldorf, 1980. S. 27-45.

Gründel, J.: Moraltheologische Überlegungen zur Organ- und Herztransplantation und zum ärztlichen Ethos. In: Zwischen gestern und morgen. Schles. Priesterjahrbuch Bd. VII-IX. Köln, 1969.

Hamelin, A.M.: Das Prinzip vom Ganzen und seinen Teilen und die freie Verfügung des Menschen über sich selbst. In: Concilium 2 (1966): 362-68.

Hirntod. Entscheidungshilfen für den Arzt. Organentnahme, Organtransplantation. In: Weissbuch Anfang und Ende menschlichen Lebens. Medizinischer Fortschritt und ärztliche Ethik. Hrsg. vom Vorstand der Bundesärztekammer u.a. Köln: Deutscher Ärzteverlag, 1988. S. 121-151.

Honecker, Martin: Theologisches Gutachten zu Fragen der Organtransplantation. In: epd Dokumentationen 4 (1975): 19-35.

Honecker, Martin: Ethische Überlegungen zur Dialyse und Transplantation. In: Zeitschrift für evangelische Ethik 19 (1975): 129-142.

Honecker, Martin: Freiheit, den Tod anzunehmen. Theologische Gedanken aus Anlaß der Organtransplantationen. In: Aspekte und Probleme der Organtransplantation. Grenzgespräche Bd. 4. Hrsg. von M. Honecker. Neukirchen: Neukirchener Verlag, 1973.

Illhardt, F.J.: Organtransplantation. In: ders.: Medizinische Ethik. Berlin, Heidelberg, New York: Springer, 1985.

Illhardt, F.J.: Begriff und Feststellung des Todes. In: ders.: Medizinische Ethik. Berlin, Heidelberg, New York: Springer, 1985.

Jonas, Hans: Gehirntod und menschliche Organbank. Zur pragmatischen Umdefinierung des Todes. In: ders.: Technik, Medizin und Ethik. Zur Praxis des Prinzips Verantwortung. Frankfurt a.M.: Insel, 1985. S. 219-39.

Jonas, Hans: Techniken des Todesaufschubs und das Recht zu sterben. In: ders.: Technik, Medizin und Ethik. Zur Praxis des Prinzips Verantwortung. Frankfurt a.M.: Insel, 1985. S. 242-69.

Jonas, Hans: Im Dienste des medizinischen Fortschritts: Über Versuche an menschlichen Subjekten. In: ders.: Technik, Medizin und Ethik. Zur Praxis des Prinzips Verantwortung. Frankfurt a.M.: Insel, 1985. S. 109-46.

Keller, R.: Probleme der Organtransplantation. In: Zeitschrift für Evangelische Ethik 23 (1979): 144-154.

Kopetzki, Ch.: Organgewinnung zu Zwecken der Transplantation. Eine systematische Analyse des geltenden Rechts. Wien, New York: Springer, 1988.

Kress, Hans von; Heinitz, Ernst: Ärztliche Fragen der Organ-Transplantation – rechtliche Fragen der Organ-Transplantation. Berlin: De Gruyter, 1970.

Largiader, Felix: Organ-Transplantation. Stuttgart: Thieme, 1966.

Lawin, Peter (Hrsg.): Organtransplantation heute: Anästhesie, Chirurgie, Intensivmedizin. Stuttgart: Thieme, 1990.

Löw, R.: Die moralische Dimension von Organtransplantationen. In: Scheidewege. Vierteljahresschrift für skeptisches Denken 17 (1987/88): 16-48.
Löw, R.: Sind zwei Menschen besser als einer? In: Frankfurter Allgemeine Zeitung Nr. 25 vom 30.1.1991.
Lüers-Wegscheider, Angelika: Psychologische Probleme der Knochenmarkstransplantation. In: Helmut Piechowiak (Hrsg.): Ethische Probleme der modernen Medizin. Mainz: Matthias Grünewald-Verlag, 1985.
Mebel, Moritz: Möglichkeiten und Grenzen der Transplantation lebenswichtiger Organe. Berlin: Akademie Verlag, 1979.
Mensch als „Ersatzteillager". (Titel einer Diskussionsveranstaltung vom 22.11.1984.) In: Der Mensch – Ersatzteillager für seine Mitmenschen? In: Die Wiener Hochschulen kommen nach Nieder-Österreich 1984. Hrsg. von der Universität Wien. Wien, 1985.
Molitor, D.; Land, W.; Lison, A.E.: Virusinfektionen nach Organtransplantationen. Bonn: BWV Wirtschaftsverlag, 1986.
Neuhaus, P.: Fortschritt in der Medizin – am Beispiel der Lebertransplantation. In: Kleinsorge, H. und Zöcker, C.E. (Hrsg.): Fortschritt in der Medizin – Versuch oder Herausforderung. Hameln: TM-Verlag, 1984. S. 95-105.
Niemann, Ulrich J.: Bioethische Aspekte der Organtransplantation nach der Diskussion über den „Paradigmenwechsel" in Naturwissenschaft und Medizin. In: Ethik und Organtransplantation. Beiträge zu einer aktuellen Diskussion. Hrsg. von der Gesellschaft Gesundheit und Forschung. Frankfurt am Main, 1989. S. 47-60.
Otto, N.: Leben lassen – sterben lassen. Organtransplantationen und ihre ethischen Probleme. In: Lutherische Monatshefte 28 (1970).
Piechowiak, H.: Die Behandlung der terminalen Niereninsuffizienz. Medizinische, ökonomische und ethische Aspekte angesichts des geplanten Transplantationsgesetzes. In: Frankfurter Hefte 11 (1978).
Pichlmayer, H.; Gründel, J.: Organtransplantation. In: Wort und Wahrheit 25 (1970)
Ruff, W.: Organverpflanzung. München: Goldmann TB, 1971.
Schewe, G.: Sterbehilfe, Todesdefinition und Transplantation. In: Festschrift zum 65. Geburtstag von Prof. Dr. med. Walter Krauland. Hrsg. von Volkmar Schneider. Berlin: Institut für Rechtsmedizin, 1977.
Schwarz, Joachim: Ethik am Beispiel der Transplantation. Zum Beitrag von Rainer Keller. In: Zeitschrift für Evangelische Ethik 23 (1979): 307-309.
Sporken, Paul: Darf die Medizin was sie kann? Düsseldorf: Patmos Verlag, 1971.
Viefhues, Herbert: Ethische Probleme der Transplantation. Die ethische Bewertung des Körpers und seiner Teile. In: Ethik und Organtransplantation. Beiträge zu einer aktuellen Diskussion. Hrsg. von der Gesellschaft Gesundheit und Forschung. Frankfurt am Main, 1989. S. 63-78.
Thielicke, H.: Ethische Fragen der modernen Medizin. In: Langebecks Arch. Klin. Chir. 321 (1968): 1-34.

Thielicke, H.: Zur Frage der Organtransplantation. In: ders.: Wer darf sterben? Freiburg: Herder, 1979. S. 40-49.
Thielicke, H.: Zur Frage der Organtransplantation. In: ders.: Wer darf leben? Der Arzt als Richter. Tübingen: Wunderlich, 1968. S. 46-60.
Walther, Dieter: Theologisch-ethische Aspekte einer Herztransplantation. In: Aspekte und Probleme der Organverpflanzung. Hrsg. von M. Honecker. Neukirchen: Neukirchener Verlag, 1973. S. 19-33.
Zenker, R.: Organtransplantationen, ethisch-rechtliche Probleme. In: Klinische Wochenschrift 47 (1969): 1040-43.
Ziegler, J.G.: Organübertragung. In: Organverpflanzung. Medizinische, rechtliche und ethische Probleme. Hrsg. von J.G. Ziegler. Düsseldorf: Patmos, 1977. S. 63-90.

D. Medizinethische Text- und Lehrbücher

Engelhardt, Dietrich von (Hrsg.): Ethik im Alltag der Medizin. Spektrum der medizinischen Disziplinen. Berlin, Heidelberg, New York u.a.: Springer, 1989.
Gross, R.: Ärztliche Ethik. Stuttgart: E.K. Schattauer Verlag, 1978.
Illhardt, F.J.: Medizinische Ethik. Ein Arbeitsbuch. Berlin, Heidelberg, New York u.a.: Springer, 1985.
Sass, Hans-Martin (Hrsg.): Medizin und Ethik. Stuttgart: Reclam, 1989.
Schäfer, Hans: Medizinische Ethik. Heidelberg: Verlag für Medizin, 1983.
Schäfer, Hans: Plädoyer für eine neue Medizin. Warnung und Appell. München: Piper, 1979.

Zu den Autoren

Prof. Dr. med. Felix Anschütz

Medizin-Studium in Kiel, Hamburg, Göttingen, 1946 Staatsexamen, nach Medizinal-Assistentenzeit 1948 experimentelle Arbeit am Institut f. Animalische Physiologie Frankfurt/M. Arbeiten über vegetative Kreislaufregulation. 1951-1961 Ausbildung z. Facharzt f. Innere Medizin an der Med.Univ.-Klinik Kiel. 1956 Habilitation. Arbeiten über Methodik der Blutdruckmessung, Kreislaufreaktion bei künstlicher Beatmung, Arterielle Verschlußkrankheit, Herzinsuffizienz und Herzklappenfehler, über die Schwingungsphysik der verkalkten Aorta mit Auswirkung auf die periphere Durchblutung. 1961 Oberarzt an d. Mediz. Klinik der Freien Universität Berlin, Arbeiten über O_2-Druckmessung in der Muskulatur, Klinik des Myocardinfarktes und der arteriellen Verschlußkrankheit. 1963 Oberarzt an der Ludolf-Krehl-Klinik/Heidelberg. 1964 Direktor der Medizinischen Klinik in Darmstadt. Arbeiten und Vorträge über verschiedene klinische Themen: Schlafstörungen, Schmerzanalyse, Akutmedizin, Myocardinfarkt.

Buchveröffentlichungen:

- Lehrbuch: Die körperliche Untersuchung, Springer 1966.
- Endokarditis. Thieme 1968.
- Angina pectoris. Aesopus 1981.
- Indikation z. ärztlichen Handeln. Springer 1982.
- Klinik und Therapie der Schlafstörungen. Aesopus 1984.

- Ärztliches Handeln – Grundlagen, Möglichkeiten, Grenzen, Widersprüche. Wissenschaftliche Buchgesellschaft 1987.
- Chronische Herzinsuffizienz. Aesopus 1988.
- 5. Aufl. Anamneseerhebungen und allgem. Krankenuntersuchung. Springer 1992.

Prof. Dr. Jan P. Beckmann

Jg. 1937. Professor der Philosophie an der FernUniversität seit 1979. Studium der Philosophie, der Literatur- und Sprachwissenschaft an den Universitäten Bonn, Stellenbosch (Master of Arts 1962) und München. Promotion zum Dr. phil., Universität Bonn 1967. Habilitation für das Fach Philosophie, Universität Bonn 1979. Stipendiat der Studienstiftung des deutschen Volkes, des Deutschen Akademischen Austauschdienstes, der Max-Kade-Foundation (Yale 1967/8) und der Deutschen Forschungsgemeinschaft. 1968-70 Assistant Professor of Philosophy, Yale University, 1972-79 Wiss. Assistent, Univ. Bonn und Münster. Gastdozenturen: 1983 Oxford University, 1993 Univ. Bonn. 1986 Ruf auf den Lehrstuhl für Philosophie II der Universität Bamberg (abgelehnt). *Arbeitsschwerpunkte:* Erkenntnis- und Wissenschaftstheorie, Klassische und Moderne Metaphysik, Moderne anglo-amerikanische Philosophie, Geschichte der Philosophie, insbes. derjenigen der Antike und des Mittelalters, medizin. Ethik. Mitglied und einer der beiden Sprecher der interdisziplinären Forschungsarbeitsgemeinschaft ‚Sterben und Tod' in Nordrhein-Westfalen sowie Mitglied der Akademie für Ethik in der Medizin (Göttingen) und der Ethik-Kommission an der Universität Witten-Herdecke.

Buchveröffentlichungen:

- Die Relationen der Identität und Gleichheit nach Duns Scotus. Bonn 1967.
- Geschichte der Philosophie: Mittelalter. Reinbek 1990 (= Bd. 2 von K. Vorländers Geschichte der Philosophie).
- Wilhelm von Ockham. München 1995.

- (Mitherausgeber) Sprache und Erkenntnis im Mittelalter. 2 Bände. Berlin/New York 1981.
- (Mitherausgeber) Philosophie im Mittelalter. Hamburg 1987.

Aufsätze und Artikel in verschiedenen wissenschaftlichen Zeitschriften u. Lexika

Prof. Dr. Dieter Birnbacher

Jg. 1946. Professor der Philosophie, Universität Dortmund. Studium der Philosophie an den Universitäten Düsseldorf, Cambridge und Hamburg. M.A. (Universität Cambridge/England). Promotion 1973, Habilitation 1988. 1974-1979 Mitglied der Arbeitsgruppe Umwelt-Gesellschaft-Energie (AUGE) der Universität Essen (Leitung: Prof. Klaus M. Meyer-Abich) sowie Mitglied der Akademie für Ethik in der Medizin (Göttingen). *Hauptarbeitsgebiete*: Ethik, Angewandte Ethik, Philosophische Psychologie, Sprachphilosophie.

Buchveröffentlichungen:

- Die Logik der Kriterien. Analysen zur Spätphilosophie Wittgensteins. Hamburg 1974.
- Verantwortung für zukünftige Generationen. Stuttgart 1988.

Herausgeber und Mitherausgeber:

- Texte zur Ethik, München 1976. [8]1991.
- John Stuart Mill: Der Utilitarismus. Stuttgart 1976.
- Was braucht der Mensch um glücklich zu sein. Bedürfnisforschung und Konsumkritik. München 1979.
- Ökologie und Ethik. Stuttgart 1980.
- Glück. Arbeitstexte für den Unterricht. Stuttgart 1983.
- John Stuart Mill: Drei Essays über Religion. Stuttgart 1984.
- Sprachspiel und Methode. Zum Stand der Wittgenstein-Diskussion. Berlin/New York 1985.
- Medizin-Ethik. Hannover 1986.
- Verantwortung für die Natur. Hannover 1988.

– Die Zukunft der Arbeit. Hannover 1990.

Zahlreiche Beiträge in Standardwerken

Prof. Dr. Carl Friedrich Gethmann

Jg. 1944. Seit 1979 Professor für Philosophie an der Universität Essen. Studium der Philosophie in Bonn, Innsbruck und Bochum. 1968 lic. phil. (Institutum Philosophicum Oenipontanum). 1971 Promotion zum Dr. phil. (Ruhr-Universität Bochum). 1978 Habilitation für Philosophie (Universität Konstanz). 1968 wiss. Assistent; 1972 Universitätsdozent für Philosophie an der Universität Essen. 1978 Privatdozent an der Universität Konstanz. Weitere Lehrtätigkeiten an den Universitäten Düsseldorf und Göttingen. Mitglied der Academia Europaea (London). Seit 1993 (zus. mit Prof. L. Honnefelder) Leitung des Instituts für Wissenschaft und Ethik an der Universität Bonn.

Buchveröffentlichungen:

- Verstehen und Auslegung. Untersuchungen zum Methodenproblem in der Philosophie Martin Heideggers, 1974.
- Protologik. Untersuchungen zur formalen Pragmatik von Begründungsdiskursen, 1979.
- Dasein: Erkennen und Handeln, 1992.

Herausgeber:

- Theorie des wissenschaftlichen Argumentierens, 1980.
- Logik und Pragmatik. Zum philosophischen Rechtfertigungsproblem logischer Kalküle, 1982.
- Lebenswelt und Wissenschaft, 1991.

Neben fachphilosophischen Veröffentlichungen zu Methodenproblemen der Philosophie, zur Logikbegründung und zur praktischen Philosophie zahlreiche Aufsätze und neuere Arbeiten zu Umweltstandards und zu medizinethischen Problemen.

Prof. Dr. Annemarie Gethmann-Siefert

Jg. 1945. Seit 1991 Professor der Philosophie an der Fern-Universität. Schwerpunkt: Ästhetik und Anthropologie. Studium der Philosophie, Kunstgeschichte und Theologie an den Universitäten Münster, Bonn, Innsbruck und Bochum; Lizentiat in Philosophie (Innsbruck); Promotion und Habilitation (Bochum); Akad. Oberrat am Hegel-Archiv der Ruhr-Universität Bochum, Priv.-Doz. (1983) und Apl. Professor (1988) an der Universität Bochum. *Arbeitsschwerpunkte:* Philosophische Ästhetik und Kunsttheorie; Anthropologie; Religionsphilosophie; Geschichte der Philosophie, insbes. des 20. Jh.s; Philosophie des deutschen Idealismus, insbes. Hegels. Mitglied der interdisziplinären Forschungsarbeitsgemeinschaft ‚Sterben und Tod' in Nordrhein-Westfalen sowie der Akademie für Ethik in der Medizin (Göttingen).

Buchveröffentlichungen:

- Das Verhältnis von Philosophie und Theologie im Denken Martin Heideggers. Freiburg/München 1975.
- Die Funktion der Kunst in der Geschichte. Untersuchungen zu Hegels Ästhetik. Bonn 1984.
- Edition der Vorlesungsnachschrift von H.G. Hotho zu Hegels Ästhetik aus dem Jahre 1823. Hamburg (i.Dr.).
- Hrsg. von Philosophie und Poesie. 2 Bde. Stuttgart/Bad Cannstatt 1988.
- Hrsg. von Phänomen versus System. Bonn 1992.
- Zus. mit O. Pöggeler Hrsg. von:
  Kunsterfahrung und Kulturpolitik im Berlin Hegels. Bonn 1983.
- Welt und Wirkung von Hegels Ästhetik. Bonn 1986.
- Martin Heidegger und die praktische Philosophie. Frankfurt 1988.
- Aufsätze in Fachzeitschriften zu Fragen der Ästhetik, Religionsphilosophie, Anthropologie, zur Philosophie des deutschen Idealismus, zur Phänomenologie und Kunsttheorie.

Prof. Dr. Ludger Honnefelder

Jg. 1936. Professor der Philosophie, Universität Bonn. 1956-1961 Studium der Philosophie und der Kath. Theologie in Bonn, Innsbruck und Bochum. 1971 Dr. phil. Universität Bonn. 1969-1972 Wissenschaftlicher Assistent an der Universität Bonn. 1972-1982 Professor für Philosophie an der Theologischen Fakultät Trier. 1981 Habilitation für das Fach Philosophie, Universität Bonn. 1982 Professor für Philosophie, Freie Universität Berlin. Seit 1988 o. Professor für Philosophie und Direktor des Philosophischen Seminars B der Universität Bonn. 1989 Sprecher der Forschungs-Arbeitsgemeinschaft Bioethik in Nordrhein-Westfalen sowie Mitglied der Akademie für Ethik in der Medizin (Göttingen). Associate Member des Kennedy Institute of Bioethics der Georgetown University, Washington, D.C. Seit 1992 Mitglied der Nordrhein-westfälischen Akademie der Wissenschaften, Düsseldorf. Seit 1993 (zus. mit Prof. C.F. Gethmann) Leiter des Instituts für Wissenschaft und Ethik an der Universität Bonn.

Buchveröffentlichungen:

- Ens inquantum ens. Der Begriff des Seienden als solchen als Gegenstand der Metaphysik nach der Lehre des Johannes Duns Scotus, Münster 1979, 2. Aufl. 1989.
- Scientia transcendens. Die formale Bestimmung der Seiendheit und Realität in der Metaphysik des Mittelalters und der Neuzeit (Duns Scotus – Suárez – Wolff – Kant – Peirce), Hamburg 1990.

(Mit-)Herausgeber

- Philosophie im Mittelalter. Hamburg 1987.
- Sprache und Erkenntnis im Mittelalter. 2 Bde. Berlin/New York 1981.
- Natur als Gegenstand der Wissenschaften. Freiburg 1992.
- Sittliche Lebensform und praktische Vernunft. Paderborn 1992.
- Der Streit um das Gewissen, Paderborn 1993.

- Ärztliches Urteilen und Handeln. Zur Grundlegung der medizinischen Ethik. Frankfurt/M. 1994 (zus. mit G. Rager).

Zum Bereich Ethik:

- Güterabwägung und Folgenabschätzung in der Ethik. In: H.M. Sass/H. Viefhues (Hg.), Güterabwägung in der Medizin. Heidelberg 1991, 44-61.
- Absolute Forderungen in der Ethik. In welchem Sinne ist eine sittliche Verpflichtung „absolut"? In: W. Kerber (Hg.), Das Absolute in der Ethik. München 1991, 13-52.
- Praktische Vernunft und Gewissen. In: A. Hertz/W. Korff u.a. (Hg.), Handbuch der christlichen Ethik. Bd. 3. Freiburg/Basel/Wien 1982, 19-44.
- Menschenwürde und Menschenrechte. Christlicher Glaube und die sittliche Substanz des Staates. In: K.W. Hempfer/A. Schwan (Hg.), Grundlagen der politischen Kultur des Westens. Berlin/New York 1987, 239-54.
- Wahrheit und Sittlichkeit. Zur Bedeutung der Wahrheit in der Ethik. In: E. Coreth (Hg.), Wahrheit in Einheit und Vielheit. Düsseldorf 1987, 147-169.
- Zur Philosophie der Schuld. In: Theologische Quartalsschrift 155 (1975), 31-48.

Prof. Dr. Winfried Kahlke

Jg. 1932. 1974 ord. Professor für Hochschuldidaktik der Medizin, Universität Hamburg. 1960 Promotion zum Dr. med., Universität Heidelberg. 1970 Habilitation für Innere Medizin, Universität Heidelberg. Korr. Mitglied d. World Federat. of Neurol., Sect. Neurochemistry. 1987 Gründungsmitglied der Akademie für Ethik in der Medizin (Göttingen) und Koordinator deren Arbeitsgruppe „Ausbildung u. Fortbildung in den Heilberufen".

Buchveröffentlichungen:

- zahlreiche Zeitschriftenartikel, Buchbeiträge und Monographien zur Klinik, Pathophysiologie und Biochemie spezieller Themen des Fettstoffwechsels und cardiovaskulärer Risikofaktoren.
- Diverse Einzelbeiträge und Manual zur interdisziplinären Gruppentherapie der Adipositas.
- Mitherausgeberschaft von „Neue Wege der Ausbildung für ein Gesundheitswesen im Wandel" (Urban und Schwarzenberg 1980).
- Einzelbeiträge und Ergebnisberichte zu Reformprojekten im Medizinstudium.
- „Von der Fortpflanzungsmedizin zum Fetozid – Ein kritischer Beitrag zum Embryonenschutzgesetz" (Hamb. Ärztebl. 1992).
- „Ausbildung in Medizinischer Ethik – Stand und Perspektiven in Deutschland" (Mensch Medizin Gesellschaft 1992).
- Lernziele für die Auseinandersetzung mit ethischen Problemen (zus. mit S. Reiter-Theil). Stuttgart 1995.

Prof. Dr. Wolfgang Kuhlmann

Jg. 1939. Seit 1993 Professor für allgemeine Philosophie, RWTH Aachen. 1974 Promotion zum Dr. phil. Universität Frankfurt. 1976/77 Visiting Lecturer (New School for Social Research, New York). 1983 Habilitation in Philosophie und Privatdozent, Universität Frankfurt. 1985-1992 Geschäftsführer des privaten philosophischen Lehr- und Forschungsinstituts „Forum für Philosophie Bad Homburg". 1989 apl. Professor, Universität Frankfurt. 1992-1993 Universitätsprofessor an der PH Erfurt.

Buchveröffentlichungen:

- Reflexion und kommunikative Erfahrung. Frankfurt/M. 1975.

- Reflexive Letztbegründung. Untersuchungen zur Transzendentalpragmatik. Freiburg/München 1985.
- Kant und die Transzendentalpragmatik. Würzburg 1992.
- Sprachphilosophie, Hermeneutik, Ethik. Studien zur Transzendentalpragmatik. Würzburg 1992.
- Mitarbeit am Funkkolleg Praktische Philosophie/Ethik 1980/81.

Als Herausgeber:

- Kommunikation und Reflexion, Frankfurt/M. 1982 (zus. mit D. Böhler).
- Moralität und Sittlichkeit. Frankfurt/M. 1986.
- Schriftreihen des Forums für Philosophie Bad Homburg
  a) bei Suhrkamp, Frankfurt/M. 1987ff
  b) bei Königshausen und Neumann, Würzburg 1992ff

Zahlreiche Aufsätze in Zeitschriften und Sammelbänden.

Prof. Dr. Annemarie Pieper

Jg. 1941. Seit 1981 ordentliche Professorin für Philosophie an der Universität Basel. Studium der Philosophie, Anglistik und Germanistik an der Universität des Saarlandes in Saarbrücken. 1967 Promotion bei Hermann Krings. 1972 Habilitation für das Fach Philosophie an der Universität München. 1972-1981 Dozentin/Professorin für Philosophie in München; Mitarbeit an der von der Schelling-Kommission der Bayerischen Akademie der Wissenschaften herausgegebenen historisch-kritischen Ausgabe der Schriften Schellings (Mitwirkung an Bd. I,1, Stuttgart 1976; Herausgeberin von „Philosophische Briefe über Dogmatismus und Kriticismus“ in Bd. I, 3, 1982). *Forschungsschwerpunkte*: Praktische Philosophie, besonders Ethik; Existenzphilosophie, Transzendentalphilosophie. Mitglied der Akademie für Ethik in der Medizin (Göttingen) und der Schweizerischen Gesellschaft für medizin. Ethik.

Buchveröffentlichungen:

- Geschichte und Ewigkeit. Das Leitproblem der pseudonymen Schriften Sören Kierkegaards. Meisenheim 1968.
- Sprachanalytische Ethik und praktische Freiheit. Das Problem der Ethik als autonomer Wissenschaft. Stuttgart 1973; ital. Roma 1976.
- Pragmatische und ethische Normenbegründung. Zum Defizit an ethischer Letztbegründung in zeitgenössischen Beiträgen zur Moralphilosophie. Freiburg/München 1979.
- Einführung in die philosophische Ethik. Dreiteiliger Kurs für Studierende der FernUniversität Hagen. 1980ff.
- Albert Camus. München 1984.
- Ethik und Moral. Eine Einführung in die praktische Philosophie. München 1985; span: Barcelona 1991.
- Ein Seil geknüpft zwischen Tier und Übermensch. Philosophische Erläuterungen zu Nietzsches erstem ‚Zarathustra'. Stuttgart 1990.
- Einführung in die Ethik. Tübingen 1991 = 2., überarbeitete und aktualisierte Auflage von „Ethik und Moral".
- Hg.: Geschichte der neueren Ethik. 2 Bde. Tübingen 1992.
- Aufstand des stillgelegten Geschlechts. Einführung in die feministische Ethik. Freiburg/Basel/Wien 1993.

Des weiteren über 100 Abhandlungen, Lexikonartikel, Buchbesprechungen, Übersetzungen aus dem Englischen/Amerikanischen u.a.

Prof. Dr. Günter Rager

Jg. 1938. Seit 1980 Ordinarius und Direktor des Instituts für Anatomie und spezielle Embryologie an der Universität Fribourg, Schweiz. 1956 Studium der Philosophie an der Universität München und der Medizin an den Universitäten München, Erlangen, Zürich und Tübingen. Promotion zum Dr. phil. (Univ. München) und zum Dr. med. (Univ. Göttingen). Nach einjähriger ärztlicher Tätigkeit wissenschaftlicher Assistent am

Max-Planck-Institut für Neurobiologie in Göttingen (Direktor: Prof. Dr. O.D. Creutzfeldt). Dort morphologische und elektrophysiologische Arbeiten an der Entwicklung des visuellen Systems. 1977 Habilitation für das Fach Anatomie. *Arbeitsschwerpunkte*: Anthropologie, experimentelle Untersuchungen zur Entwicklung des Nervensystems. 1983-86 Präsident der Schweizerischen Gesellschaft für Anatomie, Histologie und Embryologie. Mitglied der Académie Internationale de Philosophie des Sciences und des Görres-Instituts der Görres-Gesellschaft.

Buchveröffentlichungen (in Auswahl):

- Die Entstehung der Insel (Insula Relii) beim menschlichen Embryo. Z. Morph. Anthropol. 64 (1972), 245-278.
- The development of the retinotectal projection in the chicken. Adv. Anat. Embryol. Cell. Biol. Vol. 63 (1980). Berlin: Springer.
- Selbst-Erfahrung nach Zeugnissen klassischer und moderner indischer Philosophie. Imago Mundi 4 (1973), 333-368.
- Das Leib-Seele-Problem. Begegnung von Hirnforschung und Philosophie. Freiburger Zeitschrift für Philosophie und Theologie 29 (1982), 443-464.

Prof. Dr. Oswald Schwemmer

Jg. 1941. Seit 1993 Professor für Philosophische Anthropologie und Kulturphilosophie an der Humboldt-Universität zu Berlin. Studium in Bonn, Pullach (an der Philosophischen Hochschule Berchmanskolleg), München und Erlangen. Lizentiat der Philosophie 1966 in Pullach, in Erlangen 1970 Promotion bei Paul Lorenzen, 1975 Habilitation. 1978 Professor in Erlangen, seit 1979 als einer der Direktoren des Interdisziplinären Instituts für Wissenschaftstheorie und Wissenschaftsgeschichte. 1982-1987 Inhaber des Lehrstuhls für Philosophie an der Philipps-Universität Marburg, 1987-1993 Inhaber des Lehrstuhls für Philosophie an der Heinrich-Heine Universität

Düsseldorf. 1991 Visiting Professor an der Emory University in Atlanta, Georgia, USA. 1988-1992 Fachgutachter der DFG für Philosophie. *Systematische Arbeitsschwerpunkte:* Philosophische Anthropologie („Philosophie des Geistes"), Wissenschaftstheorie der Kulturwissenschaften, Ethik, Sprachphilosophie. *Historische Arbeitsschwerpunkte*: Philosophie des 20. Jahrhunderts, vor allem William James, Henri Bergson, Alfred North Whitehead, Ernst Cassirer (Herausgeber des Cassirer-Nachlasses), Ludwig Wittgenstein.

Buchveröffentlichungen:

- Philosophie der Praxis. Versuch zur Grundlegung einer Lehre vom moralischen Argumentieren in Verbindung mit einer Interpretation der praktischen Philosophie Kants. Frankfurt/M. 1971, 2. Aufl. 1980.
- Gemeinsam mit Paul Lorenzen: Konstruktive Logik, Ethik und Wissenschaftstheorie. Mannheim/Wien/Zürich 1973, 2. Aufl. 1975.
- Theorie der rationalen Erklärung. Zu den methodischen Grundlagen der Kulturwissenschaften. München 1976.
- Herausgeber von: Vernunft, Handlung und Erfahrung. Über die Grundlagen und Ziele der Wissenschaften. München 1981.
- Ethische Untersuchungen. Rückfragen zu einigen Grundbegriffen. Frankfurt/M. 1986.
- Handlung und Struktur. Zur Wissenschaftstheorie der Kulturwissenschaften. Frankfurt/M. 1987.
- Herausgeber von: Über Natur. Philosophische Beiträge zum Naturverständnis. Frankfurt/M. 1987.
- Die Philosophie und die Wissenschaften. Zur Kritik einer Abgrenzung. Frankfurt/M. 1990.

Zahlreiche Aufsätze in wiss. Zeitschriften.

Prof. Dr. Ludwig Siep

Jg. 1942. Seit 1986 ord. Professor und Direktor des Philos. Seminars der Universität Münster. Studium an den Universitäten Köln und Freiburg. Promotion 1969 und Habilitation 1976 an der Universität Freiburg. 1979-1986 ord. Professor an der Universität -GHS- Duisburg. Mitglied der Ethik-Kommission der Medizinischen Fakultät der Universität Münster und der Ärztekammer Westfalen-Lippe. Mitglied der Akademie für Ethik in der Medizin (Göttingen) und der Nordrhein-westfälischen Akademie der Wissenschaften, Düsseldorf.

Buchveröffentlichungen:

- Hegels Fichtekritik und die Wissenschaftslehre von 1804. Freiburg/ München 1970.
- Der Idealismus und seine Gegenwart. (Mitherausgeber mit U. Guzzoni und B. Rang). Hamburg 1976.
- Anerkennung als Prinzip der praktischen Philosophie. 1979.
- Identität der Person. (Hg.). Basel/Stuttgart 1983.
- Ethik als Anspruch an die Wissenschaft (Hg.). Hamburg 1988.
- Praktische Philosophie im Deutschen Idealismus, 1992.

Zahlreiche Aufsätze.

Personenregister

(ohne die in Anmerkungen und in Literaturangaben genannten Autorennamen)

Sachregister